DIVERS
OUVRAGES
DE
M. DE ROBERVAL.

R

AVERTISSEMENT.

ON a trouvé écrit de la main de M. de Roberval au commencement du Manuscrit d'où cét Ouvrage a'esté pris, que l'invention en est de luy, mais qu'il ne l'a pas mis en l'état qu'il est ; que ça esté un Gentilhomme Bourdelois, à qui il avoit donné des leçons en particulier, qui les ayant rédigées par écrit, en a composé ce Traité à sa manière. Il est vray qu'en 1 6 6 8. M. de Roberval revit cét Ouvrage avant que de le lire dans l'Académie Royale des Sciences ; mais il n'y mit pas la dernière main, s'estant contenté d'écrire seulement en divers endroits quelques remarques, que l'on trouvera à la marge de ce Livre.

OBSERVA-

OBSERVATIONS
SUR LA COMPOSITION
DES MOUVEMENS,
ET SUR LE MOYEN DE TROUVER
LES TOUCHANTES
des lignes courbes.

POur ne perdre aucune des penſées que nous croirons pouvoir ſervir à l'intelligence de ce ſujet, nous ne nous attacherons à aucun ordre ou ſuite
de propoſitions déterminées, il faudra meſme le plus ſouvent ou ſuppoſer l'intelligence de quelques définitions & principes que nous n'aurons pas expliquez,
ou bien les inſerer avec nos propoſitions.

Définitions.

NOus appellons ligne ſimple celle qui eſtant ſur un plan, eſt telle que chacune de ſes parties peût convenir avec toutes les autres parties de la meſme
ligne. Telle eſt la ligne droite & la circonférence du cercle.

Ligne compoſée eſt celle dont les parties n'ont point cette propriété de s'a-
juſter & convenir avec chacune des autres parties.

Mouvement uniforme eſt celuy par lequel un mobile eſt porté d'une viteſſe
toûjours égale à elle-meſme.

Mouvement irrégulier ou difforme, au contraire.

Puiſſance eſt une force mouvante.

Impreſſion eſt l'action de cette puiſſance.

La ligne de direction de l'impreſſion eſt celle par laquelle la puiſſance meut
le mobile.

Nous appellons les impreſſions ſemblables, ou diverſes, ſuivant que leurs
lignes de direction ſont entre elles paralleles, ou ne le ſont pas, &c.

Or il ne faut pas croire que nous appellions une ligne, ligne ſimple, dautant
qu'elle eſt décrite par un mouvement ſimple : car, comme nous verrons dans la
ſuite, non-ſeulement la circonférence du cercle, mais encore la ligne droite peut
eſtre entenduë avoir eſté décrite par un mouvement compoſé de tant de mouvemens qu'on voudra.

Nous avons encore défini la puiſſance en tant qu'elle nous peut ſervir conſidérant les diverſitez des mouvemens, ce qui n'empeſche pas que dans d'autres
ſpeculations, nous n'entendions par le mot de puiſſance une force capable de
ſouſtenir un poids, ou de quelque autre effet.

Généralement en ce Traité nous conſidérerons deux choſes dans les mouvemens, leur direction, & leur viteſſe.

Axiomes.

LA direction d'une puiſſance mouvant un mobile, lequel par ſon mouvement
décrit une circonférence de cercle, eſt la ligne perpendiculaire à l'extrémité du diamétre, au bout duquel le mobile ſe trouve.

S

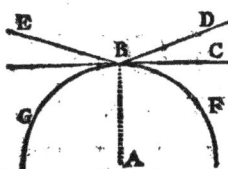

Soit le mobile B, (qui par son mouvement décrit la circonférence G B F) au point B, à l'extrémité du demi-diametre A B, auquel soit perpendiculaire la ligne B C. Je pose pour fondement que B
C est la ligne de direction par laquelle se meut le
mobile B en ce point-là. Et on en peut rendre une
raison naturelle, qui est que l'on ne sçauroit prendre
quelque autre ligne que ce puisse estre, comme B D,
sans tomber dans une absurdité : car puisque la nature ne souffre rien d'indéter-
miné, & qu'on ne sçauroit prendre la ligne B D, qui fait l'angle oblique D B A,
avec le demi-diametre, que par la mesme raison l'on ne fust aussi obligé de prendre de l'autre part la ligne B E qui fait l'angle E B A égal à D B A, (ce qui est
absurde) il s'ensuit que la seule ligne qui puisse estre prise pour la direction d'un
tel mouvement sera la perpendiculaire B C, qui est la seule qui fasse angles droits
avec le mesme demi-diametre A B.

*Ce raisonne-
ment ne peut
quadrer qu'à
la circonfé-
rence d'un
cercle.*

D'où il s'ensuit que cette direction change à chaque point de la circonférence.

D'où il s'ensuit encore que si un mobile porté de G vers B venoit à se détacher
de la circonférence du cercle, comme si le demi-diametre l'ayant porté de G en
B, le laschoit au point B, le mobile seroit porté avec cette impression par la
ligne B C.

Et d'autant qu'il se rencontre que cette mesme ligne B C est la touchante du
cercle au point B, nous prendrons pour principe d'invention qu'en toutes les autres lignes courbes, quelles qu'elles puissent estre, leur touchante, en quelque
point que ce soit, est la ligne de direction du mouvement qu'a en ce mesme point
le mobile qui les décrit. En sorte que composant des mouvemens en diverses
façons, & venant à connoistre la direction du mouvement composé en quelque
point que ce soit, d'une ligne courbe, nous connoistrons par mesme moyen sa
touchante.

Or nous entendons qu'un mouvement est composé de plusieurs mouvemens,
lors que le mobile duquel il est le mouvement, est meû par diverses impressions.

THEOREME I.

Proposition premiére.

SI un mobile est porté par deux divers mouvemens chacun droit & uniforme,
le mouvement composé de ces deux sera un mouvement droit & uniforme
différent de chacun d'eux, mais toutefois en mesme plan, en sorte que la ligne
droite que décrira le mobile sera le diametre d'un parallelogramme, les costez
duquel seront entre eux comme les vitesses de ces deux mouvemens ; & la vitesse
du composé sera à chacun des composans comme le diametre à chacun des
costez.

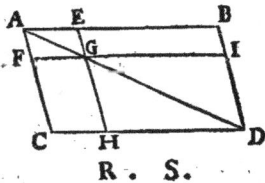

R . S.

Soit le mobile A porté par deux divers mouvemens desquels les lignes de direction soient
A B, A C, faisant l'angle B A C, & que les
mouvemens droits & uniformes soient tels
qu'en mesme temps que l'impression A B auroit porté le mobile en B, en mesme temps l'impression A C l'eust portée en C. Je dis que le
mobile porté par le mouvement composé de
ces deux, sera porté le long du diametre A D
du parallelogramme A D, duquel les deux lignes A B, A C, font les deux costez,
& que le mouvement qu'il aura sur le diametre A D sera uniforme,

Ce que nous comprendrons, si nous nous imaginons que la ligne AB descendant toûjours uniformément & parallelement à la ligne CD, jusqu'à ce qu'elle ne soit qu'une mesme ligne avec la ligne CD; & la ligne AC se mouvant vers la ligne BD en la mesme façon, nostre mobile A ne fait autre chose que se rencontrer à tout moment en la commune section de ces deux lignes.

Or il est assez clair que les points de cette commune section sont tous dans le diametre AD; ce que nous démonstrerons encore mieux par cette considération. Imaginons-nous que le mobile A se mouvant uniformément sur l'une des lignes AB ou AC, la mesme ligne se meut toûjours parallelement à soy-mesme. En cette sorte si le mobile est meû sur AB de A en B en mesme temps que AB descend jusques en CD; & posons le cas qu'en un certain temps le mobile soit arrivé en E, & qu'en ce mesme temps le costé AB soit descendu en sorte qu'il fasse une mesme ligne avec FI, dans laquelle prenons FG égale à AE (par nostre supposition elle luy est aussi parallele) donc le mobile A sera en G : je dis que le point G est dans le diametre AD du parallelogramme ABDC. Car par le point G soit tiré la ligne EGH qui achevera le petit parallelogramme AG. Puis donc que les deux mouvemens que nous considerons sont uniformes, comme AB est à AE, ainsi AC est à AF; & en changeant, AE est à AF comme AB à AC, & l'angle BAC est commun; partant les deux parallelogrammes AD & AG sont semblables & à l'entour d'un mesme diametre; & par consequent le point G est dans le diametre AD, ce qu'il falloit démonstrer. Le reste de nostre proposition n'est qu'un corollaire de ce que nous avons dit : c'est pourquoy nous ne nous y arresterons pas plus long-temps.

Mais nous remarquerons qu'en cette premiere composition de mouvemens & generalement en toutes les autres, nous pouvons considerer six choses. Sçavoir trois directions qui sont les deux simples, & la composée, & trois impressions qui sont les deux simples & la composée.

Or si les trois directions nous sont données, les trois impressions sont aussi données, c'est à dire les proportions des vitesses des trois mouvemens; car AB, AC, & AD, estant données, nous n'aurons qu'à prendre un point D dans AD, ligne de direction du mouvement composé, & par le point D tirer DB & DC paralleles à AB & AC; & le parallelogramme estant ainsi achevé, les proportions des mouvemens seront les mesmes que celles des deux costez & du diametre du parallelogramme.

Mais les trois impressions estant connuës, ou la proportion des trois lignes AB, AC, AD, nous ne connoistrons aucune des directions, puis que pas une de ces lignes ne nous sera donnée de position, quoy-que les angles qu'elles feront à leur rencontre nous soient donnez en espece. Or en ce cas il faut que deux des puissances quelles qu'elles soient, soient ensemble plus grandes que la troisiéme, puis que les lignes AB, AC, AD, qui sont en mesme raison que les puissances, peuvent estre les costez d'un triangle.

Que si l'on nous donne deux directions, l'une de l'un des mouvemens composans, & l'autre du composé, nous ne connoistrons rien de la troisiéme, ni de la force des impressions, mais seulement nous aurons une raison donnée telle que la raison de l'impression ou de la puissance composante qui nous est donnée à l'autre puissance composante, ne pourra pas estre plus grande : car AC & AD nous estant données, ayant pris dans AC un point comme C, & de C ayant abbaissé CK perpendiculaire sur AD, la raison de AC à AB ne pourra pas estre plus grande que la raison de la ligne AC à cette perpendiculaire CK, puis que cette perpendiculaire est la moindre de toutes les

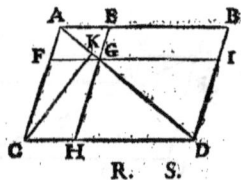

S ij

lignes qui peuvent estre le troisiéme costé d'un triangle, l'un des deux autres estant A C, & le second une portion de la ligne A D.

Que si l'on nous eust donné deux mouvemens entiers, c'est-à-dire leurs directions & leurs vitesses, l'on nous eust aussi donné la direction & la vitesse du troisiéme; car ayant deux costez d'un triangle & l'angle qu'ils contiennent, tout le reste nous est donné.

Pareillement nous estant donné deux directions telles qu'on voudra de deux mouvemens, & la raison de la vitesse du troisiéme à la vitesse de l'un des deux desquels nous avons la direction, nous connoissons les trois mouvemens, comme si l'on nous donne les directions A B, A C, des deux composans, & la raison de la vitesse du composé à A B comme de R à S, prenant dans la direction A B un point comme B, & faisant que comme S est à R, ainsi A B soit à un autre, nous trouverons la ligne A D. Donc si du centre A & de l'intervalle A D nous décrivons un arc de cercle qui rencontre la ligne B I D parallele à A F C en D, nous aurons les vitesses des trois mouvemens A B, A D, B D ou A C, &c. Les choses estant ainsi expliquées, nous énoncerons nostre proposition plus généralement en cette forte.

Proposition seconde.

UN mouvement composé de tant de mouvemens droits & uniformes qu'on voudra se fera par une ligne droite, & sera uniforme.

Ce qui est encore assez clair par ce que nous venons de dire; car prenant deux de ces mouvemens j'en composeray un seul, puis que par la précédente ces deux se doivent réduire en un, puis de ce composé considéré comme simple (car il n'importe, puis que les deux directions qui le composent ne font pas plus qu'une simple que nous pouvons concevoir) & d'un autre, j'en composeray un second, qui par ce moyen sera composé de trois; & ainsi en continuant je viendray à en composer un seul de tant qu'il me plaira.

D'où il résulte,

Que tout mouvement uniforme & droit peut estre entendu, ou comme simple, ou comme composé de tant d'autres mouvemens qu'on voudra.

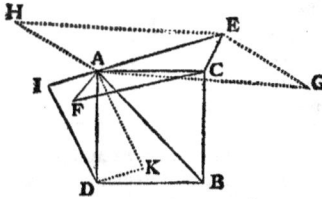

Où il faut remarquer que nous pouvons concevoir ce mouvement comme composé de divers autres, lesquels se feront en des plans différens, en sorte pourtant que le plus composé de tous soit dans le plan des deux que nous considérons comme les derniers qui le composent. Ainsi le mouvement A B peut estre composé des deux A C & A D, dont l'un A C est composé de deux autres A E, A F, l'un desquels, comme A E, sera composé de deux autres A G & A H, & ainsi de tant qu'on voudra; & le second des deux A D, que nous avons dit qui composoient le mouvement A B, peut estre entendu comme composé de deux autres A I, A K, & encore chacun de ceux-là de deux autres, &c. en sorte que le mouvement A B sera composé de tant que l'on voudra, & mesme desquels les impressions seront données : car qui m'empeschera de décrire des parallelogrammes si différens qu'il me plaira, desquels les diagonales soient A B, A D, A C, A E, A H, A G, &c.

Et c'est icy un champ d'une infinité de belles spéculations, comme si ayant supposé que le mouvement A B est composé de cinq autres mouvemens, la vitesse de chacun desquels nous est donnée, l'on nous demande combien il est

nécessaire

nécessaire de connoistre de leurs directions pour déterminer chacun d'eux & les donner de position, & ainsi d'une infinité d'autres qui pourroient estre telles que la recherche excédant la capacité de nostre esprit, nous n'en pourrions pas donner des solutions.

Mais pour tirer de cette proposition des connoissances encore plus belles, nous allons expliquer par son moyen la nature des réflexions & de la réfraction, ayant premièrement posé pour principe, qu'un mouvement pour composé qu'il soit de diverses impressions, aura le mesme effet qu'un autre causé par une seule impression, de laquelle la direction soit la mesme que de la composée, si l'un est aussi fort que l'autre.

Cecy estant posé, nous considérons dans les corps deux sortes d'impressions qui les peuvent faire mouvoir, l'une qui les chasse d'un lieu vers un autre par violence, telle est celle que la raquette donne à la bale, la corde d'un arc à la flèche, &c. L'autre qui se fait par attraction des corps, soit que cette attraction soit réciproque, ou non, & cette dernière est de telle nature qu'elle ne peut jamais causer de réflexion, comme si l'aimant B attirant le fer A, le fer s'approchant vient à rencontrer le corps C qui l'empesche de continuer son mouvement de A vers B, il s'arrestera contre le corps C, le pressant continuellement, d'autant que l'attraction se faisant au travers de C, la vertu de l'aimant empesche le fer de rejaillir vers A, mais la nature de la première sorte d'impression est telle qu'un corps estant meu en cette façon, s'il vient à rencontrer un obstacle auquel il ne puisse pas communiquer son impression, l'obstacle la luy rend, ou pour mieux dire le détermine à retourner vers une autre part, & nous prendrons pour principe, que si un mobile rencontre un obstacle estant meu par une ligne perpendiculaire au mesme obstacle, il retournera vers le lieu duquel il estoit meu. Ainsi A se mouvant vers D par une ligne perpendiculaire à l'obstacle B C, & venant à rencontrer cet obstacle, auquel nous supposons qu'il ne puisse pas communiquer toute ou presque toute l'impression qui l'a fait mouvoir, il sera réfléchi par la mesme ligne D A, par laquelle il s'estoit meu, mais en telle sorte que s'il n'a communiqué rien du tout de son impression à B C, & que B C ne luy en ait pas donné une nouvelle, il retournera avec autant de vitesse qu'il en avoit en D. Que s'il a communiqué une partie de son impression à B C, il ne retournera pas avec autant de vitesse qu'il en avoit en D ; & enfin si l'obstacle B C ne luy a pas seulement rendu l'impression qu'il luy vouloit donner, mais encore l'a augmentée, comme si en D il a trouvé un ressort, ou autre chose, alors le mobile retournera de D avec plus de vitesse qu'il n'en avoit, quand il est premièrement parvenu au mesme point D.

Ce principe estant ainsi expliqué, nous n'aurons point de peine à entendre la nature de la réflexion. Car si nous pensons qu'une bale estant poussée d'A vers B, rencontré au point B la superficie de la terre que nous supposons parfaitement plate & dure, pour ne nous point embarrasser dans de nouvelles difficultez, laquelle l'empeschant de passer outre est cause qu'elle se détourne, & pour entendre de quel costé, puisque son mouvement peut estre divisé en toutes les parties desquelles l'on peut concevoir qu'il est composé, imaginons-nous qu'il le soit des deux A C & A H, ou C B, desquels le premier fait descendre la bale de A

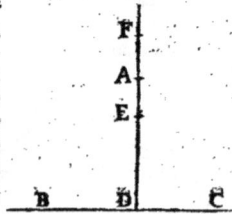

T

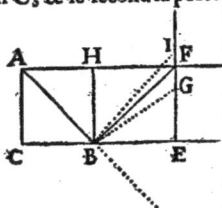

en C, & le ſecond la porte de la gauche A C vers la droite ; & parce que la rencontre de la terre eſt tout-à-fait contraire à l'un de
ces mouvemens A C, & qu'elle n'eſt point oppoſée
à celuy qui l'a fait aller de la gauche vers la droite,
il eſt certain que ſi le mobile euſt eſté meû ſeulement par ſon propre poids ſur un plan incliné, comme A B, eſtant arrivé en B, ou il ſe fuſt arreſté tout
court, ou ſuivant ſa figure & les degrez d'impreſſion
qu'il auroit, il euſt roulé le long de B E ; mais parce que le mouvement de la bale eſt un mouve-
ment violent, & que par noſtre principe ſi elle euſt eſté portée le long de
H B, elle feroit remontée de B en H : au lieu que nous avons compoſé le mouvement A B des deux C B & H B, puis que le mouvement H B eſt changé en
B H, compoſons un mouvement de deux, dont l'un ſoit C B ou B E que nous
prenons égal à C B, & l'autre E F ; & ayant décrit le parallellogramme H E,
tirons la diagonale du point B, où ſe fait la réfléxion en montant vers F, nous
trouverons que la bale remontera en autant de temps par la ligne B F, qu'elle en
aura mis à deſcendre par la ligne A B ; en ſorte que l'angle de réfléxion ſera égal
à celuy d'incidence, car ſuppoſant que la bale n'ait rien perdu de ſon impreſſion, & n'en ait point acquis de nouvelle, ſon mouvement n'a fait que changer
de direction : mais ſi elle euſt rencontré un corps qui luy euſt cedé, en ſorte que
luy communiquant de ſon impreſſion elle en euſt tout autant perdu, il euſt fallu
compoſer un mouvement de B E, & d'un autre moindre que E F, comme E G ;
auquel cas l'angle de réfléxion auroit eſté moindre que celuy d'incidence. Et
poſé que la bale euſt rencontré un corps capable d'augmenter ſon impreſſion,
comme une raquette, ou un reſſort, ſon mouvement auroit eſté compoſé de
B E, & d'un autre comme E I plus grand qu'E F en montant, auquel cas l'angle
de réfléxion auroit eſté plus grand que celuy d'incidence.

Et ce meſme raiſonnement ſe peut auſſi-bien accommoder à l'opinion de
ceux qui tiennent que la bale ou tout autre miſſile ayant communiqué toute ſon
impreſſion à l'obſtacle, elle rejailliſt ou par la force du reſſort qu'elle rencontre
dans l'obſtacle, ou par celle du reſſort qui eſt en elle-meſme, ou par toutes les
deux.

Venons à la réfraction, & ſuppoſons que la bale rencontre en B, non plus la
ſuperficie de la terre, mais une toile ſi déliée qu'elle ait la force de la rompre en
perdant ſeulement une partie de ſon impreſſion ; & parce qu'elle ne doit rien perdre de celle qui la fait aller de la gauche vers la droite, dautant que la toile ne
luy eſt point oppoſée en ce ſens-là, ſuppoſons qu'elle perd la moitié de l'impreſſion qui la fait deſcendre, en ce cas il fau-
dra continuer B E égale à C B, & prendre E I
égale à la moitié de A C, de ſorte que la diagonale B I ſera le chemin que ſuivra le mobile
aprés ſa réfraction ; & pareillement ſi la viteſſe
A C euſt eſté augmentée, par exemple, de la
moitié, comme ſi le mobile paſſant de l'air euſt
entré dans un autre milieu de telle nature qu'il
euſt pû s'y mouvoir une fois auſſi viſte, en ce
cas nous aurions fait E I double de A C, B E demeurant égale à B C, &c. ce
que l'on voit expliqué bien au long dans les Auteurs.

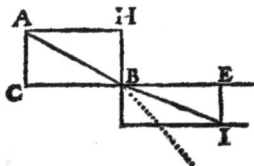

Or il faut remarquer avec ſoin cette façon de compoſer, & meſler les mouvemens, puis que nous voyons que des perſonnes les plus exercées dans la recherche des véritez Mathématiques ſe ſont trompées en cét endroit : ainſi
M. Des Cartes pour expliquer la réfléxion, décrit un cercle du centre B, qui

passe par A, & trouve que le point de la circonférence auquel le mobile retournera en autant de temps qu'il a mis à aller de A vers B doit estre F ; au lieu
que d'un raisonnement semblable au nostre il devoit en tirer comme une con-
séquence, que le point F dans cette hypothese se rencontrera dans la circonférence du cercle décrit du centre B par A.

Secondement, expliquant la réfraction de la bale dans l'eau, il a confondu
les termes d'impression ou vistesse, & de détermination, lesquels pourtant il
avoit distinguez peu auparavant ; car en la page 17. ligne derniére, il dit, *& puis* *Discours 2.*
qu'elle ne perd rien du tout de la détermination, &c. *de la Dio-*
ptr.

Troisiémement, il semble qu'il explique mal dans la page 19. la réfléxion de
la bale sur la superficie de l'eau : car il est vraysemblable que lors que la bale
A B entre dans l'eau, & que la réfraction se fait vers I, c'est à cause que la bale
entrant dans l'eau au point B, & vou-
lant continuer son chemin vers D, rencontre d'un costé l'angle C B D obtus,
& de l'autre costé l'angle E B D aigu, &
trouve plus de corps, & partant plus
de résistance du costé de l'angle obtus
que du costé de l'aigu : ainsi elle se détourne par un chemin un peu courbe vers
I, lequel elle ne quitte plus lors qu'elle est
assez enfoncée dans l'eau : car bien qu'il y

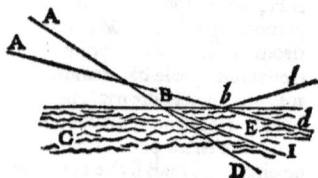

ait toûjours plus d'eau au dessous de B I, que non pas au dessus, néanmoins à
cause de son enfoncement, elle trouve la résistance d'une part aussi forte que de
l'autre, ce qui fait qu'elle continuë à se mouvoir vers I.

Mais lors qu'elle entre dans l'eau par la ligne A *b* trop inclinée, d'autant qu'a-
vant d'estre parvenuë dans l'eau en un endroit auquel la différence de la résistance des deux parties de l'eau luy fut insensible, il faudroit qu'elle eust (pour
ainsi dire) labouré un long sillon d'eau, & agi pendant trop long-temps contre
la résistance de l'eau du costé inférieur ; de sorte que par cette action elle perd
l'impression de s'enfoncer davantage ; & sa figure que nous supposons estre
ronde, quoy-qu'elle tienne de la nature & des propriétez d'un coin qui fendroit
l'eau, la porte vers la partie la plus foible, c'est-à-dire vers la superficie supérieure de l'eau, & quelquefois au dessus de la mesme superficie ; ce qui est assez
intelligible.

Voyez ce que dit *M. Des Cartes* sur ce sujet dans les pages 21, 22. & les suivantes.

L'on pourroit déduire un grand nombre de belles conclusions de cette proposition du mouvement composé de deux droits : mais puisque dans ce petit
Traité nostre but principal est de tirer du mélange des mouvemens une méthode
générale pour trouver les touchantes des lignes courbes, nous ne nous arresterons pas davantage à cette proposition.

Mais avant que de passer outre, nous remarquerons deux choses : la première, que le diamétre A D eust pû estre décrit par un point
porté de deux mouvemens droits AB, A C, desquels ni l'un ni l'autre n'eust esté uniforme. Il
eust pourtant fallu qu'à mesure que l'un, comme A B, eust esté augmenté ou diminué, la vî-
tesse de l'autre eust esté changée à proportion,
comme si le mobile eust esté porté en A B
d'un mouvement fort lent depuis A jusques
à E, & d'un fort viste depuis E jusques en

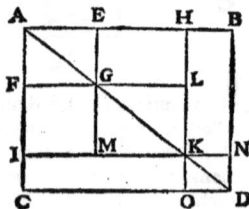

H, &c. pour luy faire décrire la ligne A D, il auroit fallu qu'ayant divisé A C en mesme raison qu'A B dans les points F & I, la ligne A B eust descendu fort lentement d'A vers F, & fort viste de F vers I; ce que l'on pourra mieux concevoir, si l'on considere le mobile en G, comme devant en mesme temps estre porté de deux mouvemens uniformes, & desquels les vistesses sont entre elles, comme les lignes G L & G M le long des mesmes lignes G L & G M; &c.

Secondement, il nous sera facile de voir que si le mobile eust esté porté sur les lignes A B, A C par deux mouvemens droits, mais differens l'un de l'autre, en telle sorte que les parties de l'un n'eussent pas esté toûjours mesme raison avec les parties de l'autre, en ce cas le mobile eust décrit une ligne courbe; comme si les deux mouvemens eussent esté difformes ou disproportionnez, lors que le mobile estant en E dans la ligne A B, il eust esté en F dans la ligne A C, & qu'estant en H, il eust aussi esté en I, la ligne décrite par le mouvement meslé de ces deux auroit esté la courbe A G K D, &c.

Mal expliqué, mais facile à entendre.

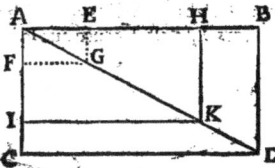

Et cette consideration ne sera pas des moins utiles pour la recherche des touchantes des lignes courbes, comme l'usage le fera découvrir.

Proposition troisiéme.

BIEN que ce que nous avons dit jusques icy des mouvemens meslez pût suffire pour nous en faire comprendre la nature, néanmoins puis que leur connoissance est un principe d'invention pour quantité de belles veritez, il sera peut-estre à propos d'en considérer icy divers autres mélanges, quoy-que tout ce que nous en dirons ait une grande étenduë, à cause que ce ne sont icy que les élemens de cette science.

Nous avons expliqué dans les propositions precedentes comment une ligne droite peut estre entenduë décrite par un mouvement uniforme meslé de deux droits & uniformes, ou par un mouvement inégal meslé de deux droits & difformes, &c.

Or la mesme ligne droite peut aussi estre entenduë décrite par une infinité d'autres mouvemens, par exemple, par un mouvement droit & un circulaire, comme si la droite A C B se mouvant circulairement au tour du centre A, un point, comme C, est porté dans la mesme ligne, en sorte qu'il se trouve toûjours dans la commune section de la mesme ligne A B, & d'une autre D E; nous dirons que la ligne D E est décrite par un mouvement meslé d'un droit qui se fait le long de la ligne A B, & d'un circulaire que la mesme ligne A B communique au mobile qui la décrit par son mouvement droit; & ces deux mouvemens sont tels, quoy-que bien difformes, que si l'on nous donne de position le point A & la ligne D E, quelque point que l'on prenne dans la ligne D E, la proportion de l'un de ces mouvemens à l'autre sera donnée.

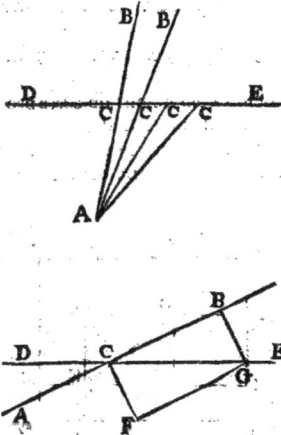

Car

Car ayant prolongé la ligne A B par delà la ligne D E, comme en B fi du point C auquel nous voulons connoître la proportion de ces deux mouvemens, nous tirons C F perpendiculaire à A B, nous aurons la direction du mouvement circulaire qui fe fait en C ; mais les deux autres directions font données, A B du mouvement droit fimple, & D E du mouvement compofé. Donc les trois impreſſions nous font données, ou la proportion de chacun des mouvemens aux deux autres.

Nous pouvons encore imaginer que la meſme ligne eſt décrite par un mouvement meſlé de deux, l'un paraboli-que, l'autre droit, deſquels nous pour-rons en comprendre, un uniforme, comme fi la parabole eſtant portée par un mouvement droit, en forte que l'un de fes diamétres foit toûjours fur la ligne A B, un point C fe promene de telle forte dans la parabole, qu'il fe maintienne toûjours dans la ligne D E ; & en ce cas fi la touchante de la para-bole en C nous eſt donnée, nous con-noiſtrons ces trois mouvemens, c'eſt-à-dire les viteſſes de chacun des trois comparé aux deux autres, puiſque leurs trois directions nous font données, où vous remarquerez que la direction du mouve-ment droit fimple eſt la ligne A B, c'eſt-à-dire, une ligne L C M parallele à A B.

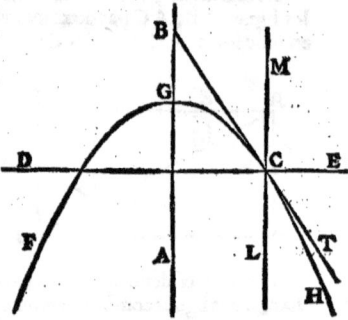

Ce que nous avons dit de la parabole fe doit encore entendre du cercle, de l'hyperbole, de l'ellipfe, & généralement de toute autre ligne ; de forte que la ligne D E pouvant eſtre entenduë décrite par un mouvement compofé d'une infinité de mouvemens droits, & chacun de ceux-là d'un droit & d'un circu-laire, ou d'un droit & d'un parabolique, &c. vous voyez que la meſme ligne pourra eſtre décrite par une infinité de mouvemens, chacun différent en eſpé-ce de tous les autres.

Et pour montrer que nous pouvons dire du cercle, de la parabole, & d'une infinité de lignes courbes, ce que nous avons dit de la droite ; foit la circonfé-rence de cercle A B C, le centre du cer-cle D, & un point E dans le cercle au-tre que le centre, & foit tirée la ligne E D A : vous voyez donc que fi la ligne E D A tourne autour de E, & qu'en meſ-me temps un point B fe promene fur la meſme ligne, en forte qu'il fe maintien-ne toûjours dans la circonférence A B C, cette circonférence fera décrite par le mélange d'un mouvement droit & d'un circulaire. Et vous voyez encore, que fi l'on veut fçavoir la raifon de ces deux mouvemens l'un à l'autre, la touchante de la circonférence nous eſtant don-née en un point, cette raifon nous fera donnée en ce meſme point, comme fi la touchante A F nous eſt donnée au point A, & la pofition de la ligne E D A, nous verrons que cette ligne eſtant perpendiculaire à A F, elle eſt la ligne de direction du mouvement circulaire fimple, qui fe fait à l'entour du point E ; mais elle eſt auſſi la direction du mouvement circulaire compofé, puis qu'elle touche la circonférence A B C, par laquelle fe doit faire ce meſme mouvement compofé ; d'où il s'enfuit que le mobile qui décrit la circonférence A B C par fon

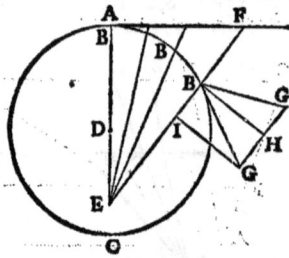

V

mouvement, n'a au point A qu'un feul mouvement circulaire, duquel la direction eft AF.

Mais fi l'on donne la touchante BG en un autre point de la circonférence, comme en B, le point E eftant encore donné, nous menerons la ligne EB, qui fera la direction du mouvement droit, & BH fa perpendiculaire fera la direction du mouvement circulaire fimple à l'entour du point E; mais la direction du mouvement compofé eft auffi donnée, fçavoir la touchante BG, nous connoiftrons donc la vîteffe de ces trois mouvemens, & nous comparerons chacun d'eux aux deux autres.

Comme au contraire, fi l'on nous euft donné les points E & B, & la raifon du mouvement droit au mouvement circulaire fimple, comme de GH à BH, nous aurions trouvé la touchante du cercle.

Il nous fera auffi facile de concevoir que la mefme circonférence peut eftre décrite par un mouvement droit & un parabolique, ou par un droit & un hyperbolique, &c. comme nous avons dit de la ligne droite.

Et pour finir en deux mots cette fpéculation, nous pourrons dire de la parabole, de l'hyperbole, & des autres lignes courbes, ce que nous avons expliqué du cercle,

Propofition quatriéme.

Toute cette propofition eft mal digerée, & il vaut mieux la paffer que de s'y arrefter.

SI deux lignes droites faifant l'une avec l'autre tel angle qu'on voudra, viennent à fe mouvoir parallelement chacune à foy-mefme, en telle forte qu'elles fe puiffent toûjours couper l'une l'autre, & que la vîteffe de la première foit donnée dans la feconde, & la vîteffe de la feconde donnée dans une troifiéme, qui faffe tel angle qu'on voudra au point de leur départ : le point qui fe rencontrera toûjours dans leur commune fection fera porté par trois mouvemens, deux defquels eftant réduits à un, l'on trouvera que le mouvement de ce point dans la feconde ligne aura efté hafté, quoy-que toûjours uniformement, en forte que par le mouvement compofé de ces trois, il aura décrit une ligne d'un mouvement uniforme, &c.

Cette propofition feroit extraordinairement longue, c'eft pourquoy nous expliquerons le refte cy-après.

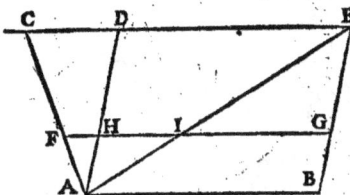

Suppofons que la droite AB comprenant tel angle qu'on voudra en A avec la droite AD, l'une & l'autre de ces deux lignes viennent à fe mouvoir parallelement à foy-mefme & uniformement, AB vers D, & AD vers B, & que la vîteffe de la ligne DA foit donnée dans AB, & la vîteffe de AB foit donnée dans une troifiéme ligne AC, en telle forte que lors que le point A de la ligne DA fera arrivé en B, en mefme temps le point A de la ligne BA arrivera en C. Je dis que le point qui fe rencontre toûjours en la commune fection des deux lignes AB, AD fera porté par trois mouvemens droits, l'un par la ligne AD, & les deux autres par la ligne AB, en forte que ladite ligne AB eftant prolongée à l'infini, il parcourra une plus grande ligne fur AB, qu'il n'euft fait fi la vîteffe du point A de la ligne AB euft efté donnée depuis A jufques en D, & que la ligne qu'il décrira par le mouvement mefté de ces trois fera le diametre AE du parallellogramme DB, & que fon mouvement fur AE fera uniforme.

La première partie de cette propofition eft affez intelligible de foy-mefme, car quand nous ne donnerions point de mouvement à la ligne DA, & que la ligne AB se mouvant, en sorte que son bout A décrivant la ligne AC, un point fust porté le long de AB, commençant son mouvement en A, à telle condition qu'il deust toûjours estre en la commune section des deux AB, AD; il est clair que ce point auroit deux mouvemens sur la ligne AD, l'un AC, par lequel la ligne AB s'efforceroit de le porter d'A vers C, l'autre CD, par lequel il seroit ramené de C vers D, pour décrire la ligne AD. Mais si ces deux mouvemens estant ainsi prouvez, nous faisons encore mouvoir la ligne AD vers B, ce point aura encore un mouvement par lequel il suivra la ligne AD: il est donc vray qu'il a trois mouvemens, &c.

Ce que nous pouvons encore examiner en cette sorte, posé que le point A de AB deust parcourir AD, & que A de AD deust parcourir AB, il est certain que le point qui se rencontreroit toûjours sur leur commune section seroit porté par deux divers mouvemens, comme nous avons démontré en nostre premiére proposition: mais faisant que le point A de AB décrive AC, au lieu de AD, ce point a encore un mouvement par lequel la ligne AB s'efforce de le porter le long de AC, ainsi pour luy résister il faut qu'il se haste davantage sur AB, en sorte qu'il y décrive une plus grande ligne qu'il n'eust fait, si A de AB eust parcouru AD: donc le point a trois mouvemens, &c.

Or nous démontrerons en cette façon que le mouvement composé de ces trois est droit & uniforme, & le long du diamétre AE. Car ayant tiré la ligne FHIG parallele à AB coupant, &c. lors que le point A de AB sera en F, si la ligne AD n'a pas changé de place, le point de la commune section aura eu deux mouvemens uniformes AF, FH, que nous réduirons à un seul AH, par la premiére proposition, en sorte que ce point sera en H, de la ligne AHD. Mais en mesme temps le point H de AHD a esté porté en I par un mouvement uniforme HI: donc ce point de commune section a esté porté par deux mouvemens uniforme AH, HI; & partant par la premiére proposition il a décrit la ligne AI, &c.

Notez qu'il n'estoit pas besoin de tirer FG, & que le mesme argument se pouvoit faire des lignes AC, CD, & les ayant réduites à AD, composer un mouvement des deux AD, & DE.

Cette proposition se doit entendre tres-généralement.

Ainsi si la ligne FC se meut parallelement à soy-mesme & uniformement, en sorte que son point F décrive la ligne FL, & qu'en mesme temps la ligne FO se meuve parallelement à soy-mesme & uniformement, en sorte que son bout F doive décrire la ligne FN, le point de commune section des deux lignes FC, FO, aura décrit la diagonale FM du parallellogramme OC. Quoy-que ce point ait esté porté de quatre divers mouvemens, * car les deux mouvemens qu'il a en FO, l'un par lequel il court de F vers O, l'autre par lequel la ligne FO tâche de le reculer pour luy faire décrire FN, ces deux mouvemens, dis-je, se réduisent à un seul FC, (car FC est le diamétre d'un parallellogramme FNC) & les deux mouvemens qu'il a en FC, l'un par lequel décrivant la ligne FC, il est porté de F vers C, l'autre par lequel la ligne FC tâche de luy faire décrire la ligne FL, ces deux mouvemens, dis-je, se réduisent à un seul droit & uniforme FO. Donc tous ces quatre mouvemens estant réduits aux deux FC, FO par la premiére proposition, par la mesme proposition le point de commune section des deux lignes FC, FO, aura décrit la ligne FM, qui est ce qu'il falloit démontrer.

V ij

Je dirois ainsi : Le point F en FC, se mouvant vers LM, à deux mouvemens droits & uniformes, FL, LO, qui composent un mouvement droit FO.

Semblablement ledit point F en FO, se mouvant vers NM, à deux mouvemens FN, NC, qui composent FC.

Donc des deux mouvemens FO, FC, sera composé un mouvement FM, qui sera composé de tous ces quatre, & FM est diagonale, &c.

Nous aurons besoin de cette proposition comme d'un lemme, pour les touchantes de la quadratrice, & peut-estre de quantité d'autres lignes.

PROBLEME I.

Proposition cinquiéme.

DONNER les touchantes des lignes courbes par les mouvemens meslez.

Mais nous supposons qu'on nous en donne assez de propriétez spécifiques, qui nous fassent connoistre les mouvemens qui les décrivent.

Axiome, ou principe d'Invention.

LA direction du mouvement d'un point qui décrit une ligne courbe, est la touchante de la ligne courbe en chaque position de ce point-là.

Le principe est assez intelligible, & on l'accordera facilement dés qu'on l'aura consideré avec un peu d'attention.

Regle générale.

PAR les propriétez spécifiques de la ligne courbe (qui vous seront données) examinez les divers mouvemens qu'a le point qui la décrit à l'endroit où vous voulez mener la touchante : de tous ces mouvemens composez en un seul, tirez la ligne de direction du mouvement composé, vous aurez la touchante de la ligne courbe.

La démonstration est mot à mot dans nostre principe. Et parce qu'elle est tres-générale, & qu'elle peut servir à tous les exemples que nous en donnerons, il ne sera point à propos de le répéter.

Vous trouverez dans les exemples suivans les touchantes des sections coniques, celles des autres lignes principales qu'ont connu les anciens, & celles de quelques-unes que l'on a décrit depuis peu, comme du Limaçon de Monsieur Paschal, de la Roullette de Monsieur Rob. de la Parabole du second genre de Monsieur Desc. &c.

Premier éxemple des touchantes de la parabole.

SOIT que l'on nous ait donné la parabole EFE, & le moyen de la décrire par la cinquiéme méthode générale de Monsieur Mydorge livre second, proposition 25. qui est telle.

Le sommet & le foyer de la parabole estant donnez de position, trouver dans le mesme plan tant de points qu'on voudra par lesquels la parabole est décrite.

Soit A le foyer, & F le sommet : soit tirée la ligne AF, & prolongée de F vers B, & soit FB égale à AF, la mesme ligne BFA sera l'axe de la parabole. Prenez dans FA autant de points I qu'il vous plaira, tirez par ces points des lignes perpendiculaires à FA ; du centre A & de l'intervale d'entre chaque perpendiculaire,

culaire, & le point B comme B I, décrivez des arcs de cercle dont chacun coupe une de ces perpendiculaires comme en E, la Parabole passera par les points E.

Cela posé si l'on demande la touchante de la Parabole au point E, soit tiré
la ligne A E prolongée comme en D, &
la ligne E I perpendiculaire à A B, & encore la ligne H E parallele à l'axe F A I,
alors il est clair par la description cy-
dessus, que le mouvement du point E
décrivant la Parabole, est composé de
deux mouvemens droits égaux, dont l'un
est la ligne A E, & l'autre est la ligne H E
sur laquelle il se meut de mesme vitesse
que le point I dans la ligne B A, laquelle vitesse est pareille à celle de la ligne
A E par la construction, puisque A E est
toûjours égale à B I. Partant puisque la
direction de ces mouvemens égaux est connuë, sçavoir suivant les lignes droites A E D, H E données de position, si vous divisez l'angle A E H en deux
également par la ligne L E C, qui est le diametre d'un rhombe autour de
l'angle A E H, (& par conséquent la direction du mouvement composé des
deux H E, A E,) la ligne L E C sera la touchante.

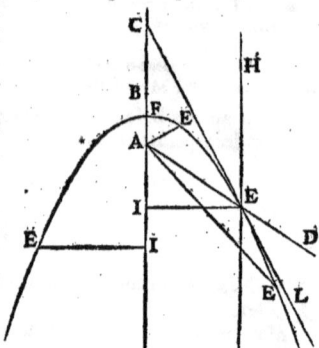

Avant que de passer outre, remarquez deux choses. La premiere, que nous
n'avons pas voulu considérer le point E comme commune section de deux lignes, dont l'une A E infinie se meut circulairement autour du point A; l'autre
I E aussi infinie descend parallelement à soy-mesme, ayant toûjours son extrémité I dans la ligne B A, puisqu'il a esté plus facile de considérer les mouvemens A E, H E du point E en chaque endroit de la section de ces lignes. Secondement, nous avons dit que les mouvemens A E, H E sont égaux l'un à
l'autre, ce qui sera vray, quelque point de la parabole que nous prenions pour
E. Mais il ne s'ensuit pas que tous les mouvemens d'un point E soient égaux à
tous les mouvemens d'un autre point E de la parabole, chacun d'eux n'en ayant
qu'un réciproque de l'autre costé de la parabole & également éloigné du sommet. Vous entendrez la mesme chose en toutes les autres lignes courbes.

Pour montrer que nostre façon de trouver les touchantes de la Parabole,
s'accorde avec celle d'Apollonius livre 1. proposition 33, & pour le trouver en
quelque façon analitiquement, posons qu'il soit vray que L E C touche la
Parabole en E. Si donc nous abaissons l'ordonnée E I, I F sera égale à F C, &
ajoûtant F B à I F, & F A à C F, les toutes C A & I B seront égales (car les
ajoûtées le sont par la construction) mais I B est égale à A E par nostre construction, donc C A & A E sont égales, & l'angle A C E égal à l'angle A E C ;
mais par nostre construction nous avons divisé l'angle A E H en deux également, & par conséquent nous avons fait A E C, C E H égaux entr'eux, donc
A C E est égal à C E H son alterne, ce qui est vray, car par la construction
E H est parallele à C I.

Ou si vous aimez mieux, puisque C I, E H sont paralleles, l'angle A C E
est égal à C E H ; mais par la construction C E H est égal à A E C, donc A C E
& A E C sont égaux, & le triangle A C E isoscéle, donc C A est égale à A E.
Mais encore par la construction A E est égale à B I, C A est donc égale à B I,
& en ostant les égales A F, B F, C F sera égale à F I, & par conséquent la ligne
C E touche la parabole, ce qu'il falloit démontrer.

Que si l'on nous eust donné la description de la parabole par un point,
comme E se promenant le long de la ligne I E du mouvement uniforme, en mesme temps que la ligne I E descend parallelement à soy-mesme d'un mouve-

X

ment tres-inégal, mais telque le quarré de I E est toûjours égal au rectangle sous I F, & une ligne donnée nommée P, qui en ce cas est le costé droit de la Parabole, il auroit fallu démonstrer ce problème.

La premiére (comme P) de trois lignes continuellement proportionnelles nous estant donnée, & un mouvement égal dans la seconde I E trouver le mouvement qui se fait dans la troisième F I, ce qui est un peu plus long, &c.

L'on pourroit encore proposer le moyen de décrire la Parabole par quelques autres de ses propriétez, ce qui seroit plus difficile.

Second éxemple des touchantes de l'Hyperbole.

NOus la décrirons avec M. Myd. liv. 2. prop. 26. en cette sorte.

Le sommet & les deux foyers ou points de comparaison de l'Hyperbole estant donnéz de position, décrire l'Hyperbole par des points dans le mesme plan.

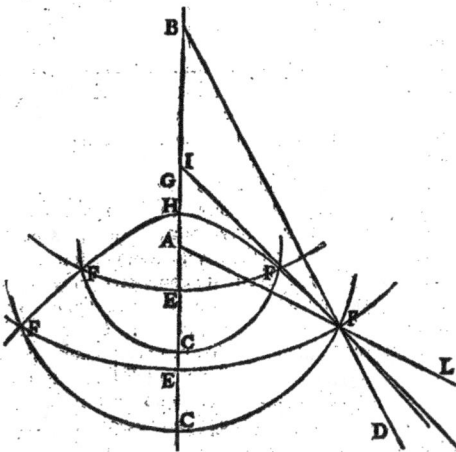

Soient les foyers A B, & H le sommet, donc la ligne droite A B passera par H. Prenons HG égale à H A, & prenons dans H A, prolongée, s'il en est besoin, tant de points que nous voudrons, comme E, par lesquels de B comme centre décrivons des arcs de cercle E F, & du centre A & de l'intervale, dont chaque point E est éloigné de G, décrivons d'autres arcs de cercle C F, qui coupent les premiers, comme en F, l'Hyperbole passera par tous les points F.

Cela posé, si je veux tirer la touchante de l'hyperbole, comme en F, ayant prolongé A F, comme en L, & B F, comme en D, sans m'amuser à considérer que l'hyperbole est décrite par le point F, qui est toûjours la commune section des deux lignes droites B F D, A F L, lesquelles se meuvent circulairement, la premiére autour du centre B, l'autre au tour du centre A, je vois qu'en quel lieu que je prenne le point F, si je le considére décrivant l'hyperbole à commencer du sommet, il a deux mouvemens; l'un, par lequel il s'éloigne d'A, le long de la ligne A L; l'autre, par lequel il s'éloigne de B le long de la ligne B D. Puis donc qu'il s'éloigne également d'A & de B, & que les deux directions sont F L, F D, ayant fait un rhombe duquel l'angle soit D F L, c'est à sçavoir, ayant divisé l'angle D F L en deux parties égales pour avoir le diamétre de ce rhombe, qui sera la direction du mouvement composé, la ligne M F I qui partage cêt angle sera la touchante de l'hyperbole.

Apoll. démontre liv. 3. prop. 48. que l'angle I F A est égal à l'angle I F B.

Troisiéme éxemple des touchantes de l'Ellipse.

VOicy comme M. Myd. la décrit par sa cinquiéme méthode générale, l. 2. prop. 27.

Les deux foyers, & l'un ou l'autre sommet de
l'ellipse estant donnez de position, décrire l'Ellipse par des points trouvez sur le mesme plan.

Soient les foyers ou points de comparaison A
& B, & H le sommet.

Donc la droite A B prolongée passera par H;
soit pris H G égale à A H, & du centre B de tant
& de tels intervales qu'on voudra plus grands,
pourtant que A H, & moindres que B H, comme B E, décrivez des arcs de cercle, comme E F,
& du centre A & de l'intervalle, qui est entre chacun de ces arcs, & le point G décrivez d'autres
arcs qui coupent chacun des premiers, comme en
F, l'Ellipse passera par les points F F.

L'Ellipse estant ainsi décrite, s'il faut tirer sa
touchante comme en F, ayant tiré les lignes B F C
& A F D, soit que je considère les deux mouvemens du point F en B C & A D, ou comme s'é-
loignant de B dans F C, auquel cas il s'approche
d'A dans F A, ou comme s'éloignant d'A dans
F D, auquel cas il s'approche de B le long de F B,
puisque le point F s'éloigne autant de l'un des
points A B, qu'il s'approche de l'autre, & que les
directions de ces deux mouvemens sont B F C &
A F D, je n'ay qu'à diviser l'un des deux angles
A F C, ou B F D en deux également par la ligne
I F M, elle sera la touchante de l'Ellipse.

Apoll. dans la mesme 48. du troisiéme veut que
l'angle A F I soit égal à l'angle B F M, ce qui s'accorde à nostre méthode, car les angles A F C,
B F D (au sommet l'un de l'autre) estant égaux,
leurs moitiez A F I, B F M le seront aussi, ce qu'il
falloit démontrer.

J'oubliois de mettre en deux mots la construction de ces trois éxemples, pour servir de régle
générale.

Pour tirer les touchantes des sections coniques.

POur la Parabole, estant donné le sommet & le foyer par le point où vous
voulez la touchante, tirez une ligne parallele à l'axe, & une autre ligne jusques au foyer, divisez en deux également des quatre angles que ces deux lignes
font, les deux que la Parabole coupe, la ligne qui fera cette division sera la
touchante.

Pour l'Hyperbole & l'Ellipse, les deux foyers estant donnez par le point où
vous voulez la touchante, tirez deux lignes aux deux foyers, des quatre angles
que ces lignes feront en ce point, divisez en deux également les deux opposez
que la section conique coupe, la ligne qui fera cette division sera la touchante.

Quatriéme éxemple des touchantes de la Conchoïde de dessus, de Nicomede.

BIen que l'on puisse décrire une infinité de lignes courbes, chacune desquelles sera conchoïde & asymptote à une mesme ligne droite, si est-ce que

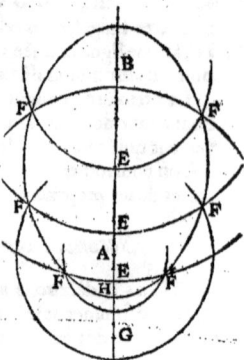

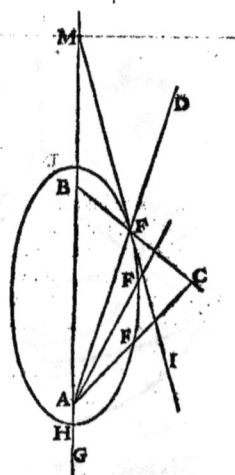

X ij

nous n'en confidérons que de deux fortes ou genres, fuivant qu'elles font décrites, ou entre leur pole & la ligne droite, qui leur fert de bafe, régle, ou afympo-
te, ce que nous appellons la conchoïde de deffous ; ou que cette ligne droite foit
entre le pole & la conchoïde, ce que nous appellons la conchoïde de deffus, ou
de Nicomede ; parce que, quoy-que leurs courbures foient toutes différentes
les unes des autres, néanmoins la méthode pour en trouver les touchantes n'en
confidére que ces deux cas.

Vous remarquerez que le pole de la conchoïde ne peut pas eftre dans la ligne
qui fert de régle ou de bafe à la conchoïde, car la ligne qui feroit décrite de
cette forte feroit un demy-cercle, dont la ligne droite qu'on auroit prife pour
bafe de la conchoïde, feroit le diamétre, &c.

La Conchoïde de deffus fe décrit en cette façon.

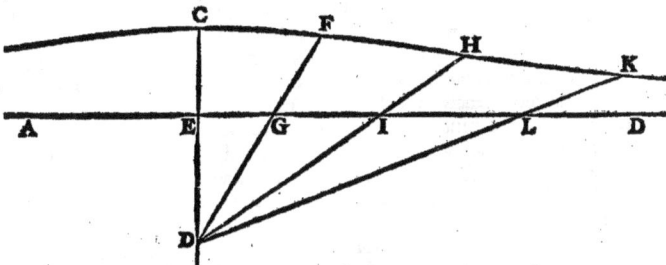

Soit la droite infinie A D à laquelle il faut tirer une conchoïde, de laquelle le
fommet foit C. Du point C tirez C D perpendiculaire à A B coupant A B en E,
& dans C D prenez un point comme D, en forte que la ligne A B foit entre les
deux points C & D, puis de D tirez quantité de lignes occultes, comme D G F,
D I H, &c. vers la ligne A B qui la rencontrent en G I L &c. puis prenez les
lignes G F, I H, L K chacune égale à E C, la Conchoïde paffera par les points
F H K &c.

Ayant ainfi décrit la Conchoïde, il fera facile d'en tirer les touchantes, par
exemple au point F.

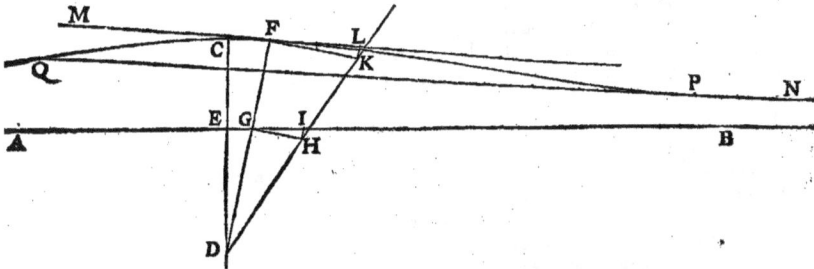

Confidérons que la conchoïde eft décrite par deux mouvemens du mefme point ; l'un par lequel il monte le long de la ligne D F ; l'autre par lequel
la ligne D F fe mouvant circulairement fur le centre D, emporte le mefme
point de C par F vers N ; & bien que nous fçachions que les directions de
ces deux mouvemens font l'une la ligne D F pour le mouvement droit, l'autre F K perpendiculaire à D F par noftre principe, pour le mouvement circulaire, fi eft-ce que nous n'en fçaurions découvrir la raifon ne les confidérant
que dans la conchoïde fi nous ne connoiffions la touchante de la conchoïde, qui
eft

eſt la direction du mouvement compoſé de ces deux. Cela nous oblige à éxaminer ou les meſmes mouvemens, ou d'autres qui leur ſoient proportionnez hors de la conchoïde.

Or il eſt tres-facile de les éxaminer dans la ligne droite, qui eſt la régle ou baſe de la conchoïde, ſi nous conſiderons qu'elle eſt décrite par un point G, qui monte dans la ligne D G F, autant que fait le point F dans la meſme ligne D G F; car puiſque les lignes E C, G F ſont égales par la conſtruction, l'excés de la ligne D F ſur la ligne D C eſt le meſme que l'excés de D G ſur D E. Donc le point E eſt autant monté allant de E juſqu'à G, que le point F allant de C juſqu'à F. Et pour le mouvement circulaire de G, non-ſeulement nous ſçaurons la raiſon qu'il a avec le mouvement droit G, leurs deux directions & celle de leur mouvement compoſé nous eſtant données, mais auſſi nous ſçaurons la raiſon qu'il a avec le mouvement circulaire F en cette façon.

Tirez G H perpendiculaire à D G; d'un point de D H comme H, tirez H I parallele à D G, qui coupe la regle E G B en I: vous avez donc la raiſon du mouvement circulaire G au mouvement droit G, comme de G H à H I; & puis que le mouvement droit G eſt égal au mouvement droit F, reſte d'avoir la raiſon du mouvement circulaire F au mouvement circulaire G; & parce que ces mouvemens ſont entr'eux comme les circonferences de leurs cercles, c'eſt-à-dire en meſme raiſon que leurs demi-diamétres D F, D G, il faut donc faire que comme D G à D F, ainſi G H ſoit à une ligne priſe dans F K. Or la conſtruction en eſt tres-aiſée, car vous n'avez qu'à tirer la ligne D H K rencontrant F K en K, dautant que les triangles D G H, D F K ſeront ſemblables. Vous avez donc la raiſon du mouvement circulaire F au mouvement droit F, comme de F K à K L ou H I. Donc ſi par K vous tirez K L parallele à D F, & égale à H I; puiſque les deux F K, K L ſont les directions des deux mouvemens F, & en meſme raiſon que ces deux mouvemens, la droite L F eſtant menée, elle ſera la direction du mouvement compoſé de ces deux, c'eſt-à-dire la touchante de la Conchoïde; ce qu'il falloit faire.

En deux mots le Pole D & la régle A B de la Conchoïde eſtant donnez de poſition, & un point de la Conchoïde F, tirez D F qui coupe A B en G, ſur les points G & F, tirez G H & F K perpendiculaires à D F, faites l'angle F D K aigu *ad libitum*, tirant la ligne D K qui coupe G H en H, & F K en K, tirez H I parallele à D F coupant A B en I, puis tirez K L égale & parallele à H I, le point L ſera dans la touchante au point F.

Remarquez que dautant que la Conchoïde change de courbure, le point L ſe peut rencontrer entre la Conchoïde & ſa baſe ou régle A B, puis qu'en ce cas le convexe eſtant en dedans, la ligne L F la touche auſſi en dedans entre la droite A B.

Remarquez encore qu'au lieu que les touchantes du Cercle, de la Parabole, de l'Hyperbole & de quantité d'autres lignes ne rencontrent ces meſmes lignes qu'au point de l'attouchement; en la Conchoïde tout au contraire, la ligne F L eſtant prolongée vers L coupera la Conchoïde prolongée vers N, & la touchante d'un point du convexe en dedans, comme de P, eſtant prolongée du coſté du ſommet C de la Conchoïde, rencontrera la Conchoïde comme en Q, ce qui eſt évident, puis que ces touchantes (excepté celle du ſommet C) n'eſtant point paralleles à la ligne A B, rencontrent neceſſairement la meſme ligne; & partant, puis que l'inclinaiſon de la touchante F L eſt vers L, & que la Conchoïde paſſe entre L & A B, elle rencontrera neceſſairement la Conchoïde, & la coupera vers L comme en N, ce que la touchante du point P ne pourra pas faire, quoy-qu'elle ait ſon inclinaiſon ſur A B, de meſme coſté que L: dautant que vers cét endroit elle eſt plus proche de A B que n'eſt pas la Conchoïde, mais elle rencontrera la Conchoïde vers le ſommet C, ou au-

Y

delà, comme en Q, dautant qu'elle s'éloigne de AB vers ce costé-là, où au
contraire la Conchoïde commence en C de s'en approcher.

Cinquiéme éxemple des touchantes de la Conchoïde de deſſous.

NOus nous ſervirons mot à mot de la régle de l'éxemple précédent; &
pour en faire l'application, il ne faut que ſçavoir décrire cette ligne.
Soit en la figure ſuivante la ligne droite & infinie AB, que nous prenons

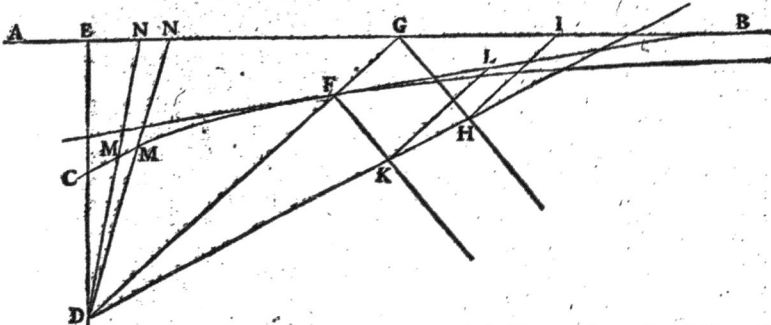

pour la régle ou baſe de noſtre Conchoïde de deſſous, & d'un point de la meſme ligne comme E, ſoit la perpendiculaire E D à la meſme ligne, dans laquelle
perpendiculaire prenons deux points C & D, le plus proche C pour le ſommet
de noſtre Conchoïde, & le plus éloigné D pour ſon Pole: alors ayant tiré au
point D quantité de lignes occultes D M N, qui coupent A B en N, ſi en chacune de ces lignes D M N de ſon point N, nous prenons N M égale à C E,
nous aurons dans chacune de ces lignes un point M, par lequel noſtre Conchoïde eſt décrite.

Cela poſé, puis que la ſeule différence, que nous remarquons entre les deux
mouvemens du point qui décrit cette ligne, & les deux qui décrivent ſa baſe,
d'une part; & les mouvemens ſemblables qui décrivent la première Conchoïde, & ſa baſe n'eſt autre, ſinon qu'en celle-cy le mouvement circulaire de la
ligne eſt moindre que le mouvement circulaire de ſa baſe, au lieu qu'en l'autre le mouvement circulaire qui décrivoit la ligne eſtoit le plus grand, &
qu'en l'une & en l'autre le mouvement droit de la ligne eſt égal au mouvement
droit qui en décrit la baſe, & qu'encore en l'une & en l'autre l'on peut comparer le mouvement circulaire de F au circulaire G par le moyen d'une ligne
D K H, qui fait un angle aigu G D H arbitraire avec la ligne G D, & laquelle
ligne D K H coupe les lignes G H, F K perpendiculaires à la ligne D G aux
points H & K : voulant tirer la touchante de cette ligne en un point, comme en
F, je tire la ligne D F, que je prolonge juſques à ce qu'elle rencontre la régle
A B en G, & ſur icelle des points F & G je tire deux perpendiculaires F K, G H,
qu'une ligne arbitraire D H coupe en K & en H; du point H je tire H I
parallele à D G coupant A B en I. J'ay donc, comme nous avons déja dit au
précédent éxemple, la raiſon du mouvement circulaire du point G de la ligne
D G (poſé que ce point doive décrite la régle A B) au mouvement droit du
meſme point, comme G H à H I; mais ce mouvement eſtant G H, le mouvement circulaire du point F de la ligne D F G décrivant la Conchoïde ſera F K,
& le mouvement droit du point F eſt égal au mouvement droit du point G: je
tire donc K L égale & parallele à H I; & puis que la Conchoïde, & par con-

féquent fa touchante eft décrite par un mouvement meflé des deux FK, KL, la ligne LF fera fa touchante au point F; ce qu'il falloit faire.

Sixiéme éxemple de quelques autres Conchoïdes.

L'ON peut décrire des Conchoïdes aux lignes courbes auffi-bien qu'à la ligne droite; & pour en trouver les touchantes, il faut premiérement connoiftre la touchante de la ligne courbe, qui eft comme la régle ou bafe de la Conchoïde : or nous n'avons pas eû befoin d'une touchante de la régle ou bafe aux deux éxemples précédens, parce qu'à proprement parler il n'y a que les lignes courbes qui ayent des touchantes ; l'on peut néanmoins dire que la ligne droite n'ayant point d'autre touchante, elle peut eftre confidérée comme fe touchant foy-mefme, & que c'eft en cette façon que nous l'avons confidérée aux deux éxemples précédens.

Pour donner un éxemple de ces Conchoïdes, foit propofé un cercle duquel le rayon eft AB, le centre A, & foit pris un point dans AB, prolongée, ou non, comme C, lequel nous prendrons pour le Pole de noftre Conchoïde; puis ayant prolongé CAB hors le cercle, comme en D, foit pris BD arbitraire pour l'intervale de noftre Conchoïde; enfin du Pole C tirons quantité de lignes occultes CEF coupant le cercle en E, & prenons du point E dans lefdites lignes les intervales EF égaux à BD, & d'une mefme part que BD, c'eft-à-dire, en dehors du cercle fi nous avons pris D en dehors dans le diamétre prolongé, ou en dedans fi le point D a efté pris en dedans, cette Conchoïde paffera par les points FFF &c.

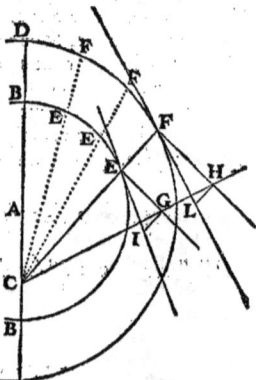

Or il eft fort facile de tirer la touchante de cette ligne fi nous confidérons qu'elle eft décrite par un mouvement meflé d'un droit & d'un circulaire, defquels la direction nous eftant donnée, il eft tres-facile de trouver la raifon de l'un à l'autre; car fi nous voulons tirer une touchante de cette ligne en un point comme F, ayant tiré la ligne CF qui coupe la circonférence du cercle en E, & des points FE ayant tiré les perpendiculaires FH, EG fur la ligne CF; il eft aifé de remarquer que la ligne CBD ayant tourné fur le centre C, & ayant changé la pofition par laquelle elle n'eftoit qu'une mefme ligne avec CEF, fon point B eft defcendu en E, pour décrire le cercle, & fon point D eft defcendu en F, pour décrire la Conchoïde du cercle, & qu'il s'enfuit que la ligne CEF eft la direction du mouvement droit de chacun de ces points & de celuy qui décrit le cercle, & de celuy qui en décrit la Conchoïde, & les lignes EG, FH font les directions des mouvemens circulaires. Or les mouvemens droits font égaux, puis que la différence des lignes CD & CF eft égale à celle des lignes CB & CE, de forte qu'il ne refte qu'à connoiftre la quantité de l'un de ces mouvemens droits, & la raifon des mouvemens circulaires entr'eux. Pour cét effet tirez EI touchante du cercle, & CH qui faffe un angle aigu avec CF (comme nous avons fait en la Conchoïde cy-deffus) & qui coupe EG, FH en GH, les directions des trois mouvemens EC, EG, EI eftant données trouvez-en les proportions, ce que vous ferez tirant GI parallele à CF, le mouvement droit du point E fera GI, & fon mouvement circulaire fera EG: mais le mouvement circulaire eftant EG, le mouvement circulaire du point F eft

Y ij

FH (à cause que ces deux mouvemens sont entr'eux, à sçavoir E G à F H, comme le demidiamétre C E est à C F.) vous n'avez donc qu'à prendre H L égale & parallele à G I, pour le mouvement droit du point F, & tirer la ligne de direction L F de celuy que les deux F H & H L composent, & vous aurez la touchante de cette Conchoïde; ce qu'il falloit faire.

Dans la figure de cét éxemple nous avons pris le point C au dedans du cercle, & le point D en dehors: nous eussions pû les prendre ou tous deux en dedans, ou tous deux en dehors, ou le Pole en dehors, & le point de l'intervale en dedans. De plus nous pouvions prendre l'intervale plus grand ou plus petit, de sorte que nostre Conchoïde eust fort approché de la figure d'une Ellipse. Enfin de quel intervale que nous eussions décrit nostre Conchoïde, si nous eussions pris pour son Pole le point A centre du cercle, il est évident que nostre ligne eust aussi esté un cercle : mais ces choses estant tres-faciles, la méthode d'en tirer les touchantes n'ayant en toutes ces lignes qu'une mesme application, nous ne nous y arresterons pas davantage.

Mais nous remarquerons en passant, que l'on peut tirer des Conchoïdes par cette mesme méthode, & en tous ces divers cas à l'Ellipse & aux autres sections coniques, & généralement à toutes les lignes courbes, mesme aux Conchoïdes &c. & en tout ces cas l'application de nostre méthode de tirer les touchantes sera toûjours la mesme, si nous supposons qu'on nous ait donné la touchante de la ligne principale, dont nous éxaminons la conchoïde, ou des propriétez spécifiques pour la trouver.

Septiéme éxemple, du Limaçon de M. P.

C'est encore une espéce de Conchoïde de cercle, de laquelle voicy la description.

Cette proposition est vraye, mais elle est expliquée en ce lieu avec beaucoup de confusion.

SOit proposé le cercle C G B E, duquel le centre est A, le diamétre B C prolongé autant qu'il sera besoin, comme en D soit pris B pour le Pole de nostre Limaçon, & C D pour l'intervale duquel on se doit servir pour le décrire, moindre que le diamétre. De B tirez quantité de lignes occultes B E F, qui coupent la circonférence du cercle en E, & prenez E F en chacune de ces lignes égale à C D, & de mesme costé, le Limaçon passera par tous ces points F F. Or il faut remarquer que l'on prend autant d'intervales que l'on peut à commencer de la partie convexe du cercle, qui est d'un mesme costé que le Limaçon au regard de la ligne D C B, & que voulant continuër cette ligne il faut prendre les points E dans l'autre demi-circonférence, qui a sa concavité tournée vers le Limaçon, ainsi le point B du Limaçon est le réciproque du point G de la circonférence du cercle lors que B G est égale à C D; & le dernier point du limaçon que nous avons marqué d'une petite * est le réciproque du point C, & les points du Limaçon d'entre B & * sont les réciproques des points de la circonférence

conference G C, comme les points les plus proches de B audessus du diametre
C B dans le mesme Limaçon, sont les réciproques des points de la circonference G B, ainsi H est le réciproque du point I jusqu'au point K qui est le réciproque du point B, & vous voyez par là la vérité de ce que nous avions remarqué que l'intervale C D ne doit pas estre plus grand que le diametre C B,
car autrement l'on ne pourroit pas décrire la portion * B du Limaçon, mesme
selon les divers intervales que l'on auroit pris, on n'auroit pas pû décrire la portion du mesme Limaçon la plus proche de B audessus du diametre C B. Il est
vray que pour celqui est de cette méthode des touchantes, il ne nous importe
point que cette ligne soit grande ou petite, entiere & terminée en un point du
demi-diametre A B, ou tronquée &c. parce que les mouvemens de la description de l'une & de l'autre de ces lignes estant par tout les mesmes, l'on
en donne les touchantes de la mesme façon. Mais voulant éxaminer un autre
moyen de décrire cette ligne, & dire quelque chose de son usage, ce que nous
ferons cy-aprés, il y a fallu ajoûter cette restriction.

Il est aussi facile de
tirer les touchantes de
cette ligne que des
Conchoïdes précéden-
tes, la méthode en est
la mesme, & les deux
mouvemens, l'un droit,
l'autre circulaire, qui
décrivent cette ligne,
se doivent éxaminer de
la mesme façon : car il
faut considerer que la
ligne B E F se mouvant
circulairement autour
du Pole B jusqu'à ce
qu'elle ait la position
de B C D, les deux
points E & F s'éloi-

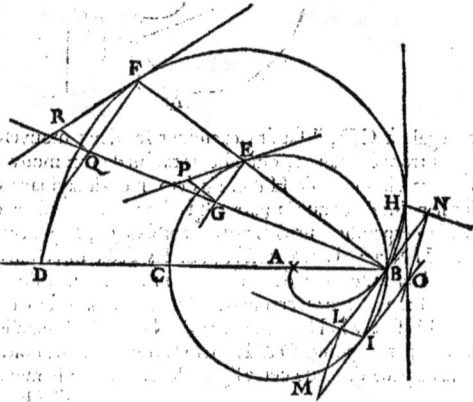

gnant de B, montent dans la ligne vers D : or puisque E F est égale à C D, la
difference des lignes B E, B C est égale à la difference des lignes B F, B D;
d'où il suit que le point E qui décrit le cercle a le mesme mouvement droit
dans la ligne, B E F, que le point F qui décrit le Limaçon, de sorte que con-
noissant le mouvement droit du point E nous connoistrons aussi le mouvement
droit du point F: il reste donc à éxaminer les mouvemens circulaires de ces deux
points, desquels les directions sont perpendiculaires à la ligne B E F. Tirez donc
les perpendiculaires E G & F Q, & prenez dans E G sa partie E G ad libitum,
pour la quantité du mouvement circulaire du point E, tirez encore la ligne
B G Q, puis faites que comme le demi-diametre B E est au demi-diametre
B F, ainsi E G soit à Q F (ce qui se fera par le moyen de la ligne B G Q, faisant
un angle aigu ad libitum avec B F, & coupant E G en G, & F Q en Q) supposé
donc que le mouvement circulaire E soit E G, la quantité du mouvement circulaire F sera F Q; mais supposé E G pour la quantité du mouvement E, l'on
trouve que le mouvement droit E est égal à G P (ce qui se fait, ayant tiré la touchante du cercle P E, par le moyen de la ligne G P parallele à B E, & coupant
la touchante en P) comme nous avons remarqué, & le mouvement droit de
F est égal à celuy de E, comme nous l'avons expliqué cy-devant. Supposé
donc F Q pour la quantité du mouvement circulaire F, le mouvement droit
sera G P, c'est-à-dire Q R égale & parallele à G P; le point R est donc donné,

& par mefme moyen R F pour la direction & la quantité du mouvement meflé des deux F Q, Q R, c'eft-à-dire, noftre touchante; ce qu'il falloit faire.

Remarquez qu'on doit toûjours éxaminer les deux mouvemens dans le cercle au point réciproque de celuy de la Conchoïde, pour lequel nous cherchons la touchante; comme par éxemple, fi l'on vouloit tirer la touchante du Limaçon au point H affez proche de B, ayant tiré la ligne H B, & l'ayant prolongée jufqu'à ce qu'elle coupe le cercle en I, qui fera dans le cercle le point réciproque du point H, comme C eft réciproque de D, car par la conftruction H I eft égale à C D, il faudra éxaminer les deux mouvemens du point I, & en ayant trouvé la raifon, chercher la raifon de fon mouvement circulaire au mouvement circulaire de H &c. En deux mots imaginant que la ligne H I tourne fur le point B, & que la partie B I eft portée en dedans du cercle vers C, ayant tiré la perpendiculaire I L vers le cofté de C, & par conféquent la perpendiculaire H N vers l'autre cofté, pour les deux directions circulaires; puis ayant trouvé la raifon des deux mouvemens I, comme de I L à L M (par le moyen de M I touchante du cercle B I C) &c. il faudra faire que comme B I eft à B H, ainfi I L foit à H N, puis ayant pris N O égale & parallele à L M, la ligne O H menée par les points O & H, fera la touchante de noftre Limaçon.

L'on peut dire que cette ligne eft décrite par le moyen d'une double équerre C E F B, de laquelle les coftez C E, E B font prolongez autant qu'il eft befoin. Or il n'eft pas befoin que chacun d'eux foit plus grand que le diamétre C A B du cercle C E B, & l'autre cofté E F eft toûjours égal à l'intervale que l'on prend de chaque point du cercle jufqu'à fon réciproque dans le Limaçon; de forte que faifant tourner l'angle droit C E B, en forte que fon point E décrive le demi-cercle C E B, ce qui fe fait luy donnant diverfes pofitions, & toutes dans un mefme plan, & à condition que la ligne C A B doive eftre toûjours l'hypotenufe des triangles rectangles qu'elle fera avec les parties de C E & E B, l'on n'a qu'à marquer dans le mefme plan tous les points que le point F de la double équerre aura décrit.

Or fur cette fuppofition l'on trouvera les touchantes de cette ligne de la mefme façon que nous avons déja fait, parce qu'encore qu'on ne considére pas le point F, comme se promenant le long de la ligne B E F, & mesme que cette ligne tourne circulairement sur le Pole B, l'on ne laisse pas de connoistre les deux mouvemens que luy donne la ligne B E F, qui en cette seconde supposition tournant sur le point B, s'éleve en mesme temps peu à peu pour conduire l'angle droit B E C de B en C sur la circonférence du demi-cercle B E C.

Mais voicy une des belles spéculations qui se puisse sur la description de cette ligne, & par le moyen de laquelle elle a esté trouvée par le sieur de Roberval.

Soit proposé le cercle C E B, & l'intervale C D comme aux figures précédentes : du point C & de l'intervale C D soit décrit le cercle D G * ; je dis que si ce dernier cercle D G * est la base d'un Cone scalene du sommet duquel, que nous appellerons S, la perpendiculaire S B tombe en B sur le plan du cercle D G * ; ayant tiré des touchantes G F à ce cercle, & du point S tiré des lignes S F perpendiculaires à ces touchantes, que chacun des points F sera dans nostre Limaçon, ou si vous aimez mieux que la ligne qui passe par tous ces points F F est la mesme que le Limaçon du cercle C E B, dont le Pole est B, & l'intervale est C D. Car si du point B vous joignez la ligne B F, il est certain par un coroll. de la 6. du 11. qu'elle sera perpendiculaire à G F. Du centre C tirez C E parallele à G F, & qui coupe B F en E ; G E sera donc un parallelogramme réctangle, & la ligne E F sera égale à C G, c'est à-dire à C D ; mais l'angle C E B estant aussi droit, il est dans un demi - cercle décrit sur le diamétre C B. Il s'ensuit donc que nous trouverons toûjours un mesme point F, soit ayant décrit le cercle D G *, & ayant tiré sa touchante G F, & de S sommet du Cone ayant mené la ligne S F, soit ayant décrit un cercle C E B, & tiré la ligne B E F coupant le cercle en E, & pris E F égale à D C demi-diamétre du premier cercle : mais nous avons montré que trouvant des points F par cette seconde méthode, nous décrivons le Limaçon du cercle C E B, & partant trouvant les points F de la premiére façon, puisque ces points sont les mesmes, nous décrirons aussi nostre Limaçon ; ce qu'il falloit démontrer.

Je diray en passant une propriété de la petite portion de cette ligne, qui est telle que si l'on prend l'intervale D C égale au demi - diamétre C A, du cercle auquel on décrit le Limaçon, & que de cét intervale l'on décrive le Limaçon, sa petite portion * B servira à couper un angle rectiligne proposé en trois parties égales. Cette propriété est du sieur Pascal.

Car soit proposé l'angle D B H, dans l'une des deux lignes, qui le contient, comme D B, je prends le point * ; duquel j'abaisse * I perpendiculaire sur l'autre ligne B H, & qui coupe la partie * K B

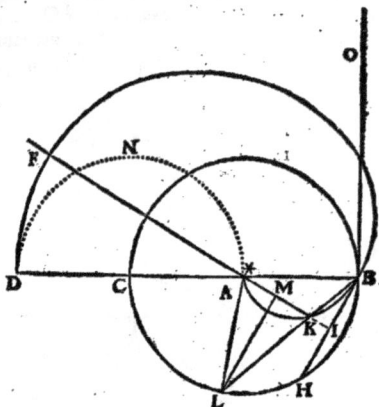

du Limaçon (décrit du Pole B au cercle dont le centre est *, le rayon * B & l'intervale du mesme Limaçon C D est égal à * B) en K, je tire la ligne B K L, je dis qu'elle fait avec la ligne B H l'angle K B H ⅓ de l'angle proposé C B H.

Pour le prouver soit décrit le cercle du Limaçon & la ligne B K prolongée jusqu'à ce qu'elle rencontre la circonférence dudit cercle en L, tirez L *, & ayant divisé * K bifariam en M, joignez L M, laquelle sera perpendiculaire sur

*K, car à cause du Limaçon, le triangle *LK a les costez L*, & LK égaux, estant égaux à un mesme CD. Puis donc que les triangles LMK, BIK sont rectangles, & ont les angles opposez égaux, ils sont semblables, & l'angle MLK égal à IBK: mais MLK n'est que la moitié de l'angle *LK, (parce que le triangle *LK est isoscele & sa base *K divisée bif. &c.) c'est-à-dire, de *BL, (car le triangle *LB est encore isoscele) & partant l'angle KBH n'est que ½ de l'angle *BL, & partant ⅓ du tout *BH; ce qu'il falloit démontrer.

Nota si l'on eust proposé l'angle obtus HBQ en ayant osté l'angle droit DBQ, & pris HBK ⅓ du restant, il ne faut que luy ajouter un angle de 30. degrez qui est ⅓ de l'angle droit, pour avoir le tiers du total proposé DBQ.

Monsieur de Roberval démontre que l'espace contenu sous la ligne droite DC* (soit que DC soit égale ou non à C*) & sous la courbe *KBFFD est égal à l'aggregé du cercle BHC, duquel la ligne *KBFD est le Limaçon, & du demi-cercle duquel l'intervale de cette mesme ligne CD est le demi-diametre, de sorte que si du centre C & de l'intervale CD l'on décrit le demi-cercle DN* l'espace curviligne contenu entre cette demi-circonférence, & le Limaçon est égal au cercle BHC, dont cette ligne est la Conchoïde.

Si l'on continuoit cette ligne de l'autre costé du cercle, elle représenteroit une sorte de figure en cœur divisé en deux superficies curvilignes, desquelles l'on pourroit faire un semblable examen, les comparant à des portions de cercle &c.

De la Spirale ou Hélice.

LA premiere définition du Livre des Spirales d'Archiméde nous apprend le moyen de décrire cette ligne; voicy les termes d'Archiméde.

Si recta linea in plano, manente altero termino, æquè velociter circunducta rursùs restituatur in eum locum à quo primùm cœpit moveri; & unà cum lineâ circumductâ, punctum feratur æquè velociter ipsum sibi ipsi, in eadem linea; incipiens à termino manente; ejusmodi punctum spiralem lineam in plano describet.

Soit proposé la ligne AB égale à l'intervale duquel on veut décrire la Spirale du centre A & de l'intervale AB décrivez le cercle B 3, 6, 12, 18, 24, divisez-en la circonférence en autant de parties égales que vous pourrez commodément, à commencer en B, & divisez la ligne AB en tout autant de parties égales; tirez les rayons A 1, A 2, A 3 &c. du point A sur le rayon A 1 prenez une des parties aliquotes du rayon AB; sur le rayon A 2 prenez deux des mesmes parties; 3 sur A 3, 12 sur A 12, 15 sur A 15, & ainsi des autres, les points que vous aurez marquez sur les demi-diametres seront dans la Spirale que vous voulez décrire.

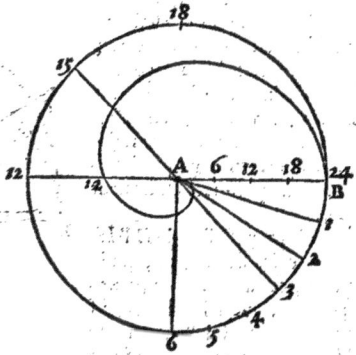

Que si dans la mesme ligne AB vous prenez BC, CD, DE &c. tant que vous voudrez, chacune égale à AB, & que cependant qu'AB fera une seconde révolution du mouvement uniforme, le point qui estoit venu en B s'avance du mouvement uniforme sur la ligne ABCD jusques en C, ce point décrira

l'Hélice

l'Hélice de la seconde révolution à commencer en B & finir en C, & ainsi de suite pour les autres révolutions.

D'où il s'ensuit que la méthode est la mesme pour les autres révolutions que pour la première; car voulant décrire la seconde révolution, il faudra décrire du centre A de l'intervale A C une circonférence de cercle, & l'ayant divisée en autant de parties que la première circonférence du rayon A B, à quoy les mesmes rayons tirez du centre A aux points de la première

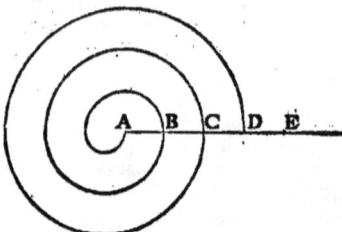

circonférence serviront s'ils sont prolongez, & chacun pris égal à A C; sur le rayon A 1 de cette seconde circonférence, vous prendrez depuis le centre A une ligne égale à A B + 1 de ses parties aliquotes, sur A 2 vous prendrez une ligne égale à A B + 2 de ses parties aliquotes &c. & ainsi les points que vous aurez marquez sur les demi-diamètres de ce second cercle seront ceux par lesquels il faudra décrire la seconde révolution de l'Hélice.

Cecy posé, il faut considérer que le point qui décrit la Spirale, en quelque part qu'il se trouve, a toûjours le mesme mouvement droit sur la ligne A B C D E; & ce mouvement est tel par la nature de cette ligne, qu'en mesme temps que la ligne A B a fait une révolution, ce point doit en mesme temps avoir parcouru une ligne égale à A B; mais en chaque endroit il change de mouvement circulaire; de sorte que la vitesse de son mouvement circulaire s'augmente toûjours à mesure qu'il s'éloigne du centre A; car son mouvement circulaire est tel que ce point décriroit la circonférence dont la portion de la ligne A B C D E, depuis A jusqu'où ce point se rencontre, est le demi-diamètre pendant le temps d'une révolution, c'est à sçavoir en autant de temps qu'il en employe à parcourir par son mouvement droit la ligne A B depuis A jusques en B, ou de B en C, de sorte que puis qu'en B son mouvement est tel que s'il en eust toûjours eû un circulaire égal depuis A jusques en B, il auroit décrit une circonférence dont A B est le rayon pendant le temps d'une révolution, & que le mouvement circulaire qu'il a en C est tel que pendant le temps d'une révolution (ou s'il faut ainsi dire d'une circulation de la ligne droite, car le terme de révolution s'attribuë plus ordinairement à la Spirale mesme) il auroit décrit une circonférence dont le rayon est A C double de A B, il s'ensuit que le mouvement circulaire qu'il a en C est double de celuy qu'il a en B, & que celuy qu'il a en D est triple de celuy qu'il a en B &c. & ainsi des autres.

Et parce que le mouvement circulaire de ce point est tel, comme nous avons dit, que pendant le temps d'une circulation de la ligne A B C D, il doit décrire une circonférence de cercle dont la ligne depuis le commencement A de la Spirale jusqu'à l'endroit de la Spirale où ce point se trouve, est le demi-diamètre: & de plus le mesme point doit décrire par son mouvement droit pendant le mesme temps d'une circulation, une ligne égale au rayon A B du cercle de la première circulation; il s'ensuit que, quelque point de la Spirale que nous prenions, nous aurons la raison du mouvement circulaire du point qui la décrit au mouvement droit du mesme point, comme de ladite circonférence à la ligne A B, mais aussi les deux directions de ces mouvemens sont données (le commencement de la Spirale & le point où l'on veut la touchante estant donnez) car la direction du mouvement droit est la ligne droite tirée de A jusqu'audit point, & la direction du mouvement circulaire est la perpendiculaire à cette ligne; ces deux mouvemens sont donc tout-à-fait con-

A a

nus, & par conséquent le mouvement meflé de ces deux & fa direction, c'eft-à-dire, la touchante de l'Hélice en ce point eft auffi donnée; ce qu'il falloit faire.

Ainfi pour tirer la touchante en B, je joins A B, & je tire B E perpendiculai-re à A B, laquelle B E je fuppofe eftre égale à la circonférence, dont A B eft le

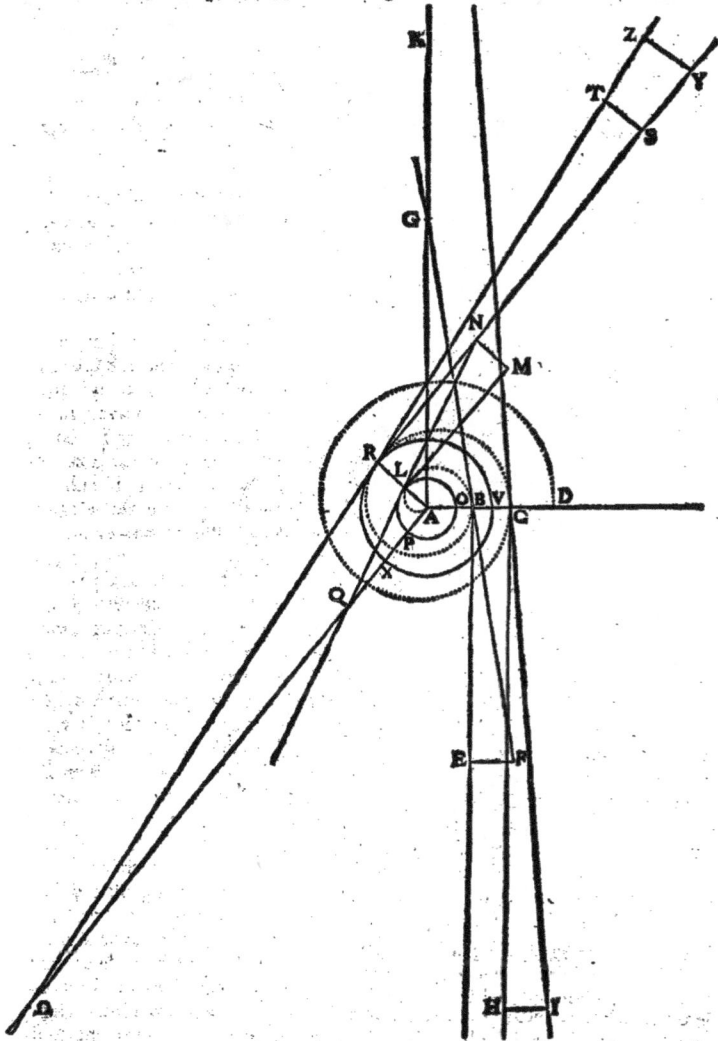

rayon; puis ayant mené E F parallele & égale à A B, la ligne F B touchera l'Hélice au point B. Et quand bien l'on auroit quelque difficulté à concevoir cette méthode, il nous fera toûjours facile de montrer qu'elle s'accorde avec les démonftrations des Anciens. Nous avons ainfi démontré que cette façon

de trouver les touchantes des sections coniques s'accorde avec celle d'Apollonius, & nous démontrerons icy que nostre construction s'accorde avec les
propositions d'Archiméde : car soit A G perpendiculaire à A B, il est évident
que F B prolongée la rencontrera en un point comme G, puis qu'elle rencontre B E sa parallele par la construction, & partant l'angle A G B sera égal à
l'angle E B F, & ces triangles semblables ; mais le costé A B est égal au costé
E F, & partant A G sera égal à B E, c'est-à-dire, à la circonférence du premier
cercle de la Spirale, ce qui est vray par la 18. du livre des Spirales.

De mesme pour le point C, qui est la fin de la seconde révolution, tirant
C H perpendiculaire à A C, & égale à la circonférence dont A C est le rayon,
puis tirant H I égale & parallele à A B, & joignant I C ce sera la touchante :
nous démontrerons qu'estant prolongée, elle coupera A G K, prolongée comme en K, & que les triangles I H C, C A K seront semblables : donc comme
A C est à H I, ainsi A K sera à C H, c'est-à-dire le double de C H à C H, &
partant A K est le double de la circonférence dont A C est le rayon ; ce qui
est vray par la 19. des Spirales.

Pareillement pour avoir la touchante en un autre point de la premiére révolution, comme en L, je tire A L & je décris la circonférence L O P L coupant A B en O, je prends L M perpendiculaire à A L, & égale à ladite circonférence ; par M je tire M N parallele à A L, & égale à A B rayon de la
premiére révolution, N L est la touchante, car soit tirée A P Q perpendiculaire à A L, par la mesme raison N L prolongée la rencontrera en un point,
comme en Q, & comme A L ou A O est à M N ou A B, ainsi sera A Q à L M,
c'est-à-dire à toute la circonférence O P L : mais par la nature & par la description de l'Hélice, comme A O est à A B, ainsi la portion O P L de ladite
circonférence est à toute là circonférence, donc la ligne A P Q est égale
à la portion O P L de la circonférence O P L ; ce qui est aussi démontré dans
la 20. propos. des Spirales d'Archiméde.

Semblablement pour avoir la touchante en un autre point de la seconde
révolution, comme en R, je tire A R & je décris la circonférence R V X R
coupant A B C en V ; je prends R S perpendiculaire à A R & égale à cette circonférence, & je tire S T parallelle à A R, & égale à A B ; T R est la touchante : car par la mesme raison ayant tiré A Q Ω perpendiculaire à R A, la ligne
T R prolongée la rencontrera comme en Ω, & comme A R ou A V sera
à T S ou A B, ainsi A Ω sera à S R, c'est-à-dire à la circonférence R V X R :
mais par la nature de la Spirale, comme A V est à A B, ainsi la circonférence
R V X R estant jointe à la circonférence V X R, est à la mesme circonférence
R V X R ; & partant A Ω est à la circonférence R V X R, comme la mesme
circonférence R V X R jointe à la circonférence V X R est à R V X R,
donc la ligne A Ω est égale à l'aggrégé des deux circonférences R V X R
& V X R, ce qui est vray par la 20. du livre des Spirales d'Archiméde.

L'on pouvoit dire d'abord tirez A R, & A X Ω qui luy soit perpendiculaire & égale à l'aggrégé de la circonférence R V X R & de V X R, on
aura la touchante Ω R ; ou bien ayant tiré A R & ayant décrit la circonférence du centre A & de l'intervale A R, & semblablement R Y perpendiculaire
à A R, faites que comme A B est à A R, ainsi cette circonférence du cercle
soit à R Y perpendiculaire, vous aurez le point Y ; tirez Y Z égale & parallelle
à A R, vous aurez le point Z, & Z R sera la touchante.

Mais il a semblé plus clair & plus facile de réduire ces mouvemens à la
droite A B & à la circonférence, dont A R est le demi-diamétre, & ainsi
des autres.

Nous avons supposé qu'on nous donne des lignes droites égales à des circonférences de cercle, ou pour le moins qu'on en entende d'égales, ce qui

eſtant poſé nous avons par cette méthode les touchantes de ces lignes, ou pour mieux dire nous démontrons, que concevant une ligne droite égale à une circonférence de cercle, l'on peut par la connoiſſance des mouvemens compoſez concevoir quelle ſera la ligne droite qui touchera l'Hélice en un point propoſé : nous ferons la meſme ſuppoſition pour la quadratrice.

Exemple neuviéme de la Quadratrice.

Cette pro-
poſition eſt
trop longue
& fort em-
brouillée.

SOIT propoſé le quarré ABCD avec ſon quart de cercle ABD qui luy eſt inſcrit, duquel le centre eſt A, & le rayon eſt AB, l'un & l'autre plus grand ou plus petit, ſuivant que l'on veut décrire la Quadratrice grande ou petite. Soit diviſé l'un des coſtez du quarré CB ou AD (perpendi-culaire à AB rayon du quart) en au-tant de parties égales qu'on voudra 1 2 3 4 5. &c. & par ces points ſoit tiré des parallèles à AB juſques au coſté oppoſé; diviſez le quart de cercle en autant de parties égales 1 2 3 4 5. &c. à condition que ſi aux diviſions de la ligne B C, vous avez commencé à compter 1, pro-che de B, vous commencerez auſſi à compter au quart de cercle 1, proche de B; mais, ſi vous aviez commencé en C, vous commence-rez en D ſur le quart de cercle; ti-rez du centre A des demi-diamétres juſqu'aux points de ces diviſions du quart de cercle A 1, A 2, A 3, &c. là où A 1 coupera la premiére des parallèles, A 2 la ſeconde, A 3 la troiſiéme, A 4 la quatriéme &c. vous aurez les points par où doit paſſer la portion D H de la Qua-dratrice de laquelle le ſommet H eſt dans la ligne A B.

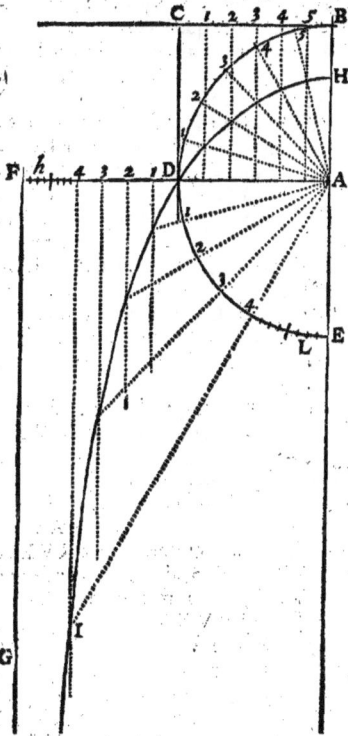

Nota que *Viete Reſponſ. lib. 8.* *cap. 8.* appelle le point H *finis Qua-*
drataria; mais il n'en conſidere que la portion H D pour la quadrature du cercle.

Pour prolonger cette ligne audeſſous du diamétre A D, ayant achevé le demi-cercle B D E du centre A, dans la droite A D prolongée vers D, je prends D F égale à A D, laquelle je diviſe en autant de parties égales que je juge à propos 1 2 3 4. &c. à commencer proche de D, & par ces points je tire des parallèles au diamétre du cercle B A E, leſquelles je prolonge audeſſous de D F, autant qu'il eſt néceſſaire; puis je diviſe le quart de cercle D E, en autant de parties égales que j'ay diviſé la ligne D F, à commencer auſſi en D; par ces points & par le centre A je tire des lignes A 1, A 2, A 3, &c. juſqu'à ce qu'elles rencontrent chacune ſa parallèle réciproque, c'eſt-à-dire A 1 la pre-miére, A 2 la ſeconde &c. & par ces diviſions je décris la portion D I de la meſme quadratrice prolongée.   Or

Or il est manifeste que cette portion peut estre prolongée à l'infini, car ayant pris une tres-petite portion F*h* de la ligne F D, & une partie proportionelle E L du quart de cercle, l'une & l'autre estant divisées par la moitié, & ayant tiré les lignes, comme nous avons dit, nous trouverons un point de la quadratrice : mais de rechef l'on pourra diviser la moitié, puis le $\frac{1}{4}$, puis la $\frac{1}{8}$ &c. partie plus proche de F de la ligne F *h*, & la moitié, puis le $\frac{1}{4}$, puis la $\frac{1}{8}$ partie plus proche de E de la circonference L E, & tirer de nouveau des lignes paralleles, & des demi-diamétres prolongez qui se coupent, pour avoir de nouveaux points de la quadratrice ; & puis que l'on peut continuer ces divisions sans fin, l'on trouvera aussi sans fin des points de la quadratrice audessous de D & de I ; car pour la finir, il faudroit que la derniére ligne tirée du point F de la ligne A D F parallele à A E rencontrast son demi-diamétre réciproque, c'est à sçavoir le dernier du quart de cercle D E, c'est-à-dire que F G perpendiculaire à D F en F rencontrast le diamétre B A E prolongé, auquel elle est parallele ; ce qui est impossible.

Et par là vous voyez qu'aucun point de la quadratrice ne se rencontrera dans F G, puisque le demi-diamétre réciproque à F G ne la sçauroit jamais rencontrer : elle ne la coupera donc pas quoy-qu'elle soit prolongée à l'infini, & néanmoins elle s'en approche toûjours de plus en plus, car les points de la Quadratrice sont trouvez dans les paralleles à F G que l'on tire par des points toûjours plus proches de F que leurs précédentes, & partant la ligne F G est Asymptote de la quadratrice.

L'on peut achever le cercle entier, & continuër la quadratrice de l'autre costé du diamétre B E, avec son Asymptote &c.

Je ne dis rien ni du nom de la Quadratrice ni de son usage pour la quadrature du cercle au defaut de Dinostrate ou de Nicoméde, qui ne se trouvent point. *Voyez Pappus lib. 4. Collect. M.* ou *Viete lib. 8. resp. cap. 8. & Clavius Geom. pract. lib. 7. in appendice.*

Pour tirer par cette méthode les touchantes à la Quadratrice, il faut examiner les mouvemens qui la décrivent. On voit d'abord que le demi-diamétre A D du cercle B D E estant prolongé & tournant circulairement sur le centre A, & la ligne C D se mouvant en mesme temps parallelement à soy-mesme, soit qu'elle s'approche de B A, ou qu'elle s'en éloigne suivant que nous faisons tourner le demi-diamétre, ou de D vers B, ou du mesme D vers E, car tout revient au mesme, que le point, dis-je, qui décrit la Quadratrice a pour le moins deux mouvemens, l'un droit que la ligne C D luy communique, l'autre circulaire à cause du mouvement du demi-diamétre A D ; mais outre ces mouvemens il a encore celuy qui l'oblige à se rencontrer dans la commune section des deux lignes A D, C D, ce que nous avons expliqué à la fin de la quatriéme proposition de ce Traité où vous trouverez une figure tres-semblable à celle-cy. En voicy pourtant l'application le plus intelligiblement qu'il m'est possible.

Soit proposé la quadratrice H D F, de laquelle le demi-cercle primitif, donnez-moy ce mot, soit B D E & le centre du demi-cercle soit A, & que l'on demande la touchante de la Quadratrice en un point, comme en F. Je prolonge le diamétre B H A E de part & d'autre, puis je tire la ligne A F, qui est celle qui communique le mouvement circulaire au point F ; je tire encore par F une parallele au diamétre B E, c'est celle qui communique à nostre point le mouvement droit duquel la direction est F K parallele à D A & perpendiculaire à A E. Par F je tire F R perpendiculaire à A F pour la direction du mouvement circulaire. Et ayant supposé que la ligne A F tourne circulairement de D vers B ou de F vers G, du centre A je décris la portion de la circonference F C G comprise entre les lignes A F & A B G. Cecy posé je suis

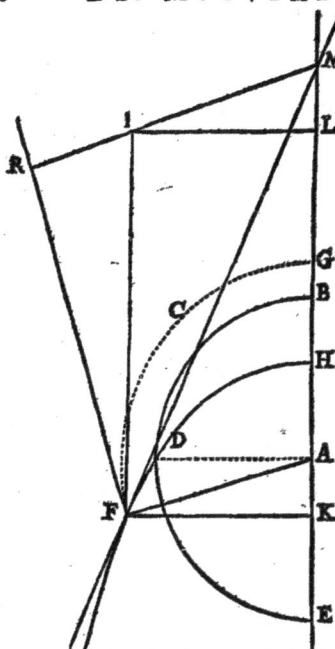

obligé d'imaginer que la ligne tirée
de F parallele à A B G se meut de
F vers ladite A B G, & par la nature de cette ligne, puisque cette
parallele doit s'ajuster & ne faire
qu'une ligne avec A B lors que la
ligne A F ayant tourné de F vers
L G aura la mesme position. Si je
conçois deux points, l'un F à l'extrémité de ladite parallele F I, l'autre F au bout de la ligne A F, &
que l'un & l'autre de ces points
n'ait que le mouvement, le premier de la ligne I F le long de F K,
l'autre celuy qui luy fait décrire
la circonférence F C G; ou pour
mieux dire, puisque la direction de
ce mouvement circulaire est F R,
je suis asseûré que pendant que le
premier point aura décrit F K, le
second estant porté par la ligne
A F que nous imaginons se mouvoir parallelement à soy-mesme,
& partir du point F (comme nous
avons pû faire cy-devant comme
en la Spirale &c.) puisque la direction du mouvment circulaire est
F R, que ce point, dis-je, aura décrit dans F R prolongée une ligne F R égale
à la circonférence F C G.

Mais dautant que ces deux mouvemens ne sont pas les seuls qu'a le point
qui décrit la quadratrice, je ne tire pas du point R une ligne parallele & égale
à F K, pour avoir à son autre bout un point de la touchante, mais j'examine
plûtost tous les mouvemens du point F qui décrit la Quadratrice en cette
sorte.

Je remarque donc premiérement ce que je viens d'expliquer, que le point F
doit décrire la ligne F R égale à la circonférence F C G en autant de temps que
la ligne F I se mouvant parallelement à soy-mesme & uniformement en em-
ploira jusqu'à ce qu'elle ait la position de la ligne A B G.

Secondement. Faisant donc mouvoir la ligne A F parallelement & uniformement (puisque F R est la direction du mouvement circulaire du point F, comme nous avons dit) sans considérer le mouvement de la ligne I F, & partant
considérant ladite ligne immobile, il est certain que, si nous gardons la condition des mouvemens qui décrivent la quadratrice, qui est que le point F doit
toûjours estre en la commune section des lignes A F, F I, quand l'extrémité
immobile de la ligne A F sera en R, le point mobile F se doit rencontrer là
ou A F prolongée tant qu'il sera nécessaire, coupe la ligne F I; tirez donc
par R la ligne R I M parallele à A F & coupant F I en I & le diametre E B M
prolongé en M, vous voyez que le point mobile F se doit rencontrer en I.

Troisiémement. Mais outre ces mouvemens il faut encore considérer que la
ligne F I emporte ce point de I vers L où il se devra trouver (ayant tiré I L
parallele à F K, & coupant A B G prolongée en L) lors que la ligne I F sera
une mesme avec la ligne A B G, c'est à sçavoir lors que son extrémité immobile F aura décrit la ligne F K, & son point immobile I, la ligne I L. Il est

donc certain que si aux mouvemens précédens l'on ajoûte celuy du point mobile F ou I le long de I L, sans considérer que ce point mobile doit toûjours estre dans la commune section des lignes A F, I F, le point mobile F se doit trouver en L.

Enfin il faut encore considérer que ce point F a toûjours deû estre la commune section des lignes A F, F I, & qu'ayant fait mouvoir A F jusqu'à ce que son extrémité immobile ait décrit F R, on luy a donné la position R I, à laquelle elle s'arreste, posé que I F ne doive se mouvoir que sur F K, & que par cette condition le point estant porté de I vers L, doit décrire la ligne I M au lieu de I L & se rencontrer en M au lieu de L ; & partant tous les mouvemens de ce point estant examinez, l'on trouve que pendant ❋e A F s'est promenée le long de F R, & I F le long de F K, le point de leur commune section est arrivé en M, & partant si vous tirez la ligne M F, vous aurez la touchante de la Quadratrice en F ; ce qu'il falloit faire.

En deux mots, ayant tiré comme cy-dessus la ligne F R égale à la circonférence F C G & les lignes F I, R I M, puisque nous considérons un seul mouvement circulaire du point qui décrit la Quadratrice, sçavoit celuy qu'il a en F, nous le considérons par nostre principe, ce que nous avons pratiqué aux lignes précédentes, mesme en la Spirale le long de la touchante F R, ce point doit donc monter de F vers R, mais il doit encore estre porté vers la ligne A B, à cause du mouvement de la ligne F I, & outre ces deux mouvemens il doit toûjours estre la commune section des lignes A F, F I, en quelque lieu que nous tirions ces deux lignes, il sera donc dans leur commune section lors que A F sera en R I M, & I F en A B M, & partant il sera en M. Voicy en deux mots une régle générale Quadrat.

Un point F de la Quadratrice estant donné, & le demi-cercle B D E, par le moyen duquel elle est décrite. Si du centre A de ce demi-cercle & de l'intervale A F, vous décrivez une circonférence F C G depuis F jusques en un point G du diamétre A B, dans lequel se rencontre le sommet H de la quadratrice vers la partie de ce sommet ; & si à cette portion de circonférence vous tirez une touchante en F, dans laquelle vous prenez une ligne F R égale à ladite portion de circonférence (d'où il suit que pour tirer la touchante en D, il ne faut que prendre dans A B prolongée depuis A une ligne égale au quart de cercle B D) la commune section du diamétre A B prolongé vers B, & d'une ligne R M tirée par R parallele à A F, sera dans la touchante de la quadratrice.

Ou sa converse à la façon d'Archiméde au livre des Hélices.

Si quadratricem linea recta contingat, producaturque donec occurrat semidiametro circuli quadratricis, in qua reperitur quadratricis vertex, etiamsi fuerit opus ad partes verticis productâ, & ab ejusmodi puncto sectionis recta linea ducatur parallela ei qua à centro circuli quadratricis ad punctum contactûs in quadratrice ducitur; à puncto verò contactûs in quadratrice circumferentia circuli circulo quadratricis homocentri portio describatur ad partes verticis quadratricis donec eidem semidiametro etiam productâ occurrat, eique circumferentiæ portioni tangens ducatur ad punctum quod est communis sectio ipsius & quadratricis, occurret ejusmodi tangens circuli ei quæ à communi sectione tangentiâ Quadratricis & diametri productâ ducta fuerat parallela, eritque lineæ circulum tangentis portio inter punctum (quod est communis sectio ipsius & producta parallela) & quadratricem intercepta æqualis prædictæ portioni circumferentiæ circuli.

Nota, l'on peut rendre la régle plus générale, faisant comme la circonférence F C G est à F K; ainsi une ligne prise dans F R, mesme prolongée, plus grande ou plus petite que F R, soit à une ligne plus grande ou plus petite que

F K prife dans F K, mefme prolongée; mais ne la prenant pas égale, la conftruction en eft plus difficile.

Remarquez deux ou trois chofes avant de paffer outre. La première, pour plus
grande intelligence l'on peut déduire l'application de la feconde partie de la
quatriéme propofition de ce traité en cette façon.

La vîteffe du mouvement de la ligne I F, & partant de fon extrémité mobile F eftant donnée dans F K, elle fera auffi donnée dans F A; & parce que
le point mobile F doit eftre la commune fection des deux I F, F A, la ligne I F
ayant la pofition K A B coupera F A, c'eft-à-dire en A; ce point a donc eû
deux mouvemens, l'un de la gauche vers la droite égal à F K, l'autre en montant égal à K A, & ces deux fe réduifent à un feul F A: pareillement la vîteffe
de la ligne A F eftant donnée dans F R, fon point mobile F devant eftre la
commune fection de A F & F I fe trouvera en I, & partant il a eû les deux
mouvemens F R, R I, qui fe réduifent à un feul F I, qui eft le troifiéme cofté
du triangle F R I.

Ces quatre mouvemens (car nous avons divifé en deux parties celuy qui fait
que le point mobile F doit eftre la commune fection des deux lignes A F, I F)
eftant réduits aux deux I F, F A achevez-en le parallelogramme I F A M, la
diagonale F M fera la direction du mouvement meflé de ces deux.

Cecy avoit déja efté expliqué plus brièvement, mais il y a plaifir de confidérer une chofe par divers biais & en différentes façons.

La feconde; fi l'on demandoit la touchante de la quadratrice au point D,
où la ligne A D eft d'abord perpendicu-
laire à D C, que puifque le mouvement
de A D eft donné dans D C, ou bien
A B, & celuy de D C eft donné auffi
d'abord dans D A, & la raifon de ces
deux mouvemens eft comme de la ligne D A au quart de cercle D B, il ne
faut que prendre dans A B prolongée
autant qu'il le faut une ligne A E, à
commencer en A, égale au quart de
cercle, & du point E l'on tirera la touchante E D.

L'on euft pû faire trois divers cas
pour les touchantes de cette ligne, mais
le difcours eft tout le mefme voulant
tirer la touchante au deffus de D entre D & H, que lors qu'on la tire en un
point plus éloigné de H & au deffous de D, comme au premier éxemple.

La troifiéme, que *Viete loc. cit.* appelle le point H *finis quadratriæ*, &
le point D *principium*; mais il ne confidére que la portion D H, qui luy fert
pour la quadrature du cercle, & puis il s'arrefte à la façon de décrire la quadratrice, & il eft manifefte que le point D fe trouve d'abord, & que décrivant la
quadratrice D H à l'ordinaire, le point H fe trouve après les autres qui font
entre D & H : mais nous pouvons concevoir le point H tout le premier; &
parce que confidérant la Quadratrice prolongée des deux coftez, chacun des
autres points en a un réciproque de l'autre cofté également éloigné de H, &
que le point H eft le feul qui n'a point de réciproque, nous l'avons appellé le
fommet de la Quadratrice.

Dixiéme

Dixiéme éxemple de la Cissoïde.

SOIT proposé le cercle ABCD, plus grand ou plus petit, suivant qu'on
veut décrire la Cissoïde, avec ses deux diamétres à angles droits AC, BD :
du point D prenez de part & d'au-
tre des points également distans
D1 & D1 sur les quarts de cercle
D A, D C, puis D 2, D 2, puis
D 3, D 3 &c. tirez par les points
1 2 3 4 &c. du quart de cercle
D C des lignes paralleles au diamétre B D, puis du point C joignant les lignes C 1, C 2, C 3, C 4
&c. aux points 1 2 3 4 &c. du
quart de cercle D A, là où C 1
coupera la parallele 1 1, & C 2 la
parallele 2 2, & C 3 la parallele
3 3, & C 4 la parallele 4 4, vous
aurez des points par lesquels la
Cissoïde est décrite.

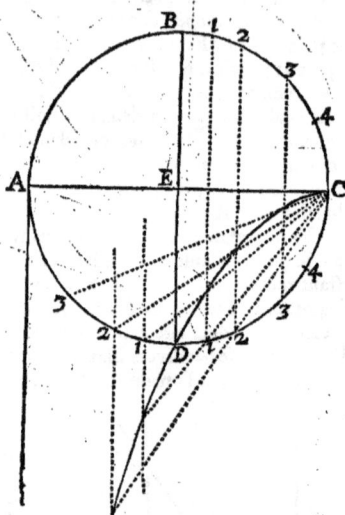

Que si vous voulez prolonger
la Cissoïde C D en dehors du
cercle, tirez par les points 1 2 3 4
&c. du quart du cercle D A des
lignes paralleles au diamétre B D,
& prolongez-les tant qu'il faudra en dehors du cercle du costé
de D, puis par les points réciproques 1, 2, 3, 4 du quart de cercle D C, tirez
du point C d'autres lignes occultes C 1, C 2, C 3, C 4, & prolongez-les autant
qu'il le faudra hors le cercle, les points où chacune de ces lignes coupera sa réciproque, sçavoir C 1, la parallele 1 1 ; C 2 la parallele 2 2 &c. ces points seront dans la Cissoïde prolongée.

Par un discours semblable à celuy dont nous nous sommes servis pour la
quadratrice, l'on montrera que cette ligne peut estre prolongée infiniment,
& qu'elle ne rencontrera jamais une ligne droite infinie tirée du point A
parallele au diamétre B D, ou si vous aimez mieux la touchante du cercle de
la Cissoïde au point A.

Et parce que la Cissoïde peut estre continuée de l'autre costé par le moyen
d'un autre cercle égal à A B C D, & décrit sur son diamétre A C prolongé
vers C, en sorte que ces deux cercles se touchent en C, il nous sera permis d'ap-
peller le point C, le sommet de la Cissoïde, puisque c'est l'unique dans la
Cissoïde, qui n'en a point de réciproque, ou si vous voulez de semblable : car
les points de la Cissoïde prolongée plus loin que D, à l'égard de C peuvent
estre appellez réciproques des points de la portion D C de la Cissoïde. Ce
qui est assez clair par la méthode de trouver ces points.

Cecy posé, il faut éxaminer les mouvemens particuliers du point qui décrit
la Cissoïde, pour en donner les touchantes.

Il faut donc remarquer d'abord, que si vous faites tourner la ligne C D
circulairement autour du point C, en sorte qu'elle passe successivement par
C 1, C 2, C 3 &c. de D vers A, prenant les points 1 2 3 4 dans le quart de cercle D A, & qu'en mesme temps le diamétre B D soit porté parallelement à
soy-mesme vers C, mais en montant de telle façon que son extrémité D décri-

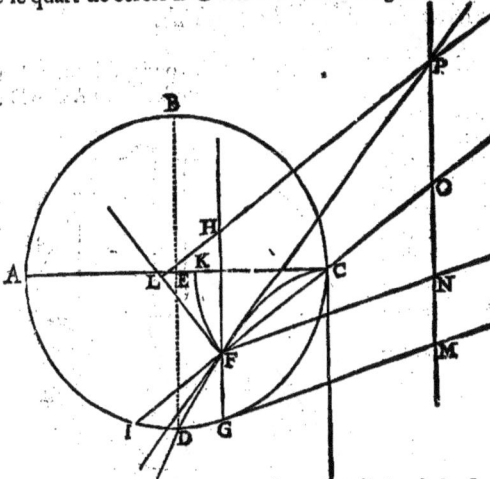

ve le quart de cercle D C d'un mouvement égal & uniforme, & que lors que
la ligne C D aura la position C A, le diamétre B D ait la position de la touchante du cercle en C, c'est-à-dire de l'axe de la Cissoïde, le point qui aura toûjours esté dans la commune section de ces deux lignes aura décrit la portion D C de la Cissoïde.. Cecy posé.

Soit proposé le point F de la Cissoïde lequel soit pris dans cette figure entre les points C & D ; mais dans la suivante il sera plus éloigné du sommet, & au dessous de D à l'égard de C, tirez la ligne F G parallele au diamétre B D , coupant le cercle en G en sa partie inférieure dans le quart de cercle D C en cette premiére figure, & prolongez-la du costé de F vers H, puis tirez la ligne C F, & prolongez-la jusqu'à la circonférence du cercle en I, (dans la seconde figure elle coupe le cercle avant que d'arriver en F) vous voyez donc que la ligne C F I en tournant autour du centre C jusqu'à ce qu'elle ait passé par toutes les positions des lignes tirées du point C à tous les points de la circonférence I A jusqu'à ce qu'elle soit arrivée dans la position C A, dans ce mesme temps la ligne F G s'estant meûë, comme nous avons expliqué, parallelement à soy-mesme vers C, en sorte que son point G ait décrit la circonférence G C du cercle de la Cissoïde, sera arrivée en C, & aura la position de la touchante du cercle de la Cissoïde au point C.

Mais pendant le mouvement circulaire de la ligne C F vers A, si vous décrivez du centre C & de l'intervalle C F un arc de cercle F K compris entre C F & C A & coupant C A en K, il se trouve que le point F de la ligne C F porté par le seul mouvement de la ligne C F, ce point, dis-je, a décrit l'arc F K, il a donc décrit l'arc F K en mesme temps que le point G porté par le mouvement que nous avons expliqué de la ligne F G, a décrit la circonférence G C, mais chaque point de la ligne F G décrit une ligne égale & semblable à celle que décrit le point G, & partant le point F de la ligne F G porté par cette ligne décrit une circonférence égale à G C : vous voyez donc que ne considérant que les deux mouvemens du point F, que les deux lignes C F, F G luy donnent sans considérer que ce point doit toûjours estre en leur commune section par le mouvement de la ligne C F, il aura décrit la circonférence F K en mesme temps que la ligne F G luy aura fait décrire une circonférence égale & parallele à G C, & partant que ces deux mouvemens sont proportionnez, comme les circonférences F K & G C, mais les directions de ces deux mouvemens sont l'une F L touchante de l'arc F K, & perpendiculaire à C F ; l'autre est F N parallele à G M, qui touche le cercle de la Cissoïde en G (car puis que la circonférence que le point F décrit est parallele à celle que décrit le point G, & puisque les points G F sont dans la mesme ligne droite, les touchantes font paralleles) & partant fi vous faites que comme l'arc F K eft à l'arc G C, ou comme le demi-diamétre C F de l'arc F K, au dia-métre entier C A de l'arc G C, ainfi F L foit à F N, vous aurez les raifons de ces

mouvemens dans leurs lignes de direction : cecy pofé vous ne compofez pas un mouvement des deux feuls F L, F N, car vous vous fouvenez qu'outre ces deux mouvemens le point mobile F doit encore eftre toûjours la commune fection des lignes C F, F G H. Voicy cette conftruction d'une autre façon.

Eftant donné le cercle de la Cifloïde A B C D, fon centre E, la Cifloïde

C D F &c. comme nous avons expliqué, & qu'il faille en trouver la touchante en un point comme F. Par le point F tirez F G H ou G F H parallele
au diamétre B D, coupant le demi-cercle A D C en G, & prolongez-la
vers le coſté du diamétre A C, comme en H; du ſommet C de la Ciſſoïde
tirez la ligne C F I en la premiére figure ou C I F en la ſeconde coupant le
mi-cercle A D C en I; du centre C & de l'intervale C F décrivez l'arc de cercle F K vers le diamétre C A coupant ledit diamétre meſme prolongé vers A
s'il en eſt beſoin en K, tirez F L touchante de cette circonférence vers le diamétre A C, du point G tirez auſſi G M touchante du cercle de la Ciſſoïde, &
par le point F menez F N parallele à G M, & prolongez-la vers le coſté de C à
l'égard du point A, faites que comme l'arc F K eſt à l'arc G C, c'eſt à-dire
comme la ligne C F eſt à C A, ainſi F L dans la premiére touchante, & priſe ſi
vous voulez ad libitum, ſoit à F N; par L tirez L H P parallele à F C, &
prolongez-la vers le coſté de C à l'égard de F, puis par N tirez N O P parallele
au diamétre B D, & prolongez-la juſqu'à ce qu'elle rencontre L H P, comme
en P, de ce point tirez la ligne P F, ce ſera la touchante de la Ciſſoïde.

Dans cette conſtruction nous ne faiſons point mention des points H & O,
ni du parallelogramme H F O P, quoy-qu'il euſt eſté beſoin d'en parler auparavant pour examiner tous les mouvemens du point F de la Ciſſoïde : l'on
euſt pû faire le meſme dans la quadratrice, où la ſeule interſection des lignes
R I M & A B M,
nous euſt donné
le point M, ſans
conſidérer le
parallelogram-
me I F A M &c.

L'on pourroit
ajoûter des dé-
monſtrations
Géométriques
à ces conſtru-
ctions, pour
prouver tous
ces points de
rencontre, mais
cela ſeroit un
peu long.

L'on peut en-
core conſidérer
ces mouvemens
de tous les biais
que nous les a-
vons conſidé-
rez dans la qua-
dratrice, &
énoncer ce
Théoreme, que
ſi d'un point P
de la touchan-
te F P, l'on tire
P L parallele à
C F coupant F L
en L, & P N
parallele

*Voyez la
figure de la
Quadratri-
ce.*

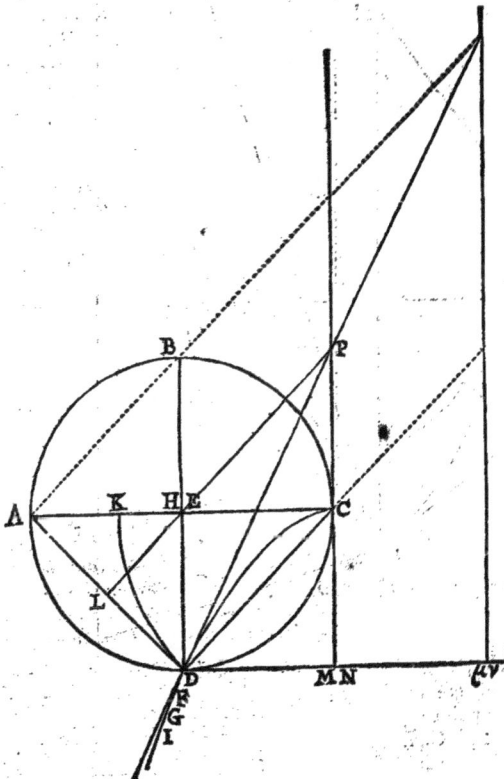

parallele à BD coupant FN en N, & dire que comme l'arc F K est à l'arc GC, ainsi FL est à FN, ce qui est facile.

Il suffira avant de passer outre, de dire quelque chose de la touchante de la Cissoïde au point D, dont voicy la figure sur laquelle je remarque :

Premiérement, que faisant trois cas pour les touchantes de cette ligne, l'un pour le point D, le second pour les points d'entre C & D, & le troisiéme pour les points audessous de D (car la touchante au point C est le diametre A C; & généralement en toutes les lignes courbes qui ont un axe, leurs touchantes au sommet sont perpendiculaires à cét axe;) l'on auroit pû mettre celuy-cy le premier, n'eust esté qu'il falloit expliquer plus généralement & sans confusion les mouvemens du point F: or en cette figure les points D F G I ne sont qu'un mesme, le point H peut estre le mesme que le point E ou que le point B, comme en la seconde construction de cette figure, que nous avons marquée par des lignes ponctuées & avec des lettres Grecques, & les points M N, ou μ ν sont un mesme point.

Secondement, sans supposer dans F L ou G M des lignes égales aux arcs F K & G C, l'on fait par une construction Géométrique, que comme l'arc F K est à l'arc G C, ainsi F L est à G M en cette façon.

Puisque l'angle A C D est à la circonférence de l'arc A D, & au centre de l'arc F K, il s'ensuit que l'arc A D ou D C est double en ressemblance à F K, & partant que comme le demi-diametre E C est au demi-diametre C D ou D A, ainsi l'arc D C est au double de l'arc D K, & par conséquent que comme E C est à la moitié de D C ou de D A, ainsi l'arc C D est à l'arc F K : prenant donc D M égale à E C, & F L égale à la moitié de F A ou de D A, l'on aura fait cette construction Géométrique, & la parallele à C F passera de L par le centre E; ou encore prenez d'un costé la toute D A, & de l'autre G μ double de D M, la parallele à C F sera A B &c.

Onziéme éxemple, de la Roulette ou Trochoïde de M. de Roberval.

SOIT proposé le cercle duquel le centre est a, le demi-diametre a B, & sa touchante B C au point B prolongée en C, l'on imagine que le cercle

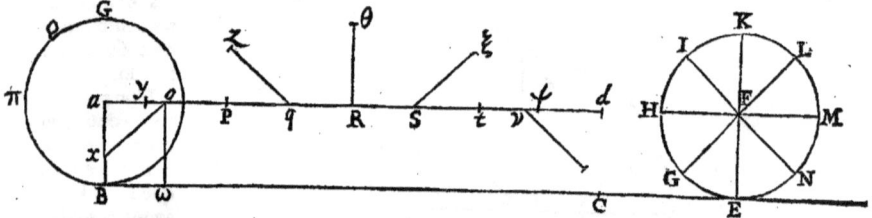

a B faisant une révolution sur la ligne B C, soit que B C soit égale à la circonférence du cercle, soit qu'elle soit plus grande ou plus petite (ce que je suppose indifférent, & facile à démontrer) le point B de ce cercle estant porté par les deux mouvemens, l'un droit qui le porte de B vers C, l'autre circulaire à cause de la révolution du cercle; que ce point, dis-je, décrit la Roulette ou Trochoïde; ou si vous voulez, ayant tiré par le centre a la ligne a d égale & parallele à B C vers le mesme costé, l'on imagine que le cercle glissant de B vers C sans tourner à l'entour de son axe, en sorte que le centre a décrive la ligne a d par un mouvement uniforme, en mesme temps le point B décrive la circonférence de son cercle passant de B par π Q G B d'un

D d

mouvement uniforme, & que le centre *a* eſtant arrivé en *d*, ce point ſe retrou-
ve en C, où la ligne B C touche le cercle, & qu'enfin ces deux mouvemens,
l'un circulaire, par le moyen duquel le point B parcourt une fois la circonférence de ſon cercle, l'autre droit, par lequel il eſt emporté vers C, meſlez
comme nous avons dit, eſtant tous deux uniformes, font décrire la Roulette
à ce point B.

D'où vous voyez que ces deux mouvemens eſtant uniformes, le point B
peut décrire trois diverſes ſortes de Roulettes, ſuivant que ſon mouvement circulaire ſera proportionné à ſon mouvement droit, ou ſi vous voulez ſuivant la
raiſon de la circonférence de ſon cercle à la ligne *a d*, que le centre décrit,
puiſque cette circonférence peut eſtre ou égale à la ligne *a d*, ou plus grande
ou plus petite.

Nous ne nous arreſtons pas à conſidérer les lignes qui peuvent eſtre décrites, poſé que l'un ou l'autre de ces mouvemens, ou meſme poſé que ni l'un ni
l'autre ne fuſt uniforme.

Cecy poſé, pour décrire aiſément cette ligne, ſoit prolongée la ligne B C,
comme en E ; du point E ſoit tiré E F égale & parallele à *a* B ; du centre F
décrivez le cercle E G H I K L M N, qui ſera égal au premier, diviſez
ſa circonférence en tant de parties égales que vous voudrez par les points
G H I K L M N, & tirez par ces points les demi-diamétres du cercle. Diviſez la ligne *a d* en autant de parties égales que vous avez diviſé la circonférence G H I &c. aux points *o* P *q* R S *t u*, par le point *o* tirez *o x* égale & parallele au rayon F G, par P tirez P *y* égale & parallele à F H, puis *q z* égale
& parallele à F I, & ainſi des autres, vous aurez les points B *x y z θ ξ ↓* C, par
leſquels la Roulette doit eſtre décrite.

La raiſon de cette deſcription eſt manifeſte, car prenez dans la ligne *a d*
un des points de ſa diviſion comme par éxemple le premier *o*, & tirez *o ω*
perpendiculaire ſur B C, & par conſéquent parallele aux rayons *a* B, F E,
mais par la deſcription *o x* eſt parallele à F G, & partant l'angle *x o ω* eſt
égale à l'angle G F E, & décrivant du centre *o* & de l'intervale *o x*, l'arc *x ω*,
cet arc eſt égal à l'arc G E : mais poſé que le centre *a* ait décrit la ligne *a o*,
& ſoit en *o*, le point B doit avoir décrit un arc égal à E G ; car par l'hypo-
theſe E G eſt à ſa circonférence totale, comme *a o* eſt à *a d*, & les mouvemens ſont uniformes ; donc le point B a décrit l'arc *ω x*, il eſt donc en *x*,
& par conſéquent le point *x* eſt un point de la Roulette ; ce qu'il falloit démontrer. L'on démontrera la meſme choſe de tous les autres points.

Il s'enſuit de cette démonſtration, que décrivant le cercle G H I K L M N
d'un autre centre pris dans la ligne *a d*, comme du centre *o*, P, R &c. & faiſant le reſte de la conſtruction, l'on trouvera les meſmes points de la Roulette.

Ces connoiſſances ſuffiſent pour trouver les touchantes de la Roulette par
les mouvemens compoſez ; car ayant pris un point de la Roulette, & ayant
trouvé les deux directions de ſon mouvement droit & de ſon mouvement circulaire ; ſi l'on entend dans ces lignes de direction deux lignes qui ſoient entre
elles comme la ligne B C ou la baſe de la Roulette, eſt au cercle de la Roulette,
chacune de ces lignes eſtant priſe dans la direction du mouvement homolo-
gue, la direction du mouvement compoſé de ces deux ſera la touchante.

Car ſoit propoſé la Roulette A B C de laquelle la baſe eſt A D C, le
ſommet B & l'axe B D, & que l'on en demande la touchante au point E. Décrivez le cercle B F D de la Roulette, ſoit autour de l'axe B D, ſoit ſur quelque diamétre perpendiculaire à la ligne A D C ; du point E tirez la ligne E F
parallele à A C, & coupant en F la circonférence du demi-cercle de la Roulette (la plus proche du point E, ſi le point E eſtant pris entre A & B, vous
avez décrit le cercle plus vers C que le point E, ſinon au contraire &c.)

tirez F G touchante du cercle, puis faites que comme A C est à la circonférence du cercle, ainsi E F soit à F H, prenant le point H dans la touchante F G, du point H tirez H E, ce sera la touchante de la Roulette.

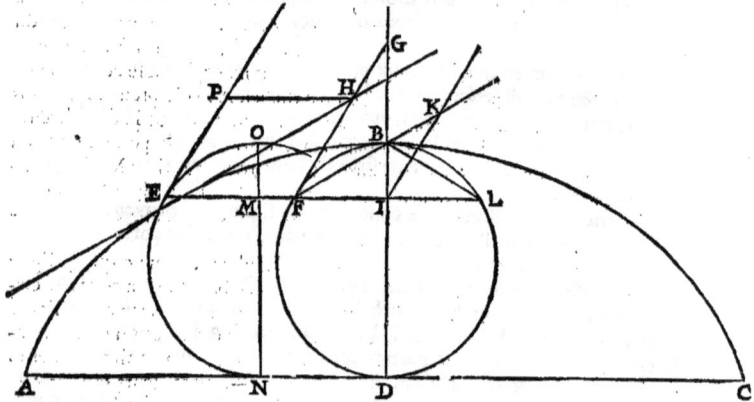

Mr de F. tire cette touchante en cette façon. Tirez la ligne E F, comme cy-dessus. Tirez encore une ligne F B, & par le point E tirez E H parallele à F B, la ligne E H sera la touchante.

Or il est facile de démontrer que cette méthode s'accorde avec la premiére, mais elle n'est pas si générale n'estant proposée qu'au cas que la Roulette, soit du premier genre, c'est-à-dire que sa base A C soit égale à la circonférence de son cercle, ce que vous remarquerez dans cette démonstration que nous chercherons analytiquement, comme il s'ensuit.

Il faut démontrer qu'ayant tiré comme cy-dessus la ligne E F & F G touchante du cercle au point F, & ayant pris F H dans F G égale à E F; si l'on tire deux lignes l'une H E, l'autre F B, elles seront paralleles.

Pour le prouver, tirez I K parallele à F H jusqu'à ce qu'elle rencontre au point K la ligne F B K prolongée vers B; prolongez encore la ligne E F I L jusqu'à l'autre costé du cercle en L, & tirez la ligne B L, & supposons que les lignes F B, E H sont paralleles; donc l'angle E H F est égal à l'angle F K I : mais par la construction l'angle H E F est égal à l'angle E H F, parce que nous avons pris F H égale à E F; il faut donc montrer que l'angle K F I est égal à l'angle F K I : mais l'angle F K I est égal à G F K par la construction, ayant tiré I K parallele à F G, il faut donc prouver que l'angle K F I est égal à l'angle G F K, mais G F K est égal à l'angle B L F, dans la section alterne; il faut donc prouver que K F I est égal à B L F; ce qui est certain.

En retournant, l'angle K F I est égal à B L F, mais B L F dans la section alterne est égal à l'angle G F K : mais K F I est égal à l'angle G F K : mais à cause des paralleles F G, I K, l'angle G F K est égal à F K I, donc K F I & F K I sont égaux, & le triangle F I K est isoscele; mais le triangle E F H est aussi isoscele par la construction le triangle E F H est donc semblable à F I K, & l'angle H E F est égal à l'angle K F I, d'où il s'ensuit que la ligne E H est parallele à F B K; ce qu'il falloit démontrer.

Dans la figure précédente ayant fait décrire le cercle de la Roulette autour de son axe, & tiré la touchante F H, ç'a esté toute la mesme chose, comme si ayant fait tirer le cercle de la Roulette en la position qu'il doit estre lors que le point A du cercle est arrivé en E, nous luy eussions tiré sa touchanté par le point E, car ces pofitions de cercles eſtant paralleles, & le point E eſtant auſſi élevé ſur la baſe A C, que le point F, les touchantes des cercles ſont paralleles, & partant l'une peut ſervir auſſi-bien que l'autre, pour en meſler un mouvement droit, puiſque l'une & l'autre rencontre la ligne EF, qui eſt la direction de ce mouvement droit. C'eſt pourquoy ſi l'on vouloit décrire le cercle de la Roulette en la poſition qu'il eſt lors que le point qui la décrit eſt arrivé en E, ayant premiérement décrit le cercle B F D autour de l'axe B D, & tiré la ligne E F I parallele à A D C, prenez E M dans E F I égale à F I, qui eſt compriſe entre la circonférence & le diamétre du cercle qui eſt perpendiculaire à la baſe A C, vous aurez le point M par où doit paſſer ce diamétre perpendiculaire. Et partant ſi vous tirez M N perpendiculaire à A C, & ſi vous la prolongez vers M en O en ſorte que N M O ſoit égale au diamétre du cercle de la Roulette, vous aurez le diamétre dudit cercle en la poſition requiſe ; ce qui eſt facile.

Je ne vous diray rien des propriétez de la Roulette, comme que la ligne droite EF eſt à l'arc F B, en meſme raiſon que la baſe A C à toute la circonférence du cercle &c. M. de Roberval ne m'a pas encore fait voir le Traité qu'il en a fait, où aprés en avoir démontré cette propriété & un grand nombre d'autres, il compare ces lignes les unes aux autres, les ſemblables, celles de divers genres, les égales, les inégales, leurs ordonnées, leurs eſpaces &c. ce qu'il a expliqué dans un ſi bel ordre, qu'il m'a dit que ſon Traité eſtoit auſſi limé comme s'il euſt eſté ſur le point de le faire imprimer.

Douziéme éxemple, de la compagne de la Roulette.

C'Eſt ainſi que l'a voulu nommer M. de Roberval qui l'a inventée, & qui en a imaginé l'hipotheſe & la deſcription en cette ſorte.

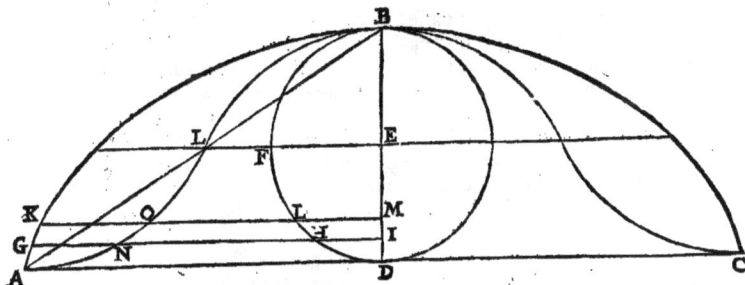

Soit propoſé la Roulette A B C de laquelle la baſe eſt A C l'axe B D, le centre du cercle dans l'axe eſt E, & le cercle de la Roulette B F D à l'entour de l'axe. Entendez que la Roulette eſt décrite par la ſeconde façon qui en a eſté donnée dans l'éxemple précédent ; c'eſt à ſçavoir que pendant que le cercle de la Roulette gliſſe depuis A juſques en C, en ſorte que ſon centre E décrit d'un mouvement uniforme une ligne parallele & égale à A C, en meſme temps le point mobile A parcourt par un mouvement uniforme la circonférence de ce cercle, & décrit la Roulette par le mouvement compoſé de ces deux ; imaginez maintenant que pendant que ce point parcourt ainſi la circonférence D F B, un autre point A ou D mobile dans le diamétre du cercle, qui eſt toûjours perpendiculaire à A C, monte le long de ce diamétre de D vers B d'un mouvement inégal, en ſorte qu'il ſoit toûjours également élevé ſur la baſe A C, comme eſt le point qui décrit la Roulette, c'eſt-à-dire
qu'ayant

qu'ayant tiré du point de la Roulette comme G, la ligne GHI coupant la circonférence du cercle en H & l'axe en I, lors que le point mobile qui décrit la Roulette se rencontre en G dans la Roulette, c'est-à-dire en H, dans le cercle, le point qui décrit cette compagne se rencontre en I dans l'axe.

De mesme tirant par un autre point K la parallele à la base K L M, qui coupe la circonférence B L H D en L & le diamétre B D en M, lors que le point de la Roulette est en K, c'est-à-dire dans le cercle en tel endroit qu'en L, le point de la compagne de la Roulette est dans B D en tel endroit que M, & ainsi des autres.

D'où il s'ensuit, que pour décrire cette ligne, ayant tiré des points de la Roulette des lignes paralleles à A C, si dans chacune de ces lignes, à commencer aux points de la Roulette, l'on prend une ligne égale à la portion de la mesme ligne comprise entre la demi-circonférence du cercle & son axe, l'on aura les points par lesquels cette ligne est décrite. Ainsi tirant comme nous avons dit, la ligne G H I, si dans la mesme ligne vous prenez G N égale à H I, vous aurez le point N, par lequel passe la compagne de la Trochoïde; de mesme prenant dans K L M la ligne K O égale à L M, vous aurez un autre point O de la mesme ligne. Et si par le centre E vous tirez E F perpendiculaire à B D, & si vous la prolongez en P jusqu'à la Roulette; ayant pris de P vers F la ligne P Q égale à E F, dans la mesme ligne P F vous aurez le point Q, qui est le milieu de cette ligne-cy, & auquel elle change de courbure, comme vous remarquerez mieux cy-après. Or ç'a esté la mesme chose de décrire le cercle autour de l'axe de la Roulette, que de luy donner toutes les diverses positions qu'il a en glissant sur la ligne A C, ce qui a déja esté remarqué dans la Roulette.

Cecy posé vous voyez que le point qui décrit cette ligne-cy est porté par un mouvement composé de deux droits, l'un uniforme, l'autre inégal, & desquels les directions sont perpendiculaires l'une à l'autre, se prenant dans les lignes A D, B D ou dans leurs paralleles.

Et parce que le point qui décrit cette ligne-cy monte de la mesme façon que celuy qui décrit la Roulette monte dans le demi-cercle, tirant la touchante du point réciproque dans le demi-cercle, & composant le mouvement dont elle est la direction de deux mouvemens droits, l'un parallele à A D & l'autre à B D, l'on aura dans la ligne parallele à B D la quantité du mouvement qui fait monter ce point; & sçachant la raison de la base A C à la circonférence du cercle, puisque le point qui décrit la compagne de la Roulette est porté d'un mouvement uniforme & égal à A C, comme le point qui décrit la Roulette a un mouvement uniforme & égal à ladite circonférence, si l'on fait que comme la circonférence du cercle est à A C, ainsi la touchante du cercle soit à une ligne droite, cette ligne sera la quantité du

E e

mouvement parallele à A C du point de cette ligne-cy qui est réciproque à celuy du cercle auquel l'on a tiré la touchante.

Par éxemple, soit en la dernière figure cy-dessus la Roulette A B C du
premier genre, c'est-à-dire que sa base A C soit égale à la circonférence de
son cercle & le reste, comme il a esté dit : pour tirer la touchante de cette ligne
au point O, je tire au cercle par le point L réciproque du point O, la touchante du cercle L R, & je compose le mouvement L R de deux R S, S L,
dont l'un R S est parallele à B D ; puis comparant les mouvemens du point O
à ceux du point L, puisque par la supposition le point O monte autant que le
point L, je tire O T parallele & égale à R S, ce sera la direction & la quantité de ce premier mouvement du point O ; puis après parce que le point O
a dans une ligne parallele à A C un mouvement égal à celuy du point L le
long de la circonférence de son cercle, c'est-à-dire un mouvement égal à
celuy du point L le long de la touchante L R, ayant tiré T V parallele à A C,
& égale à L R, j'auray les directions & la raison des deux mouvemens du
point O, & partant la ligne O V sera la touchante de cette ligne au point O ;
ce qu'il falloit faire.

Treiziéme éxemple, de la Parabole de M. des Cartes.

MONSIEUR des Cartes nous apprend le moyen de décrire en deux
façons cette ligne courbe, qui est une espece de Parabole : la première
par sa régle composée qui est en la 318. page de sa Méthode, & la deuxiéme en
la page 405. de la mesme méthode, ou bien 337. qui est en faisant mouvoir une
Parabole ordinaire avec son plan le long de son diamétre M C, & prenant un
point fixe comme G hors le mesme diamétre, mais dans un autre plan fixe sur
lequel le plan de la Parabole se meuve en coulant, ces deux plans convenans
toûjours l'un à l'autre pendant le mouvement de celuy de la Parabole : puis
dans le diamétre B C soit marqué un point B, qui ne se puisse mouvoir qu'au
mouvement de la Parabole, demeurant toûjours à pareille distance du sommet ; & soit entendu une ligne droite G B indéfinie, qui tourne à l'entour
du point fixe G comme centre, & qui passe toûjours par B pendant que la
Parabole se meut, cette ligne G B coupant la Parabole mobile continuellement en de nouveaux points, la ligne courbe qui passera par tous ces points
sera la Parabole de M. des Cartes, laquelle à proprement parler est une
Conchoïde de Parabole, & peut-estre double, car la ligne G B peut couper
la Parabole proposée en deux points.

Pour avoir la tangente de ladite ligne courbe, par éxemple en A, tirons
premiérement deux lignes paralleles au diamétre de la Parabole T S V, que
nous faisons mouvoir sur la ligne droite M C, desquelles paralleles l'une
D G Z passe au point G, qui est comme le Pole, & l'autre parallele E A X
passe au point A auquel nous voulons la touchante ; en suite éxaminons
premiérement le mouvement du mobile au point B, ledit mobile estant porté
sur la ligne G B F, laquelle se meut circulairement sur le point fixe G en
tirant vers les points D C, duquel mobile au point B nous avons la direction,
à sçavoir B C, parce que par la description de la ligne courbe Q R A, ledit
mobile se maintient toûjours dans la ligne M C : nous avons aussi les deux
autres directions desquelles est composée B C, l'une la circulaire D B, la ligne D B estant perpendiculaire sur G B, & l'autre direction la ligne droite
B F, nous aurons donc ces directions, & les raisons des vîtesses dudit mobile
au point B : or les points qui sont dans la Parabole mobile montant tous
également, si nous menons du point C une parallele à B G, sçavoir C D, les
lignes D G, E A & B C seront égales, & par conséquent E A & D G seront

les mefmes dire-
ctions que B C;
enfuite examin-
nons le mouve-
ment du point
A, auquel nous
voulons avoir la
touchante; &
confidérons le
point B comme
eftant fixe & ar-
refté, autour du-
quel fe meuve
circulairement
la mefme ligne
BG vers V M T,
car c'eft le mef-
me mouvement
circulaire que le
précédent; donc
l'une de ces di-
rections, à fça-
voir la circulai-
re, fera A N; &
les angles D G B
& G B M eftant
égaux, en mef-
me temps que le
point B ira en D,
auffi le point G
ira en M, & A
en N, les lignes
G M & A N ef-
tant paralleles à
B D; donc la di-
rection circulai-

re du point A fera A N : mais le mefme point A fe maintenant toûjours dans
la Parabole T S V, fa direction fera la touchante de la mefme Parabole T S V.
Soit donc menée cette touchante, à fçavoir I L, & achevé le parallelogramme
A H I N, nous avons donc A I pour direction de ce point A fe mouvant circulairement, & fe maintenant auffi dans la Parabole S T V, nous avons auffi
la direction du mefme point A fe maintenant dans M G, à fçavoir A E égale
à B C, & par conféquent le parallelogramme E O I A eftant achevé, la ligne
droite O A diagonale du parallelogramme fera la direction du point A, &
par conféquent la touchante de la ligne courbe Q G R A audit point A; ce
qu'il falloit faire.

PROJET

D'UN LIVRE DE MECHANIQUE
traitant des Mouvemens composez.

PAr un mouvement composé j'entens celuy qui se fait de deux ou plusieurs mouvemens différens entre eux, soit par leurs directions ou leurs
vîtesses, ou par toutes les deux, lors que tous ces mouvemens sont communi-
quez à un mesme mobile, ou en mesme temps, ou successivement, soit que la
communication s'en fasse en un inst nt, ou avec du temps.

On peut considérer le mouvement composé en trois états différens ; sçavoir, ou dans ses causes, ou en soy-mesme pendant sa durée, ou dans ses
effets.

Les causes d'un mouvement en tant que composé sont les mouvemens particuliers qui le composent, qui sont ou simples, ou composez eux-mesmes.

Icy on discourra des causes des mouvemens simples qui sont les principes
actifs de la nature dans ses corps différens, soit qu'ils agissent par des causes
ordinaires & réglées comme par la pesanteur, ou légereté, & par de pareilles
qui nous p roissent uniformes ou à peu prés, soit que ces causes, quoy-qu'ordinaires, ne soient pas réglées, comme l'action du feu, celle des ressorts,
celle des animaux &c. Ce qu'on amplifiera par les exemples des feux artifi-
ciels, par la poudre à canon, ou autrement par les arcs, les arquebuses à
vent, & les autres actions de l'air. On y ajoûtera les mouvemens particuliers
du soleil & des étoiles : on y fera entrer l'artifice des hommes, qui par leurs
propres forces, & par celles tant des animaux que des autres corps naturels,
peuvent faire des mouvemens composez, d'autant plus diversifiez qu'ils ont
de connoissance & d'industrie.

La nature en général possede les principes des mouvemens simples, dont
il s'en compose une infinité d'autres dans les animaux, vegetaux, mine-
raux &c.

Quoy qu'on connoisse les mouvemens simples qui en font un composé, il
n'est pas toûjours facile de connoistre ce composé, ni les lignes qu'il décrit
par sa composition, particuliérement quand elles sont courbes, comme il
arrive d'ordinaire. Delà vient cette science spéculative qui tient beaucoup
de la Géometrie, & qui traite des lignes & des figures décrites par les mouvemens composez ; de leurs tangentes & de leurs autres propriétez.

Le mouvement composé considéré en soy n'est point différent d'un mouvement simple ; & on le peut considérer comme simple, quand il est connu,
de mesme que s'il estoit produit dans la nature par sa simplicité ; mesme on
peut considérer non-seulement un mouvement composé ; mais aussi un mouvement simple droit ou courbe, comme estant composé de plusieurs autres
tant simples que composez ; ce qui sert souvent pour la découverte de plusieurs belles véritez touchant la nature & les propriétez des lignes & des
figures, qu'on ne découvriroit pas si facilement sans cette considération,
quoy-que souvent elle ne soit qu'une fiction, mais pourtant une fiction d'une
chose possible.

Il est remarquable que quand un mouvement composé se présenteroit à
nous, si nous ne sçavons point qui sont ceux qui l'ont composé, quand mesme

nous

nous ſçaurions qu'il n'eſt pas ſimple, nous ne ſçaurions pourtant découvrir avec certitude qui ſont les compoſans. La principale raiſon de ce defaut vient de ce que tout mouvement peut eſtre compoſé de pluſieurs ſortes, & meſme d'une infinité de ſortes, entre leſquelles il ſeroit difficile, pour ne pas dire impoſſible, de rencontrer la véritable.

Touchant les effets du mouvement compoſé, ils ne ſont remarquables qu'au meſme temps qu'il ſe compoſe; car après qu'il eſt compoſé, ſes effets ne ſont plus différens de ceux d'un mouvement ſimple.

En général ces effets ſont de changer de vîteſſe, ou de direction, ou de toutes les deux, ſans compter que de deux ou de pluſieurs mouvemens actuels il ſe peut compoſer un repos.

Mais en particulier, ou ils ſont des lignes differentes, ou des figures différentes, ou ils changent des temps égaux en des inégaux, ou au contraire, & partant quelquefois ils réglent, quelquefois ils déréglent; ils établiſſent, ils détruiſent, & ainſi d'une infinité d'actions cauſées dans toute la nature par une telle compoſition.

Mais il ne ſera pas hors de propos d'apporter icy pour éxemple quelques-uns de ces effets particuliers, pour porter les eſprits à la conſidération d'une infinité d'autres.

Les caroſſes courant viſte, & voulant tourner trop court, verſent. Il en eſt de meſme de ceux qui ſautent hors d'un caroſſe qui court.

De l'effet des lances, qui rompent, qui fauſſent, ou qui gliſſent ſur les cuiraſſes.

Des balles de mouſquet, de piſtolet &c. ſur des corps mobiles, tant ſur ceux qui les repouſſent que ſur ceux qui les laiſſent entrer plus ou moins, ou qui écraſent la bale; du coup oblique qui eſt une eſpéce de mouvement compoſé, meſme ſur un corps immobile. On citera les ſillons des balles & des boulets ſur la terre & ſur l'eau, & on examinera ſi la réfraction ne feroit pas un pareil effet.

Les montres & les horloges ſe déreglent dans le tranſport, & les pendules y ſont des plus ſujettes.

Les pierres & quelques boulets de fer rougis au feu s'en vont en piéces au ſortir des canons.

Le choc de l'air, de l'eau & des corps terreſtres font des compoſitions de mouvemens ſurprenans & ſouvent dangereux tant ſur la terre que ſur la mer.

DE
RECOGNITIONE
ÆQUATIONUM.

ÆQUATIONEM recognoscere, est statum illius examinare, eo fine ut innotescat ejus constitutio hinc ab origine ejusdem, usque ad ultimam ordinationem: atque ut nota fiat laterum datorum, ad ea quæ quæruntur habitudo; item ut dignosci possit, an de unico latere ignoto explicabilis sit ipsa æquatio, an vero de pluribus, & quot; atque utrum aliqua ex ipsis sint æqualia, an vero omnia inæqualia. Rursus sintne latera quæsita positiva, seu realia, seu etiam possibilia: an contra, ficta, seu nulla, seu etiam impossibilia. Quæ omnia ut melius intelligi possint, præmittenda sunt quædam, tum circa vocabulorum ac notarum, seu signorum explicationem, tum etiam circa ordinem, quem in ordinando hoc opere sequi decrevimus.

Ac primum, quod ad vocabula, notas, seu signa spectat, sive de lateribus sit quæstio, sive de potentiis eorumdem laterum, quædam agnoscimus quæ suâ naturâ aliquid indicant supra nihilum; quædam verò quæ suâ naturâ aliquid indicant infra, dicantur omnia tum hæc, tum illa positiva; priora quidem positiva supra, posteriora autem positiva infra.

Rursùs tam positiva supra, quam positiva infra, vel affirmativa sunt, vel negativa; sed affirmativa supra æquivalent negativis infra, & è contrario. Et quidem, signum affirmationis tam supra quàm infra, est hoc vulgò receptum +. Signum negationis tam supra quàm infra, est hoc aliud vulgò quoque receptum —. Signum differentiæ inter duas magnitudines, est ejusmodi ═. Quo ambiguum relinquitur quænam ex duabus magnitudinibus propositis, inter quas tale signum intercedit, major est aut minor. Signum æqualitatis tale est ꝏ; quo significatur magnitudines inter quas illud intercedit, esse æquales; sive una magnitudo uni magnitudini æquetur; sive una pluribus; sive plures uni; sive denique plures pluribus.

Operæpretium fuisset si quæ suâ naturâ habentur infra magnitudines, certo aliquo signo ab aliis distincto notatæ essent: verùm quia passim, immò ferè semper accidit ut in eadem quæstione, sub iisdem terminis, magnitudines quæsitæ sint supra, vel infra, ex natura ipsius quæstionis, ac vi æquationis ad ipsam pertinentis; ideò talis distinctio commodè fieri non potuit fiet tamen ut notâ ejusmodi æquationis constitutione, innotescat etiam natura ipsorum laterum, & quicquid ad numerum eorumdem determinandum requiritur, ut magis patebit in sequentibus.

Præterea omnis multiplicator nihilo æquivalens multiplicans quodvis multiplicatum (seu illud multiplicatum nihilo æquivaleat, seu aliquid supra, aut infra indicet) producit aliquid nihilo æquivalens. Idem accidit, sive multiplicator nihilo æquivaleat, sive aliquid indicet supra aut infra, dummodo multiplicatum æquivaleat nihilo.

Idem prorsus intelligendum de divisione, quod de multiplicatione; divisor enim hic gerit vices multiplicatoris, quotiens multiplicati, & divisum producti; quandoquidem multiplicatio restituit divisionem, & divisio multiplicationem. Hæc de notis seu signis, nunc de ordine dicamus.

Multis quidem modis ordinari potest æquatio, præcipuè si multipliciter affecta fit ; & revera à diverfis authoribus diverfimodè conftitutus eft ordo ipfe , nobis accommodatiffimus ille videtur qui omnia quibus æquatio conftat homogenea ex una parte conftituit ; fic ut omnia fimul nihilo æquivaleant, quod quidem nullo negotio femper efficitur ; illud autem vel unico exemplo planum fiet. Proponatur methodo Vietæ hæc æquatio $A^3 - BA^2 + C^2 A \ \infty \ Z^f$ manifeftum eft per anthitefim oriri hanc æquationem $Z^f - C^2 A + BA^2 - A^3 \ \infty \ O$, vel hanc $A^3 - BA^2 + C^2 A - Z^{fol.} \ \infty \ O$. Etfi vero utraque formula noftro inftituto accommodari poffit, priorem tamen eligimus, eam fcilicet in qua magnitudo omninò data $Z^{fol.}$ afficitur femper affirmatè, ac fecundum eam intelligi debent quæcumque poftea dicturi fumus.

De conftitutione æquationum quadraticarum.

CAPUT UNICUM.

Propofitio prima.

S I $Z^p - RA + A^2 \ \infty \ O$.

Sunt duo latera, ambo fupra, quorum fumma eft R ; rectangulum vero fub ipfis eft Z^p & fit A alterutrum ex iftis,

Intelligatur enim $A - B \ \infty \ O$ fic ut $+ A$ æquetur ipfi $+ B$ vel $A - C \ \infty \ O$ fic ut $+ A$ æquetur ifti $+ C$; unde fi ducatur $A - B$ in $A - C$ quod inde orietur æquabitur nihilo. Productum autem illud eft $BC \begin{smallmatrix} -BA \\ -CA \end{smallmatrix} + A^2$, proinde hoc æquatur nihilo, quod femper accidet. Sive enim A æquetur ipfi B ita ut $A - B \ \infty \ O$, quicquid valeat $A - C$, fi $A - B$ ducatur in $A - C$, hoc eft fi nihilum per quodvis multiplicetur, producitur nihilum ; five A æquetur ipfi C, ita ut $A - C \ \infty \ O$, quicquid valeat $A - B$, fi $A - C$ ducatur in $A - B$, hoc eft fi nihilum per quodvis multiplicetur, producitur nihilum.

Jam BC vocetur ex hipothefi Z^p ; & $B + C$ vocetur R ; fietque id quod proponitur nempe $Z^p - RA + A^2 \ \infty \ O$ qua in æquatione A poteft explicari tam de ipfo B quam de ipfo C à quibus producitur BC five Z^p.

Pro determinatione.

D ETERMINATIO alicujus æquationis eft conftitutio illa in qua vel omnia, vel quædam ex lateribus de quibus explicabilis eft æquatio inter fe æqualia funt ; unde cum de duobus tantum lateribus explicari poteft æquatio, quales funt quadraticæ, unica tantum poteft effe determinatio, cum fcilicet duo latera funt æqualia. Cum autem de tribus lateribus æquatio explicabilis eft, quales funt cubicæ ; tunc duplex effe poteft determinatio, altera quidem major, cum omnia tria latera æqualia funt, altera vero minor, cum duo tantum æqualia funt. Atque ita quo plura erunt latera in aliqua æquatione, id eft quo potentia illius altior erit, eo plures erunt illius determinationes.

Jam in propofita æquatione unica effe poteft determinatio in qua duo latera de quibus A eft explicabile erunt æqualia ; cum fcilicet Z^p æquatur $\frac{1}{4} R^2$: tunc enim unumquodque ex ipfis lateribus A æquale eft $\frac{1}{2}$ ipfius R.

Nam in prædicta formula $BC \begin{smallmatrix} -BA \\ -CA \end{smallmatrix} + A^2 \ \infty \ O$ in cafu determinationis B intelligitur æquari ipfi C ; unde illa æquatio æquivalet huic $B^2 - 2 BA +$

A² ∞ O, five etiam huic per interpretationem Z P — R A + A² ∞ O ut proponitur, ubi quoniam R ∞ 2 B manifestum est Z P esse quadratum ipsius B, sive dimidii ipsius R, sive etiam Z P esse quartam partem quadrati ipsius R, & A quod æquatur ipsi B vel C, esse dimidium ipsius R.

Propositio secunda.

SI Z P + R A — A² ∞ O.

Sunt duo latera inæqualia, quorum alterum, idemque majus est supra, alterum minus est infra, differentia amborum est R, & rectangulum sub ipsis Z P & fit A, alterutrum ex ipsis, (intelligatur enim B — A ∞ O sic ut A dum erit supra, æquetur ipsi B; vel C + A ∞ O sic ut A dum erit infra, æquetur ipsi C. Atque ex hypothesi sit B majus quàm C.) Si igitur B — A ducatur in C + A, quod inde orietur æquabitur nihilo.

Productum autem id est B C $\overset{+\ B\ A}{\underset{C\ A}{}}$ — A² æquatur nihilo. Quo pacto æquatio explicabilis est de A supra, æquali ipsi B. Ubi tamen æquatio hanc interpretationem accipere debet ut B C ∞ Z P & B — C ∞ R. Quod si quis singulas æquationis partes conferre velit, ut noscat qua ratione ipsæ se invicem tollant, is reperiet + B C & — C A sese tollere, item + B A & — A² se tollere quoque. Unde fit ut omnia homogenea simul nihilo æquivaleant.

Jam si C intelligatur æquari ipsi A, atque + C + A multiplicetur per + B — A, productum erit rursus B C $\overset{+\ B\ A}{\underset{C\ A}{}}$ — A², quæ æquatio est eadem quæ supra, unde illa explicabilis quoque est de A dum ipsum æquatur ipsi C, ita tamen ut ipsum sit infra ut indicat C + A ∞ O, vide notas post æquationes cubicas. Hic autem + B C + B A se invicem tollunt sicuti — C A — A²; ut rursus omnia nihilo æquentur; atque æquatio eandem quam supra accipere debet interpretationem.

Propositio tertia.

SI Z P — R A — A² ∞ O.

Sunt duo latera inæqualia, quorum alterum idemque minus est supra, alterum majus est infra, differentia amborum R, & rectangulum sub lateribus ipsis Z P: A autem explicabile est de alterutro ex iisdem.

Intelligatur enim ut supra B — A ∞ O item C + A ∞ O & B minus sit quam C, fiet ergo productum B C $\overset{+\ B\ A}{\underset{C\ A}{}}$ — A² ∞ O quod quidem si hanc interpretationem accipiat ut B C ∞ Z P, & C — B sit R, habebimus æquationem propositam: cætera se habent ut supra.

Nec ulla est in duabus prædictis propositionibus determinatio, quia in utraque duo latera, de quibus A explicabile est, sunt semper inæqualia.

Item nulla alia est inter duas hasce æquationes differentia, nisi quod in priori latus quod est supra majus est eo quod est infra, in posteriori autem illud quod est supra, minus est eo quod est infra.

Propositio quarta.

SI Z P — A² ∞ O.

Sunt duo latera æqualia, quorum alterum est supra, alterum infra, rectangulum sub ipsis est Z P & fit A alterutrum ex iisdem.

Intelligatur

Intelligatur enim B—A ∞ O fic ut +A ∞ + B fupra. Item C+A∞O, fic ut A ex fe æquetur ipfi C infra, ponaturque B æquari eidem C : itaque fi fiat multiplicatio ut in antecedentibus, productum erit B C $\begin{matrix} + B A \\ \overline{C A} — A^2 \end{matrix}$ ∞ O. Quod fi hanc interpretationem accipiat ut B C ∞ Z P, quia tollunt fe invicem $\begin{matrix} + B \\ \overline{\quad} C \end{matrix}$ habebimus æquationem propofitam Z P — A² ∞ O, quæ explicabilis eft tam de A fupra æquali ipfi B, quam de A infra æquali ipfi C.

Propofitio quinta.

SI ZP+ A² ∞ O.

Nullum propriè loquendo eft latus, fed unicum planum æquale ipfi Z P de quo quidem eft explicabile ipfum A².

Ejufmodi autem æquatio irregularis eft, nec poteft ipfa oriri ex multiplicatione, ut factum eft in antecedentibus.

Nota ergo æquationes qurfdam de planis tantum explicabiles effe, quod etiam ad folida & ultra in infinitum extendi, quivis fatis doctus reperiet.

De conftitutione æquationum cubicarum.

CAPUT PRIMUM.

SI Z^f—SP A + R A² — A³ ∞ O.

Sunt tria latera pofitiva fupra, quorum fumma eft R, fumma trium rectan- *Vide poftea* gulorum ex ipfis binis ac binis fumptis eft SP, folidum autem fub iifdem *propofitio-* contentum eft Z^f, & fit A quodvis ex ipfis tribus. *nem fpecia- lem.*

Intelligamus enim $\begin{matrix} B—A ∞ O \\ C—A ∞ O \\ D—A ∞ O \end{matrix}$ & per quodvis ex iftis tribus binomiis, per

illud fcilicet quod nihilo æquari intelligitur, multiplicetur productum ex aliis duobus, quicquid illa duo valeant, & quicquid valeat eorumdem productum, fiet productum ex omnibus tribus æquale nihilo illud autem eft.

$$\begin{matrix} —BCA+BA² \\ BCD—BDA+CA²—A³ ∞ O \\ —CDA+DA² \end{matrix}$$

Omnia autem hanc interpretationem accipiunt ut B C D ∞ Z^f.

Item $\begin{matrix} —BC ∞ SP \& +B ∞ R \\ —BD \qquad +C \\ —CD \qquad +D \end{matrix}$

Quo pacto habebimus æquationem propofitam Z^f—SP A + R A² —A³ ∞ O.

Quia vero in multiplicatione binomiorum, ipfum A triplicem valorem induere potuit, puta vel ipfius B, vel C, vel D, fic ut in eandem formulam femper incidamus, nec ullo modo mutetur æquatio, patet ipfam de eodem triplici A explicabilem effe, fub ipfo triplici valore.

Gg

Determinatio præcedentis æquationis.

HUjus æquationis determinatio duplex est, altera major, in qua omnia tria latera sunt æqualia; altera minor, in qua duo tantum æqualia sunt.

Major determinatio ejusmodi sortitur constitutionem ut Z^f æquale sit cubo tertiæ partis longitudinis R, sive ut ipsum $Z^f \infty \frac{1}{27} R^3$, & SP æquale sit triplo quadrati ejusdem tertiæ partis longitudinis R, sive ut ipsum SP $\infty \frac{1}{3} R^2$, patet hoc ex eo quod ex constitutione præcedenti, si B, C, D, intelligantur tria latera æqualia, erit solidum BCD, sive Z^f æquale ipsi B^3.

$$\begin{matrix} BC \\ \end{matrix} \qquad\qquad B$$

Item plana B D simul, sive SP ∞ 3 B^2; & tandem latera C simul, sive R

$$\begin{matrix} CD \\ \end{matrix} \qquad\qquad D$$

æqualia 3 B.

Minor determinatio longiori eget apparatu, pro quo ponamus duo latera æqualia esse ea quæ in constitutione præcedenti referebantur per B & C, quo pacto sic æquatio explicari poterit, ut $B^2 D \infty Z^f$;

Item $B^2 + 2BD \infty SP$ & $2B + D \infty R$.

Atque ita $B^2 D —— B^2 A + 2 B A^2 —— A^3 \infty O$
$—— 2 B D A + D A^2.$

Jam quia B est A & 2B + D est R, ideo R —— 2A est D. Hanc ergo speciem induat D in posterum, ut sit R —— 2A.

Item B^2 est A^2, quod ductum in D id est in R —— 2A, producit $R A^2$ —— $2 A^3$ quæ species proinde æqualis est Z^f, & omnibus ordinatis

$$\tfrac{1}{2} Z^f —— \tfrac{1}{2} R A^2 + A^3 \infty O.$$

Rursus B^2 est A^2 & 2 B D est 2 R A —— 4 A^2 quæ ambas species simul constituunt, 2 R A —— 3 A^2 ambæ autem constituunt SP. Itaque 2 R A —— 3 $A^2 \infty$ SP, & omnibus ordinatis

$$\tfrac{1}{3} SP —— \tfrac{2}{3} R A + A^2 \infty O.$$

Hic nisi ambigua esset hæc æquatio plana, ac de duobus lateribus supra, explicabilis, jam haberetur valor ipsius A; sed quia duplex est valor ille, nempe, vel latus $(\tfrac{1}{3} R^2 —— \tfrac{1}{3} SP) + \tfrac{1}{3} R$, vel $\tfrac{1}{3} R$ —— latere $(\tfrac{1}{3} R^2 —— \tfrac{1}{3} SP)$ estque ex illis, alter quidem utilis, alter inutilis, atque etiam si utilem agnoscere non sit difficile, tamen quia ex comparatione quarumdem aliarum æquationum ad simplicem lateralem, ac de unico eoque vero latere explicabilem devenire possumus, ideo sic progrediemur.

Sed supra etiam $\tfrac{1}{2} Z^f —— \tfrac{1}{2} R A^2 + A^3 \infty O.$

Ascendat per A depressior harum æquationum nempe hæc

$$\tfrac{1}{3} SP —— \tfrac{2}{3} R A + A^2 \infty O.$$

Atque ita fiet hæc $\tfrac{1}{3} SP A —— \tfrac{2}{3} R A^2 + A^3 \infty O.$

Huic ergo æqualis est $\tfrac{1}{2} Z^f —— \tfrac{1}{2} R A^2 + A^3 \infty O.$

Sublatoque communi A^3 & addito $\tfrac{1}{2} R A^2$ puta per antithesim fiet hæc æquatio.

$$\tfrac{1}{2} Z^f \infty \tfrac{1}{3} SP A —— \tfrac{1}{6} R A^2.$$

Et communi divisore $\tfrac{1}{2} R$ adhibito $\dfrac{3 Z^f}{R} \infty \dfrac{2 SP A —— A^2}{R}.$

Atque omnibus ordinatis $3 \frac{Z^f}{R} - 2 SP A + A^3 \infty O.$

Sed rursus ut supra $\frac{1}{4} SP - \frac{1}{7} R A + A^2 \infty O.$

Ergo hæ duæ æquationes invicem æquales sunt, unde sublato communi A^2 & per antithesim fiet hæc æquatio $3 \frac{Z^f}{R} === \frac{1}{4} SP = 2 SP A === \frac{1}{7} R A.$

Itaque $3 \frac{Z^f}{R} === \frac{1}{4} SP$

$\overline{2 SP === \frac{1}{7} R}$ est valor
R ipsius A

Si ergo accidat aliquam ex præmissis differentiis vel utramque esse æqualem nihilo, vel alteram esse nihilo minorem, alteram verò nihilo majorem, nulla erit ejusmodi determinatio : sed æquatio explicari poterit de tribus lateribus supra, at de uno tantùm. Aliquo tamen casu fieri poterit, ut sub propositâ initio æquationis formula unicum inveniatur latus supra, & unicum infra, quod propriè latus non est, sed planum, tunc autem propositio specialis est cujus explicandæ hic est locus.

Propositio secunda specialis.

SI $Z^f - SP A + R A^2 - A^3 \infty O.$
Sit autem $\frac{Z^f}{R} \infty SP.$

Sunt duo latera, alterum suprà æquale ipsi R, alterum infrà non propriè latus, sed planum æquale ipsi SP, & A explicari potest de quolibet ipsorum. Fingatur enim $BP + A^2 \infty Q$ quæ æquatio explicabilis est de unico plano infra æquali ipsi BP ut notatum est prop. 5^2 Æquat. quadraticarum. Item $C - A \infty O$ tum fiat multiplicatio ut consuevimus.
Orietur ergo $BP C - BP A + C A^2 - A^3 \infty O.$
Hæc æquatio eam accipiat interpretationem ut $BP C \infty Z^f$ & $BP \infty SP,$ atque $C \infty R.$
Quo pacto incidemus in æquationem propositam, ubi manifestum est ex generatione $\frac{Z^f}{R} \infty SP,$ & A esse æquale vel ipsi C, hoc est R supra, vel A^2 est æquale ipsi BP, hoc est SP infra.

CAPUT SECUNDUM.

Propositio prima.

SI $Z^f - SP A + R A^2 + A^3 \infty O.$
Sunt tria latera, quorum duo sunt supra, & tertium infra, idemque majus duobus reliquis simul sumptis, differentia seu excessus tertii, supra summam duorum priorum est R : at SP est differentia seu excessus summæ duorum rectangulorum, ejus scilicet quòd sub primo & tertio, & ejus quod sub secundo & tertio, supra id, quod sub primo & secundo, solidum autem Z^f quod fit sub tribus, & A explicabile est de quolibet ex ipsis.
Intelligantur enim $B - A$
$C - A$
$D + A$

Quorum D fit majus ambobus B & C fimul fumptis; fit autem quævis ex illis tribus fpeciebus nihilo æqualis, & fiat multiplicatio folito modo orieturque,

$$\begin{aligned} &\quad -BDA + DA^2 \\ BCD\ &-CDA-BA^2+A^3 \infty\ O \\ &\quad +BCA-CA^2 \end{aligned}$$

& quia D majus ponitur quam B & C fimul, manifeftum eft B C multo minus effe quam B D & C D fimul fumpta. Itaque omnia hanc interpretationem recipiant ut $+D-B-C$ fit $+R$, item $-BD-CD+BC$ fit $-SP$ & B C D fit Z^f quo pacto incidemus in æquationem propofitam

$$Z^f - SPA + RA^2 + A^3 \infty\ O.$$

Patet autem ex formula, A explicabile effe tam de B aut C fupra quàm de D infra, quia in multiplicatione binomiorum ipfum triplicem hunc valorem induere potuit.

Determinatio præcedentis æquationis.

DETERMINATIO unica eft, nempe minor, cum fcilicet duo latera fupra funt æqualia; aliter enim æqualia effe non poffunt: fiquidem illud quod eft infra, duobus reliquis fimul majus eft.

Pofito ergo quod B & C funt æqualia, explicari poterit formula æquationis hoc modo.

$$\begin{aligned} B^2 D &- 2BDA + DA^2 \\ &+ B^2 A - 2BA^2 + A^3 \infty\ O. \end{aligned}$$

Quoniam autem B eft A & $D - 2B$ eft R, ergo $D - 2A$ eft R & per antithefim $R + 2A$ eft D, hanc ergo fpeciem induat D in pofterum ut fit $R + 2A$.

Item B^2 eft A^2, quod ductum in D, id eft in $R + 2A$ producit $RA^2 + 2A^3$, quæ fpecies proinde æqualis eft Z^f & omnibus ordinatis

$$\tfrac{1}{2}Z^f - \tfrac{1}{2}RA^2 - A^3 \infty\ O.$$

Rurfus B^2 eft A^2, & $2BD$ eft $2RA + 4A^2$. Quarum ambarum fpecierum differentia eft $2RA + 3A^2$, hæc idcirco æqualis eft SP & omnibus ordinatis.

$$\tfrac{1}{3}SP - \tfrac{2}{3}RA - A^2 \infty\ O.$$

Afcendat hæc æquatio per A gradum, atque ita rurfus

$$\tfrac{1}{3}SPA - \tfrac{2}{3}RA^2 - A^3 \infty\ O.$$

Ergo huic æquationi æquatur hæc

$$\tfrac{1}{2}Z^f - \tfrac{1}{2}RA^2 - A^3 \infty\ O.$$

Additifque communibus A^3, & $\tfrac{1}{2}RA^2$ fiet hæc

$$\tfrac{1}{3}SPA - \tfrac{1}{6}RA^2 \infty \tfrac{1}{2}Z^f.$$

Et communi divifore adhibito $\tfrac{1}{6}R$, erit $2SPA - A^2 \infty \dfrac{3Z^f}{R}$

Et omnibus ordinatis $\dfrac{3Z^f}{R} - \dfrac{2SPA}{R} + A^2 \infty\ O.$

Mutatifque

Mutatifque omnibus fignis — $\frac{3Z^c}{R} + \frac{2SPA}{R} - A^2 \infty O$.

Sed rurfus fupra $\frac{1}{7}SP - \frac{1}{7}RA - A^2 \infty O$.

Itaque addito communi A^2 & per antithefim fiet hæc æquatio

$$\frac{3Z^c}{R} + \frac{1}{7}SP \infty \frac{2SPA}{R} + \frac{1}{7}RA.$$

Itaque $\dfrac{\dfrac{3Z^c + \frac{1}{7}SP}{R}}{\dfrac{2SP + \frac{1}{7}R}{R}}$ ————— eft valor ipfius A.

Propofitio fecunda.

SI $Z^c - SPA + A^3 \infty O$.

Sunt tria latera, quorum duo funt fuprà, & tertium infrà, idemque æquale duobus prioribus fimul fumptis.

SP eft exceffus fummæ duorum rectangulorum, ejus fcilicet quod fub primo & tertio, & ejus quod fub fecundo & tertio, fupra id quod fub primo & fecundo.

Z^c autem eft id quod fub tribus continetur, & A explicabile eft de quolibet ex ipfis tribus: ponantur enim eædem fpecies quæ fupra, nifi quod D intelligi debet æquale duobus B & C fimul, fietque rurfus eadem æquatio.

$$\begin{array}{c} -BDA + DA^2 \\ BCD - CDA - BA^2 + A^3 \infty O \\ + BCA - CA^2 \end{array}$$

Quoniam autem D, ponitur æquale duobus B & C fimul, ideo evanefcet affectio fub A^2 quia $-BA^2 - CA^2$ tollunt DA^2, fupereft ergo tantum.

$$\begin{array}{c} -BDA + \\ BCD - CDA + A^3 \infty O \\ + BCA \end{array}$$

Ubi rectangula BD & CD fimul funt quam BC.

Quæ æquatio fi hanc interpretationem accipiat, ut BCD æquetur Z^c & $-BD$

$-CD$ æquetur $-SP$,
$+ BC$

Incidemus in æquationem propofitam $Z^c - SPA + A^3 \infty O$.
Ubi manifeftum eft ipfum A explicabile effe tam de B & C fuprà, quàm de D infrà.

Determinatio rurfus unica eft, nempe minor, cum duo latera fuprà funt æqualia, neque enim aliter æqualia effe poffunt, cum illud quod eft infrà duobus reliquis fimul fumptis fit æquale.

Invenietur ergo hæc determinatio fic.
Pofitis B & C æqualibus, æquatio talis effe poterit,
$B^2D - 3B^2A + A^3 \infty O$ unde $SP \infty 3B^2$. *
Pofito ergo, quod B fit A ex hypothefi determinationis, tunc $SP \infty 3A^2$.
Itaque $\frac{1}{7}SP$ eft valor ipfius A^2 & $Z^c \infty 2A^3$.

* Quoniam D æquatur B & C fimul; ac B & C fimul in D æquales funt 4 B^2, ex quibus fublato BC quod eft B^2 reftat 3 B^2.

Hh

Propositio tertia.

SI Z^f—S$_p$A—RA^2+A^3 ∞ Ō.

Sunt tria latera, quorum duo sunt suprà, & tertium infrà, idémque minus duobus prioribus simul sumptis; excessus summæ duorum priorum supra tertium est R, at rursus ut in duabus præcedentibus propositionibus summa duorum rectangulorum, ejus scilicet, quod sub primo & tertio, & ejus quod sub secundo & tertio excedit id quod sub primo & secundo, & excessus est S$_p$; Z^f autem est id quod sub tribus continetur, & A explicabile est de quolibet ex ipsis tribus.

Ponantur enim eædem species quæ suprà, ea tamen lege ut D intelligatur minus quàm B & C simul, & rectangula BD & CD simul majora quàm BC, sietque rursus hæc æquatio ut suprà, nempe

$$\begin{matrix} & -BDA+DA^2 & \\ BCD & -CDA-BA^2+A^3 & \infty\ O \\ & +BCA-CA^2 & \end{matrix}$$

Quæ æquatio si hanc interpretationem accipiat, ut excessus B & C simul suprà D, sit R; at excessus rectangulorum BC & CD simul suprà BC, sit S$_p$; item solidum BCD sit Z^f, incidemus in æquationem propositam

$$Z^f—S_pA—RA^2+A^3 \infty\ O.$$

Ubi manifestum est A explicari posse tam de B & C suprà, quàm de D infrà.

Determinatio præcedentis æquationis.

HUjus propositionis determinatio triplex esse potest, prima major, cùm omnia tria latera sunt æqualia; secunda, cùm duo latera suprà tantùm sunt æqualia; & tertia, cùm alterum eorum laterum, quæ sunt suprà, æquale est ei quod est infrà. Utraque autem harum posteriorum minor est, quàm idcirco hic accidit esse duplicem.

Et quidem major determinatio facillima est.

Positis enim B, C, D æqualibus, factáque binomiorum multiplicatione, & sublatis quæ se invicem destruant, manifestum est superesse

BCD—BDA—BA^2+A^3 ∞ O.

Sive quod idem est B^3—B^{2}A—BA^2+A^3 ∞ O.

Itaque Z^f est B^3 sive A^3.

S$_p$ est B^2 sive A^2 & R, est B sive A.

Prior autem duarum minorum determinationum, cùm scilicet duo latera suprà sunt æqualia, instituitur modo præmisso, tam in prima propositione primi capitis æquationum cubicarum, quàm in prima secundi capitis: positis enim lateribus B & C æqualibus, & argumentando ut suprà in prædictis propositionibus, præcipuè verò ut in prima secundi capitis, nisi quod hic D invenietur esse 2 A—R, reperiemus tandem valorem ipsius A esse

$$\frac{\dfrac{3Z^f-\frac{2}{3}S_p}{R}}{\dfrac{2S_p+\frac{2}{3}R}{R}}$$

Tandem altera duarum minorum determinationum, cùm scilicet alterum laterum suprà æquale est ei quod est infra, facilis est : posito enim quod B sit æquale ipsi D in formula præmissa, ac sublatis iis quæ se invicem tollunt, remanebit hæc æquatio, $B^2 C - B^2 A - C A^2 + A^3 \infty O.$

Itaque in æquatione proposita $Z^f \infty B^2 C$, $S^p \infty B^2$ & $R \infty C$:

At C est unum ex duobus lateribus suprà, itaque ipsum R est unum ex lateribus suprà.

Item eadem ratione B^2 sive S^p est quadratum alterius lateris suprà, idemque quadratum ejus quod est infrà : ergo A explicabile est, tam de R suprà, quàm de S suprà & infrà.

Propositio quarta.

SI $Z^f - R A^2 + A^3 \infty O.$

Sunt tria latera quorum duo sunt suprà, & tertium infrà, idemque minus quovis duorum priorum, excessus summæ duorum priorum supra tertium, est R. At summa duorum rectangulorum ejus scilicet quod sub primo & tertio, & ejus quod sub secundo & tertio, æqualis est ei quod sub primo & secundo. Z^f autem est id quod sub tribus continetur & A explicabile est de quolibet ex ipsis tribus.

Resumatur enim formula hujus capitis.

$$\begin{array}{l} - B D A + D A^2 \\ B C D - C D A - B A^2 + A^3 \infty O \\ + B C A - C A^2 \end{array}$$

Intelligaturque D minus esse quàm B & C simul, & singula : at rectangulum B C æquale sit ambobus simul B D & C D, itaque tollunt se invicem ipsa rectangula, & sic evanescit affectio sub latere A, quia B & C simul superant D ; differentia esto R, & solidum B C D vocetur a solidum, quo pacto incidemus in æquationem propositam, nempe

$$Z^f - R A^2 + A^3 \infty O.$$

Ubi palam est A explicari posse, tam de B & C suprà, quàm de D infrà.

Determinatio.

HUjus propositionis unica est determinatio, eaque minor, cùm scilicet duo latera suprà sunt æqualia : neque enim aliter æqualia esse possunt, quia unumquodque eorum quæ sunt suprà, majus est eo quod est infrà.

Ponantur ergo æqualia B & C, unde in formula præmissa, sublatis quæ se invicem tollunt, talis erit æquatio.

$$\begin{array}{l} B^2 D + D A^2 \\ - 2 B A^2 + A^3 \infty O. \end{array}$$

Jam quia B est A & $2 B - D$ est R, ideò $2 A - R$ est D. Item quia B D & C D simul æqualia sunt B C, ideò si loco tam B quàm C sumatur A, & loco ipsius D sumatur $2 A - R$ fiet hæc æquatio.

$$4 A^3 - 2 R A \infty A^3 \text{ hoc est } 3 A^2 - 2 R A \infty O.$$

Et communi divisore 3 A fiet $A - \frac{2}{3} R \infty O.$
Quapropter $\frac{2}{3}$ R est valor ipsius A.

Propositio quinta.

SI $Z^c + S_PA - RA^2 + A^3 \infty O$.

Sunt tria latera, quorum duo sunt suprà, & tertium infrà, idemque minus quovis duorum priorum, ita ut excessus summæ duorum priorum, suprà tertium sit R; at summa duorum rectangulorum, ejus scilicet quod sub primo & tertio, & ejus quod sub secundo & tertio, minor est eo rectangulo, quod fit ex primo & secundo; differentia autem est S_P; Z^c autem est id quod sub tribus lateribus continetur, & A explicabile est de quolibet ex ipsis tribus lateribus.

In formula præcedentium quam hic resumimus

$$-\ BDA - BA^2$$
$$BCD - CDA - CA^2 + A^3 \infty O$$
$$+\ BCA + DA^2$$

Intelligantur latera B & C tam simul quàm sigillatim, majora esse quàm D, & rectangulum B C majus quàm duo simul B D & C D. Quo posito & adhibita hac interpretatione ut excessus summæ laterum B & C suprà D sit R; item excessus rectanguli B C suprà summam reliquorum B D & C D sit S_P, at solidum BCD sit $_2Z^c$ manifestum est nos incidere in æquationem propositam, & A explicabile esse tam de B & C suprà, quàm de D infrà.

Determinatio.

HUjus æquationis determinatio unica est eaque minor, tum scilicet duo latera suprà æqualia sunt, neque alia reperiri potest laterum æqualitas, cum unumquodque ex duobus prioribus majus sit quàm tertium.

Posito ergo quod B sit æquale ipsi C in formula præmissa, & augmentando ut in prima propositione primi capitis, aut prima secundi æquationum cubicarum, inveniemus D esse $_2A - R$, & S_P esse $_2RA - _3A^2$, unde tandem deducetur valor ipsius A,

$$\cfrac{\frac{3Z^c + \frac{1}{2}S_P}{R}}{\frac{2}{3}R - 2S_P}{R}$$

Propositio sexta irregularis.

SI $Z^c + S_PA + A^3 \infty O$.

In hac æquatione A est explicabile de unico latere infrà, nec ulla datur vel trium, vel etiam duorum laterum multiplicatio, ex quâ ipsa oriri possit. Potest tamen constitutio illius deduci, ex quatuor proportionalibus, hac ratione ut differentia extremarum sit Z^c; rectangulum autem sub extremis

$$\frac{}{} S_P$$

vel mediis sit $\frac{1}{3}$ S_P, & A sit differentia mediarum.

Sed neque hæc, neque aliæ similes quæ de solis lateribus infrà explicari possunt æquationes ad usum cummunem revocari possunt, nisi per transmutationem aliarum æquationum, quod etiam rarò aut nunquam accidit.

Propositio

Propositio septima irregularis.

$SI Z^c + RA^2 + A^3 \propto O$

Rursus in hac æquatione A explicabile est de unico latere infrà, nec ulla datur vel trium vel etiam duorum laterum multiplicatio, ex qua illa oriri possit. Facile tamen hæc æquatio transmutabitur in aliam similem ei, quæ habetur propositione 6ᵃ seu præcedenti, unde constitutio ejus ex quatuor proportionalibus deducetur ut suprà; sed neque alia esse potest, quàm præcedentis, utilitas.

Propositio octava irregularis.

$SI Z^c + A^3 \propto O.$

Unicum etiam est latus infrà, idemque æquale lateri cubico ipsius Z^c.

CAPUT TERTIUM.

HOc caput tot propositiones habet, quot præcedens, atque has illarum sigillatim inversas, hac ratione, ut quæ illic suprà erant latera, hic sint infrà, & è contrario. Determinationes autem in utroque capite sunt penitus eædem: itaque exposita formula universali, quinque priorum propositionum regularium, enumeratisque breviter singulis octo propositionibus, reliqua ad idem caput præcedens remittemus.

Pro formula igitur universali, intelligantur duo latera infrà, & unum suprà hac ratione

$$B + A \propto O$$
$$C + A \propto O$$
$$D - A \propto O$$

fiatque multiplicatio qualem consuevimus habita ratione signorum, atque ita reperiemus.

$$\begin{matrix} & + BDA & - BA^2 & \\ BCD & + CDA & - CA^2 & - A^3 \propto O \\ & - BCA & + DA^2 & \end{matrix}$$

Qua ratione duo latera infrà intelliguntur æqualia ipsis B & C; illud autem quod est suprà, intelligitur æquale ipsi D.

Jam differentia inter summam laterum B & C & unicum D, esto R; differentia autem inter summam rectangulorum BD & CD atque unicum BC, esto SP: item solidum BCD esto Z^c. Hoc pacto prout excessus erit pænes hæc vel illud, vel etiam aliquando nullus, orientur quinque propositiones regulares.

Propositio prima.

$SI Z^c + SPA + RA^2 - A^3 \propto O.$

Sunt tria latera, duo quidem infrà, & unum suprà, idemque majus summa duorum priorum, & differentia est R; rectangulum autem sub summa priorum & tertio excedit rectangulum sub duobus prioribus, & excessus est SP. At Z^c est id quod sub tribus continetur; & A explicabile est de quolibet ex ipsis.

Determinatio.

PRo determinatione, positis duobus lateribus quæ sunt infrà, inter se æqualibus, recurremus ad primam propositionem secundi capitis, mutatis tamen iis quæ hic sunt infrà, in ea quæ ibi erant suprà, reperiemus valorem ipsius A infrà, æquale esse.

$$\frac{3Z^f + \frac{1}{7}SP}{R}$$

$$\frac{2SP + \frac{1}{7}R}{R}$$

Propositio secunda.

SI $Z^f + SPA - A^3 \infty O.$
Vide secundam propositionem 2í capitis, mutatis tamen suprà & infrà, ut jam diximus, neque etiam determinatione differunt.

Propositio tertia.

SI $Z^f + SPA - RA^2 - A^3 \infty O.$
Vide tertiam secundi capitis, mutatione facta ut diximus, determinatio eadem erit.

Propositio quarta.

SI $Z^f - RA^2 - A^3 \infty O.$
Vide iisdem mutatis, quartam secundi capitis ejusque determinationem.

Propositio quinta.

SI $Z^f - SPA - RA^2 - A^3 \infty O.$
Vide iisdem mutatis quintam propositionem 2í capitis ejusque determinationem.

Propositio sexta irregularis.

SI $Z^f - SPA - A^3 \infty O.$
Unicum est latus suprà, pro quo vide sextam propositionem secundi capitis. Notabis tamen hanc utilem esse posse.

Propositio septima irregularis.

SI $Z^f + RA^2 - A^3 \infty O.$
Unicum est latus suprà pro quo vide sextam propositionem 2í capitis. Notabis tamen hanc utilem esse posse.

Propositio octava irregularis.

SI $Z^f - A^3 \infty O.$
Unicum est latus suprà, æquale lateri cubico Z^f

CAPUT QUARTUM.

HOc etiam caput inversum est primi cubicorum; differunt enim in eo tantum quòd quæ illic erant latera suprà, hic sunt infrà, idque in prima propositione, quæ prorsus regularis est : at in secunda, quæ aliquo pacto est irregularis, ambo latera remanent infrà, etiamsi illic alterum esset suprà, alterum infrà, nec etiam in ambabus formula est eadem, quapropter utramque hic apponemus etiamsi utraque sit inutilis, nisi ex transmutatione aliunde oriatur, quod etiam rarò, aut nunquam accidere potest.

Propositio prima.

SI $Z^c + S^p A + R A^2 + A^3 \infty O$.
Et Z^c non sit æquale ipsi SP.

$$\overline{R}$$

Sunt tria latera positiva infrà, quorum summa est R, tria rectangula sub ipsis, binis ac binis sumptis simul, constituunt SP : at Z^c est quod sub tribus continetur, & A explicabile est de quolibet ex ipsis.

Statuantur enim tria latera positiva infrà, in binomiis ut consuevimus hoc pacto

$$B + A \infty O$$
$$C + A \infty O$$
$$D + A \infty O$$

& fiat multiplicatio ut in superioribus, orieturque

$$\begin{array}{c} + BDA + BA^2 \\ BCD + CDA + CA^2 + A^3 \infty O \\ + BCA + DA^2 \end{array}$$

quæ æquatio si hanc interpretationem accipiat, ut $B + C + D$ sit R; & $BD + CD + BC$ sit SP, item BCD sit Z^{sol}, incidemus in æquationem propositam, ubi manifestum est A explicabile esse tam de B, quàm de C, & de D, infrà.

Determinatio eadem prorsus est, quæ in prima propositione primi capitis cubicarum, atque id tam in majori quàm in minori determinationum ibi expositarum.

Propositio secunda.

SI $Z^c + S^p A + R A^2 + A^3 \infty O$.
Sit autem $Z^c \infty$ SP.

$$\overline{R}$$

Sunt duo latera ambo infrà, alterum quidem æquale longitudine ipsi R, alterum autem non proprie latus, sed planum æquale SP, & Z^c est id quod continetur sub primo latere in planum, quod secundi locum obtinet sive SPR, & A explicabile est de quolibet.

Statuatur enim $R + A \infty O$
& $SP + A^2 \infty O$

ut sint latus & planum, ambo positiva infrà, fiatque multiplicatio; atque ita orietur hæc æquatio.

$$R SP + S^p A + R A^2 + A^3 \infty O.$$

Jam R S P esto Z^c, qua ascita interpretatione incidemus in æquationem propositam, quæ proinde explicabilis est, tam de A æquali, ipsi R, quàm de A æquali potentiæ ipsi S P°, ut est propositum.

Nota circa æquationes præmissas, & circa eas, quæ ad altiores gradus aut potentias pertinere possunt.

Prima.

OMNIS affectio sub latere positivo suprà, sequitur naturam sui signi, censetur enim affirmativa vel negativa suprà, prout illa afficitur signo affirmationis vel negationis. Idem intellige de affectionibus sub omnibus gradibus, atque etiam de omnibus potentiis ejusdem lateris positivi suprà.

Secunda.

UT autem innotescat etiam quid censendum sit de affectionibus sub latere positivo infrà ejusque gradibus, & potentiis, præmittendum est primum id quod jam notavimus, nempe affirmativum infrà æquivalere negativo suprà, & è contrario.

Deinde circa latera suprà, ideo $+$ multiplicatum per $+$ producere $+$, quia multiplicator affirmativus affirmat affirmationem multiplicati. Ideo autem $-$ per $-$ producere $+$, quia multiplicator negationis negat negationem multiplicati, atque ita constituit affirmationem. At $+$ per $-$ vel $-$ per $+$, ideo producere $-$, quia multiplicator affirmativus affirmat negationem multiplicati, vel multiplicator negativus negat affirmationem multiplicati, atque ita constituit negationem.

Hinc igitur, quia latus affirmativum infrà, æquivalet negativo suprà, omnis affectio sub latere positivo infrà, sequitur contrariam sui signi naturam, ita ut si sit affirmativum infrà, æquivaleat negativo suprà & è contrario. Contra verò quadratum lateris positivi infrà, æquivalet quadrato lateris positivi suprà, quia fit ex $+$ A in $+$ A, vel ex $-$ A in $-$ A, unde quovis modo fit $+$ A² suprà, vel æquivalens. Itaque omnis affectio sub quadrato lateris positivi infrà, sequitur naturam sui signi affirmativi vel negativi: in altioribus verò gradibus, simili argumento concludemus idem accidere affectioni sub cubo, quod sub suo latere: & quadratoquadrato, quod suo quadrato, atque ita continuè per gradus altiores, ut illi qui statuuntur in locis imparibus, imitentur latus ipsum; qui autem statuuntur in locis paribus, imitentur quadratum.

Insuper omnis affectio, quæ retinet naturam sui signi, ducta in affectionem, quæ itidem naturam sui signi retineat, producit aliam, quæ etiam naturam sui signi retinet. Sed & affectio quæ sequitur contrariam sui signi naturam, ducta in affectionem quæ contrariam sui signi naturam sequatur, producit aliam, quæ sequitur eandem sui signi naturam.

Contrarium autem accidit dum ducuntur inter se duæ affectiones, quarum una sui signi naturam sequatur, altera contrariam, quæ enim inde fit affectio, sequitur contrariam sui signi naturam.

Tertia.

EX duabus notis præmissis non difficile erit explicare, cùm ex multiplicatione binomiorum in omnibus capitibus jam expositis, circa quadratas

quadratas & cubicas affectiones, producatur tandem æquatio quæ nihilo æquivaleat, id autem uno aut altero exemplo illustrabimus.

Proponatur primum, ut in propositione secunda quadraticarum, hæc æquatio

$$BC \overset{+\;BA}{—CA—A^2} \infty\; O.$$

Quæ quidem æquatio orta est ex ductu affectionum B — A & C + A in se invicem, intelligatur ergo primo casu, B suprà æquari ipsi A suprà; unde B — A æquatur nihilo; quia tam B quàm A, cùm sint suprà, sequuntur naturam sui signi, quæ signa cùm sint contraria, manifestum est B & A tollere se invicem.

Jam C + A cujuscumque valoris sit ducatur in B — A, fit rursus manifestò

$$BC \overset{+\;BA}{—CA—A^2} \infty\; O.$$

Ubi omnes affectiones sequuntur naturam sui signi, quia quæ ipsas produxerunt, sui signi naturam sequebantur, & quia B æquatur A, ideo BC æquatur CA, quare propter signa contraria tollunt se invicem + BC — CA.

Item BA æquatur A², quare propter signa contraria tollunt se invicem + BA — A², atque ita omnes affectiones simul nihilo æquivalent, dum scilicet B æquatur ipsi A suprà.

Sed secundo casu, esto C suprà æquale ipsi A infrà: unde C + A æquatur nihilo, quia ipsum + A infrà sequitur contrariam sui signi naturam, æquivaletque ipsi — A suprà, sicque tollunt se invicem + C + A.

Jam B — A cujuscumque valoris sit, ducatur in C + A, fit manifestò

$$BC \overset{+\;BA}{—CA—A^2}.$$

Ubi duæ affectiones sub latere A, scilicet $\overset{+\;BA}{—CA}$, sequuntur contrariam sui signi naturam; at — A² & + BC sui ipsius signi naturam sequuntur; & quia C æquatur A, ideo BC æquatur BA, & CA æquatur A², quare tollunt se invicem + BC + BA, quia BC eandem, BA vero contrariam sui signi sequitur naturam. Eadem ratione tollunt se invicem — CA — A² quia CA contrariam, A² vero eandem sui signi naturam sequitur: atque ita rursus omnes affectiones simul nihilo æquivalent, cùm ipsum C suprà æquetur ipsi A infrà.

Cùm vero sic interpretamur æquationem ut BC sit ZP, at $\overset{+\;B}{—C}$ sit R, ut sic ZP + RA — A² ∞ O. Patet ipsum R, esse differentiam inter B majus & C minus, quia illæ affectiones + BA & — CA habent signa diversa, & præterea vel ambæ eandem, vel ambæ contrariam sui signi naturam sequuntur, impediunt ergo signa diversa ne simul jungi debeant.

Item in hac æquatione ZP + RA — A² ∞ O.

Dum A intelligitur esse suprà, omnes affectiones sunt suprà, sequunturque naturam sui signi, & sic sola affectio A² æquatur reliquis duabus simul.

E contrario vero cum A intelligitur esse infrà, tum ZP & A² sequuntur naturam sui signi, RA vero contrariam, sicque + RA infrà æquivalet — RA suprà. Unde + RA — A² simul æquivalent ipsi ZP.

Kk

Jam in secundo exemplo proponatur æquatio propositionis primæ secundi capitis cubicatum

$$Z^c - S_pA + RA^2 + A^3 \gtrless O.$$

Cujus constitutionem deduximus ex multiplicatione five ductu harum trium affectionum, B — A

C — A

D + A

Ex quo oritur hæc æquatio, posito tamen quod D majus sit quàm B & C simul.

$$\begin{array}{c} - BDA + DA^2 \\ BCD - CDA - BA^2 + A^3 \gtrless O \\ + BCA - CA^2 \end{array}$$

Quam quidem æquationem legitimam esse, five B suprà æquetur A suprà, five C suprà æquetur A suprà, five tandem D suprà æquetur A infrà, sic ostendimus.

Ponamus primo casu B suprà æquari A suprà, unde B — A $\gtrless$ O.

Jam sub ipso valore A, quicquid valeat tam C — A, quàm D + A, multiplicentur invicem hæ duæ affectiones, orieturque

$$\begin{array}{c} + CA \\ CD - DA - A^2 ; \end{array}$$

Ubi omnes affectiones particulares sequuntur naturam sui signi, quia tam A, quàm B, C, D ex quibus ortæ sunt, sunt suprà. Hoc autem totum productum quicquid valeat ducatur in B — A, atque ita tandem orietur

$$\begin{array}{c} - BDA + DA^2 \\ BCD - CDA - BA^2 + A^3 \\ + BCA - CA^2 \end{array}$$

Cujus omnes affectiones sequuntur sui signi naturam, propter rationem jam illatam. Quoniam ergo B ponitur æquale ipsi A, ideo BCD æquatur CDA, atque ita tollunt se invicem + BCD — CDA; eadem ratione tollunt se invicem — BDA + DA² ; item + BCA — CA², ac tandem — BA² + A³, unde patet omnes affectiones simul, nihilo æquivalere, dum B æquatur ipsi A.

Secundo casu C suprà æquetur ipsi A suprà; unde C — A $\gtrless$ O.

Jam sub ipso valore A quicquid valeat tam B — A, quàm D + A, multiplicentur invicem hæ duæ affectiones, orieturque manifestò

$$\begin{array}{c} + BA \\ BD - DA - A^2 \end{array}$$

Ubi omnes affectiones particulares sequuntur naturam sui signi, quia A, B, C, D ponuntur esse suprà. Hoc autem totum productum, quicquid valeat, ducatur in C — A, orietur rursus ut in primo casu

$$\begin{array}{c} - BDA + DA^2 \\ BCD - CDA - BA^2 + A^3 \gtrless O \\ + BCA - CA^2 \end{array}$$

Ubi etiam omnes affectiones sequuntur naturam sui signi propter eandem rationem. Quoniam ergo C ponitur æquari ipsi A, ideo BCD æquatur ipsi BDA, atque ita tollunt se invicem + BCD — BDA: eadem ratione tollunt se — CDA + DA² ; item + BCA — BA² : ac tandem ── C A ² ── A ³. Unde patet quod existente C æquali ipsi A, omnes affectiones simul nihilo æquivalent.

Tertio & ultimo casu, intelligatur D suprà æquati A infrà. Quo pacto D ── A ∞ O.

Jam sub ipso valore A, quicquid valeat tam B ── A, quàm C ── A, ducantur invicem hæ duæ affectiones, orieturque

$$\begin{array}{l} - BA \\ BC - CA + A^2, \end{array}$$

Ubi, quia tam B, quàm C sunt suprà, A autem infrà, duæ affectiones B C & A² sequuntur naturam sui signi, duæ verò reliquæ B A contrariam. Hoc autem totum productum quicquid valeat, ducatur in D ── A, orieturque idem omnino quod primo & secundo casu, nempe

$$\begin{array}{l} - BDA + DA^2 \\ BCD - CDA - BA^2 + A^3 \\ + BCA - CA^2 \end{array}$$

Hic verò omnes affectiones sub latere A, atque etiam cubi A³ sequuntur contrariam sui signi naturam per regulas præmissas, quia oriuntur ex multiplicatione affectionum, BD, CD, BC, & A², quæ omnes sequuntur naturam sui signi in A quod sequitur contrariam.

Quoniam ergo D suprà ponitur æquale A infrà, ideo B C D æquatur B C A, unde tollunt se invicem ── B C D ── B C A: nam etiam si signa sint eadem, tamen natura est contraria. Eadem ratione tollunt se invicem ── B D A ── B A², item ── C D A ── C A², & denique ── D A² ── A³.

Unde patet quod existente D suprà æquali ipsi A infrà, omnes affectiones simul nihilo æquivalent. Sive ergo B vel C suprà æquetur ipsi A suprà, sive D suprà æquetur A infrà semper stabit æquatio, & omnes affectiones simul nihilo æquivalebunt.

Itaque in æquatione proposita Z^c ── S^pA ── R A² ── A³ ∞ O.

S^p intelligitur esse differentia inter summam duorum planorum B D, C D, & planum B C: at longitudo R est differentia inter summam laterum B, C, & latus D, quæ sunt æqualia tribus illis de quibus potest explicari A, in æquatione. Rursus cùm in eadem æquatione A intelligatur esse suprà, tunc omnes affectiones sequuntur naturam sui signi, unde sola affectio S^p A æquatur tribus reliquis simul sumptis. Contra verò cùm A intelligitur esse infrà, tunc affectiones sub latere A & ipsius cubo A³ sequuntur naturam contrariam sui signi, duæ autem reliquæ eandem, unde ── S^p A infrà æquivalet ── S^p A suprà, & ── A³ infrà æquivalet ── A³ suprà, sicque sola affectio A³ æquatur tribus reliquis simul sumptis.

His duobus exemplis rite perceptis, non erit difficile idem in omnibus æquationibus extendere, quæ ex duobus, tribus vel etiam pluribus lateribus efformabuntur.

Quarta.

CUM autem planum aliquod ex se ponitur sequi naturam contrariam sui signi, tunc occurrere posset difficultas circa affectiones lateris quod potentia æquale intelligitur eidem plano, & circa affectiones aliorum graduum ejusdem lateris, quæ difficultas etiamsi non difficilè solvi possit, speciatim in omnibus affectionibus oblatis, quia tamen prolixa esset solutio, præcipuè quia extendi deberet non ad planum tantùm, sed etiam ad

gradus altiores, ideò nos folutionem afferemus in univerfum, quæ ad quaf-
cumque æquationes, etiam eas de quibus jam egimus, extendi poteft, eamque aliquo exemplo illuftrabimus.

Intelligatur ergo BP fuprà ꓕ A² infrà ꝏ O. Ubi manifefto A² quod planum eft, fequitur naturam fui figni contrariam. Sit autem quævis æquatio,
quæ orta fit ex multiplicatione hujus affectionis BP ꓕ A² in aliam quamcumque affectionem, in qua æquatione A fit explicabile de latere A, quod
potentiâ æquale fit ipfi BP. Ut oftendamus omnes affectiones æquationis fimul
nihilo æquavalere fic ratiocinabimur. Quia affectio BP ꓕ A² in aliam quamcumque affectionem ducitur, certum eft in ipfam duci primum feparatim
BP quod fequitur naturam fui figni, deinde in eandem duci feparatim A²
quod fequitur contrariam: quicquid ergo producat BP, id omne fimul,
æquale eft ei, quod producitur ab A² propter æqualitatem BP & A²; fed
& fingula producta fingulis productis funt æqualia propter eandem rationem, & in fingulis æqualibus figna erunt eadem, quia BP & A² habent
idem fignum. At propter contrariam naturam BP & A² fingula producta
æqualia contrariæ erunt naturæ, atque idcircò tollent fe invicem, ita ut
nihil omnino remaneat, & tota æquatio nihilo fit æqualis, ut proponitur.

Ut autem in omnibus æquationibus idem locum habere manifeftum fit,
intelligatur BP ── A² ꝏ O, fintque tam BP quàm A² fuprà, & utrumque
fequatur naturam fui figni. Tunc facta multiplicatione, ut dictum eft, fingula producta fingulis funt æqualia & ejufdem naturæ; fed figna erunt
contraria, quia BP & A² habent contraria, atque ita rurfus tollent fe invicem, omnes affectiones, ita ut nihil omnino remaneat, & tota æquatio
nihilo fit æqualis, ut proponitur.

In exemplo proponatur, ut in fecunda propofitione primi capitis cubicarum, BP ꓕ A² ꝏ O. Ita ut BP fit fuprà, at A² infrà, & ambo æqualia,
ducatur autem hæc affectio in hanc aliam, cujufcumque fit valoris C ── A
orietur manifeftò BP C ── BP A ꓕ C A² ── A³, fed ita ut ꓕ BP C ── BP A
fiat fpeciatim ex ductu BP in C ── A; at ꓕ C A² ── A³ fiat ex A² in
C ── A. Quia ergo ꓕ BP ducitur in ꓕ C & producit BP C, & ꓕ A²
ducitur in idem C & producit C A², funt autem æqualia BP & A², atque
idem poffident fignum, erunt æqualia producta BP C, idemque fignum
poffidebunt: at quia diverfæ funt naturæ BP & A², illud fcilicet BP fequitur eandem fui figni naturam, hoc verò A² contrariam; idem ergo eorum productis accidet, ut alterum eandem fui figni naturam, alterum verò
contrariam fequatur: tollent igitur fe invicem ꓕ BP C & ꓕ C A². Eadem ratione quia BP & A² æqualia fub eodem figno, fed diverfæ naturæ
ducuntur figillatim in A & producunt ── BP A ── A³, erunt hæc producta æqualia & fub eodem figno, fed diverfæ naturæ: ipfa ergo tollent fe
invicem, unde tota æquatio nihilo æquivalet. Nec erit difficile fimili argumento uti in quibufcumque æquationibus, femper enim fingulæ affectiones fingulis erunt æquales, quia fient ex æqualibus in eandem: at vel figna
erunt eadem & natura contraria, vel natura erit eadem & figna contraria,
ficque tollent fe invicem fingulæ affectiones, & tota æquatio nihilo æqui-
valebit.

Quinta.

OPERÆ etiam pretium eft fcire quot modis complicari poffint affectiones fpeciales, ut ex iis affectiones univerfales oriantur ad condendas
æquationes omnium potentiarum quadraticarum, cubicarum, quadrato -
quadraticarum, quadratocubicarum &c.

Ad

Ad hoc autem habenda primum est ratio numeri graduum ex quibus ipsa potentia componitur: nam quot modis potentia ipsa ex suis gradibus gigni poterit, tot modis complicari poterunt affectiones speciales ad condendam æqualitatem. Sic latus per se, latus tantùm est. Planum fit vel per se, vel ex duobus lateribus. Solidum fit vel per se, vel ex plano & latere, vel ex tribus lateribus. Planoplanum fit vel per se, vel ex solido & latere, vel ex duobus planis, vel ex plano & duobus lateribus, vel ex quatuor lateribus. Planosolidum fit vel per se, vel ex planoplano & latere, vel ex solido & plano, vel ex solido & duobus lateribus, vel ex duobus planis & latere, vel ex plano & tribus lateribus, vel ex quinque lateribus. Solidosolidum fit vel per se vel ex planosolido & latere, vel ex planoplano & plano, vel ex planoplano & duobus lateribus, vel ex duobus solidis, vel ex solido & plano & latere, vel ex solido & tribus lateribus, vel ex tribus planis, vel ex duobus planis & duobus lateribus, vel ex plano & quatuor lateribus, vel ex sex lateribus. Atque eodem modo & ordine in infinitum.

Secundo habenda est ratio affectionum specialium ex quibus totalis gignitur: nam ex illis quædam aliquando per se æquationem aliquam constituunt, quæ de unico, vel etiam de pluribus lateribus explicabilis est, omnino autem quævis æquatio superioris ordinis formari potest ex duabus vel pluribus æquationibus inferiorum ordinum in se ductis, atque id tot modis quot jam diximus potentias ex suis gradibus gigni posse. Exempli gratia, æquatio cubocubica potest formari ex quadratocubica ducta in lateralem, vel ex quadratoquadratica in quadraticam, vel ex quadratoquadratica & duobus lateribus, vel ex duabus cubicis, vel ex cubica in quadraticam & lateralem, vel ex tribus quadraticis & cæt.

Hinc patet eò pluribus modis complicari posse affectiones speciales ad condendam æquationem aliquam, quò altior est illa æquatio, seu quò altior est illius potentia: atque ipsam altiorem gigni posse ex omnibus inferioribus debitè complicatis nullâ exceptâ, & præterea eandem per se ipsam constitui aliquando nullo inferiorum habito respectu.

Sexta.

ILLUD autem notatu dignissimum est, quamcumque æquationem de tot lateribus explicabilem esse, quot sunt illa de quibus explicari possunt omnes affectiones, seu æquationes speciales à quibus illa producta est. Immo & latera illius lateribus illarum singula singulis esse æqualia sive potiùs eadem; atque adeò ejusdem affectionis & naturæ.

Exempli gratia æquatio lateralis ut B —— A ∞ O de unico tantùm latere suprà explicabilis est, sicut & C —— A ∞ O. At ambæ invicem ductæ producunt quadraticam æquationem

$$\begin{array}{c} \text{—— B A} \\ BC —— CA + A^2 \infty O: \end{array}$$

Quæ de iisdem duobus lateribus suprà est explicabilis.

Rursus si hæc æquatio quadratica ducatur in hanc lateralem D + A ∞ O; quæ de unico latere infra explicari potest, producetur hæc æquatio cubica

$$\begin{array}{c} \text{—— BDA —— B A}^2 \\ BCD —— CDA —— CA^2 + A^3 \infty O \\ \text{+ BCA + DA}^2 \end{array}$$

Quæ de tribus iisdem lateribus explicabitur, duobus quidem suprà, altero verò infrà.

L l

Eodem modo fi ipfa æquatio cubica ducatur in aliam lateralem de unico latere explicabilem, producetur æquatio quadratoquadratica, quæ de quatuor lateribus explicari poterit.

Item hæc æquatio cubica Z^c—SPA—$A^3 \infty O$.
De unico tantùm latere fuprà eſt explicabilis

Hæc quadratica BP—RA—$A^2 \infty O$

De duobus, altero fuprà, & altero infrà : his ergo duabus æquationibus in fe invicem ductis fiet hæc quadratocubica

$$—BPSPA+RSPA^2—BPA^3$$
$$BPZ^c—RZ^1A—Z^c A^2+SPA^3+RA^4+A^5 \infty O$$

Quæ de tribus iifdem lateribus, duobus quidem fuprà, & tertio infrà, eſt explicabilis, atque ita de reliquis.

Cùm verò quædam æquatio per fe ipfam conſtituitur, nec conſtare poteſt ex ductu duarum aut plurium inferiorum, tunc illam de unico tantùm latere contingit explicari poſſe, quales funt omnes illæ irregulares de quibus diximus fuprà cap. 2° & 3° cubicarum.

Præterea fi accidat omnia latera alicujus æquationis eſſe fictitia, & impoſſibilia, ejufmodi æquatio in quamcumque aliam ducta tertiam producet, quæ de lateribus fecundæ æquationis tantùm explicabilis erit ; quòd fi etiam fecundæ illius latera omnia fictitia fint, quæ ex ambabus primâ fcilicet & fecundâ oritur æquatio, habebit latera omnia fictitia, & impoſſibilia. At fi duarum priorum æquationum latera quædam fictitia fint & quædam pofitiva, tunc æquatio quæ ab ipfis duabus producitur, tot latera habebit pofitiva quot in duabus à quibus producta eſt, reperiuntur. Cætera erunt etiam fictitia.

In exemplo eſto hæc æquatio quadratica

$$ZP—RA+A^2 \infty O$$

& intelligatur ZP majus eſſe quàm $\frac{1}{2}R^2$; unde duo latera de quibus aliàs explicabilis eſſet ipfa æquatio, funt fictitia : eſto quoque hæc æquatio lateralis B—$A \infty O$ de unico latere fuprà explicabilis, ducanturque in fe invicem æquationes ipfæ, unde producetur hæc æquatio cubica

$$—BRA+BA^2$$
$$ZPB—ZP A+RA^2—A^3 \infty O.$$

Quæ quidem æquatio de unico tantùm latere fuprà eſt explicabilis, reliqua duo funt fictitia.

Corollarium.

EX hac nota intelligi poteſt methodus, quâ dignofci poterit num æquatio propofita habeat quædam latera fictitia, an verò omnia fint pofitiva, an etiam omnia fictitia : illud autem aliquando & longiſſimæ & difficillimæ indagationis eſt, præcipuè in æquationibus ultrà cubum elatis & multipliciter affectis. In univerfum autem confiderandum erit quot modis æquatio propofita ex aliis inferioribus produci poterit, habitâ ratione formulæ, & quot modis accidere poterit ut illæ inferiores habeant latera, vel fictitia, vel pofitiva, quidve tam hæc quàm illa efficiant, dum inter fe multiplicantur : nam hoc intellecto, dum proponetur illa æquatio, examinandum erit num id illi conveniat, quod à parte laterum fictitiorum produci debuit, num verò id quod à parte laterum pofitivorum exempli gratia, propofitâ hac æquatione cubicâ

$$C^c - DpA + FA^2 - A^3 \infty O.$$

Cujus formula similis est ei quam sub finem notæ sextæ adduximus, patet eam produci potuisse à duabus, alterà planâ, sub hac formula

$$Zp - RA + A^2 \infty O$$

Altera autem laterali sub hac formulâ B — A ∞ O. Unde æquationis productæ formula est hæc, quæ etiam ibi adducta est

$$-BRA + BA^2$$
$$ZpB - ZpA + RA^2 - A^3.$$

Conferantur ergo inter se singula homogenea ambarum ipsarum æquationum, scilicet C^c cum ZpB, item Dp cum ambobus simul BR & Zp, & longitudo F, cum ambabus B & R: his enim collatis si reperiatur Zp majus esse quàm $\frac{1}{4}$ R², concludémus latera æquationis planæ fuisse fictitia, atque adeo & eadem, in æquatione cubicâ, fictitia esse. Quòd si Zp non sit majus quàm $\frac{1}{4}$ R², erunt in utraque æquatione latera positiva. Verùm tota difficultas consistit in modo & ratione examinandi: hic enim in exemplo, videndum esset, num longitudo F sic dividi possit in duas partes, quæ referant B & R, & rectangulum sub ipsis demptum ex Dp relinquat $\frac{1}{4}$ quadrati alterutrius partium, putà ipsius R. Ac prætereà C^c applicatum ad reliquam partem exhibeat idem $\frac{1}{4}$ R², hoc enim casu æquatio proposita explicabilis erit de tribus lateribus, duobus quidem æqualibus, tertio verò utcumque, & ambo æqualia simul æquivalebunt primæ portioni ipsius F, putà ipsi R, eritque hic casus minoris majorisve determinationis.

Aliter, quòd tamen eòdem recidit, dividatur longitudo F, sic ut rectangulum sub partibus unà cum $\frac{1}{4}$ quadrati unius portionum æquale sit Dp, est autem hujusce divisionis problema planum de duobus lateribus explicabile, & determinationi obnoxium, ac tunc si divisio fieri non possit, statim pronuntiare licet æquationis planæ latera fuisse fictitia. Si autem divisio fieri possit, sitque ipsa maxima eademque unica, cùm scilicet altera pars ipsi B correlata, erit $\frac{1}{2}$ F, altera autem ipsi R correlata, erit $\frac{1}{2}$ F, tunc nisi C^c sit præcise $\frac{1}{2}$ F³, erit rursus æquatio plana, fictitia: existente autem C^c æquali ipsi $\frac{1}{2}$ F³, erit tunc casus majoris determinationis, de quâ dictum est propos. prima, cap. 1. cubicarum. At verò si factâ divisione longitudinis F, ut dictum est, non incidamus in maximam, cùm scilicet portio ipsi B correlata non erit $\frac{1}{2}$ F, sed major, vel minor (duplex enim hoc casu contingere potest solutio) tunc si ductâ alterutrâ ex iis duabus partibus quæ ipsi B correlatæ sunt, in $\frac{1}{4}$ quadrati alterius sibi congruentis, fiat solidum æquale ipsi C^c, habebitur casus minoris determinationis, in quo tria latera erunt positiva, duo quidem æqualia, ad æquationem quadraticam pertinentia, quorum summa erit illa portio longitudinis F, quæ ipsi R correlata est, & tertium singulis productis inæquale, quod ad æquationem lateralem pertinebit, eritque tertium illud portio ipsi B correlata. Quòd si ex duobus illis solidis quæ hac ratione fieri possunt, (videlicet ob duplicem solutionem, quæ contingere potest, divisa longitudine F, ut proponitur) neutrum æquale reperiatur ipsi C^c, sit autem hoc C^c, maximo prædictorum minus, minimo majus: tunc tria æquationis latera erunt positiva, sed inæqualia. Si tandem C^c, vel maximo prædictorum majus, vel minimo minus extiterit, hoc casu erunt duo illa latera fictitia quæ ad æquationem planam pertinebunt, ac solum reliquum illud erit positivum, quod æquationis lateralis proprium erit.

DE

GEOMETRICA PLANARUM
ET CUBICARUM ÆQUATIONUM
RESOLUTIONE.

ÆQUATIONEM geometricè refolvere, eſt invenire geometricè omnia latera de quibus ipſa æquatio explicabilis eſt.

Inventio autem ejuſmodi laterum dicitur eſſe geometrica, cùm illa deducitur ex locis propriis fecundùm geometriæ leges defcriptis, atque inter ſe certo ac legitimo modo compofitis ; ita ut ex ipſorum locorum fectione vel tactione, lineæ quædam rectæ deducantur quæ latera quæfita exhibeant.

Quoniam verò iſta laterum inventio pendet à locis geometricis, non abs re fuerit aliqua de ipfis locis præmittere, tum circa eorum naturam atque conſtitutionem, tum etiam circa eorumdem diviſionem, ac diverſos gradus ; ut quæ fimpliciora funt, à magis compofitis diſtinguantur.

Locus ergo geometricus in univerſum, eſt magnitudo quædam ex qua deduci poſſunt quotcunque aliæ magnitudines fecundùm eandem atque uniformem quandam legem, quæ eandem aliquam atque uniformem fortiantur proprietatem.

De locis ejuſmodi complures libros antiqui confcripfere, quorum numerum & titulos apud Pappum Alexandrinum legere licet ; fed illi temporis injuria, fummo rei literariæ detrimento, perierunt. Neque nos eorum inſtaurationem hîc intendimus, quia ad noſtrum inſtitutum, paucis iiſque non admodùm difficilibus, egemus. Non abs re tamen fore judicavimus felectiores aliquot ex illuſtrioribus locis in exemplum hîc afferre, quò eorum natura & conſtitutio magis elucefcat. Nec ultra conſtructionem feu compoſitionem ipforum progrediemur : demonſtrationem autem, quia plerumque nimis longa eſt, ad eam partem geometriæ quæ talem materiam tractare debet, remittemus.

In primo ergo exemplo. Eſto quævis circuli circumferentia A B C, cujus centrum fit D ; manifeſtum eſt ergo rectas omnes ab ipfa circumferentia ad centrum D ductas eſſe æquales. Itaque ex præmiſſa loci definitione, circumferentia illa locus eſt ; quandoquidem ea magnitudo eſt ex qua deductæ quotcumque aliæ magnitudines, lineæ rectæ fcilicet, fecundùm eandem atque uniformem legem, puta quæ ad idem centrum D tendant, eandem aliquam atque uniformem fortiuntur proprietatem, ut fcilicet omnes fint inter fe æquales.

Geometræ autem, cùm magnitudinem aliquam ad quendam locum referre volunt, primùm magnitudinis iſtius genus ac fpeciem, deinde ejufdem conditiones exprimunt, ac tandem locum ipfum enuntiant, addito modo quo ipfa magnitudo ad prædictum locum refertur.

In

In exemplo ergo præmisso sic illi loquerentur. Si ab aliquo puncto educantur quotcunque rectæ, quæ uni eidemque rectæ sint æquales, erit alterum cujusvis eductæ extremum ad circuli circumferentiam.

In altero exemplo. Esto quævis circumferentia circuli ABC, cujus diameter
sit A C, atque in ea diametro statuatur punctum
quodvis D, à quo erecta ad diametrum perpendicularis recta D B, terminetur ad circumferentiam in B: erit ergo hæc BD media proportionalis inter diametri portiones A D, D C; unde
ipsa circumferentia, rursùs alio respectu locus
erit, quippe ad medias proportionales.

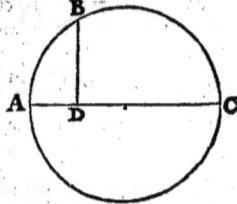

Phrasis geometrica hujus loci talis esset. Rectâ lineâ utcunque terminatâ, si inter terminos
illius sumatur quodvis punctum, à quo educatur ad rectos angulos ipsi rectæ quævis alia recta, quæ inter prioris rectæ portiones media proportionalis existat, erit alterum eductæ extremum ad circuli circumferentiam.

In tertio exemplo. Esto adhuc quævis circumferentia circuli A BC, atque
in ea recta quædam A C quæ subtendat arcum
A B C utcunque; atque in eo arcu, sumpto quovis puncto B, ducantur rectæ B A, BC ad ejusdem arcus sive chordæ ipsius extrema: manifestum est angulum A BC æqualem esse omni alii
angulo qui in eadem portione A B C existet. Manifestum est quoque potuisse super rectam A C
constitui portionem circuli A B C, quæ cujuscunque anguli A B C capax esset; unde circuli portio A B C hoc respectu locus erit; quippe ad angulos æquales.

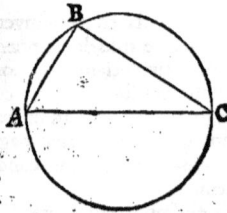

Phrasis geometrica hæc erit. Rectâ lineâ utcunque terminatâ, & exposito quovis angulo rectilineo: si à rectæ lineæ terminis ad aliquod punctum
inclinentur duæ aliæ rectæ quæ angulum exposito æqualem contineant: erit
hoc punctum, sive vertex anguli, ad alicujus portionis circuli circumferentiam.

In quarto exemplo. Esto ut suprà quivis circulus cujus diameter A B; atque ex punctis A, B, ducantur ad
quodvis punctum C in circumferentia existens, rectæ AC, BC.
Patet ergo ambo simul quadrata A C, B C æqualia esse quadrato diametri A B, ac proinde
ipsam circumferentiam locum
esse ad summam duorum quadratorum uni eidemque quadrato semper æqualem.

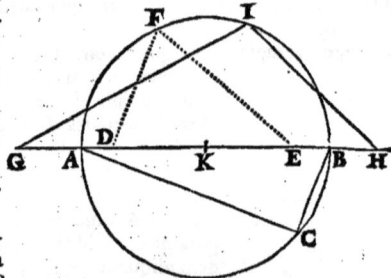

Atque etiam si assumpta puncta non sint ipsa A, B, sed alia
duo quæcunque in rectâ A B
etiam productâ, si libuerit, modò ipsa puncta à centro K hinc inde æqualiter distent, vel intra circulum, qualia sunt D, E; vel extra, qualia sunt G, H;
ducanturque ad quodvis circumferentiæ punctum F vel I rectæ DF, EF;
vel rectæ G I, H I; semper ambo quadrata DF, EF simul sumpta uni eidemque spatio erunt æqualia, nempe summæ amborum quadratorum D B, B E,
vel summæ amborum E A, A D; similiter ambo quadrata G I, I H simul

M m

sumpta, uni eidemque spatio æqualia erunt, nempe summæ amborum quadratorum G B, B H, vel summæ amborum H A, A G. Hinc ergo circumferentia illa, lato illo respectu, locus erit ad summam duorum quadratorum
uni eidemque spatio semper æqualem.

Phrasis geometrica. Rectâ lineâ quâcunque expositâ, signatisque in ea utcunque duobus punctis, si ab ipsis punctis ad tertium quodpiam punctum duæ
rectæ inclinentur, & sint species quæ ab ipsis fiunt simul sumptæ exposito alicui spatio æquales, tertium illud punctum erit ad alicujus circuli circumferentiam.

Species dicunt geometræ, non quadrata; ut indicent hoc universaliter verum esse, non de quadratis modò, sed etiam de figuris similibus, similiterque
super rectis de quibus agitur descriptis. Quod enim de quadratis verum est,
idem quoque de ejusmodi figuris verum esse omnino constat. Immò, si assumpta puncta in superiori quarto exemplo plura sint quàm duo, sive omnia
in eadem recta existant, sive non, quicunque tandem sit illorum numerus, &
quæcunque positio; atque ab iisdem punctis ad aliud quoddam punctum
totidem rectæ ducantur, singulæ scilicet à singulis punctis, & omnium ipsarum rectarum species simul sumptæ alicui spatio sint æquales: erit illud aliud
punctum ad circuli circumferentiam. Dabitur quippe circulus quispiam in
cujus circumferentia sumpto quovis puncto, atque ab eo ad omnia puncta
primò posita ductis totidem rectis, erunt harum omnium ductarum species simul sumptæ eidem spatio æquales: quo quidem respectu circumferentia illa
erit locus, qui omnium locorum planorum elegantissimus jure censeri possit;
sed illius, sicuti & aliorum discussio specialior, ad specialem de locis tractatum pertinet, nos autem hîc ad generalem quandam locorum notionem at-
tendimus.

In quinto exemplo. Esto item circulus, cujus diameter A B, quæ producatur versùs A extra circulum utcun-
que in C; & ducatur recta C F tangens circulum in F, à quo demittatur
in diametrum perpendicularis F D.
Itaque erit ut C A ad A D, ita C B ad
B D. Jam in circumferentia sumatur
quodvis punctum E, vel G &c. à quo
rectæ ducantur E C, E D, vel G C,
G D &c. erit sanè semper E C ad E D,
vel G C ad G D, vel etiam F C ad
F D &c. ut C A ad A D, vel ut C B
ad B D; ut hoc respectu circumferentia A F E B G sit locus nobilissimus ad
binas & binas rectas in eadem ratione existentes.

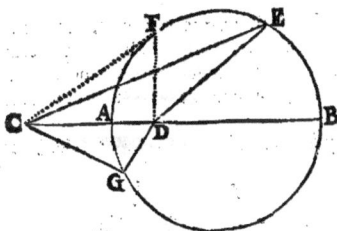

Phrasi geometricâ. Si à duobus punctis C, D, ad idem aliud punctum E
duæ rectæ inclinentur C E, D E, in data ratione inæqualitatis existentes: erit
tertium illud punctum E ad cujusdam circuli circumferentiam.

Omninò, quot proprietates habet magnitudo aliqua, modò proprietates
ipsæ magnitudini conveniant, non autem punctis quibusdam tantùm numero
definitis: tot modis ipsa magnitudo locus esse potest; ita ut si infinitæ numero sint tales proprietates ad aliquam magnitudinem pertinentes, etiam infinitis modis, talis magnitudo locus esse possit. Sed & uniuscujusque modi
locus denominationem sortietur à proprietate illa, respectu cujus ipse locus est.

Sic, in quinque allatis exemplis, propter quinque nobilissimas circuli proprietates, quinque etiam modis circumferentia illius locus esse ostenditur.
At cùm innumeræ aliæ sint ipsius circularis figuræ proprietates, quarum unaquæque in suo genere eximia est, sequitur ut innumeris etiam modis circum-

ferentia circuli locus effe queat: at nos quid fit locus geometricus indicare tantùm atque exemplis quibufdam illuftrare decrevimus, non autem integrum eorum tractatum inftaurare: itaque paucis aliis exemplis alterius generis locorum ad præcedentia additis, ad id quod propofitum eft accedemus.

In fexto ergo exemplo. Efto parabola A B, cujus diameter fit A C, vertex A, atque ad diametrum ordinatim appli-cata fit quævis recta BC, & la-tus rectum po-natur effe D. Notum eft er-go ex conicis,

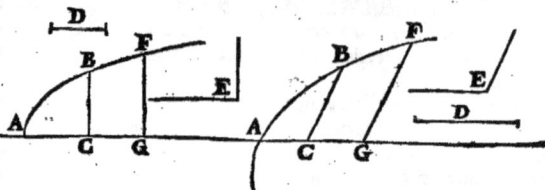

quadratum rectæ B C æquale effe rectangulo contento fub latere recto D, & fub rectâ A C, quæ ex diametro inter verticem A & applicatam B C inter-cipitur, five diameter illa fit axis, five alia quæcunque. Itaque ordinatim ap-plicata BC, quæcunque illa fit, media proportionalis eft inter latus rectum D & portionem diametri A C. Ac proinde parabola quævis locus effe po-teft ad medias proportionales, quarum altera extremarum fit femper eadem.

Phrafi geometricâ. Rectâ lineâ quacunque expofitâ A C quæ indefinita fit, atque fignato in ea quocunque puncto A; item aliâ rectâ quavis D, lon-gitudine datâ, & dato angulo quocunque E, fi in priori rectâ fumatur quod-cunque punctum C ad unas partes ipfius A, & educatur recta CB in angulo ACB qui æqualis fit angulo E, & punctum B fit femper ad unas partes rectæ A C, ipfa autem B C media fit proportionalis inter expofitam D & portionem A C: erit punctum B ad parabolam.

Quòd fi plures fint in eadem parabola ordinatim ad eandem diametrum applicatæ, putà B C, F G, inter quas à vertice A interceptæ fint portiones diametri A C, A G: erunt hæ portiones A C, A G, inter fe longitudine, ut applicatæ potentiâ; hoc eft, erit quadratum BC ad quadratum F G ut recta A C ad rectam A G; quo pacto parabola erit locus ad quadrata rectis lineis proportionalia, quod fatis ex dictis patet.

In feptimo exemplo. Efto rurfus parabola B A C, cujus diameter A D, at-que ad ipfam diametrum ordinatim ap-plicata fit recta B D C; fumpto autem in ipfa parabola quovis puncto H, ducatur recta H E parallela diametro A D, oc-currens ipfi BC in puncto E. Erit ergo ut recta A D ad rectam H E, ita rectan-gulum B D C ad rectangulum B E C. Si-militer, fumpto in eadem parabola alio quovis puncto I, & ductâ rectâ I F paralle-lâ ipfi A D vel H E, erit quoque recta A D ad rectam I F, ut rectangulum B D C ad rectangulum B F C, & recta H E ad re-ctam I F erit, ut rectangulum B E C ad rectangulum B F C: atque ita de reli-quis fimiliter ductis. Unde parabola erit locus ad rectas lineas rectangulis proportionales.

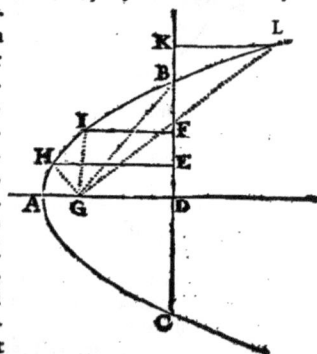

Phrafi geometricâ. Si expofitâ quacunque rectâ BC, fumptifque in ea quotcunque punctis D E F &c. educantur ad eafdem partes ipfius rectæ B C aliæ rectæ totidem terminatæ DA, EH, FI &c. atque omnes inter fe parallelæ, fintque rationes eductarum eædem cum rationibus rectangulorum quæ sub portionibus rectæ primò expositæ continentur, quæ quidem portiones sumantur à singulis punctis eductarum usque ad extrema B, C, prout singula puncta singulis eductis respondent : erunt reliqua eductarum puncta extrema A, H, I, &c. ad parabolam.

Quòd si recta B C ordinatim applicata producatur in directum extra parabolam ex quacunque parte versùs B vel C quantùm quisquis voluerit usque in K, & ducatur recta K L prædictis A D, H E, I F, &c. parallela, quæ parabolæ etiam productæ occurrat in L, sed ad alteras partes ipsarum A D, H E, I F, &c. tunc quoque erit recta A D ad rectam K L ut rectangulum B D C ad rectangulum B K C, atque ita de reliquis.

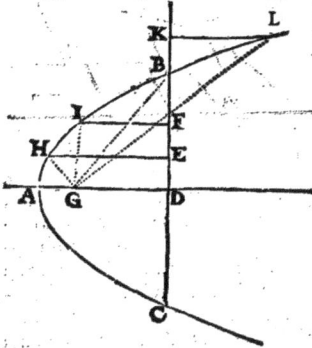

Nec ideo phrasis geometrica à præcedenti diversa est, nisi in eo tantùm quod rectæ K L, A D, sunt ad diversas partes ipsius B C; quandoquidem sic exigit loci natura.

Neque etiam refert an rectæ A D, H E, I F, K L, &c. sint perpendiculares ipsi B C, vel ad illam obliquæ; hoc enim vel illo modo semper verum erit quod proponitur.

In octavo exemplo. In alterutra figurarum præcedentium ponatur recta A D esse axis parabolæ, ad quam ideo perpendicularis sit ordinatim applicata B C, existentibus angulis A D B, A D C rectis; sitque in axe A D producto, si opus sit, focus G, à quo ad puncta H, I, B, L, &c. quæcunque in parabola existunt, ducantur totidem rectæ G H, G I, G B, G L, & reflectantur aliæ rectæ H E, I F, L K ad quamvis ordinatim applicatam B C quantùm satis productam, perpendiculares : tunc verò (eximia sanè parabolæ proprietas) quævis ducta G H cum sua reflexa H E, æqualis erit cuivis alii ductæ G I cum sua reflexa I F &c. Siquidem reflexæ ipsæ respectu ipsius B C, omnes sint ad partes verticis A, & summa cujusvis talis ductæ cum sua reflexa, putà summa G H E, æqualis erit summæ ambarum G A D, sive uni rectæ G B quæ sola ducta est, cui nulla convenit reflexa respectu ordinatæ B C. Quòd si ductæ quædam, ut G L &c. suas reflexas L K &c. habeant ad alteras partes verticis A respectu ordinatæ B C : tunc differentia inter ductam G L & reflexam L K æqualis est eidem G B. Erit ergo parabola locus ad quotcunque rectas ab eodem puncto ductas, atque à parabola ad eandem aliquam aliam rectam perpendiculariter reflexas, ita ut summa vel differentia cujusvis ductæ & suæ reflexæ æqualis sit alicui datæ rectæ lineæ.

Phrasi geometricâ. Expositâ quacunque rectâ lineâ indeterminatâ B C, figuratisque in ea duobus punctis B, C, atque ad eandem erectâ perpendiculari rectâ quadam longitudine datâ A D, existente puncto D in ipsa B C; sumpto etiam quocunque puncto G in eadem A D : si ductâ quâcunque rectâ G H ad partes puncti A, eâdemque reflexâ perpendiculariter ad rectam B C in punctum E inter puncta B, C, summa ambarum G H E æqualis sit datæ alicui rectæ: vel si ductâ quâcunque rectâ G L ad alteras partes puncti A, eâdemque reflexâ perpendiculariter ad rectam B C in punctum K ultra puncta B, C, differentia ambarum G L, L K, æqualis sit datæ alicui rectæ, ei scilicet cui summa G H E æqualis est: punctum reflexionis H, vel L, erit ad parabolam cujus ipsum punctum G erit focus; recta A D, axis; & recta A G erit quarta pars lateris recti.

Talis

Talis verò locus parabolicus ad specula uftoria pertinet. Nam si affumatur pars concava B A C, & radii folis fint rectæ F I, E H, &c. qui ad fenfum funt paralleli; illi ad puncta I, H, &c. reflectentur à forma parabolica, & reflexi concurrent ad focum G; ubi fi speculum fit satis amplum, & fol in debita difpofitione, intenfiffimus calor excitabitur. Hoc autem ideò fit, quia fi per punctum I duceretur recta parabolam tangens, tunc rectæ F I, G I, ad ipfam tangentem angulos æquales conftituerent: eorum autem angulorum alter effet angulus incidentiæ, alter autem angulus reflexionis, atque ita de reliquis ad alia puncta H, &c. pertinentibus.

Quod fi candela in puncto G conftitueretur, ejus radii G H, G I, &c. poft reflexionem à speculo fierent paralleli; putà H E, I F, &c. atque ita lumen candelæ longiffimè produceretur; fed hæc funt alterius loci.

Nono exemplo. Efto ellipfis vel hyperbola, cujus axis fit A B, centrum C,

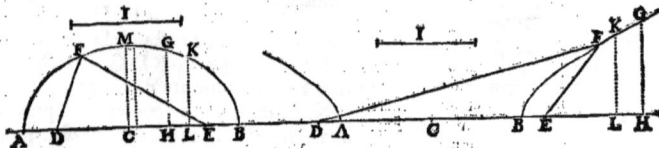

vertices autem fint A & B, & foci D, E, quorum D propior fit vertici A, at E fit propior vertici B; atque in fectione fumatur quodvis punctum F, à quo ad focos ducantur rectæ D F, F E. Patet ergo ex conicis, in ellipfi fummam ambarum D F E, in hyperbola autem, differentiam ipfarum D F, F E, axi A B æqualem effe. Unde hoc pacto ellipfis locus erit ad fummam, hyperbola autem ad differentiam duarum rectarum à duobus certis punctis procedentium & ad idem tertium aliud quodpiam punctum inclinatarum.

Phrafis geometrica, ad imitationem præmiffarum, facilis eft.

Decimo exemplo. In iifdem fectionibus noni exempli, efto I recta latus rectum fuæ fectionis, & recta A B fit quæcunque diameter cui conveniat tale latus rectum, five ipfa diameter fit axis, five non, atque ad ipfam diametrum fint ordinatim applicatæ quotcunque rectæ G H, K L, & c. quarum puncta K, G fint in fectione, puncta autem L, H fint in diametro A B quæ in hyperbola producta fit indefinitè. Ergo ex conicis, rectangulum A L B eft ad quadratum L K, ut diameter A B ad latus rectum I; item rectangulum A L B eft ad rectangulum A H B, ut quadratum L K ad quadratum H G: unde utraque fectio ad utramque talem proprietatem locus eft.

Nec phrafis geometrica difficilis eft, modò quis ea quæ fuperiùs expofita funt imitari voluerit.

Si A B fit axis, fitque ipfi æquale latus rectum I, vel rectangula ad quadrata fint in ratione æqualitatis: tunc loco ellipfis habebimus circulum, ut in fecundo exemplo. At non mutabitur hyperbola, nifi fpecie tantùm, illa enim in genere femper erit hyperbola; fed hoc cafu æqualitatis, affymptoti illius erunt inter fe ad angulos rectos, cùm in ratione inæqualitatis illæ affymptoti fint ad angulos obliquos; fed hæc omnia ex conicis manifefta funt.

Undecimo exemplo. Efto quæcunque fectio conica, cujus axis A B, vertex A, & focus B; atque producto utrinque axe, fumatur in eo ultra verticem punctum C, ita ut, in parabola quidem, recta A B æqualis fit rectæ A C, in hyperbola verò ipfa A B major fit quàm A C, in ea fcilicet ratione quam habet diftantia focorum ad longitudinem axis inter vertices fectionum op-

N n

pofitarum intercepti ; at in ellipfi, A B minor fit quàm A C, in ea rursùs ratione quam habet diftantia focorum ad axem ellipfis inter vertices interce-
ptum.

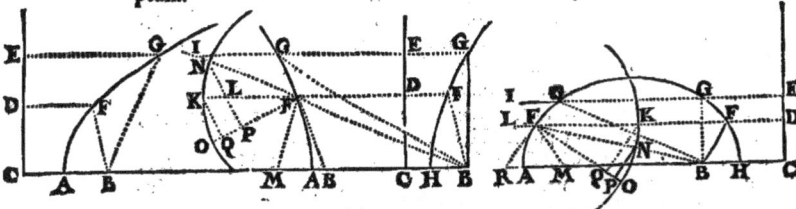

Hæc autem utraque ratio eft ea quam in figuris noni exempli habet re-
ɛta D E ad rectam A B; tum ex C excitetur C D perpendiculariter ad C B,
eademque C D indefinitè utrinque producatur. His pofitis, fumantur in fectione quotcunque puncta F, G, &c. à quibus ducantur toridem rectæ D F,
E G, &c. ipfi B C parallelæ quæ occurrant rectæ C D in punctis D, E, &c. ac
tandem jungantur rectæ B F, B G, &c. ac tunc erit ut B A ad A C, ita B F ad
F D, vel B G ad G E, atque ita de reliquis : unde quævis trium illarum fectionum locus eft ad pulcherrimam illam proprietatem.

Phrafi geometricâ. Expofitis duabus rectis C B, C D ad angulum rectum
conftitutis, fignato in altera illarum unico puncto B quod à puncto C diverfum fit, in altera verò fumantur quotcunque puncta D, E, &c. à quibus ductæ fint rectæ F D, G E, &c. ipfi C B parallelæ, quæ in punctis D, G, &c. inclinentur ad punctum B, & fint rationes B F ad D F, B G ad E G, &c. omnes
inter fe eædem : puncta F, G, &c. erunt omnia in una eademque fectione conica, cujus punctum B focus erit.

Hujus propofitionis, in parabola quidem, unicus eft cafus, quia in ea unicus eft focus, & vertex unicus ; at in hyperbola atque in ellipfi, quia in utraque duplex eft focus B, M, & vertex duplex A, H : ideò in unaquaque ex illis fectionibus, quadruplex eft cafus, duo quidem refpectu unius focorum
propter duplicem verticem, & duo refpectu alterius focorum propter eundem duplicem verticem. At quoniam id quod de uno ex iftis focis verum
eft, verum quoque eft de altero fimiliter confiderato ; ideò ad explicandos
iftos cafus fufficiet, fi unum focorum, putà B, affumpferimus.

Ille ergo focus B neceffariò propior eft uni verticum quàm alteri. Efto
vertex propior H, remotior autem efto A. Itaque, five puncta F, G. &c. fint
prope verticem remotiorem A, five eadem puncta F, G fint prope verticem
propiorem H, femper vera eft propofitio, nempe B F rectam effe ad rectam
F D fibi conterminam ad punctum F, ut recta B G ad rectam G E fibi conterminam ad punctum G. Hinc verò quædam deduci poffunt confequentiæ
quæ apud Apollonium in fuis conicis non reperiuntur, nec tamen forfan illis
cedunt quas ipfe habet ibidem, qualis eft hæc. In hyperbola, fumma ambarum B F, B F, fuprà diverfos vertices A, H tendentium, & ad eandem rectam
F F axi A H parallelam pertinentium, fe habet ad ipfam F F, ut recta B M,
quam diftantiam focorum effe fupponimus, ad axem A H. In ellipfi, differentia earumdem B F, B F ad eandem F F, fe habet ut diftantia focorum B M
ad axem A H ; ac proinde in hyperbola, fumma ipfarum B F, B F eft ad
fummam B G, B G, ut recta F F ad rectam G G. In ellipfi, differentia ipfarum B F, B F eft ad differentiam B G, B G, ut recta F F ad rectam G G ; atque
ita de multis aliis quas confultò omittimus, quia id tantùm, quid fit locus
geometricus, declarare, atque exemplis quibufdam illuftrare intendimus.

Illud tamen minimè prætereundum putamus quod ad Dioptricam perti-

tinet, nec ita pridem innotuit, nempe talem proprietatem fumptam in ratione inæqualtatis, ad refractiones pertinere, atque illis effe fpecificam, ad
hoc ut radii omnes qui ante refractionem erant ejufdem ordinis (hoc eft
vel paralleli, vel ad idem punctum inclinati, five illi ad ipfum punctum tendant, five ab eo divergant) iidem poft refractionem fiant adhuc ejufdem
ordinis, qui tamen ordo diverfus fit à priori. Et convertendo. Si fuperficies
quædam refractiva talis fit, ut qui ante refractionem ejufdem ordinis erant
radii, iidem poft refractionem fint adhuc ejufdem ordinis, fed ab ordine
priori diverfi: fiet neceffariò ut tali fuperficiei talis conveniat proprietas,
quam in hoc undecimo exemplo fectionibus conicis convenire diximus, in
ratione tamen inæqualitatis.

Hîc verò in univerfum tres funt cafus. Primus eft, cùm radii qui ante refractionem erant paralleli, poft refractionem fiunt adhuc paralleli, fed diverfo
à priori parallelifmo; qui quidem cafus ad fola refractiva plana pertinet,
nec admodum utilis eft. Secundus cafus eft, cùm radii qui ante refractionem erant paralleli, poft refractionem ad idem punctum inclinantur; vel
contrà, qui ante refractionem ad idem punctum inclinabantur, poft fiunt
paralleli; qui cafus ad ellipfim pertinet atque ad hyperbolam, quibus proprietas illa convenit in ratione inæqualitatis, non autem ad parabolam, cui
ipfa convenit in ratione æqualitatis. Tertius cafus eft, cùm radii qui ante
refractionem ad unum punctum inclinabantur, poft refractionem ad unum
aliud punctum inclinantur; qui cafus aliquando ad fuperficiem fphericam
pertinet, fed in aliquo tantùm cafu admodùm particulari, aliàs enim ac multò
magis univerfaliter, ipfe pertinet ad alias fuperficies de quibus in exemplo
fequenti dicturi fumus.

Quomodò autem fecundus cafus ad ellipfim pertineat vel ad hyperbolam, aut, quod univerfalius eft, ad fuperficiem fpheroïdis vel conoïdis hyperbolici, quæ fuperficies ab ipfis ellipfi vel hyperbolà circa fuos axes con-
verfis gignuntur; non inutile erit hoc loco declarare. Pofthàc enim, fequenti exemplo, quomodò tertius cafus ad alias fuperficies pertineat, ape-
riemus.

In figura ellipfis vel hyperbolæ undecimi hujus exempli, fumpto in
fectione quovis puncto F, quâ parte illa fectio magis diftat à foco B, eademque vertici A propior eft, & factâ conftructione ut ibidem; producatur recta D F ad partes F utcunque in L, tum circa axem A H intelligatur
circunvoluta fectio, ut habeatur fphæroïdes, vel conoïdes hyperbolicum,
ad cujus formam perficiatur perfpicillum vitreum vel cryftallinum, vel ex
aliqua ejufmodi materia quæ aëre denfior fit, & radios ab ipfo aëre in eandem obliquè incidentes refringat; & ratio inter aërem & talem materiam,
quòd ad rarefactionem & condenfationem fpectat; five, ut vulgò jam lo-
quimur, ratio refractionis inter aërem & ipfam materiam, eadem fit ei rationi quæ eft inter rectas B A, A C; five inter rectas A H, B M; conferen-
do femper majorem terminum rationis ad minorem, dum confertur corpus
rarius ad denfius: (quid fit autem ratio refractionis inter duo corpora diverfæ denfitatis, jamjam explicabimus) dico quod in tali perfpicillo, fi radius
incidentiæ fit L F, qui axi A H parallelus eft, idemque progrediatur ab L
ad F, frangetur radius ille in F, & fractus inclinabitur ad punctum B.
Quòd fi radius incidentiæ fit B F progrediens à puncto B, ille frangetur in
F, & poft fractionem fiet radius F L axi H A parallelus. Nam in refractio-
ne, ficuti & in reflexione, progreffus cujufvis radii, & regreffus ejufdem,
fiunt per eafdem lineas: atque omninò quævis fpecies vifibilis eundo & re-
deundo idem fervat iter.

Quoniam ergo ponimus fuperficiem fphæroïdis vel conoïdis hyperbolici, exhibere nobis perspicillum ipsum à quo radii refringuntur in ingressu vel in egressu ejusdem superficiei ; & superficies illa duplici modo accipi potest, primo quidem prout convexa est, ita ut convexitas pertineat ad corpus densius ; secundo prout concava est, ita ut cavitas pertineat ad idem corpus densius : sciendum est nos de priori modo jam locutos esse : quod si de secundo modo loquamur, contrarium accidet : nam si radius incidentiæ sit F F axi parallelus, atque ipse radius à parte foci remotioris B incidat in sectionem cujus vertex est A, is post refractionem in puncto F, fiet radius F I qui diverget tanquam si ab ipso foco remotiore B profectus sit, eritque in directum cum recta linea B F. Si autem radius incidentiæ sit I F, qui ad focum B inclinatur, is post refractionem fiet F F axi parallelus.

In his duobus modis manifestum est sphæroïdem à conoïde hyperbolico in eo differre, quod priori modo radius L F in conoïde sit intra densum corpus, & F B intra rarum ; in sphæroïde autem, L F sit intra rarum & F B intra densum : at secundo modo, è contrario in conoïde radius L F sit in raro, & F B in denso ; in sphæroïde autem, L F sit in denso, & F B in raro.

Jam quid sit ratio refractionis inter duo corpora diaphana diversæ densitatis, putà inter aërem & vitrum, sic explicabimus.

Esto A B superficies communis duorum corporum propositorum ; sitque rarius, putà aër versùs partem superiorem C ; densius autem, putà vitrum, sit versùs partem inferiorem E : & sumpto in rariori, quovis puncto C, progrediantur ab eo quotcunque radii C D, C F, C P &c. cadentes

in superficiem A B, in punctis D, F, P, &c. per quæ ingrediantur in vitrum : ex iis autem radiis, C D perpendicularis sit ad illam superficiem ; cæteri autem obliqui, ita ut C F minùs obliquus sit quàm C P. Omnes ergo, præter C D frangentur in ingressu vitri ; at C D solus rectà sine fractione transibit ad E. Jam cujusvis aliorum, putà ipsius C F, fractio sic se habebit. Centro F & intervallo F C describantur duo circuli quadrantes A C I quidem intra aërem, K G 4 autem intra vitrum, ita ut recta I F K sit diameter ad superficiem A B perpendicularis, & quadrantes habeant angulos A F I, K F 4 rectos, ad verticem oppositos ; quo pacto illi jacebunt in eodem plano, eruntque sibi invicem oppositi. Producatur in directum recta C F intra vitrum usque ad circumferentiam quadrantis in G.

Si igitur radius C F fractus non esset in F, ille rectà progrederetur in G ; at propter fractionem fit contrà, ut deviet ab ipsa rectitudine C F G, fiatque C F H ex duabus rectis C F, F H angulum obtusum ad F constituentibus, sic ut intra aërem angulus inclinationis C F I major sit quàm angulus H F K qui est quoque angulus inclinationis intra vitrum ; hîc enim inclinationem

nationem radiorum mensuramus per angulos quos illi faciunt cum perpendiculari erecta à puncto incidentiæ, & hi anguli respectu ejusdem radii fracti, majores sunt intra rarum quàm intra densum.

Præterea producatur in directum recta H F ultra centrum F usque ad circumferentiam in Y; atque à quatuor punctis C, Y, G, H in circumferentia existentibus, cadant in rectam IFK totidem perpendiculares CM, YL, GO, HN, ex quibus duæ majores CM, GO inter se æquales erunt, sicuti & duæ minores YL, HN inter se. Ratio ergo quam habet utravis majorum ad utramvis minorum, ea est quam vocamus rationem refractionis ab aëre ad vitrum, putà ratio CM ad HN vel ad YL; & convertendo, ratio minoris ad majorem, putà HN ad CM vel ad GO, vocabitur ratio refractionis à vitro ad aërem; ac universaliter major ratio vocatur ratio refractionis à rariori ad densius; minor autem, ratio refractionis à densiori ad rarius.

Et hæc quidem ratio respectu duorum eorumdem corporum nunquam mutatur, sed eadem semper manet per omnes radiorum in superficiem communem incidentium inclinationes, ut constanti experientia comprobatur: neque enim hoc, cùm à corporum natura pendeat, aliter haberi potuit quàm ab experientia, ex qua tale Dioptricæ fundamentum longè præcipuum atque nobilissimum depromptum est.

Sed esto in eandem superficiem AB alius radius CP priori CF obliquior; ac centro P, intervallo PC describantur ut priùs duo circuli quadrantes 5CS, TQB prior in aëre, posterior in vitro, ambo ad verticem oppositi, atque in eodem plano jacentes, & communem diametrum habentes rectam SPT quæ ad planum AB perpendicularis existat; hic autem radius CP frangatur in P, & post fractionem abeat in R, ita ut angulus inclinationis CPS intra rarum major sit angulo inclinationis RPT intra densum; producatur quoque CP in directum in Q, & RP producatur in directum in V, sintque puncta 5, C, V, S, T, R, Q, B in eadem circuli circumferentia, in cujus diametrum SPT cadant quatuor perpendiculares CZ, QG, R 3, VX, quarum duæ majores CZ, QG sunt inter se æquales, sicuti & duæ minores R 3, VX inter se. Rursùs ergo, ratio cujusvis majoris ex quatuor illis perpendicularibus ad quamvis minorem, putà ratio CZ ad R 3 vel ad VX, est ratio refractionis à raro ad densum; & ratio cujusvis minoris ad quamvis majorem, est ratio refractionis à denso ad rarum, putà R 3 ad CZ vel ad QG; & hæ rationes eædem sunt cum præcedentibus CM ad HN, vel HN ad CM, &c.

Tale autem fundamentum refractionis ad prædictas sectiones ellipsim & hyperbolam sic accommodatur. Sumpto in quavis illarum sectionum puncto F, & facta constructione omninò ut suprà, ac posito quòd sectionis species talis sit ut ratio axis AH ad distantiam focorum BM, sit ratio refractionis à raro ad densum in ellipsi, & à denso ad rarum in hyperbola, inter duo corpora proposita aërem & vitrum; ducatur recta FR quæ sectionem tangat in F; tum recta FO ipsi tangenti perpendicularis, atque adeo perpendicularis quoque ipsi sectioni, quæ quidem FO utrinque producatur indefinitè, sed hoc loco speciatim, ad partes concavas sectionum; deinde centro F & intervallo quocunque FO, describatur circuli quadrans cujus arcus secet rectam FL in K, & rectam BF in N; & à punctis K, N in rectam FO deducantur perpendiculares KQ, NP: demonstrabitur ex natura conicorum, harum perpendicularium KQ, NP rationem eandem esse cum ratione axis AH ad distantiam focorum BM, ac proinde esse rationem refractionis inter duo corpora proposita aërem & vitrum. Posito ergo quòd LF in ellipsi, in hyperbola autem KF sit radius incidentiæ, erit FB

Vide figuras præcedentes pag. 142.

O o

radius refractionis; & contrà, si BF sit radius incidentiæ, erit LF in ellipsi, & KF in hyperbola, radius refractionis.

Cætera quæ plurima sunt, minutatim persequi, Dioptricæ sunt partes; nobis verò qui de locis agimus hoc ostendendum restat, cur tale argumentum, quod manifestò ad Dioptricam pertinet, hoc loco attigerimus.

Id ergo ostendere voluimus, non solùm in rebus purè geometricis locorum geometricorum vim cerni posse, sed etiam in aliis Matheseos partibus quæ objectum suum à Physica mutuantur, modò talis objecti actiones per lineas geometricas producantur: quod sanè radiis specierum visibilium accidere satis superque notum est. Idem autem in Mechanica locum habere facilè ostenderetur; atque etiam in Astronomia: sed istam segetem, quia ad hanc materiam directè non spectat, alio tempore metendam relinquamus.

Porrò, si quis phrasi dioptricâ uti voluerit in enuntiando ejusmodi loco dioptrico, is hoc modo loqui poterit.

Si perspicilli alicujus superficies, radios omnes parallelos in eam incidentes sic refringat ut ad idem punctum inclinentur: vel si omnes radios ad idem punctum inclinatos, parallelos efficiat, talis superficies erit superficies sphæroïdis, vel conoïdis hyperbolici, & puncti inclinationis erit focus ab ipsa superficie remotior, qui autem paralleli erunt radii, iidem & axi ipsius superficiei erunt paralleli, sed & axis ipse inter vertices interceptus, ad distantiam focorum eam rationem habebit quæ est ratio refractionis inter corpus ex quo fit illud perspicillum, & medium diaphanum per quod transeuntes radii in tale perspicillum incurrunt.

Duodecimo exemplo. Ostendamus quomodò tertius ille casus de quo undecimo exemplo locuti sumus, & quem hûc remisimus, aliquando ad superficiem sphæricam, sed multò magis universaliter ad alias superficies pertineat, quas antiquis notas fuisse nullibi apparet.

Sunto ergo in figuris sequentibus, duo puncta A, B; & quæratur perspicillum quod radios ad punctum A inclinatos sic refringat, ut post refractionem iidem ad punctum B inclinentur. Et quidem jam monuimus perinde esse, sive radii ad punctum A convergant, sive ipsi radii à puncto A divergant, utroque enim modo, eosdem dici ad punctum A inclinari: quod idem de quocunque alio puncto B &c. intelligi debet, ne quis circa ea quæ dicta sunt, vel quæ dicenda sunt, hærere possit.

Hinc ergo quadruplex casus particularis oriri potest. Vel enim radii ab uno punctorum A, B, divergentes, sic refringendi sunt ut post fractionem iidem ad alterum convergant; vel radii ab uno punctorum A, B divergentes, sic refringendi sunt, ut post refractionem ab altero divergant: vel radii ad unum punctorum A, B, convergentes, sic refringendi sunt, ut post refractionem ad alterum convergant; vel denique radii ad unum punctorum A, B convergentes, sic refringendi sunt, ut post refractionem ab altero divergant.

Et quidem omnes illi quatuor casus differunt inter se perspicillis duplici modo inter se diversis. Priori modo, cùm perspicilla ipsa diversi sunt generis, quòd ad formam sive figuram spectat: quemadmodum diversi sunt generis sphæroïdes, & conoïdes de quibus undecimo exemplo egimus. Posteriori modo, cùm talia perspicilla differunt tantùm secundùm convexum & concavum, prout scilicet hoc vel illud ad corpus densius pertinet, vel ad rarius.

Verùm, in universum, eorum omnium constructio non multò magis diversa est quàm constructio ellipsis à constructione hyperbolæ, quam suprà initio undecimi exempli ostendimus differre tantùm secundùm rationem majoris inæqualitatis, & rationem minoris inæqualitatis. Dicamus ergo breviter de ejufmodi conftructione, ut appareat ipfam ad quofdam eofque pulcherrimos geometriæ locos pertinere.

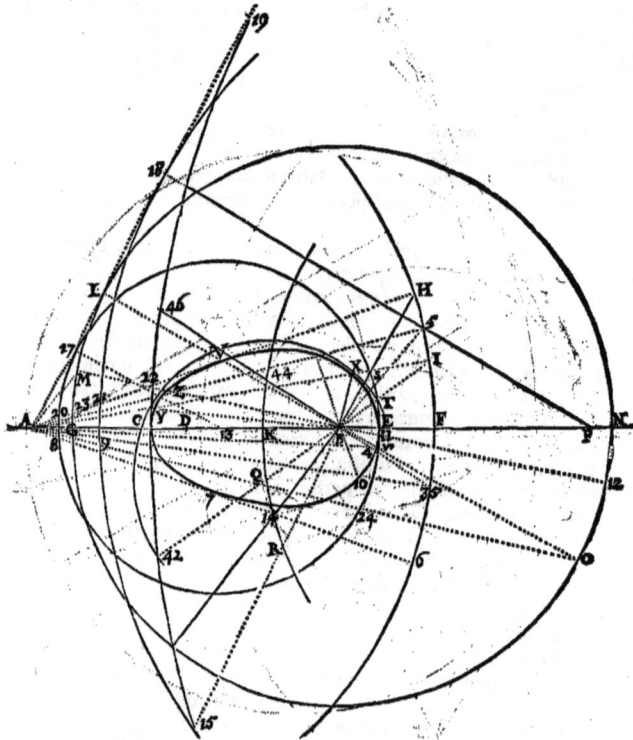

Sunto ergo puncta A, B data, oporteatque in plano figuram defcribere, quâ circa rectam A B circumvolutâ, gignatur forma ad perfpicillum apta, ita ut radii à puncto A divergentes, quotquot in perfpicillum ipfum incide-rint, refringantur ad punctum B. Ex duobus autem mediis diaphanis per quæ radii five fpecies tranfibunt, alterum, idemque rarius fit aër, alterum au-tem, idemque denfius efto vitrum, atque inter illa duo corpora ratio re-fractionis data fit.

Ducatur recta A B, quæ indefinitè producatur ultra B verfus E (ad al-teras enim partes verfus A inutile fuerit) ac inter puncta A, B, fumatur quod-vis punctum C in recta A B, quod punctum C futurum fit vertex figuræ planæ quæfitæ, quæ ad ovalem formam apprimè accedet, caret tamen ad-

Oo ij

huc speciali nomine, proptereaquòd ipsa geometris hucusque ignota fuisse apparet. Nec multùm refert an vertex ille C puncto A, an verò puncto B propior sit; hoc enim liberum est, quamquam ad praxim utilior futurus sit,

si ad punctum A magis accedat. Posito autem hoc primo ac præcipuo vertice C ex arbitrio, jam vertex alter E à puncto A remotior erit, immò ultra punctum B in recta A B producta; neque ex arbitrio pendebit illud punctum E, sed illius positio ex prædeterminatis sic habebitur. Fiat ut summa terminorum (id est antecedentis & consequentis simul) eorum inter quos ratio refractionis consistit, ad eorumdem differentiam, ita recta C B ad B E, & habebitur secundus vertex quæsitus E; fietque ut si ex C B secetur C D æqualis ipsi B E, tum recta C E quæ axis erit futuræ ovalis, sit ad rectam B D in ratione refractionis à raro ad densum; fiat quoque B E ad E F in eadem sed inversa ratione nempe ut B D ad C E; & ut C E ad B D, ita A F ad B G; sed punctum F sit in recta A E producta ultra E, punctum autem G è contrario
trario

trario fit propè A. Tum centro A intervallo AF defcribatur circulus FH, (fufficiet aliqua hujus circuli portio) & centro B intervallo BG alius circulus integer GMLNO, quem tangat recta AL in puncto L, à quo ducatur diameter LBO quæ angulum ALB rectum conftituet; ducatur quoque recta BH ipfi AL parallela, five ad LB perpendicularis; ita ut anguli recti ALB, LBH fint alternatim oppofiti, & recta BH occurrat circumferentiæ FH in puncto H, & jungatur recta AH fecans BL in puncto V: hæc AH determinabit portionem circuli FH quæ ad propofitum noftrum utilis erit, fed & eadem AH tanget ovalem defcribendam in puncto V, & ratio BV ad VH erit ratio refractionis ut BE ad EF, ficuti & LV ad VA. Jam conftructio ovalis per puncta talis erit.

Sumpto in arcu FH quocunque puncto I, ducatur recta AI, in qua tale reperiatur punctum X, ut ductâ rectâ BX, ratio hujus BX ad XI fit ratio refractionis ut BE ad EF, five ut BV ad VH; fic enim punctum X erit in ipfa ovali. Et quia in eadem recta AI aliud reperiri poteft punctum Y, ad quod fi ducatur recta BY, erit quoque BY ad YI in eadem ratione refractionis: tale punctum Y ad eandem ovalem adhuc pertinebit. Quoniam autem recta AI ducta eft utcunque, fi multæ ducantur eodem modo ad quotlibet puncta in arcu FH affumpta, habebuntur fimili conftructione in fingulis ex illis rectis, duo puncta ad ovalem pertinentia. Inventis ergo hac ratione quotcunque punctis per quæ ipfa ovalis tranfire debet, defcribetur illa ut defcribi folent multæ lineæ curvæ per quotlibet puncta inventa per quæ linea illa tranfire debet.

Porrò, ex tali conftructione methodus non inelegans deduci poteft quâ ipfa ovalis motu aliquo continuo defcriberetur, nec machina ad talem defcriptionem requifita, quamquam fatis compofita, admodum difficilis effet, nec unico modo perficeretur, immò circa innumeris: at verò hæc ad organicam potius pertinent, nos autem de locis geometricis hîc agimus.

Patet ergo talem ovalem locum effe ad rectas in ratione data exiftentes; fiquidem BE ad EF, BX ad XI, BY ad YI, BV ad VH, &c. funt femper in eadem ratione, nempe in ratione refractionis à denfo ad rarum.

At phrafi geometricâ fic loquemur. Expofitâ quâcunque rectâ AB indefinitâ, fignatifque in ea duobus punctis A, B, ac defcripto centro A & intervallo AF majori quàm AB, circulo FIH, ductâque ad ejus circumferentiam quâcunque rectâ AI quæ fic fecetur in X, ut ratio rectæ BX ad XI data fit, fed minoris inæqualitatis : erit punctum X ad lineam quampiam alicujus generis quod nec ad rectas nec ad conicas pertinet, & tamen ad Dioptricam utile effe poterit.

Quomodò autem, & quando ejufmodi ovalis Dioptricæ inferviet, fic declarabimus. Ad hoc fanè duæ conditiones præcipuæ requiruntur. Prima eft, ut ratio data BX ad XI fit ratio refractionis à denfo ad rarum inter duo corpora diaphana per quæ radius opticus five fpecies vifibilis tranfire debet. Secunda, ut datis duobus punctis A, B, femidiameter AF non fit cujufcunque longitudinis, fed illa major quidem fit quàm AB, at minor quàm ea recta ad quam AB habet rationem refractionis à denfo ad rarum, fequàm BE ad EF; ut fic poftquàm factum fuerit ut FE ad EB, ita FA ad BG, ipfa BG minor fit quàm AB; nam his conditionibus aut altera earum deficientibus, defcriberetur quidem aliqua linea curva, fed quæ ad Dioptricam inutilis effet: cùm autem aderunt illæ conditiones, tunc ufus illius in Dioptrica talis erit.

Duæ quidem funt partes ejufmodi curvæ. Prior ac præcipua eft ea quæ exiftit circa verticem C ufque ad duo puncta contactus V, 7; pofterior eft reliqua circa alterum verticem E ufque ad eofdem contactus: fed hæc pofterior pars inutilis est, prior verò facit ut existente corpore denso diaphano ab ipsa ovali comprehenso, atque ad formam illius perpolito, putà vitro cui alterum corpus rarius undique contiguum sit, putà aër qui vitrum ambiat; radii omnes à puncto A procedentes, atque in superficiem V C 7 incidentes refringantur præcisè in punctum B; atque è contrario, radii omnes à puncto B procedentes, atque in eandem superficiem V C 7 incidentes refringantur præcisè in A: qua ratione primo casui particulari ex quatuor præmissis factum est satis. Sic, si radius incidentiæ in raro sit A Y, radius refractionis in denso erit Y B; atque è contrario, si radius incidentiæ in denso sit B Y, erit radius refractionis in raro Y A.

Quòd si corpora permutentur, ut rarius sive aër contineatur sub forma ovali proposita, densiote sive vitro ipsum coarctante: tunc radii omnes qui intra densum dirigebantur versùs punctum B, inciduntque in superficiem V C 7, sic refringuntur, ut intra rarum divergant, tanquam si à puncto A progrediantur. Atque è contrario, radii omnes qui intra rarum ad punctum A convergebant inciduntque in eandem superficiem, sic refringuntur intra densum, ut divergant tamquam si à puncto B progrediantur. Sic radio incidentiæ existente L V, M Z, fiet radius refractionis V H, Z 5; & è contrario, existente radio incidentiæ H V, 5 Z, fiet radius refractionis V L, Z M; hoc autem pacto satisfecimus quarto ex quatuor casibus particularibus.

Alio modo, nec minus eleganti, describi potest ejusmodi ovalis per puncta, beneficio circuli G M L N O superiùs descripti. Ducatur enim ab ejus centro B ad illius circumferentiam ex utraque parte, quæcunque diameter L B O, in qua producta si opus sit, inveniatur tale punctum V, ut ducta recta A V sit ad V L in ratione refractionis, sed à raro ad densum; (in priori constructione, B X ad X I habebat eandem rationem, sed inversam, quippe à denso ad rarum) sic enim rursùs punctum V erit ad eandem ovalem. Simili modo, si in eadem diametro L B O productâ si opus sit, inveniatur punctum aliud 4, ita ut ducta recta A 4 sit ad 4 O in eadem ratione refractionis à raro ad densum ut A V ad V L, sive ut F E ad E B, erit punctum 4 ad ovalem. Quòd si ducantur aliæ quotcunque diametri per centrum B, sed diversæ à diametro L B O, putà M B 12, &c. habebuntur simili constructione in unaquaque duo puncta, putà Z, 11, &c. ac per omnia illa puncta ducetur ovalis.

Nec admodùm difficile erit invenire ex tali constructione motum aliquem continuum qui ipsam ovalem uno tractu perficiat; quod rursùs ad Organicam pertinet.

Mirum autem est quanta in præmissa ovali sit locorum geometricorum seges; nec verò qualiumcunque, sed talium qui inter elegantissimos annumerari possint & debeant. Lubet ergo ex amplissima illa messe spicas aliquas selectiores metere, ex quibus geometræ de tota judicium ferre possint.

In prima ergo constructione diximus B X esse ad X I in ratione refractionis à denso ad rarum. Quòd si ergo, ductâ utcunque semidiametro A I, quæratur in ea punctum X quod ad ovalem esse debet; manifestum est in triangulo B X I (intellige ductam esse rectam B I) dari basim B I, angulum I, & rationem laterum B X, X I. Quia etiam infinitæ sunt semidiametri, putà A 35, A H, &c. manifestum est quoque infinita esse talia triangula B 10 35, B V H, &c. in quibus omnibus basis data est unà cum angulis qui sunt ad puncta 35, H, &c. & ratione laterum, quæ semper est ratio refractionis à denso ad rarum. Jam ergo eò deducta est quæstio, ut omnium illorum triangulorum inveniantur vertices X, 10, V, &c. Et quidem tale problema vulgare est; at in praxi proposita, si constructio illius

toties repetenda esset quot sunt triangula, sive quot sunt invenienda puncta per quæ ovalis ducenda sit, id sanè & tædiosum esset, & errori valdè
obnoxium. Huic ergo difficultati pulcherrimè occurret geometria, exhi-
bendo nobis locos quosdam, nempe circulorum circumferentias quæ brevissimo compendio dabunt puncta quæsita. Sed quoniam loci illi ex vulgari
constructione problematis deducuntur, operæ prætium erit ipsam explicare;
pendet autem illa ex loco quinti exempli præmissi, hoc modo.

Proposita basi BI cujusvis ex triangulis, puta BXI, cujus vertex X in-
veniendus sit; secetur ipsa BI in T, ita ut IT ad TB sit quemadmodum
FE ad EB, hoc est in ratione refractionis, ita tamen ut BT sit minor ter-
minus, quandoquidem latus BX debet esse minus quàm XI, atque in eadem
ratione. Tum producta recta IB ultra B usque in 42, fiat I 42 ad 42 B in
eadem ratione, seceturque bifariam recta T 42 in Q; ac centro Q, intervallo autem QT, vel Q 42, describatur circulus TXY 42, qui secabit
rectam AI, dabitque in ea punctum X quæsitum: sed & idem circulus dabit in eadem AI punctum Y: erunt ergo illa puncta vertices duorum triangulorum BXI, BYI, quorum latera erunt in ratione proposita refractionis, ut quidem BX ad XI, ita BY ad YI, & utraque ratio est ut BE ad
EF, sive ut BT ad TI.

Quòd si super omnibus basibus datis B 35, BH &c. fiat similis constructio, habebuntur hâc vulgari constructione vertices omnium triangulorum.
Patet autem in unaquaque ex illis constructionibus dari centrum unum
quale est centrum Q, & duo intervalla qualia sunt QT, Q 42, ad descri-
bendos tot circulos quot sunt bases datæ, sive quot sunt centra.

Sed, quod mirum permultis videri possit, omnia illa centra existunt in
una eademque quadam circuli circumferentia, qualis est RQK, quæ secat bifariam axem EC in K; & centrum illius P existit in eodem axe producto ultra E, sic ut ratio FB ad BK eadem sit cum ratione semidiametri
AF ad semidiametrum KP: unde respectu duorum circulorum FH, RK,
quorum centra sunt A, P, punctum B ad utrumque ex istis circulis est
similiter positum: ita ut si per punctum illud B ducatur recta quæcunque
IBQ, arcus IF, QK, qui ad ipsos circulos pertinent, sint similes, ut si
unus illorum sit 30. grad. exempli gratia, erit & alter 30. grad. Similiter si ducatur alia recta HBR, erunt arcus HF, RK similes, & punctum
R erit centrum respectu basis BH, ad inveniendum verticem V trianguli
BVH in recta AH; atque ita de reliquis. Verùm in hac recta AH hoc
speciale est (quia ipsa tangit ovalem) quòd circulus centro R descriptus,
exhibeat in ipsa unicum duntaxat punctum V in quo circulus ille tangit
tantùm rectam ipsam AH, non autem secat, sicuti secant suas rectas reliqui circuli quorum centra sunt in arcu RK, à puncto R ad K.

Manifestum est ergo circumferentiam RQK centro P descriptam, esse
locum ad centra infinitorum aliorum circulorum, quorum beneficio inveniuntur vertices infinitorum triangulorum: hæc ergo circumferentia dicatur primus centrorum locus; dabitur enim alius, ut infrà patebit; dicetur
etiam aliquando circulus RQK primus centrorum circulus.

Præterea, sicuti in basi BI inventum est supra punctum T; sic in unaquaque alia basi puta B 35, BH &c. reperiri potest punctum ipsi T analogum: erunt ergo infinita talia puncta, sicuti numero infinitæ sunt tales bases: at illa omnia existunt in una eademque circuli circumferentia ET 24 8,
quæ ovalem tanget in vertice E; centrum autem illius erit punctum 13 in
recta EA inter B & A: eritque ut FB ad BE, ita semidiameter FA ad
semidiametrum E 13: quo pacto rursus punctum B ad utrumque circulum
FIH, ET 8, similiter positum erit. Sicuti autem ad inveniendum punctum

X verticem trianguli B X I uſi ſumus intervallo Q T à centro Q ad punctum T in baſi B I; ſic ad inveniendum punctum 10 verticem trianguli B 10 35, utemur intervallo 44 r à centro 44 in circulo R Q K, ad punctum r in circulo E T 8.

Patet igitur circumferentiam E T 8 centro 13 deſcriptam, eſſe locum ad infinita intervalla infinitorum aliorum circulorum, quorum beneficio inveniuntur vertices infinitorum triangulorum. Hæc ergo circumferentia dicatur primus intervallorum locus, dabitur enim ſtatim alius, dicetur etiam aliquando circulus E T 24 8, primus intervallorum circulus.

Rurſus, quemadmodum in eadem baſi B I producta ultra B, inventum eſt punctum 42; ſic in unaquaque alia baſi reperietur punctum ipſi 42. analogum: ac infinita illa puncta exiſtunt in una eademque circuli circumferentia 15 46 42 C quæ ovalem tanget in vertice C; centrum autem ipſius circumferentiæ erit 27 in axe C E producto ultra E; ſed in præmiſſa figura centrum illud 27. nimis remotum eſſet à reliquis, unde non potuit in ea ſignari: atque ut ſuprà, punctum B reſpectu hujus circuli, ſimiliter poſitum eſt ut reſpectu circuli F I H; quia ut recta F B ad rectam B C, ita eſt ſemidiameter A F ad ſemidiametrum hujus circuli C 27. Quoniam etiam hic circulus terminat intervallum Q 42 æquale intervallo Q T, & intervallum 44 46 æquale intervallo 44 r, & ſic de reliquis; dicetur idem, ſecundus intervallorum circulus; & circumferentia illius, ſecundus intervallorum locus.

Huc uſque ergo habemus quatuor circulos, quorum reſpectu punctum B ſimiliter poſitum reperitur, nempe F I H qui primus omnium eſt; K Q R qui primus eſt centrorum circulus; E T 8 qui primus eſt intervallorum circulus; & C 42 46 qui intervallorum ſecundus eſt. Atque etiamſi punctum B nullius ex ipſis quatuor circulis centrum exiſtat; tamen quia ipſum in unoquoque ſimiliter poſitum eſt, fit ut omnis recta quæ per B ducta circulos omnes illos ſecat, abſcindat ab omnibus quatuor circumferentiis, arcus ſimiles ad axem C E productum utrinque ſi opus fuerit, terminatos. Sic recta I T B Q 42 abſcindit quatuor arcus I F, T E, Q K, & 42 C omnes inter ſe ſimiles, atque ita de cæteris.

Cur autem fiat ut in uno ex iſtis circulis centrum P ſit ad unas partes puncti communis B; in alio verò centrum 13 ſit ad alteras; nulla alia eſt cauſa quàm quòd vertices ipſorum circulorum ſunt ad diverſas partes ejuſdem puncti B: ſed minima quæque perſequi in exemplis, non vacat: hæc enim facilè ſupplebit vel mediocris geometra.

Suprà dedimus duas noſtræ ovalis conſtructiones per puncta, quarum prior utebatur circulo F I H ad determinandas triangulorum baſes B I, B H, &c. Poſterior verò utebatur circulo G M L N O ad determinandas aliorum triangulorum baſes, puta baſim A M trianguli A Z M; baſim A L trianguli A V L; baſim A O trianguli A 4 O, &c.

Itaque circunferentia prioris horum duorum circulorum F I H dici poteſt primus baſium locus; & circulus dicetur primus baſium circulus.

Eodem jure circumferentia poſterioris circuli G M L N O dicetur ſecundus baſium locus; & circulus, ſecundus baſium circulus.

Quæcunque autem diximus de primo centrorum loco, ac de primo & ſecundo intervallorum, referuntur omnia ad primam conſtructionem; ſicuti & primus baſium locus. At ſi ad ſecundam conſtructionem reſpiciamus, ad quam pertinet ſecundus baſium locus G M L N O; tunc reſpectu illius conſtructionis dabitur ſecundus centrorum locus hoc modo.

Primus intervallorum locus E T 24 8 ſecat axem E C productum inter C & A, in puncto 8. & idem locus tangit rectam A L in puncto 17; ſicuti

ex

ex conſtructione ſecundus baſium locus eandem A L tangit in L; ſecetur
bifariàm recta C 8 in puncto 9; tum centro P (hoc enim commune eſt centrum tam primi quàm ſecundi centrorum circuli) intervallo autem P 9, deſcribatur circulus 9 18, qui eandem rectam A L productam ultra L tanget in
18; hic ergo erit ſecundus centrorum circulus, & circumferentia illius erit
quoque ſecundus centrorum locus; quomodo autem centra ſecundæ conſtructionis in tali loco accipiantur, poſteà declarabimus. Sed & ſecundus intervallorum locus 15 42 C tangit eandem rectam A L ſupra punctum 18 in
puncto 19; eritque recta 18 19 æqualis rectæ 18 17, proptereà quòd recta
9 8 æqualis eſt rectæ 9 C.

Quòd autem tres circuli, nempe ſecundus centrorum, & ambo intervallorum, tangant rectam eandem A L productam quantùm ſatis, id vi geometriæ deducitur ex conſtructione illorum, atque ex eo quòd ſecundus
baſium circulus eandem tangat ex conſtructione; ſed demonſtratio, ut elegantiſſima eſt, ita & longiſſima: nos ergo ipſam cum plurimis aliis relinquimus.

Quoniam itaque quatuor illi circuli, ſecundus baſium, ſecundus centrorum, & ambo intervallorum, eandem rectam tangunt, habentque omnes
centra ſua in eadem recta A B producta quantum ſatis; atque huic rectæ
A B occurrit ipſa tangens A L in puncto A; ſequitur tale punctum A reſpectu omnium quatuor illorum circulorum, eſſe ſimiliter poſitum. Sed &
in omnibus quatuor, erunt diſtantiæ à puncto A uſque ad illorum vertices 8, G, 9, C, ſemidiametris illorum proportionales: erit quippe recta
A 8 ad rectam A G ut ſemidiameter 13 8 ad ſemidiametrum B G. Et ut
recta A 8 ad rectam A 9, ita ſemidiameter 13 8 ad ſemidiametrum P 9: atque ita de reliquis.

Unde ſi per punctum illud A ducatur quæcunque recta quæ circulos illos
omnes ſecet, auferet hæc ab omnibus ſimiles arcus circumferentiarum, à
recta A B uſque ad puncta ſectionum extenſos; putà arcus 8 20, G 23, 9 21,
& C 22, inter rectas A B, A V &c.

Dicamus verò nunc quâ ratione ſecundæ conſtructionis noſtræ ovalis
centra in circumferentia 15 9 18, quæ ſecundus centrorum locus eſt, accipiantur. Ad hoc autem ducatur à centro B ad ſecundum baſium locum
G M L, quævis ſemidiameter B L, quæ producta perficiat integram diametrum L B O ut ſuprà; ducaturque tam A L, quàm A O, quarum utraque
baſis erit, illa quidem trianguli A V L, hæc autem trianguli A 4 O, quorum vertices quæruntur: illi ergo vertices, beneficio talis ſecundi centrorum loci, ſic reperientur. Prima baſis A L occurrit illi ſecundo centrorum
loco in puncto 18; & eadem occurrit primo intervallorum loco in puncto
17; ſecundo autem, in puncto 19: ſumetur ergo pro centro punctum 18,
pro intervallo, 18 17, vel 18 19, (æqualia enim ſunt illa ut ſuprà notavimus) tale enim intervallum dabit in ſemidiametro B L, punctum V quæſitum. Sed & hoc ſpeciale eſt huic puncto V, quòd ducta A V tangat ovalem
in ipſo V, eò quòd centrum 18 eſt punctum contactus rectæ A L & ſecundi
loci centrorum. Similiter, ſi altera baſis A O producatur quouſque illa ex
altera parte verſùs O, occurrat tam ſecundo centrorum loco in puncto 26,
quàm ambobus intervallorum, in punctis 24, & 25, dabit illa centrum
aliud 26, & duo intervalla æqualia 26 24, & 26 25; quorum illud quod
erit 26 24, terminabitur in primo intervallorum loco; (centrum 26, &
alterum intervalli punctum 25, in noſtra figura, nimis longè diſtarent à
puncto A) tali ergo centro, ac tali intervallo, inveniemus in ſemidiametro B O, punctum quæſitum 4 in ovali.

Simili modo, ſi in ſecundo baſium circulo, ducatur diameter M B 12;

Q q

huic convenient duæ bafes, A M, & A 12, pro triangulis A Z M, A 11 12;
(finge triangula illa effe abfoluta, quod vitandæ confufionis gratiâ hîc
factum non eft) ac unaquæque ex illis bafibus fecabit tam fecundum locum centrorum, quàm utrmuque intervallorum; dabitque in illo quidem
centrum, in his verò, intervallum, cujus beneficio, in utraque femidiametro B M, B 12, invenietur punctum Z, vel 11, quæfitum.

In hac verò fecunda conftructione unicum centrum, putà 18 dat in
ovali unicum punctum putà V; quod idem de omnibus aliis verum eft;
cùm è contrario, in prima conftructione unicum centrum Q dederit duo
puncta X & Y.

Neque verò prætereundum eft quomodo talium locorum beneficio, &
centra, & intervalla, ac denique puncta ad ovalem pertinentia facillimè
inveniuntur. Quod fanè in prima ex duabus præmiffis conftructionibus
præftitiffe fufficiet: hinc enim, quâ ratione eadem methodus ad fecundam
conftructionem accommodari poffit, illicò patebit. Quæcunque autem circa
tale argumentum dicturi fumus, praxim refpiciunt, quæ hoc modo expe-
ditiffima, & certiffima reddi poteft.

Defcriptis ergo fecundùm præfcriptas leges fex circulis five fex locis ut
fuprà, duobus quidem bafium, duobus centrorum, & duobus intervallorum: affumatur in primo loco bafium, quodvis punctum I inter F & H
(ultrà enim inutile fore fuprà notatum eft) & jungatur recta A I, in ea
enim reperiri debent duo puncta X, Y, ad ovalem pertinentia: tum arcui
F I fumantur duo alii arcus fimiles, alter K Q in primo centrorum loco,
alter E T in primo loco intervallorum: ac fumpto intervallo Q T, & pede
circini manente in centro Q, notentur altero pede mobili duo puncta X, Y,
in recta A I, ut propofitum eft.

Verùm, inquiet aliquis, poffuntne promptè ac expeditè haberi arcus fimiles in diverfis iifque inæqualibus circulis? Poffunt fanè, nec uno modo;
fed hic omnium facillimus jure videri poffit. Duc quamcunque bafim B H
(extrema ad extremum punctum H pertinens, in hac prima conftructione,
reliquis præftat, in fecunda conftructione, nihil refert) quæ producta quantùm fatis, dabit in primo loco centrorum arcum K R; ac in primo intervallorum, arcum E S, qui inter fe, & ipfi F H fimiles erunt. Dividantur omnes
illi tres arcus finguli in quotcunque partes æquales, ita tamen ut partes
unius fint quoque numero æquales partibus alterius: putà, dividatur unufquifque primùm bifariàm, deinde quælibet pars rursùs bifariàm, atque ita
continuè quantùm quis voluerit. Hoc enim pacto, puncta arcus F H terminabunt femidiametros A I, A H, &c. Puncta autem prædictis ordine
correfpondentia in arcu K R, dabunt centra Q, R &c. ac tandem puncta
eodem ordine fumpta in arcu E S, terminabunt intervalla. Cætera funt facilia, nec eft cur in iis immoremur.

Expeditis ut fuprà, quæ ad primum & quartum ex cafibus particularibus
refractionum pertinebant, fupereft nunc ut reliquis duobus, fecundo fcilicet & tertio, fatisfaciamus: nempe ut explicemus rationem componendi
loci qui duobus illis cafibus inferviat. Sed antequàm ad rem ipfam venia-

Vide Figur.
pag. 148.
mus, lubet hîc aliquantifper immorari circa quatuor præcipua puncta figuræ
præcedentis, duo nempe focorum A, B; & duo verticum C, E : ex tali
enim confideratione magis elucefcet analogia quæ inter cafus jam expedi-
tos, & eos de quibus agendum fupereft, intercedit; quæ quidem analogia
ad eorumdem cafuum figuras extenditur, habetque aliquid fimile ei analo-
giæ quæ in doctrina conica reperitur inter hyperbolam & ellipfim.

Statuamus primùm ex illis quatuor punctis, duo B, & C, effe immobilia, eademque remanere in eo ftatu in quo hucufque conftituti funt: at

punctum A (quod primum ac præcipuum est) mobile esse, idemque diversas positiones successivè ad arbitrium obtinere, ac tandem quartum E eatenus mobile esse, quatenus necessitas geometrica id exiget : existant tamen omnia quatuor in una eademque recta linea A B, quæ ad hoc negotium, utrinque indefinitè producatur.

Ergo, respectu puncti B, vel ipsum punctum A erit versùs C, vel versùs E. Et siquidem illud sit versùs C; vel erit intra figuram inter B, C; vel illud erit in vertice C; vel idem erit extra figuram ultra C, ut in figura præmissa, sed ita ut ab ipso puncto C longissimè, immò infinitè distare possit. Rursùs, si respectu puncti B, punctum A sit versùs E, vel illud A erit inter puncta B, E intra figuram, vel illud erit in vertice E, vel idem erit extra figuram ultra E, sic ut ab ipso puncto E longissimè, immò infinitè distare possit. Tandemque illud idem punctum A considerari potest tanquam si puncto B congruat, ita ut ambo simul unicum punctum efficiant.

Incipiamus ab hoc ultimo statu quo punctum A puncto B congruit : tunc verò loco ovalis C V E 7 habebimus circulum, cujus centrum erit idem punctum commune A vel B, & intervallum sive semidiameter B C, cui æqualis erit B E; unde punctum E vi geometricâ, tantùm distat à puncto B quantùm C ab eodem B. Duo loci basium describentur circa idem centrum B vel A secundùm præscriptas leges in præcedenti constructione : ex duobus locis centrorum, alter, nempe primus coalescet in unicum punctum B, alter erit circunferentia ejusdem circuli C V E 7 qui loco ovalis succedet : tandemque ipsa eadem circuli C V E 7 circunferentia referet duos reliquos locos intervallorum. Sed omnia ad Dioptricam erunt planè inutilia.

Esto deinde punctum A intra ovalem inter B & C : ac tunc fiet figura ovalis in qua præcipuus vertex C propior erit præcipuo foco A quàm vertex E foco B; attamen distantia B E minor erit quàm B C; atque ita excessus rectæ A E supra rectam A C major erit quàm excessus rectæ B C supra rectam B E; ac duorum illorum excessuum ratio erit ipsa ratio refractionis. Sex loci, nempe duo basium, duo centrorum, & duo intervallorum, non aliter invenientur quàm in præcedenti figura, sed illi paulò aliter erunt dispositi, quod tamen nullius momenti est, quia hæc omnia ut priùs, ad Dioptricam sunt inutilia.

Esto jam punctum A in præcipuo vertice C : quo pacto fiet ovalis quàm acutissima esse potest versùs ipsum C, versùs E autem, quàm obtusissima : siquidem, dum focus A procedit à B ad C, ipsa ovalis in vertice C fit semper acutior; in E autem, obtusior, quousque ipse focus A pervenerit in C, à quo procedendo extra ovalem, vertex C fit minùs acutus, E verò minùs obtusus. At hoc in statu foci primarii A in præcipuo vertice C constituti, ratio axis C E ad excessum quo recta B C superat rectam B E, est ipsa ratio refractionis. Primus locus basium, primus centrorum, & primus intervallorum inveniuntur ut in superiori constructione factum est, inter quos ille qui primus est intervallorum transit etiam per C vel A; quo pacto idem cùm transeat per extrema axis C, & E, tangit ovalem in ambobus illis punctis, & centrum illius est in medio axis ejusdem in K. Secundus locus basium, secundus centrorum, & secundus intervallorum omnes transeunt per idem punctum C vel A, sed centris differunt : illa tamen, quia hæc ovalis ad Dioptricam nihil confert, relinquenda judicavimus.

Existat nunc focus A extra ovalem, ultra verticem C, non tamen infinitè : tunc autem omnia se habebunt prorsùs ut in præmissa figura; ita tamen ut, quò major erit ratio rectæ A B ad rectam B C, eò magis ovalis ipsa ad figuram veræ ellipfis conicæ accedat, neque tamen unquam vera ellipfis fiat. Ac in illa, portio circa præcipuum verticem C ad Dioptricam utilis eft, ut in defcriptione figuræ præmiffæ notavimus.

V.
Statut.
Vide Figur.
pag. 142.

Abeat nunc punctum A in infinitum ultrà C, qui ftatus nobiliffimus eft, præbet enim veram ellipfim conicam, ac prorsùs eam quæ undecimo exemplo expofita eft, quamque ibidem ad Dioptricam pertinere monuimus, cùm fcilicet ratio axis A H ad diftantiam focorum B M eft ipfa ratio refractionis. Hîc verò omnes fex loci bafium, centrorum, & intervallorum abeunt in lineas rectas: fed ex illis, fecundus bafium, & fecundus centrorum infinitè diftant à præcipuo vertice, qui in figura ejufdem exempli erit A; reliqui quatuor tranfeunt per puncta quæ ibidem funt C, H, A, & centrum ellipfis, funtque illi omnes quatuor ad axem ejufdem ellipfis perpendiculares. Quoniam autem à puncto illo qui præcipuus vertex eft & infinitè diftat, duci debent rectæ: fciendum eft ipfas duci debere axi ellipfis parallelas. Cætera facilè intelligentur ab eo qui doctrinæ Infiniti in Geometria affuevit.

Similiter, fi præcipuus focus A infinitè diftet ab altero foco B ex altera parte versùs fecundum verticem E, idem omninò accidet quod jamjam diximus, cùm idem infinitè diftaret versùs C; nam ex doctrina infiniti, idem eft diftare infinitè versùs C, ac diftare infinitè ad contrarias partes versùs E: quod fanè illis qui tali doctrinæ minimè affuefacti funt mirum videri folet, & plerifque abfolutè impoffibile.

Apparet ergo ex fuprà dictis, id quod hucufque latuiffe opinamur, nempe in ellipfi conica, quatenùs illa ad Dioptricam referri poteft, tres intelligi debere focos, duos fcilicet internos, & unum externum qui infinitè diftet à quovis ex duobus verticibus. Unum dicimus externum, non duos, etiamfi cuivis doctrinæ infiniti imperito, ille minimè unus, fed duo infinitè à fe invicem diftantes videri poffint. Ille enim quandiu in diftantia finita à foco B diftitit, ut fuprà, unicus fuit A; poftquàm autem abiit in infinitum versùs C, idem eodem modo fe habet, ac fi uno faltu tranfilierit ad alteram partem versùs E, paratus regredi ab illa parte versùs E fecundùm rectam lineam N F E B, ufque ad B unde moveri cœperat: immò, five versùs C, five versùs E infinitè diftare ipfe intelligatur, perinde eft, quod ad conftructionem pertinet: quæcunque enim recta ab eo duci intelligetur, illa axi C E femper exiftet parallela.

Supereft nunc ut ipfum focum A confideremus ab infinita diftantia versùs E regredientem ufque ad B fecundùm rectam N F E B, hic enim ftatus dabit locos illos qui duobus reliquis particularibus cafibus refractionum fatisfacient. De his agemus poftcà, fed priùs operæpretium fuerit ftatuere puncta A & C fixa, B verò mobile ad arbitrium; at E rursùs eatenùs mobile tantùm, quatenùs vis geometriæ id poftulabit. Neque enim hujus fpeculationis fructus minor futurus eft quàm præcedentis cum qua fanè multa habet communia, fed multa etiam planè diverfa, cùm fcilicet punctum B in infinitum abibit.

Itaque vel puncta immobilia A & C funt fimul, vel illa à fe invicem fejuncta funt. Si fimul finr, vel punctum mobile B eifdem congruit, ita ut tres fimul exiftant; vel idem B ab ipfis A, C, diftat; idque vel fecundùm diftantiam finitam, vel infinitam.

VI.
Statut.

Si tria puncta A, B, C fimul exiftant, tum quartum E cum iifdem exiftet, evanefcetque ipfa ovalis, quæ in idem punctum coalefcet, atque unà cum ea omnes fex loci: eftque ftatus hic prorsùs inutilis.

VII.
Statut.

Si puncta A C fimul exiftant, B autem ab iis utcunque diftet, fed finitâ diftantiâ, habebimus tertium ftatum ex iis qui fuprà expofiti funt, cùm punctum A mobile erat, idemque in C conftituebatur.

Si

Si punctis A, C, invicem constitutis, punctum B ab utroque infinitè distet ex utravis parte (perinde enim est ex doctrina infiniti, ut suprà,) tunc nulla habebitur ovalis, sed loco illius succedent duæ rectæ secantes se invicem in puncto communi A C, ita ut recta A B angulum ab illis contentum bifariàm dividat; eritque ille angulus tantus quantus debetur assymptotis hyperbolæ illius de qua undecimo exemplo dictum est, posito quòd ratio axis ad focorum distantiam sit ipsa ratio refractionis. Sex loci abeunt in lineas rectas ad rectam A B perpendiculares, sed ex iis tres primi infinitè distant, sicuti & punctum B; tres secundi in unicam coalescunt rectam quæ per punctum commune A C transit: at illa omnia ad Dioptricam sunt inutilia.

Jam puncta A C, quâcunque distantiâ finitâ à se invicem distent, & punctum mobile B incipiat ab A, moveaturque ad C, & ultrà usque in infinitum.

VIII.
Status.

Existente ergo puncto mobili B in A, loco ovalis habebimus circulum, cujus centrum erit punctum illud commune A vel B, intervallum A C. Et hic status suprà expositus est, fuitque primus.

IX.
Status.

Existente autem ipso puncto mobili B inter A & C, multi habebuntur status inter se diversi, de quibus agemus posteà; illi enim sunt qui reliquis duobus casibus particularibus refractionum satisfaciunt.

X.
Status.

Existente jam ipso B in C, evanescet ovalis, eademque in idem punctum B vel C coalescet; quod jam suprà notatum est, atque inter inutilia repositum: is status sextus fuit.

XI.
Status.

Existente deinde puncto B ultra C, ita ut C sit inter duo B, A, habebimus statum figuræ præmissæ in qua tamdiu immorati sumus: & idem status suprà fuit quartus.

XII.
Status.

Existente porrò puncto B ultra C vel ultra A in distantia infinita ex quacunque parte (perinde enim est, ut jam non semel notavimus) tunc statum nobilissimum habebimus: abibit enim ovalis nostra in hyperbolam illam de qua undecimo exemplo dictum est, cùm scilicet ratio axis ad focorum distantiam est ipsa ratio refractionis. Ac hujus quidem hyperbolæ vertex præcipuus erit, hoc loco, in C; alter minus præcipuus B abibit in infinitum: quæ autem huic hyperbolæ opponitur alia hyperbola, respectu præcipui foci A erit inutilis. Sex loci abeunt in lineas rectas ad axem infinitè productam perpendiculares; sed ex iis duo primi infinitè distant versùs C, nempe primus basium, & primus centrorum; primus intervallorum transit per verticem hyperbolæ inutilis, secundus intervallorum transit per præcipuum verticem C. Secundus centrorum transit per centrum hyperbolarum; secundus autem basium transit per illud punctum in quo recta A C sic dividitur, ut tota A C ad portionem ipsi puncto C conterminam, habeat rationem refractionis à raro ad densum.

XIII.
Status.

Apparet ergo idem hyperbolæ conicæ accidere quod de ellipsi suprà dictum est, quodque antiquos latuisse opinamur; nempe, præter duos focos vulgares de quibus in conicis agitur, quique distantiâ finitâ à centro ultra vertices removentur, dari tertium qui ex utravis parte infinitè distet ab eodem centro, quatenùs scilicet ipsa hyperbola ad Dioptricam refertur, &c. ut suprà de ellipsi.

Tandem verò punctum mobile B ab infinita distantia ultra A regrediatur versùs ipsum A à quo moveri incœpit, ita ut idem A existat inter C & B; ac tunc habebimus secundum statum illum inutilem de quo dictum est dum punctum A mobile statuebatur, atque illud existebat intra ovalem inter B & C; nec est quod hîc ultrà addamus.

XIV.
Status.

Quòd si quærat aliquis quinam hujusce speculationis circa mobilia puncta fructus futurus sit, præcipuè circa locorum doctrinam ad quam pertinere debent hæc nostra exempla: sciat ille primùm quidem in universum, tali, vel aliâ fimili confideratione apprimè detegi naturam figurarum omnium ; cùm fcilicet ritè notaverimus quid ex diverfo fitu præcipuorum punctorum ad illas pertinentium, eifdem figuris accidere poffit, unde illæ immutari queant.

At in fpecie, quòd ad locos attinet, meminerit vix aliter detegi poffe quomodo illi invertantur, aut in figuras genere, aut fpecie diverfas permutentur ; quemadmodum fuprà vidimus locum illum de quo hoc duodecimo exemplo agimus, nunc effe ovalem aliquam, nunc circulum, & aliquando ellipfim, aut etiam hyperbolam : quod adhuc in iis quæ ftatim dicturi fumus, non minùs evidenter apparebit.

Præteriimus fuprà eum ftatum in quo punctum B mobile procedens ab A, progreditur, non quidem versùs C, fed ad contrarias partes ufque in infinitam diftantiam, quia ftatus ille ad Dioptricam inutilis eft : quandiu enim ipfum exiftit in diftantia finita, habetur fecundus ftatus in quo A ftatuitur inter B & C, de quo fuprà ; cùm autem idem exiftit in diftantia infinita, habetur hyperbola inutilis, cujus focus internus eft A, vertex autem inter A & C ; ac illud C eft vertex hyperbolæ oppofitæ, quæ fanè oppofita poterit effe utilis , fed illa eadem prorsùs erit cùm ea de qua duodecimo ftatu locuti fumus.

Nihil etiam diximus de puncto C infinitè diftante , quia tunc evanefcit omnis figura, atque unà cum ea, quæcunque puncta ad eandem pertinebant : quæ omnia in infinitum abeunt.

In univerfum ergo, res eò reducitur ut vel A focus infinitè diftet, ac tunc habetur ellipfis utilis ; vel B focus infinitè diftet, ac tunc habetur hyperbola, cujus altera ex oppofitis utilis eft, altera inutilis ; vel ex tribus punctis A, C, B medium fit C, ac tunc habetur ftatus utilis, cui infervit figura præmiffa ; vel A & C fimul exiftant, vel A fit medius inter C & B, vel idem A fit in B, qui tres ftatus funt inutiles, ficuti & inutiles funt duo illi in quibus vel tria puncta A, C, B, vel, quod eodem recidit, duo B & C fimul exiftunt ; vel tandem punctum B medium fit inter C & A : unde feptem oriuntur ftatus nondum expediti, atque omnes utiles, de quibus agendum nobis fupereft, quia illi omnes & foli duobus reliquis particularibus refractionum cafibus fatisfacient. Nec multùm in fingulis immorabimur ; illi enim omnia habent præmiffis anologa, fcilicet focos, vertices, & locos bafium, centrorum, & intervallorum ; fed illa omnia pofitione differunt, atque ex diverfa illa pofitione, figuræ diverfiffimæ evadunt.

Primus ergo ftatus ex illis feptem reliquis efto ille in quo duo puncta B, & E media funt inter focos C, A ; ac vertex fecundus E medius quoque eft inter B & A ; cui ftatui infervit figura fequens : in qua quatuor puncta C, B, E, D, fe habent prorsùs ut anteà ; ita fcilicet ut rectæ CD, BE, fint æquales ; ficuti & CB, DE ; fitque tota CE ad mediam BD in ratione refractionis à raro ad denfum. At quia præmiffæ conditiones omnes non folùm huic ftatui, fed etiam tribus fequentibus conveniunt, ideò huic primo illud peculiare efto ; quòd ratio rectæ AE ad rectam EB fit major ipfâ ratione refractionis à raro ad denfum. In fecundo autem ftatu ponetur hæc ratio AE ad EB effe præcisè ratio refractionis à raro ad denfum. In tertio è contratio, ponetur AE effe ad EB in ratione minori quàm fit ratio refractionis à raro ad denfum, non minori tamen quàm à denfo ad rarum. In quarto, ponetur ratio AE ad EB effe minor ratione refractionis à denfo ad rarum, quoufque punctum A pervenerit ad verticem E. In quinto, ponetur punctum illud A effe in E. In fexto, ponetur idem A effe inter B & E intra ovalem ; ita tamen ut ratio totius BE ad portionem EA major fit quàm ratio refractionis à raro ad denfum. In feptimo denique ftatu, ponetur ipfum A rursùs intra ovalem inter B & E, fed propiùs ad idem B ; ita ut ratio BE ad EA non major fit ratione refractionis à raro ad denfum, fed vel eidem æqualis, vel ipsâ minor.

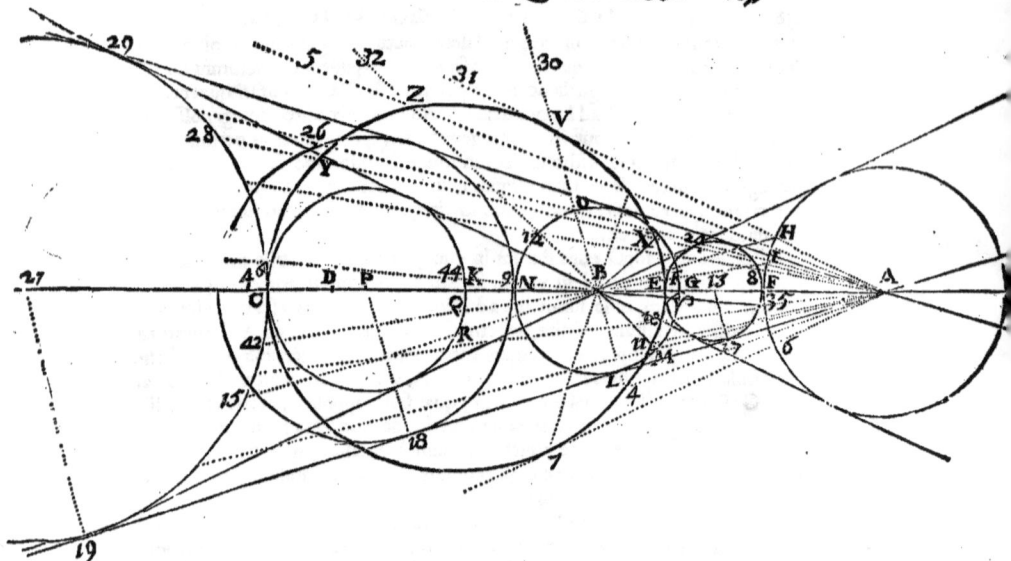

Etsi verò figuræ omnes, quæ singulis ex istis casibus propriæ sunt, differant tam inter se, quàm ab ea quam primam suprà exposuimus, ipsæ tamen plurima habent inter se similia : immò illæ omnes sic delineari ac notis distingui possunt, ut una eademque explicatio omnibus inserviat, nec alia distinctio adhibenda sit, quàm circa positionem aliquot punctorum, quorum quæ in una figura priora fuere, eadem in alia figura fient posteriora, & quæ erant media, fient extrema, aut omninò quid simile. Talis sanè est præmissa explicatio, quæ etiamsi primæ figuræ usqueadeò quadret, ut illi soli propria esse appareat, & revera soli illi propria sit strictè loquendo ; eadem tamen paucis tantùm mutatis, omnibus inservire potest. Id verò in hac secunda figura clarè intueri licet : sed ad hoc monendus est lector ut quotiescumque in dicta aliqua inciderit quæ secundæ illi figuræ quadrare non videbuntur, tum ipse huc recurrat ad ea quæ statim dicturi sumus, quæque continent præcipua capita in quibus discrepant ejusmodi figuræ.

Ac primùm, in hac secunda figura, quia punctum A est ultra tria puncta C, B, E, versùs E, quod contrarium est primæ figuræ : sit ut punctum G sit quoque ad easdem partes ipsius E, cùm in prima esset versùs C.

Secundò, anguli recti A L B, L B H, in secunda figura sunt interiores & ad easdem partes respectu parallelarum A L, B H, qui tamen in prima erant alterni.

Tertiò, in secunda figura, intervallum A F minus est quàm A B, quod in prima majus erat.

Quartò, cujuscunque longitudinis reperiatur intervallum A F in secunda figura, semper ovalis utilis erit ; quod in prima verum non erat.

Quintò, hæc secunda figura satisfacit secundo & tertio casui ex quatuor illis particularibus casibus refractionum ad perspicilla pertinentium qui suprà expositi sunt, cùm prima satisfaceret primo & quarto, ut dictum est. Nam in eadem secunda, posito corpore denso diaphano ab ipsa ovali comprehenso, atque ad formam illius perpolito, putà vitro, cui alterum corpus rarius undi-

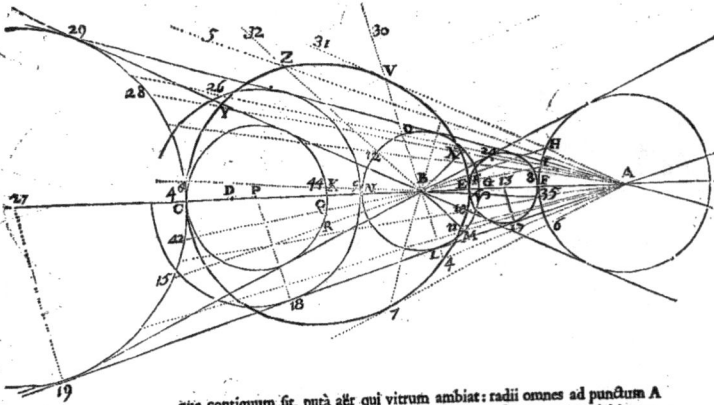

qúe contiguum fit, putà aër qui vitrum ambiat: radii omnes ad punctum A tendentes, atque in superficiem V C 7 incidentes, refringuntur præcisè in punctum B; hic verò est terius ex iisdem quatuor casibus. Atque è contrario, radii omnes à puncto B procedentes, atque in eandem superficiem V C 7 incidentes, post refractionem divergunt extra ovalem tanquam si omnes ex puncto A progressi sint: & hic est secundus casus. Sic, si radius incidentiæ in raro sit 28 Y tendens versùs A, radius refractionis in denso erit Y B: atque è contrario, si radius incidentiæ in denso sit B Y, erit radius refractionis in raro Y 28.

Quòd si corpora permutentur, ut rarius sive aër contineatur sub forma ovali proposita, densiore seu vitro ipsum coarctante: tunc radii omnes qui intra rarum procedunt à puncto A, incidúntque in superficiem V C 7, sic refringuntur, ut intra densum divergant tanquam si à puncto B progressi sint. Atque è contrario, radii omnes in denso ad punctum B convergentes, atque in eandem superficiem V C 7 incidentes, sic refringuntur, ut intra rarum ad punctum A convergant. Sic radio incidentiæ existente A Z intra rarum, fiet in denso radius refractionis Z 32 qui à puncto B procedit; & è contrario, existente intra densum radio incidentiæ 32 Z qui ad punctum B tendit, fiet intra rarum radius refractionis Z A. Quo pacto rursùs alio modo satisfactum est secundo ac tertio ex prædictis quatuor casibus particularibus.

Sextò, centra circulorum illorum sex quos suprà assignavimus pro locis centrorum, intervallorum, & basium, multò aliter in hac secunda figura, quàm in prima, disposita sunt. Nam in hac secunda figura centrum P quod ad locos centrorum pertinet, reperitur inter vertices C, E, quod tamen in prima figura erat ultrà. Item, in eadem secunda figura, centrum 27. quod ad secundum locum intervallorum pertinet, abit ultra verticem C, quod tamen in prima abibat ultrà E.

Septimò, quoniam ambo foci A, B in hac secunda figura reperiuntur extra utrumque circulum intervallorum; fit ut tam ambæ rectæ quæ à puncto A procedentes, tangunt secundum locum basium G L N O, quàm ambæ quæ
à

à puncto B procedentes, tangunt primum locum basium F I H: tam hæ tangentes, inquam, quàm illæ, tangant quoque utrumque circulum intervallorum E T 24 8, & 19 C 29, si scilicet tangentes illæ quantùm satis producantur.

Cæteras differentias quivis facilè percipiet: ideò nos ultrà progrediemur.

Assignavimus suprà differentiam quæ intercedit inter septem illos status in quibus punctum B reperitur inter A & C, diximusque primum in hoc à cæteris distingui, quòd in eo ratio A E exterioris ad B E interiorem (intellige respectu ovalis) major sit ratione refractionis à raro ad densum. Huic autem statui omninò accommodata est secunda figura præmissa, in qua ideò primus locus intervallorum E T 24 8 totus extra ovalem existit versùs A, & punctum F inter duo A & E constituitur.

Jam secundus status nobilissimus est, in quo scilicet ratio A E ad E B est *Vide Figur-* ipsa ratio refractionis à raro ad densum, unde puncta A & F in unum idem- *sequentem.* que punctum coalescunt.

In tali autem statu, loco ovalis habemus circulum qui utilis est eodem prorsùs modo quo utilis est præmissa ovalis secundæ figuræ, putà portio illa quæ est circa verticem C usque ad contactus V, 7, quæ portio satisfacit secundo & tertio ex quatuor casibus particularibus refractionum, ut diximus in quinto ex septem capitibus, quibus præmissa secunda figura à prima discrepat. Nec quicquam circa talem explicationem immutandum est, ita ut illa conveniat tam ovali secundæ figuræ, quàm circulo tertiæ sequentis, in qua, etiamsi puncta B, C, D, E eodem prorsùs modo disposita sint quo in secunda figura, tamen, propter rationem refractionum à raro ad densum quæ intercedit inter rectas A E, E B, fit ut sex loci de quibus toties suprà dictum est, singuli amissâ suâ extensione seu magnitudine, in puncta coaluerint ; primus scilicet locus basium in punctum A; secundus basium in punctum B; ambo centrorum in punctum K, quod est centrum propositi circuli C V E 7; primus intervallorum in punctum E; ac tandem secundus intervallorum in punctum C.

At verò, quòd proprietas adeò insignis circulo C V E 7 conveniat; posito scilicet quòd tam ratio A E ad E B, quàm ratio diametri E C ad B D sit ratio refractionis à raro ad densum, ac proinde etiam ratio A C ad C B ; (hæc enim tertia ex duabus prioribus sequitur) quòd, inquam, quivis radius 36 33 à raro quod est extra circulum, putà ab aëre incidens in densum quod est intra circulum, putà in vitrum, in punctum 33 quod est in circumferentia, si dirigatur ad punctum A, non tamen ad idem A perveniat, sed frangatur in ingressu 33, ac fractus abeat in B, illud ex sequenti demonstratione manifestò patebit: quæ quidem demonstratio circulo specialis est, nec prolixa ; universalis enim, quæ tam ovalibus quàm circulo conveniret, longiori indigeret apparatu, ut jam suprà monuimus.

Ad hoc autem tria notanda sunt. Primum, quoniam est ut A E ad E B, ita A C ad C B, & quatuor puncta A, B, C, E sunt in eadem recta linea, estque A extra circulum, B intra; at E C est diameter ; fit necessariò ut eductâ ex B puncto rectâ perpendiculari ad diametrum E C, atque eâ utrinque productâ usque ad circumferentiam, puncta in quibus ipsa circumferentiæ occurrit, sint ipsa V & 7, in quibus rectæ A V, A 7 ipsum circulum tangant, ita ut ductâ rectâ K V, angulus K V A rectus sit, atque ita, ratio rectæ A V ad V B sive K V ad K B, rationi rectæ A K ad K V sit similis : atque earum rationum conversæ similes, scilicet B V ad V A, B K ad K V, & V K ad A K. Secundum, propter eandem rationem A E ad E B, & A C ad C B, fit ut duæ quæcunque rectæ A 33, B 33 quæ ad idem punctum 33 in circumferentia utcunque assumptum ducuntur, in eadem quoque ratione existant, putà ut A E ad E B, sive ut A C ad C B: nam circumferentia E V 33 C 7 talem locum exhibet, qualem quinto loco explicuimus, atque ideò etiam eadem est ratio A V ad

S f

VB, & AZ ad ZB, & AY ad YB, &c. unde, quoniam ponitur ratio AE ad EB esse ratio refractionis à raro ad densum, erit quoque AV ad VB, A 33 ad 33 B, &c. ratio refractionis à raro ad densum. Tertium, ductâ rectâ 5 33 34 quæ circulum tangat in puncto 33, tum rectâ 33 K ad centrum K, erit angulus K 33 34 rectus; ac eodem modo fient refractiones radiorum in punctum 33 incidentium à circuli circumferentia E 33 C, quo à linea rectâ tangente 5 33 34; siquidem in universum, linea quæcunque curva, & recta ipsam tangens, easdem efficiunt refractiones radiorum in punctum contactus incidentium. Positâ ergo curvâ C 33 E, vel rectâ 5 33 34 pro dioptrica, sive pro superficie refractivâ, & existente puncto 33 puncto incidentiæ, erit recta 33 K perpendicularis ad dioptricam.

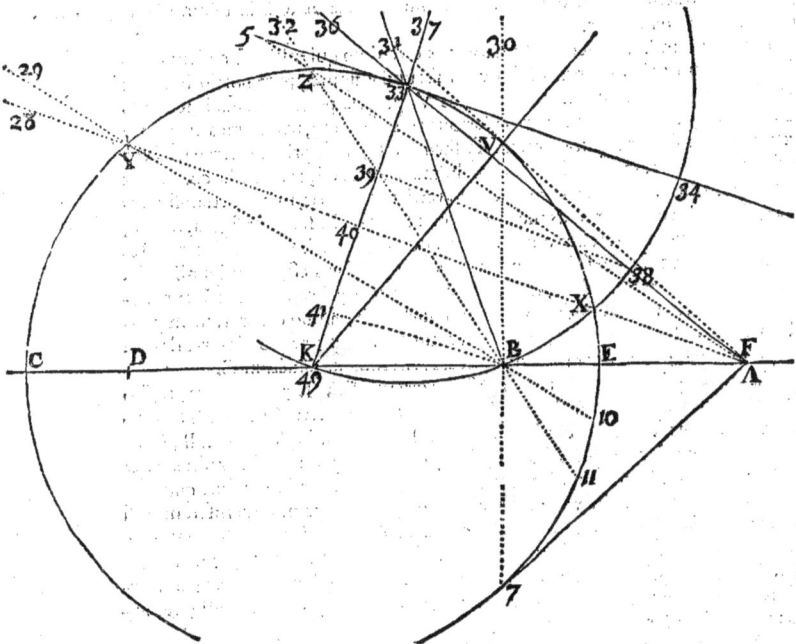

His præmissis, centro 33 intervallo quocunque, putà 33 B, describatur circulus secans perpendicularem 33 K in puncto 49, rectam 33 A in puncto 38, & rectam 33 34 in puncto 34; eritque arcus 49 34 quadrans; & rectæ 33 49, 33 B, 33 38, & 33 34 erunt æquales. Sed, quod præcipuum est, demissis in rectam 33 49 productam si sit opus, perpendicularibus A 40, B 41, & 38 39: ostendendum est 38 39 ad B 41 esse in ratione refractionis, putà ut A E ad E B; hoc enim demonstrato, manifestum erit ex lege refractionum quam undecimo exemplo suprà exposuimus, fore ut si radius incidentiæ sit 36 33 38 A, tunc radius refractionis sit 33 B, & vicissim, si radius incidentiæ sit B 33, tunc radius refractionis sit 33 36: hoc autem sic demonstramus.

Ratio perpendicularis 38 39 ad perpendicularem B 41, componitur ex rationibus 38 39 ad A 40, & A 40 ad B 41: est autem 38 39 ad A 40, ut 38 33 ad 33 A, sive ut B 33 ad 33 A; & ut A 40 ad B 41, ita A K ad K B: quare

ratio 38 39 ad B 41 componitur ex rationibus B 33 ad 33 A, & A K ad K B:
ut autem B 33 ad 33 A, ita BV ad VA, ut jam secundo loco notavimus, &
ita B K ad K V; ideoque ratio 38 39 ad B 41 componitur ex rationibus A K
ad K B, & B K ad K V, quæ ambæ constituunt rationem A K ad K V. Ut
ergo 38 39 ad B 41, ita A K ad K V, sive A V ad V B, sive A E ad E B,
quæ est ratio refractionis, ut propositum est. Cùmque idem accidat omnibus punctis quæ in arcu VC 7 assumi possunt, patet arcum illum esse locum
ad propositas refractiones, quarum ratio erit ut A E ad E B; quæ sanè perin-
signis est circuli proprietas huc usque, ut existimamus ignota.

Hoc pacto iis satisfecimus quæ initio duodecimi exempli ostendere polliciti sumus, nempe casum tertium ex tribus universalibus Dioptricæ casibus,
de quibus undecimo exemplo dictum est, aliquando ad superficiem sphæricam
pertinere, sed multò magis universaliter ad alias superficies (nempe ovales de
quibus supra) quas antiquis notas fuisse nullibi apparet. Patet enim hunc secundum statum qui ad circulum, atque adeo ad sphæram pertinet, esse spe-
cialissimum, alios verò qui ad ovales, esse universaliores.

Porrò, qui supersunt status quinque, ad alias ovales pertinent, quas figurâ
exhibere supervacaneum hoc loco duximus; neque enim ex prædictis difficile fuerit easdem satis accuratè describere. Quamobrem, postquàm ea breviter exposuerimus in quibus illæ à prædictis præcipuè differunt, tunc ulteriùs exemplis parcemus, duodecim præmissis contenti, quæ sanè perillustria
sunt; atque ita ad id quod initio propositum est, accedemus.

Tertius ergo status ad ovalem quandam pertinet, in qua sex loci basium,
centrorum & intervallorum describuntur. Sed quia punctum A reperitur in- *Vide Figur.*
ter E & F, hinc fit ut quinque ex illis locis, integri intra ovalem constituan- *pag. 160.*
tur, nempe præter primum basium, reliqui omnes; primus enim basium, vel
totus est extra ovalem, vel aliquid tantùm habet intrà; punctum N est versùs E; punctum G est versùs K; punctum 8 est versùs B, atque ita pleraque
ex punctis contrario modo disposita sunt quo in secunda figura: est tamen
ovalis ipsa tota, ut omnes de quibus hucusque egimus, ad easdem partes cava,
quod tribus proximis sequentibus statibus non accidit. Cùmque A E est ad
E B in ratione refractionis à raro ad densum, tunc ipsa ovalis ultima est earum quæ ad easdem partes totæ cavæ existunt; ulteriùs enim, puncto A propiùs accedente ad E, tunc partes ovalis vertici E hinc inde vicinæ, incipiunt
esse ad exteriores partes cavæ, ut mox declarabimus.

Quartus status omnia habet tertio similia, nisi quòd circa verticem E,
partes aliquæ ipsius ovalis quæ ad talem statum pertinet, nempe partes illæ
quæ circa verticem E proximè disponuntur, exteriùs versùs A cavæ sunt. At
post aliquam distantiam hinc inde ab ipso vertice E, eadem ovalis incipit
rursùs ad interiores partes versùs centrum K esse cava, nec posteà mutatur
talis cavitas interior, sed durat per totum ovalis reliquum circa præcipuum
verticem C; & quò minor est ratio A E ad E B, eò major est cavitas circa
verticem E. Quo pacto ejusmodi ovalis aliquo modo accedit ad formam
cordis alicujus animalis, cum hac tamen differentia, ut pars quæ est circa E
cava sit exteriùs, non ad formam anguli ut cor, sed ad formam quasi rotun-
dam; ut si fingas ovalem aliquam quæ priùs tota interiùs cava erat, ictu quodam alterius ovalis fortioris circa verticem E inflicti, retusam esse ad interiores partes, quod communiter accidit corporibus rotundis debilioribus, dum
in firmiora rotunda illidunt. In hac verò ovali, sicuti & in omnibus præmissis, semper reperitur aliqua pars circa verticem E, quæ ad Dioptricam inutilis est, nempe usque ad ea puncta V, 7, in quibus ductæ rectæ A V, A 7;
ipsam ovalem tangunt, ut jam suprà sæpiùs dictum est.

Quintus status dum A est in E; quod ad sex locos basium, centrorum, &

intervallorum attinet, non admodùm differt à tertio & quarto ſtatu præmiſſis. Ejus verò ovalis circa verticem E exteriùs cava eſt quàm maximè. Cæterùm eadem integra ad Dioptricam utilis eſſe poteſt, eſtque prima earum quæ nullas partes habent inutiles; quæ proprietas duobus reliquis ſtatibus etiam convenit. In hoc etiam ſtatu hoc ſpeciale eſt circa locos, quòd quatuor ex illis, nempe duo loci intervallorum, ſecundus centrorum, & ſecundus baſium tangant ſe invicem, atque etiam ovalem in ipſo vertice E; unde quæ ab eodem E vel A excitatur perpendicularis ad axem C E, eoſdem quatuor locos tangit in ipſo eodem E.

In ſexto ſtatu, ovalis adhuc cava eſt circa verticem E, ſed minùs quàm in quinto in quo illa circa idem punctum E maximè cava erat; & quò major eſt ratio rectæ B E ad E A, eò minùs cava eſt eadem ovalis. In ea ſex loci reperiuntur, ſed ita ut quatuor de quibus in quinto ſtatu dictum eſt, extra ovalem excurrant ultra E; unde evaneſcit tangens A L, quam tamen refert analogicè ea recta quæ ex puncto A excitatur perpendiculariter ad axem C E; exhibet enim illa punctum L ubi ſecat ſecundum locum baſium; punctum 17, ubi ſecat primum intervallorum; punctum 18, ubi ſecat ſecundum centrorum; & punctum 19, ubi ſecat ſecundum intervallorum, quod in ſeptimo caſu verum quoque reperitur. Sed & pro diverſis rationibus refractionum in diverſis mediis, atque etiam pro diverſis rationibus B E ad E A, accidere poteſt ut evaneſcat tangens B 24, quæ ex puncto B educta tangebat quatuor locos, nempe duos intervallorum, primum centrorum, & primum baſium, quam tamen analogicè hoc caſu referet ea recta quæ ex puncto B ad axem C E perpendiculariter excitabitur, eo modo quo de tangente A L jamjam dictum eſt, quod quivis Geometra facilè intelliget.

At ubicunque exiſtat hoc punctum B, ſive extra quatuor illos locos; ſive in vertice eorundem, dum vertex ille eſt in B; ſive intra ipſos, ut in hoc ſtatu accidere poteſt: ſemper punctum B ad prædictos quatuor locos ſimiliter poſitum eſt; ita ut duæ quæcunque rectæ ab eodem B eductæ, & vel tangentes vel ſecantes quatuor illos circulos, auferant ab illis totidem arcus ſimiles, ſi ſumantur ut ſibi reſpondent. Eadem eſt ratio puncti A reſpectu ſuorum quatuor locorum, de quibus hoc & quinto ſtatu dictum eſt. Unde inferre licet tam punctum A ad duos locos intervallorum ſimiliter poſitum eſſe, quàm punctum B ad eoſdem, etiamſi poſitio puncti B poſitioni puncti A minimè ſimilis exiſtat.

Tandem, in ſeptimo ſtatu ſex loci non longè aliter ſe habent quàm in ſexto; ſed ovalis circa verticem E non ampliùs cava eſt ad partes exteriores: verùm illa tota interiùs cava exiſtit, nec quicquam in ea ſpeciale reperitur quod ſit alicujus momenti.

De tangentibus & rectis ad prædictas omnes ovales perpendicularibus, multa dici poſſent elegantiſſima, quæque hanc materiam, atque adeo totam Geometriam maximè illuſtrarent: verùm illa ideò præterimus, quia propriè non ſunt hujus loci. Hoc tamen monebimus: In omni ſtatu in quo puncta A & C ſunt ad eaſdem partes reſpectu puncti B, ſive ipſa A, C ſint ſimul, ſive illorum alterum propiùs accedat ad B, quodcunque illud ſit, vel A, vel C: tunc omnem rectam quæ ad ovalem perpendicularis erit, occurrere axi ejuſdem ovalis in puncto aliquo quod erit inter ipſum B & alterum ex prædictis duobus A, C, quod eidem B propinquius erit. At verò in omni ſtatu in quo punctum B exiſtet inter prædicta A, C, tunc omnem rectam ejuſmodi quæ ad ovalem perpendicularis exiſtet, vel axi parallelam eſſe, vel eidem occurrere ultra puncta A, B, nullam autem vel in ipſis punctis, vel inter ipſa. Sed de his ſatis: nunc ad propoſitam nobis materiam de locis ad analyſim aptis accedamus.

De

De locorum divisione in diversos gradus.

MU L T I sunt locorum gradus, immò infiniti; alii enim simplicissimi sunt; alii autem magis ac magis compositi, idque in infinitum. Eorum tamen omnium Antiqui duo in universum genera statuerunt.

Primum genus est eorum qui solis constant lineis, sive illæ rectæ sint, sive curvæ. Ac de his sanè intelligi debet omnis sermo in quo de locis simpliciter agitur, nullo addito vocabulo quod contrarium indicet.

Secundum genus est eorum qui superficiebus constant, vocanturque illi communiter loci ad superficiem; quorum quidam per se subsistunt, nec ab aliis oriuntur; quidam contrà oriuntur sive generantur à locis simplicibus primi generis, dum illi circa axes aliquos conversi, superficies aliquas producunt.

Rursùs, primum genus locorum in tres classes communiter distribui solet, nimirùm in locos planos, in locos solidos, & in locos lineares.

Loci plani duo sunt tantùm, nempe linea recta, & circuli circumferentia.

Loci solidi tres sunt, nempe parabola, hyperbola, & ellipsis; qui ex sectione superficiei conicæ & plani alicujus quod nec per verticem coni transeat, nec basi sit parallelum, nec subcontrariè positum, originem ducunt.

Loci lineares sunt omnes aliæ quæcunque lineæ præter rectam, circuli circumferentiam, & conicas sectiones, putà conchoïdes omnis generis, spirales, cissoïdes, quadratrices, trochoïdes, & infinitæ aliæ, quæ tales sunt & tam multiplices ut etiam nomine careant. Neque enim aliter comparati debent loci lineares cum locis planis aut cum solidis, quàm genus polygonorum quæ laterum multitudine triangulum aut quadrangulum excedunt, cum ipso triangulo aut quadrangulo. Nam, quemadmodum sub tali nomine polygoni continentur pentagonum, hexagonum, eptagonum, octogonum, &c. quæ omnes figuræ non minùs inter se differunt & specie & proprietatibus quàm triangulum à quadrangulo, & utrumque horum à cæteris: sic sub uno nomine linearium infiniti loci continentur qui non minùs differunt inter se naturâ & proprietatibus, quàm linea recta aut circuli circumferentia à parabola, hyperbola, aut ellipsi; aut quàm hæ quinque lineæ ab iisdem locis linearibus, seu à conchoïdibus, spiralibus, cissoïdibus, &c.

At verò non omnes loci lineares ad analysim nostram apti sunt, sed illi tantùm quos ad æquationes analyticas revocari posse contingit. Quid sit autem locum aliquem ad æquationem revocare, posteà declarabimus, & exemplis illustrabimus. Nunc autem, quoniam à multis quæri solet an ejusmodi loci tam plani quàm solidi & lineares, omnes in universum geometrici dici debeant, extiterunt non pauci inter Geometras vulgò habiti, qui præter locos planos, nullos alios admittebant, ac cæteros tanquam à Geometria prorsùs alienos respuebant, ita ut problema quodvis insolutum existimarent, quod beneficio locorum planorum solvi non posset, quantumcumque idem aut per locos solidos aut per lineares solveretur: ideò non abs re fuerit hoc loco disquirere quid geometricum, quid verò minimè geometricum censeri debeat, positis tamen iis omnibus quæ vulgò in elementis omnibus geometricis admitti solent.

Sanè in universum, quæstio est de nomine, ut manifestò patet; tamen quia multi præ arrogantiâ, ea omnia damnare consueverunt quæ ignorant, ne scilicet re quadam alicujus pretii privari videantur; ac sic multa respuunt quæ à doctis communiter recipiuntur.

Ut talium sic leviter sub appositis suo modo falsis nominibus res bonas damnantium malitiam quivis veritatis studiosus vitare possit, lubet rem ipsam à fundamentis resumere, quibus intellectis, facile erit cuicunque propositionem aliquam geometricè aut secùs solutam, temerè affirmanti aut neganti res-

T t

pondere, atque ipsius affirmationem aut negationem falsam, levem, aut temerariam esse, ex ipsius scientiæ principiis evidenter demonstrare.

Ac primùm omnium convenit propositiones arithmeticas à geometricis distinguere; siquidem illas arithmeticè, hoc est per operationes sive regulas arithmeticas; has verò geometricè, hoc est per locos geometricos, solvi consentaneum est, ut debito seu legitimo modo solutæ dici debeant. Neque tamen negamus utrasque operam sibi mutuam præbere, ac sibi invicem auxiliari, idque multipliciter; quod ideò non impedit ne arithmetica arithmeticè, geometrica geometricè tractentur.

Arithmeticæ ergo propositiones solvuntur vel addendo, vel subtrahendo, vel multiplicando, vel dividendo, vel radices extrahendo; atque id tam in numeris rationalibus seu unitati commensurabilibus, quàm in numeris irrationalibus seu surdis, vel unitati incommensurabilibus; &, sive in numeris simplicibus, sive in compositis ejusmodi operationes instituantur, juvante ubicunque Geometria si opus fuerit, cujus præcipuæ partes sunt distinguere atque imperare ubi & quando addere, aut subtrahere, ubi & quando multiplicare aut dividere, ubi & quando radices extrahere conveniat.

Quo in opere non multùm refert utrùm solutio in minimis aut in simplicissimis numeris exhibeatur, vel in majóribus aut magis compositis; sæpè enim accidit ut vel multiplicationes, vel divisiones, vel radicum extractiones adeò intricatæ sint, ut ipsas explicare nimis arduum opus sit, nec quodpiam tantæ operæ prætium satis dignum existat.

Neque tamen diffitendum est ea ingenia longè aliis prælucere, quibus datum est quæstiones quascunque simplicissimo modo solvere: at illa bonis suis gaudeant, modò ne aliorum solutiones minùs simplices tanquam spurias ac minimè recipiendas, nimis arroganter damnare contendant.

In exemplo. Proponatur in numeris hæc æquatio cubica numericè solvenda. B solidum — C plano in A — A cubo ꝏ O, & B f. sit numerus infrà positus, nempe apotome, sicuti & C P. 729.

$$B f. \begin{cases} + & 142884 \\ \text{Apotome.} & -\sqrt{q}\ 17962705800 \end{cases} -729A - A \approx O.$$

Ponamus autem quendam vel nescire, vel non admodum curare methodum quâ ejusmodi æquatio brevissimo aut simplicissimo modo solvi queat, sed tantùm id curare, quo modo illa utcunque solvatur.

Equidem ex constitutione illius, patet ipsam irregularem esse, nec de tribus lateribus explicabilem, verùm de unico tantùm, eodemque suprà: hoc ex nostro opere de æquationum cubicarum recognitione, cap. 3. prop. 6. patebit.

At illius constitutio ex Vieta elegantissimè deducitur. Sunt quippe quatuor quidam numeri continuè proportionales, quorum qui continetur sub extremis vel mediis est tertia pars numeri radicum, sive tertia pars affectionis sub A; qui numerus in nostro exemplo est C. 729, & ejus tertia pars est 243; differentia autem extremorum est ille numerus qui oritur diviso B f. per eandem tertiam partem numeri C. Quia ergo numerus ille solidus est hæc apotome 142884 — $\sqrt{}$ 17962705800, eo per 243 diviso, oritur hæc alia apotome 588 — $\sqrt{}$ 304200, quæ ideò est differentia numerorum extremorum. Est autem numerus quæsitus A in eadem serie, differentia numerorum mediorum. Eò itaque res reducitur, ut ex quatuor numeris continuè proportionalibus, datâ differentiâ extremorum, nempe 588 — $\sqrt{}$ 304200, dato etiam producto ex mediis vel ex extremis 243, inveniatur differentia mediorum. Et extremi quidem facili viâ habentur ex data differentia ipsorum, & producto eorumdem; nam semidifferentia est 294 — $\sqrt{}$ 76050, & hujus semidifferentiæ quadratum est hæc apotome 162486 —— γ 26293831200, quod additum ipsi producto 243, dat hanc aliam apotomen 162729 — γ 26293831200, cujus radix quadrata est dimidia summa extremorum γ 88200 —— 273. Huic apotome si addas semidifferentiam extremorum prædictam, nempe 294 —— γ 76050, fit major extremorum quæsitorum, hoc nempe binomium γ 450 —+— 21. Quòd si ex eadem apotome γ 88200 —— 273, seu ex dimidia summa extremorum, demas eandem semidifferentiam extremorum 294 —— γ 76050, fit minor extremorum quæsitorum, nempe hæc apotome γ 328050 —— 567. Hoc pacto, datis extremis, quærendi sunt duo medii proportionales, ut habeatur eorum differentia quæ dabit numerum A quæsitum.

.·· At in quatuor numeris continuè proportionalibus, hoc universale theorema est : Productus ex majori extremo in quadratum minoris extremi est cubus minoris medii. Item, productus ex minori extremo in quadratum majoris extremi est cubus majoris medii. Hac igitur regula ex datis extremis, majori quidem γ 450 —+— 21, minori autem γ 328050 —— 567, dabuntur duo cubi mediorum. Nam quadratum majoris extremi est binomium 891 —+— γ 793800 : hoc multiplicatum per minorem extremum dat hoc aliud binomium γ 2657050 —+— 5103, & hic est cubus majoris medii. Simili modo, quadratum minoris extremi est hæc apotome 649539 —— γ 4218578658000 : hoc multiplicatum per majorem extremum dat hanc aliam apotomen γ 19371024450 —— 137781, & hic est cubus minoris medii.

.·· Inventis ergo duobus cubis numerorum mediorum, superest ut cuborum ipsorum radices extrahantur. At verò, talium cuborum alter, nempe major, est binomium : alter autem, seu minor, est apotome ; quicunque ergo artem calluerit quâ ex binomiis & apotomis cubicæ radices extrahuntur, is quæstionem, si non simplicissimo modo, at certè accuratè omninò solverit ; siquidem earum radicum differentia erit numerus A quæsitus, nec alio quovis modo , quamquam simpliciori, alius invenietur numerus. Quòd si reperiatur aliquis qui talem artem ignoraverit, is postquàm cubos prædictos invenerit, ibi subsistet, ac dicet numerum quæsitum A esse differentiam radicum cubicarum talium numerorum exhibitorum sic $\gamma^{cub.}$ hujus binomii |γq 2657050 —+— 5103| —— $\gamma^{c.}$ hujus apotomes |γq 19371024450 —— 137781.| Et sanè ea dici poterit aliqua esse solutio, quoniam ipsa ad numeros certos ac determinatos reducta est. Adde quod plerumque accidit ut binomia aut apotomæ non habeant radices cubicas explicabiles, unde ipsarum differentia per ejusmodi radicum extractionem exhiberi non potest , quamvis illa aliquando rationalis existat ; quò fit ut eâdem, vel aliâ viâ quærenda sit, vel eâ ratione quâ suprà, per ipsos cubos irrationales exhibenda.

.·· Verùm in proposito exemplo , radices cubicæ à perito rectè extrahi possunt, quibus exhibitis solutio longè erit elegantior ; sunt enim radices illæ binomii quidem, hoc binomium γq 162 —+— 9 ; apotomes verò, hæc apotome γq 1458 —— 27. Sint ergo hi numeri duo medii quæsiti, quorum differentia est hæc apotome 36 —— γq 648 quæ exhibet numerum A quæsitum ; quo pacto habemus hoc modo satis longo atque intricato, solutionem quæstionis propositæ ; atque etiamsi methodus talis solutionis simplicissima non sit, tamen numerus A inventus est simplicissimus.

.·· Verùmenimverò sagacior aliquis Analysta, multò compendiosiori viâ eandem inveniet solutionem. Is enim statim propositâ hâc eâdem æquatione cubicâ,

$$B^f \begin{cases} —+— \quad 142884 \\ —— \gamma\text{q} 17962705800 \end{cases} —— 729A —— A^3,$$

animadvertet illam ad minores numeros reduci posse ; quandoquidem datur

numerus 3, cujus quadratus 9 dividere poteft C P ꝏ 7 2 9, ita ut ejufdem numeri 3 cubus 2 7 dividere quoque poſſit B ꜰ 1 4 2 8 8 4 — Vq 1 7 9 6 2 7 0 5 8 0 0 ;
ac divifione per quadratum oritur 8 1, per cubum autem oritur 5 2 9 2 — Vq
2 4 6 4 0 2 0 0.

Hoc pacto dabitur alia æquatio in minoribus numeris, nempe hæc,

$$ D \, \Big\{ \begin{matrix} 5292 \\ - Vq\,24640200 \end{matrix} \quad - F P\; 81\; E - E^c \varpi O. $$

Cujus æquationis radix E cùm inventa fuerit, ac per 3 prædictum multipli-
cata, dabitur prioris æquationis radix A quæfita. Eſt tamen hæc nova æquatio ejufdem conftitutionis cum ea quæ initio propofita eſt ; quare concludemus in ea contineri quatuor numeros continuè proportionales, ita ut numerus contentus fub extremis vel mediis fit 2 7 tertia pars F P ; five numeri 8 1 ;
differentia verò extremorum fit hæc apotome 1 9 6 — Vq 3 3 8 0 0, quæ oritur
divifo folido D per prædictum numerum 2 7. Datâ autem differentiâ extremorum, & producto ab iifdem, dantur vulgari methodo iidem extremi, major nempe hoc binomium Vq 5 0 + 7, & minor hæc apotome Vq 3 6 4 5 0
— 1 8 9. His datis extremis darentur cubi mediorum methodo fuperiùs tra-
ditâ ; verùm, eidem Analyftæ, quem ex fagacioribus aliquem fupponimus, dabitur locus fubtili fanè compendio ; datur nempe cubus quidam numerus 2 7
per quem illorum extremorum alter dividi poteft, putà minor five Vq 3 6 4 5 0
— 1 8 9, quâ divifione reperitur hæc apotome Vq 5 0 — 7 ; fumatur ergo talis apotome Vq 5 0 — 7 loco minoris extremi, majore eodem femper remanente binomio Vq 5 0 + 7, ut fuprà. Hac tamen lege, ut poftquàm inter illos extremos duo medii inventi fuerint, tum alter illorum minori proximus
multiplicetur per 9, quadratum fcilicet numeri 3, cujus cubus 2 7 divifor
fuerit minoris ipfius extremi, nempe Vq 3 6 4 5 0 — 1 8 9 : alter autem eorumdem inventorum mediorum ab extremo minore divifo remotior, multiplicetur per 3 radicem ejufdem cubi 2 7 diviforis ; hac enim duplici multiplicatione dabuntur veri duo medii inter duos extremos quos ex fecunda æquatione præmiffa ad minimos numeros reducta deduximus, nempe inter binomium Vq 5 0 + 7, & apotomen Vq 3 6 4 5 0 — 1 8 9.

Refumamus ergo duos minimos extremos ultimò inventos poft divifio-
nem per cubum 2 7, qui funt Vq 5 0 + 7, & Vq 5 0 — 7, inveniamufque inter eofdem, duos medios continuè proportionales.

Rurfùs autem hîc quiddam accidit notandum. Nam fi quis per traditam
fuprà regulam, datis extremis, quærat cubos duorum mediorum, is inveniet
tales cubos effe eofdem ipfos extremos : quod ideò accidit, quia binomium
& apotome quæ ipfos extremos conftituunt, iifdem conftant nominibus ; ac
præterea quadrata ipforum nominum unitate tantùm differunt, quod quoties accidit, toties duo extremi funt cubi duorum mediorum, unufquifque
fcilicet illius qui fibi proximus eft.

Habeantur ergo duorum illorum extremorum radices cubicæ ; binomii
quidem, five Vq 5 0 + 7, hoc binomium Vq 2 + 1 : at apotomes, five Vq 5 0 — 7,
hæc apotome Vq 2 — 1 ; atque ita tandem habebimus quatuor continuè pro-
portionales, Vq 5 0 + 7, | Vq 2 + 1, | Vq 2 — 1, | & Vq 5 0 — 7,

in numeris multò minoribus quàm anteà. Quòd fi intacto primo, ut fuprà decrevimus, fecundum illorum multiplicemus per radicem 3, tertium verò per
ejus quadratum 9, at quartum per cubum 2 7, qui anteà divifor extitit, habebimus quatuor illos proportionales qui ad æquationem de E fuperiùs expofitam, pertinent, quorum primus erit in utraque ferie idem Vq 5 0 + 7 ; fecundus Vq 1 8 + 3 ; tertius Vq 1 6 2 — 9 ; & tandem quartus, Vq 3 6 4 5 0 —
1 8 9.

189. Horum quatuor, differentia mediorum est 12——$\sqrt{q}$72; is autem est numerus E quæsitus in æquatione, qui numerus, si tandem per 3 multiplicetur, per eum scilicet numerum cujus beneficio depressa est suprà æquatio de A, & ad æquationem de E reducta: dabitur numerus A quem initio quærebamus; & is erit idem qui anteà 36——$\sqrt{q}$648, sed multò breviori multóque simpliciori methodo inventus, propter quam tamen non est quòd, qui illam calluerit, nimiùm arroganter superbiat.

Hîc quærere posset aliquis an detur certa aliqua regula quâ dignoscamus num binomia aut apotomæ radices habeant cubicas explicabiles, & quomodo illæ eruantur.

Sciat igitur ille talem dari regulam, quam non abs re fuerit paucis indicare. Ac primùm, ponamus binomium aut apotomen propositam, esse primi vel secundi, quarti vel quinti ordinis, tum sic fiet:

Ex quadrato majoris nominis dematur quadratum minoris, ac tum si differentia reperiatur esse cubus numerus habens radicem minimè surdam, sed unitati commensurabilem, benè est, nec alia præparatione est opus: sin secùs, tunc aliqua præparatione utendum est, de qua dicemus posteà. Ponamus ergo prædictam differentiam habere radicem cubicam, quæ radix vocetur B planum; at majus nomen binomii aut apotomes, vocetur M solidum; minus autem vocetur N solidum: tum alterutra ex sequentibus duabus æquationibus cubicis solvatur, nempe

$$\frac{1}{4} M^{c} + \frac{1}{4} B^{p} \cdot A - A^{3} \infty O,$$

$$\text{vel } \frac{1}{4} N^{c} - \frac{1}{4} B^{p} \cdot A - A^{3} \infty O:$$

prior quidem, si binomium vel apotome primi vel quarti ordinis extiterit; posterior autem, si secundi vel quinti. Talis autem æquationis radix reperiri debet esse numerus minimè surdus, atque ideò inventu facillimus. Quòd si illa radix non reperiatur esse rationalis, seu unitati commensurabilis, tunc certò pronuntiare licebit, binomium aut apotomen non habere radicem cubicam explicabilem. Esto ergo illa cubicæ æquationis radix numerus rationalis integer vel fractus, tunc illa priori quidem æquatione erit majus nomen, à cujus quadrato si dematur B planum, relinquetur quadratum minoris nominis, ex quibus nominibus constituetur binomium vel apotome: atque hæc vel illud erit radix cubica quæsita. At secunda æquatione radix erit minus nomen, cujus quadrato si addatur B planum, fiet quadratum minoris nominis; atque ab illis nominibus constitutum binomium vel apotome, erit radix cubica quæ quæritur.

Jam verò existente binomio vel apotome primi, secundi, quarti, vel quinti ordinis, quadrata nominum non differant cubo numero, sed quocunque alio: tunc hac præparatione utemur. Differentia illa quæ cubus non est, vocetur $C^{ff.}$, ac per eandem differentiam multiplicetur utrumque propositorum nominum binomii vel apotomes cujus radix investigatur, putà M^{c} & N^{c}; hac enim multiplicatione habebimus binomium aliud vel aliam apotomen ejusdem ordinis, cujus quadrata nominum cubo numero different. Atque omninò non refert quis sit multiplicator per quem multiplicentur nomina M^{c} & N^{c} modò quadrata nominum inde ortorum cubo numero different; is ergo multiplicator quicunque ille sit, vocetur $C^{ff.}$ sive ille sit idem qui suprà, sive non; est tamen primus communiter simplicissimus.

Talis ergo binomii vel apotomes tali multiplicatione constitutæ radix cubica inveniatur ea methodo quam jamjam tradidimus mediante æquatione cubica convenienti: tum radix inventa dividatur per $C^{p.}$ hoc est per radicem cubicam $C^{ff.}$ quæcunque sit illa radix, surda, vel rationalis; quotiens enim talis divisionis dabit radicem cubicam initio quæsitam.

V v

Ponamus tandem propofitum binomium vel apotomen, effe tertii vel fexti ordinis; atque, ut fuprà, majus nomen efto M $^{c.}$ minus autem N $^{c.}$; & C $^{ff.}$ efto differentia quadratorum nominum ipforum. Tum inveniatur numerus aliquis D $^{ff.}$, qui multiplicans C $^{ff.}$ faciat cubum, multiplicans autem vel M $^{ff.}$, vel N $^{ff.}$ faciat quadratum: (dantur infiniti tales numeri, & facilè inveniuntur) ac per D $^{c.}$, hoc eft per radicem quadratam numeri D $^{ff.}$, multiplicetur utrumque nominum M $^{c.}$ & N $^{c.}$; tali enim multiplicatione orietur aliud binomium vel alia apotome primi, fecundi, quarti, vel quinti ordinis, cujus quadrata nominum different cubo numero; illius ergo radix cubica (fi illa explicabilis fit) habebitur per præmiffam regulam mediante congruenti æquatione cubica, ut dictum eft: hæc ergo radix cubica divifa per D, hoc eft per radicem folido-folidam, feu cubo-cubicam numeri D $^{ff.}$, dabit radicem cubicam binomii vel apotomes, cujus nomina funt M $^{c.}$ & N $^{c.}$, quam invenire propofitum erat.

Plurima fuper hac re dici poterant; fed nos regulam pulcherrimam indicare duntaxat, non minutatim perfequi voluimus, & quæ dicta funt fufficient Analyftæ non omnino rudi ad cætera detegenda.

Nec eft quòd quis dicat, hoc modo proponi obfcurum per obfcurius explicandum, dum inventionem radicis cubicæ alicujus binomii vel apotomes ad refolutionem æquationis cubicæ reducimus. Quandoquidem enim talis æquationis folutio reperiri debet numerus rationalis integer vel fractus (aliàs enim, fi furdus exiftat non erit radix binomii vel apotomes explicabilis) non aliter, nec majori difficultate folvetur æquatio illa, quàm fi fimplex divifio abfolvenda effet; quod fanè callere debet quicunque Analyfim vel mediocriter coluerit. Legatur Vieta lib. de æquationum recognitione & emendatione, ac præcipuè capite illo quo æquatio fic transmutari poteft, ut coefficiens fit quæ præfcribitur: ftatuatur enim coefficiens unitas; tum verò folidum comparationis erit cubus aliquis fuo latere auctus vel mulctatus: cætera plana funt, unde nihil ultrà addemus.

Hoc exemplo fatis declaravimus quid requiratur ad hoc ut problema aliquod arithmeticum arithmeticè folutum dici poffit: qua de re tantis operibus egerunt Vieta, Cardanus, Bombellius, Tartalia, & alii quidam illuftres præteriti fæculi viri, inter quos longè excelluit ipfe Vieta, dum talium problematum folutionem, non quidem fingularem pro fingulis problematis, fed univerfalem pro qualibet fpecie problematum, per fpecies ad id à fe inventas inquifivit.

Neque abs re fuerit Analyftam monere, quæftionem omnem in numeris propofitam, in qua ex datis quibufdam numeris, alius aliquis numerus quæritur fecundùm leges quafdam in eadem quæftione præfcriptas, femper effe quæftionem fingularem; atque etiamfi illa ad æquationem analyticam revocata, ad æquationes cubicas, aut ad altiores pertinere videatur: tamen non temerè ftatim pronuntiandum effe, talem quæftionem folidam effe aut linearem, fæpiffimè enim accidit, ut illa vi inductionis logicæ plana fit; dico vi inductionis logicæ, quoties fcilicet folutio illius datur in numeris qui logicâ inductione inita, neceffariò reperiuntur. Ut fi experiar num æquatio aliqua de unitate fit explicabilis, num de binario, num de ternario, de quaternario, quinario, fenario, &c. neque enim in infinitum abit tale experimentum, quandoquidem, ex hypothefi, numeri in ipfa æquatione expreffi funt, qui radicem quæfitam intra certos ac præfinitos terminos coercent. Aut fi certâ aliquâ conjecturâ deprehenderim illam, non de integro numero, fed de fracto explicabilem effe, cujus numeri fracti denominator ex recognitione ipfius æquationis innotefcat: tum inductione factâ, quæram numeratorem binarium, ternarium, quaternarium, quinarium, fenarium, feptenarium, &c.

donec illum invenero, qui experiundo satisfaciat propositæ quæstioni; neque enim rursùs in infinitum abit tale experimentum. Eodem modo, si ex recognitione talis æquationis deprehendero ipsam nec de integro numero nec de fracto explicari posse, sed de surdo aliquo, cujus tales ex ipsa recognitione innotescant conditiones, ut ille, quamquam surdus, inductione factâ detegi possit: tales omnes æquationes planæ censeri debent, non autem solidæ aut lineares, sub quarum specie aliquâ contineri primo intuitу apparerunt. Ac planè talis existit præmissa æquatio cubica numerica, in qua satis jamjam immorati sumus, quæ tamen prima fronte alicui minùs perito Analystæ, solida quædam quæstio ex iis quæ insolubiles vulgò censentur, potuit apparere.

Nunc ergo ad geometriam redeamus, & quid geometricum sit, aut censeri debeat explicemus. Geometricum in universum vocamus quodcunque intelligibile est in materia geometrica, nullâ habitâ ratione sensuum externorum, putà visus, auditus, tactus, gustus, vel olfactus, nisi quatenùs illi intellectum movere possunt ad suas operationes exercendas. Verbi gratiâ, dum species visibilis circuli alicujus materialis in oculum incidens visum movet, illa ex occasione causa esse poterit cur intellectus ab illo sensu excitatus talem figuram considerandam suscipiat, ac multas easque insignes proprietates detegat, atque evidenter ex certis atque indubitatis principiis demonstret. Ejusmodi igitur cognitio ab intellectu elicita, atque in ipso intellectu residens tanquam species aliqua intellectiva circa materiam geometricam, est id quod geometricum appellamus.

Materia verò geometrica est omne extensum quatenùs extensum, & quidquid ad illud pertinet sub eadem ratione; quales sunt termini illius, quales figuræ, quales rationes & proportiones magnitudinum ad invicem, & si quid aliud ad tale argumentum pertineat. Itaque lineæ omnes, omnesque superficies quæ certis atque intellectu planè perceptis regulis describuntur, omninò geometricæ sunt, sicuti & figuræ quæcunque talibus lineis, ac talibus superficiebus continentur. Nec refert quòd illæ omnes lineæ, superficies, & reliquæ, mediante motu aliquo vel simplici vel composito, ut plurimùm sub intellectum cadant. Nam primùm, motus ille, sive sit puncti alicujus ad lineam aliquam describendam, sive sit alicujus lineæ ad describendam superficiem, sive superficiei ad solidum describendum, est simpliciter intelligibilis; non autem sensu externo perceptibilis, nisi quatenùs ad meram praxim refertur, quæ sensus externos respicit, nec ad puram geometriam, hoc est purè intelligibilem, reducitur; sed & puncta, lineæ, aut superficies quæ moveri intelliguntur, purè sunt geometricæ, abstrahuntque à materia sensibili; & per spatium purè geometricum, atque à materia sensibili abstractum, motus suos perficere intelliguntur, transeuntque à termino noto ad notum terminum per notum medium, secundùm leges notas, & clarâ ac distinctâ intellectus notione, aut firmo ratiocinio stabilitas; aliàs enim, nisi has sortiantur conditiones, illæ tanquam spuriæ, atque à Geometria prorsùs alienæ respuuntur.

Secundò, etiamsi, qui rerum geometricarum minùs periti sunt, putent lineas, superficies, & solida, motu punctorum, linearum, & superficierum reverà gigni, ita ut iidem existiment magnitudines illas tum primùm esse incipere, cùm primùm à tali motu producuntur: tamen ei qui rem penitùs inspexerit, manifestò patebit illam longè aliter se habere; quippe, posito tantùm spatio geometrico omnimodè extenso, (illud autem spatium, etiam nemine cogitante, in rerum natura ponitur) ponuntur statim tales magnitudines in tali spatio, etiam nemine cogitante & abstrahendo ab omni motu, atque omnes simul in ipso existunt absque omni intellectus operatione. At motus ad hoc inservit, ut per omnes partes ipsarum magnitudinum intellectum succeſſivè perducendo, illum faciliùs ad earumdem cognitionem pertrahat. Sic enim comparatus eſt humanus intellectus, ut vix quippiam, præcipuè ſi extenſum eſt, ſimul ac totum apprehendat, ſed tantùm ſucceſſivè ac per partes; quod ſanè eſt motu intellectivo moveri per tale extenſum, nec tamen illud motu ipſo in rerum natura ponitur, ſed tantùm eodem mediante intelligitur, cùm priùs abſque omni motu, atque ab intellectu independenter extaret.

Cùm ergo Euclides ſphæram, conum, ac cylindrum; cùm Apollonius ſuperficiem conicam; cùm Archimedes ſphæroïdem, conoïdem, & helices; cùm alii conchoïdes, ciſſoïdes, quadratrices, trochoïdes, atque innumeras ejuſmodi lineas & figuras per motus deſcribunt; immò quidam lineam rectam per motum puncti, & circulum per motum rectæ lineæ: illi omnes ſic intelligendi ſunt, ut voluerint magnitudines ipſas priùs exiſtentes, eodem modo quo à ſe conciperentur, aliorum intellectui exponere, ſeu oſtendere; quod cùm aliter faciliùs non poſſent, hoc modo per motus, vel ſimplices, vel compoſitos omninò feliciter effecerunt.

Rursùs; quòd quædam lineæ aut quædam ſuperficies, beneficio inſtrumentorum mechanicorum faciliùs deſcribantur, quædam difficiliùs, id non facit ut illæ magis, hæ minùs ſint geometricæ: ejuſmodi enim mechanicæ deſcriptiones praxim reſpiciunt, & ad ſenſus externos referuntur, non autem ad puram Geometriam, quæ, ut ſæpè diximus, ſolùm reſpicit intellectum.

Quòd etiam ex iiſdem lineis aut ſuperficiebus, quædam ſimpliciores, quædam verò magis compoſitæ intellectui videantur; id etiam non impedit quin hæ & illæ æquè geometricæ dici debeant; quippe illud non ex natura talium magnitudinum, ſed ex debilitate intellectus humani procedere manifeſtum eſt : ex noſtra autem imperfectione rerum natura non immutatur.

Demus itaque hoc humanæ imbecillitati, quòd quæ ſimpliciori modo, ſaltem noſtro reſpectu, ſolvi poterunt, eo ſolvi debeant; & contra talem regulam peccaſſe cenſeatur quiſquis, cùm ſimpliciori loco uti poſſet, ad magis compoſitum recurrerit. Dicemus autem paulò pòſt de diſtinctione locorum in magis aut minùs ſimplices ex conſtitutione Geometrarum qui nos hac in re præceſſerunt, ut ſic quis cuique quæſtioni locus proprius ſit innoteſcat.

Sed ut magis eluceſcat in hac materia locorum, nec facilitatem deſcriptionis, nec majorem aut minorem ſimplicitatem intellectionis alio modo attendendam eſſe quàm reſpectu imbecillitatis intellectus humani : videamus quis ſit Geometriæ finis in locis ipſis conſtituendis. Conſtat autem nullum alium finem apud Geometras reperiri, niſi ut talium locorum beneficio ea detegant quæ intellectui latebant, ut quod verum eſt, verum eſſe; quod falſum eſt, falſum eſſe; quod fieri poteſt, fieri poſſe, & quo modo, & quot modis, manifeſtum fiat, idque ſemper in materia geometrica; quod tamen non impedit ne talis cognitio poſteà materiæ ſenſibili applicetur. Ac planè ejuſmodi loci primò & per ſe quædam ſunt cognoſcendi inſtrumenta; ſecundariò verò, & per applicationem mechanicam, illi ſunt inſtrumenta faciendi. Et quidem, quòd ad cognitionem, ſcientiam, vel intelligentiam attinet, ſive illa faciliùs, ſive difficiliùs acquiratur, & ſive per media ſimplicia, ſive per compoſita, modò talia media ſint clarè ac diſtinctè nota, qualia ſunt quæ principiis purè geometricis innituntur, ita ut ab ejuſmodi principiis incipiendo, & per media ipſa progrediendo, tandem ad intelligentiam illam deveniamus: certum eſt eandem fore perfectam, nec in genere intelligentiarum aut ſcientiarum, perfectiorem fore aliam, quamquam facilioribus aut ſimplicioribus mediis acquiſitam. Atque omninò una eademque intelligentia ſeu ſcientia eſt, ſed diverſis mediis acquiſita; quæ media, ſi faciliora aut ſimpliciora ſint, vel ſecùs, hoc ex debilitate intellectus humani repetendum eſt; aliàs enim, ſi perfecta eſſet humana intelligendi potentia, tunc vel mediis non egeremus, vel certè & principia
cipia

cipia cognitionis, & media omnia, sed & ipsam cognitionem uno intuitu, nullo prorsùs labore nullaque difficultate haberemus, nec simplicis aut compositi ulla esset ratio.

Jam verò, si ad materiam sensibilem, seu ad praxim mechanicam applicetur cognitio aliqua geometrica, ita ut inde oriatur opus aliquod externum ex tali materia constans, multò minùs media aut operandi rationem accusabimus in ipso opere jam confecto, si illud his aut illis mediis æquè benè absolutum sit; nec ullo jure tali respectu quis dixerit hæc aut illa media esse respuenda tanquam erronea ac minimè legitima, sed tantùm alia aliis esse præferenda ; quippe faciliora difficilioribus , & simpliciora magis compositis : quod sanè ex nostra agendi debilitate rursùs repetendum est; secus enim , positâ perfectâ agendi potentiâ, tunc agens & media & opus ipsum nullo labore consequeretur, ac proinde nec facilitatis nec difficultatis, sicuti nec simplicioris nec magis compositi ratio haberetur.

Propositum locum geometricum ad æquationem analyticam revocare , & qui simpliciores sint loci , aut secùs , explicare.

DIcitur locus aliquis geometricus ad æquationem analyticam revocari, cùm ex una aliquâ, vel ex pluribus ex illius proprietatibus specificis, quædam deducitur æquatio analytica, in qua una vel duæ vel tres ad summum sint magnitudines incognitæ.

Ac duplici quidem modo talis locus ad talem æquationem revocari potest. Primus modus absolutus est, alter respectivus.

Modus absolutus dicitur ille in quo unicus proponitur locus per se absolutè ac nullo aliorum respectu considerandus, ita ut æquatio ex eo deducta, ad ipsum præcisè pertineat, non verò ad ullum alium.

Modus respectivus ille est in quo duo communiter, aliquando etiam, sed rarò , tres vel plures loci proponuntur inter se comparandi , ut ex eorum sectione, vel tactione, vel datâ aliquâ distantiâ, vel omninò ex præscripta aliqua conditione, vel inter ipsos habitudine deducatur æquatio aliqua analytica quæ ad omnes istos locos simul tali respectu pertineat ; ita tamen ut nihil referat si æquatio illa ad alios etiam locos pertinere possit.

Et hi quidem modi ambo admodum universales sunt, continentque sub se singuli infinitos particulares modos, non solùm habita ratione multitudinis locorum geometricorum qui & genere, & specie, & numero infiniti sunt, sed etiam in unico ex talibus locis dantur plerumque innumeri tales modi, ex quorum singulis innumeræ æquationes deduci possunt ; siquidem tot dabuntur modi particulares, quot dabuntur diversæ loci illius proprietates specificæ : unde numerus talium modorum non magis finitus est, quàm artificis in indagandis proprietatibus vis & industria; sed & ex infinita locorum ipsorum complicatione, id est, sectione, tactione, &c. innumeri etiam oriuntur modi respectivi, siquidem duorum tantùm diversimodè complicatorum modi nullo certo aliquo numero comprehendi possunt.

At verò , etiamsi nullus ex talibus modis ad nostrum institutum inutilis dici possit, si scilicet ad abundantiam doctrinæ respiciamus : tamen si necessitatis tantùm ratio habeatur, paucissimi sufficiunt , iique non admodùm intricati aut difficiles existunt.

Dicamus ergo pauca, primùm de modo absoluto, tum de respectivo, atque utrumque, selectis aliquibus exemplis ex locis nobilioribus desumptis, illustremus.

X x

DE CIRCULO.

PROPONATUR ergo primùm circulus cujus centrum fit A, circumferentia B D C, & fit una diametrorum B C, ad quam referre oportet omnia circumferentiæ puncta, mediante aliqua æquatione analytica; ac fundamentum hujus relationis efto proprietas illa, quòd omnis recta, putà D E, cadens à circumferentia in diametrum ad rectos angulos, fit media proportionalis inter portiones diametri B E, E C; hæc ergo proprietas fpecifica dabit unum aliquem ex modis particularibus circa circulum. Ex illo modo innumeræ deducentur æquationes, quales funt quæ fequuntur.

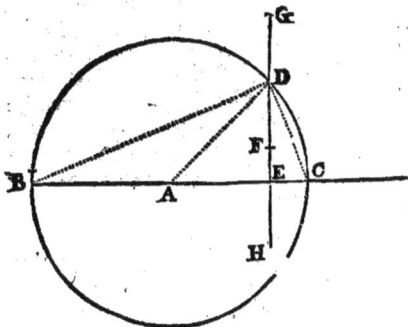

Prima Æquatio.

A B efto b,
D E a,
D E quadratum a^2,
B E e,
E C $2b - e$,
B E C rectangulum $2be - e^2$.

Ergo æquatio,

$+ 2be - e^2 \infty a^2$,
vel
$+ 2be - e^2 - a^2 \infty 0$.

Item A B efto b,
D E a,
D E quadratum a^2,
C E e,
B E $2b - e$,
B E C rectangulum $2be - e^2$,

Unde æquatio erit ut fuprà,

$+ 2be - e^2 - a^2 \infty 0$.

Itaque propofitâ lineâ curvâ B D C, atque ab eadem in aliquam rectam utrinque terminatam B C, demiffâ perpendiculari D E, fi talis reperiatur æquatio qualem jam invenimus: tum pronuntiare licebit ejufmodi curvam effe circuli circumferentiam; eft enim reciproca proprietas, & fimpliciter converti poteft quæ de illa concipitur propofitio, ut fatis facilè confideranti apparebit. Omnis autem recta data referre poterit $2b$.

Quòd fi loco circumferentiæ circuli affumpta effet ellipfis; tum fub iifdem fpeciebus, $2be - e^2$ fuiffet ad a^2 in data ratione majoris aut minoris inæqualitatis, nempe ut tranfverfum latus ad rectum, quam rationem fupponimus effe datam. Converfa etiam vera eft.

Rurfùs, fi D E in B C incidiffet ad angulos obliquos, reliquis ut fuprà pofitis, in omni ratione haberetur ellipfis. Sed hæc ex conicis clara funt.

Secunda Æquatio.

Iifdem pofitis: ex D E detrahatur data E F quæ vocetur e, & D F vocetur i, atque ideò D E quadratum erit $+ e^2 + 2ei + i^2$. Unde iifdem veftigiis infiftendo, talis erit æquatio, $+ 2be - e^2 \infty e^2 + 2ei + i^2$, vel $- e^2 + 2be - e^2 - 2ei - i^2 \infty 0$.

Itaque ex tali vel simili æquatione concludemus circuli circumferentiam: immò, si $+ e^2 + 2ci + i^2$ vocetur una specie a^2; (species enim illa de i quadrata est) tunc in primam æquationem omninò incidemus, ut manifestum est. Viciffim, facile erit ex prima in hanc secundam devenire.

De ellipsi eadem quæ suprà enuntiabimus.

Hæc æquatio non est reciproca, unde eam in ordinem non reduximus; siquidem ex illa non minùs ellipsim, parabolam, aut hyperbolam, quàm circulum concludere licet: quod etiam infrà satis patebit.

At verò ad tales æquationes reducetur alia quæ sequitur $+ 2be - u^2 \infty 0$, intelligatur enim u^2 majus esse quàm e^2, & differentia eorum vocetur a^2. Fiet ergo manifestò hæc æquatio $+ 2be - e^2 - a^2 \infty 0$, & hæc est prima præcedentium, ex qua ad secundam facilè deducemur. Hîc autem longitudo u æqualis erit rectæ BD, vel CD, cujus quadratum æquale est, vel duobus quadratis BE, DE simul, vel duobus CE, DE simul, quandoquidem ipsum u^2 æquale ponitur esse duobus simul $a^2 + e^2$.

Tertia Æquatio.

Iisdem positis, eidem DE addatur in directum quævis DG, & tota EG data sit sub specie c, & DG ignota vocetur i; atque ideò DE quadratum erit $c^2 - 2ci + i^2$. Unde iisdem vestigiis, $+ 2be - e^2 \infty c^2 - 2ci + i^2$,

vel per antithesim, $-c^2 \; {+ 2be - e^2 \atop + 2ci - i^2} \; \infty 0$.

Ex tali ergo vel simili æquatione concludemus circulum.

Quòd si recta DG sit data sub specie c, & EG ignota vocetur i: tunc iisdem vestigiis in eandem prorsus æquationem incidemus. Idem accidet, si DE producatur versùs E in H, & vel tota DH sit c, EH autem sit i, vel è contrario, EH sit c, DH autem sit i.

Jam, vel $c - i$, vel $i - c$ esto a; quo pacto dabitur prima æquatio, ut manifestum est.

Sicut autem secta est DE in F, vel producta in G vel H: sic potuit secari vel produci CE, & vel ipsâ solâ manente DE insectâ & sine productione, vel etiam utraque tam CE quàm DE; quod satis per se atque ex præmissis clarum est. Idem de BE quàm de CE dictum esto.

Quarta Æquatio: ex eo quòd omnes rectæ à centro circuli ad ejus circumferentiam ductæ, sint æquales.

Iisdem positis, esto AE ignota sub specie y; & quoniam AD seu AB est b, & DE est a, ideò talis erit æquatio, $b^2 \infty a^2 + y^2$, sive $b^2 - a^2 - y^2 \infty 0$. Itaque, ex ejusmodi æquatione concludemus circulum, quia illa reciproca est.

Jam verò, ut suprà, esto a æqualis, vel $c + i$, vel $c - i$, vel $i - c$, prout scilicet vel EF erit c, & DF erit i; vel EG erit c, & DG erit i; vel DG erit c, & EG erit i: tumque habebimus alterutram ex duabus sequentibus æquationibus $+ b^2 \atop c^2 - 2ci \; {- i^2 \atop - y^2} \infty 0$, vel $+ b^2 \atop c^2 + 2ci \; {- i^2 \atop - y^2} \infty 0$:

ex quibus circulum quoque concludere licet, modò sub similibus speciebus proponantur; sic enim illæ sunt reciprocæ, seu specificæ.

Eodem modo hîc AE secari vel produci poterit quo suprà dictum est de ED, BE, vel CE.

Quòd si proponatur aliqua ex his tribus $+ d^2 - fi - u^2 \infty 0$, vel $+ d^2 + fi - u^2 \infty 0$, vel $- d^2 + fi - u^2 \infty 0$: tunc licebit illas ad

alterutram ex duabus præmiſſis poſtremis reducere. Nam $+ d^2$ intelligetur
æquale eſſe $\genfrac{}{}{0pt}{}{+b^2}{-c^2}$, vel $- d^2$ æquabimus $\genfrac{}{}{0pt}{}{+b^2}{-c^2}$; at $+ a^2$ ponemus æquale
eſſe $\genfrac{}{}{0pt}{}{+i^2}{+y^2}$: unde ſequetur id quod propoſitum eſt.

Non ſunt tamen illæ tres reciprocæ; ſiquidem ex illis non minùs ellipſim,
parabolam aut hyperbolam, quàm circulum concludere licet. Licebit autem
quartam hanc æquationem ad primam aut ad duas ſequentes reducere, poſito quòd $b — y$ ſit e, ut ſatis patebit ei qui attendere voluerit. Et reciprocè,
tres priores poterunt ad quartam reduci, poſito quòd $b — e$ ſit y.

Hæc de circulo ad æquationem analyticam reducto, pauca quidem, ſed ea
præcipua ſufficiant. Nunc pauca etiam de parabola dicamus.

DE PARABOLA.

ESTO parabola B D, cujus latus rectum ſit A B, diameter B E, ſive illa ſit
axis, ſive non; atque ad hanc diametrum ordinatim applicata ſit D E.
Oporteat autem omnia parabolæ puncta referre ad diametrum B E, mediante
aliqua æquatione analyticâ, ac fundamentum relationis eſto proprietas illa,
quòd quadratum applicatæ cujuſvis, putà D E, æquale ſit rectangulo contento
ſub latere recto A B & ſub B E portione diametri interceptâ inter verticem
B & ordinatam D E; quæ proprietas parabolæ ſpecifica eſt, dabitque modum
unum particularem ex quo multæ deducentur æquationes, quales ſunt quæ
ſequuntur.

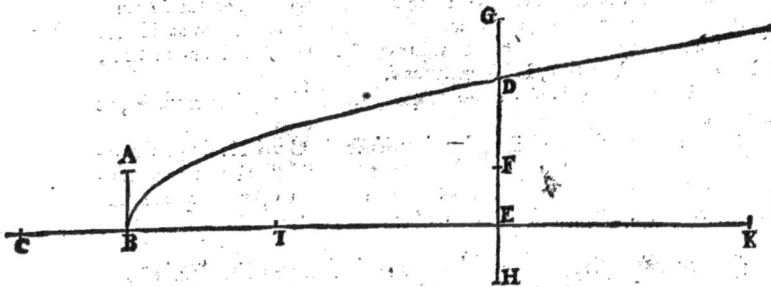

Prima Æquatio.

A B eſto _____ b,
D E _____ a,
D E quadratum _____ a^2,
B E _____ e,
A B E rectangulum _____ be.

Æquatio.

$$b e \looparrowright a^2,$$
vel
$$b e — a^2 \looparrowright 0.$$

Itaque, propoſitâ curvâ aliquâ B D, atque in
ea ſumpto quovis puncto D; tum ductâ quâpiam
rectâ B E quæ ad unas quidem partes B terminetur ad eandem curvam, ad alteras autem
partes ſit indefinita: ſi ductâ rectâ D E datæ cui-
piam rectæ terminatæ A B parallela, media proportionalis ſit inter A B, B E: pronuntiabimus
curvam illam eſſe parabolam. Eſt enim reciproca proprietas, ex vi hypotheſis, quòd D E ſit ſemper datæ parallela; aliàs enim poſſet æquatio
præmiſſa circulum exhibere, ut notatum eſt ad
ſecundam circuli æquationem, dùm propoſita eſt æquatio $2 b e — a^2 \looparrowright 0$.
Hoc autem planè manifeſtum eſt.

Secunda

Secunda & tertia Æquatio.

Nec aliter habebuntur secunda & tertia æquatio, quàm in circulo dictum est, divisâ scilicet D E in F, aut eâdem productâ in G vel H; quo pacto talis erit secunda æquatio $be \infty c^2 + 2ci + i^2$, vel $-c^2 + be - 2ci - i^2$ ∞o, atque id ex divisâ D E.

Tertia autem æquatio ex D E productâ talis erit $be \infty + c^2 - 2ci$ $+ i^2$, vel $-c^2 + be + 2ci - i^2 \infty o$.

Et hæ quidem omnes æquationes sub speciebus exhibitis sunt reciprocæ, existente rectâ D E datæ alicui rectæ semper parallelâ; unde ex quavis illarum parabolam concludere semper licebit, speciebus tamen immutatis.

Quòd si recta B E dividatur in I, vel eadem producatur, sive versùs B in C, sive versùs E in K, reliquis eodem modo quo suprà positis, multæ inde orientur æquationes, quædam scilicet manente D E indivisâ ac sine productione, reliquæ autem ipsâ D E divisâ vel productâ. In exemplo enim esto B E divisâ, ac B I esto data sub specie d, I E autem esto y; unde rectangulum sub A B, B E, quia æquale est duobus simul, ei scilicet quod continetur sub A B, B I, & ei quod continetur sub A B, I E, talem induet speciem $bd + by$: itaque positâ D E indivisâ sub specie a, talis erit æquatio $bd +$ $by \infty a^2$, vel $bd + by - a^2 \infty o$. At positâ D E divisâ sub specie $c + i$, æquatio erit ejusmodi $bd + by \infty c^2 + 2ci + i^2$; vel $bd - c^2 + by$ $- 2ci - i^2 \infty o$. Quod si C B sit data sub specie d, C E autem sit y, erit ipsius B E species $y - d$: contrà autem, si C E sit d, & C B sit y, erit ipsius B E species $d - y$; hinc autem facile erit reliquas æquationes deducere, atque ex singulis, sub iisdem speciebus, parabolam concludere.

Ad prædictas autem æquationes reduci poterunt quæcunque ad circulum suprà, tam directè quàm indirectè pertinebant, si species debitè atque ex arte permutentur: at propter talem permutationem, æquationes illæ non erunt reciprocæ. Sed hoc indicasse sufficiat; nunc ad hyperbolam progrediamur.

DE HYPERBOLA.

EX infinitis modis quibus hyperbola aliqua ad rectam quandam referri potest, duo videntur præcipui: alter quidem, cùm illa ad aliquam ex suis diametris refertur; alter autem, cùm illa refertur ad unam ex suis asymptotis.

Esto hyperbola B D, cujus vertex sit B, rectum latus A B, transversum B C, centrum L in medio ipsius B C, cæteris ut suprà in parabola positis. (Vide figuram parabolæ, & finge esse hyperbolam) nisi quod distinctionis gratiâ, species transversi lateris hîc erit f, unde C E B rectanguli species erit $fe + e^2$. Est autem in omni hyperbola tale rectangulum ad quadratum cujusvis ordinatæ D E ut transversum latus ad rectum: in speciebus ergo, ut f ad b, ita $fe + e^2$ ad a^2. Ductis itaque extremis inter se, tum etiam mediis inter se, fiet æquatio universalis ad omnem hyperbolam pertinens.

Prima Æquatio.

$bfe + be^2 \infty fa^2$, sive $bfe + be^2 - fa^2 \infty o$.

Ex tali igitur æquatione concludemus hyperbolam cujus latus rectum erit b, & transversum f, existente a ordinatâ ad diametrum, e verò intercepta inter ordinatam & verticem, sive diameter sit axis, sive non, prout angulus ad E rectus erit vel obliquus.

Y y

Secunda Æquatio.

Secunda æquatio ex divisâ D E in F, ita ut species rectæ D E sit $c + i$, talis erit, $bfe + be^2 \ \infty\ fc^2 + 2cfi + fi^2$, sive $- fc^2 + bfe + be^2 - 2cfi - fi^2 \ \infty\ 0$.

Tertia Æquatio.

Tertia æquatio ex D E productâ in G vel H, ita ut species ipsius D E sit $c - i$, vel $i - c$, talis erit $bfe + be^2 \ \infty\ fc^2 - 2cfi + fi^2$, sive $- fc^2 + bfe + be^2 + 2cfi - fi^2 \ \infty\ 0$.

Poterit autem non tantùm recta BE, sed etiam recta D E, vel utraque dividi, vel produci; unde multæ nascentur æquationes magis intricatæ, quas, quia vix utiles esse possunt, curioso Analystæ relinquimus.

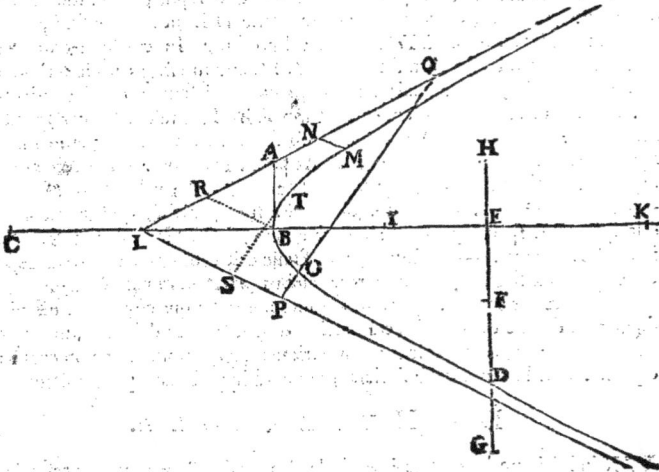

Quarta Æquatio.

Speciatim verò resumamus primam hyperbolæ æquationem, putà $bfe + be^2 - fa^2 \ \infty\ 0$, & ponamus transversum latus f æquale esse lateri recto b, quod accidit in quacunque hyperbola cujus asymptoti sunt ad angulos rectos. Itaque divisâ æquatione per f vel b, fiet hæc æquatio simplicior, $be + e^2 - a^2 \ \infty\ 0$, vel $fe + e^2 - a^2 \ \infty\ 0$.

Ex tali ergo æquatione concludere licebit hyperbolam rectangulam, cujus latus rectum erit b, ordinata a, sive ad axem, sive ad aliam quamcunque diametrum, & latus transversum erit f æquale ipsi b, e autem erit quævis intercepta inter applicatam seu ordinatam & verticem.

At ex hac speciali ac simplici æquatione multæ aliæ deduci possunt, si scilicet dividatur D E in F, vel ipsa D E producatur in G vel H, vel si BE dividatur in I, aut ipsa eadem BE producatur in K vel in L; vel rursùs, si utraque tam D E quàm BE dividatur aut producatur, vel denique multis aliis modis, pro majori & majori Analystæ sagacitate.

Quinta Æquatio.

Resumamus adhuc primam hyperbolæ æquationem, nempe $bfe + be^2$

— $f a^2 \infty o$, oporteatque talem æquationem reddere fimplicem, ita tamen ut illa ad quamcunque hyperbolam pertineat.

Intelligatur effe ut b ad f, ita a^2 ad u^2, unde $f a^2$ æquale erit ipfi $b u^2$. Itaque in æquatione, loco ipfius $f a^2$ fuccedat ipfum $b u^2$, & omnia applicentur ad b, ac tum $f e + e^2 — u^2 \infty o$.

Ex tali ergo æquatione licebit non folum hyperbolam rectangulam, ut fuprà, directè concludere, fed etiam per fictionem poterimus eandem æquationem ad quamcunque hyperbolam extendere, cujus latus tranfverfum fit f, latus autem rectum fit recta quævis, & e fit quæcunque intercepta inter ordinatam & verticem ; at ordinata non erit u (nifi fi latus rectum æquale ponatur effe lateri tranfverfo f, ut fiat hyperbola rectangula.) Verùm ut ipfa ordinata habeatur, fiet ut tranfverfum latus f ad rectum quod vocabimus b, ita u^2 ad aliud quod vocabitur a^2, ac tum a erit ipfa ordinata : hoc autem ex præmiffis manifeftum eft. Ex tali enim analogia fiet $f a^2 \infty b u^2$: at in æquatione fimplici propofita habemus $f e + e^2 — u^2 \infty o$; quibus per b multiplicatis invenitur $b f e + b e^2 — b u^2 \infty o$. Jam loco ipfius $b u^2$ fuccedat $f a^2$, & fic tandem fiet prima hyperbolæ æquatio, nempe $b f e + b e^2 — f a^2 \infty o$.

Porrò ad prædictas æquationes reduci poterunt quæcunque fuprà ad circulum & ad parabolam directè aut indirectè pertinebant, fi fpecies debitè atque ex arte permutentur, ut convenientem fortiantur interpretationem: at propter talem mutationem non erunt reciprocæ æquationes illæ; omninò enim nulla æquatio reciproca eft, nifi fub iifdem omninò fpeciebus fub quibus illa ad locum aliquem directè pertinet.

In analyfi fpeciofa communiter liberum eft ex infinitis hyperbolarum fpeciebus eam eligere quam libuerit : quo fanè cafu præftabit rectangulam affumere, propter illius majorem fimplicitatem. Aliquando etiam fectio ipfa ex hypothefi data eft, fed rarò, putà cum beneficio analyfeos quæritur aliqua ejufdem fectionis proprietas, ut fi quis ex dato puncto extra axem datæ fectionis, minimam rectam quæ ad ipfam fectionem duci poffit inquirat, incidet illa in æquationem folidam quæ folvi poterit beneficio circuli & hyperbolæ, ita ut vel circulus quivis, vel quæcunque hyperbola ad arbitrium eligi poffit. Eligetur ergo ipfa hyperbola data, cui circulus conveniens ex arte accommodabitur : aliàs enim peccatum multi exiftimarent, fi neglectâ ipfâ hyperbolâ datâ, affumeretur vel alia hyperbola vel parabola vel ellipfis, ut liberum eft in omni æquatione folida ; at hunc rigorem, ut elegantiorem concedimus, fic non omninò neceffarium exiftimamus, propter rationes fuprà allatas, cùm quid geometricum cenferi debeat examinaremus.

Sexta Æquatio.

Iifdem pofitis, funto hyperbolæ afymptoti L N, L P ad angulum quemcunque; atque ex vertice B ducatur recta B R parallela uni afymptotωn L D, quæ B R occurrat alteri afymptotωn L N in puncto R. Itaque, ex hypothefi quòd data fit hyperbola, data quoque erit utraque L R, R B, unde & rectangulum fub ipfis datum eft, fit fpecies illius b^2. Tum fumpto in hyperbola quocunque puncto M, ducatur recta M N parallela cuivis afymptoto, putà L P, occurrenfque alteri afymptotωn L N in puncto N ; atque fpecies rectæ L N efto a, fpecies autem rectæ N M efto e. Quoniam itaque ex natura hyperbolæ, rectangulum fub L R, R B æquale eft rectangulo fub L N, N M : dabitur hæc æquatio hyperbolarum generi propria feu fpecifica $b^2 \infty a e$, feu $b^2 — a e \infty o$.

Ex tali ergo æquatione femper hyperbolam concludere licebit, cujus b^2 erit rectangulum fub L R, R B, at a erit quævis portio unius afymptotωn,

Vide Figur. fequentem.

putà L N ad centrum terminata, *e* verò recta intercepta inter hyperbolam & alterum ipsius speciei *a* extremum, quæ tamen recta *e* alteri asymptoto parallela existet, putà asymptoto L P existente *e* ipsà rectà M N.

Quòd si recta L N dividatur vel producatur, ut species illius sit vel $c + i$, vel $c - i$, vel $i - c$, manente N M indivisâ; aut si hæc N M dividatur vel producatur, ut species illius sit $d + u$, vel $d - u$, vel $u - d$ manente L N indivisâ; aut si utraque L N, N M dividatur aut utraque producatur, aut denique altera earum dividatur, altera producatur : habebuntur inde multæ æquationes inventu faciles, atque omni hyperbolæ specificæ; unde ex qualibet illarum hyperbolam concludere licebit.

Apparet quoque tales æquationes ad quamcunque hyperbolam posse pertinere, nisi aut angulus asymptotων datus sit, aut rectum latus, aut transversum, aut alia quædam proprietas, quæ cum dato b^2, hyperbolæ ipsius speciem determinare possit.

Septima Æquatio.

Iisdem adhuc positis, ducatur quæcunque recta P O Q secans hyperbolam in O, asymptotos autem in P & Q ; atque illi P Q parallela existat T S tangens hyperbolam in T, occurrensque alteri asymptotων, putà L P in S; & data sit positione & magnitudine ipsa T S, cujus species sit *b*, ex hypothesi quòd hyperbola sit quoque data ; sit etiam rectæ O P species *a*, rectæ verò O Q species esto *c*. Quoniam itaque ex natura hyperbolæ, rectangulum P O Q æquale est quadrato tangentis T S, fiet hæc æquatio hyperbolarum generi propria seu specifica $b^2 \supset a e$, seu $b^2 - a e \supset 0$.

Ex tali ergo æquatione, eadem quæ suprà in sexta concludere licebit, atque id tam divisis ipsis P O, O Q, quàm iisdem productis.

DE ELLIPSI.

IN ellipsi præcipuæ æquationes non multùm differunt à tribus circuli prioribus æquationibus, ut ibi monuimus. Omninò autem, non alio modo se habet circulus ad ellipses, quo hyperbola rectangula ad alias hyperbolas minimè rectangulas. Sicuti ergo in tali hyperbola rectangula æquatio simplex fuit, quæ respectu totius generis hyperbolarum composita extitit, sic in circulo,

culo, prædictæ priores tres æquationes fimplices fuere, quæ in genere ellipfium fient compofitæ. At illud hîc breviter exponamus.

Prima Æquatio.

Efto ellipfis B D, cujus vertex B, rectum latus A B, diameter B C, five illa fit axis five non, D E ordinata ad illam diametrum, cui parallela fit A B; fpecies autem ipfius A B efto b; ipfius B C, f; ipfius D E, a; ac tandem ipfius B E, e: unde rectanguli C E B fpecies erit $f e — e^2$. At in omni ellipfi, ut diameter B C ad latus rectum A B, ita rectangulum C E B ad

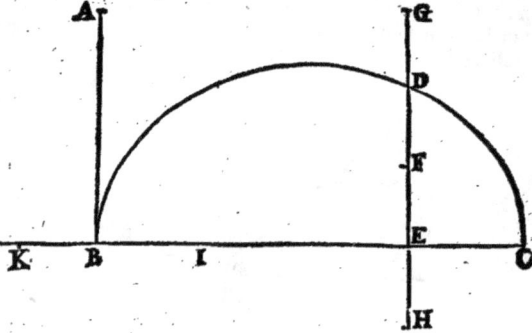

quadratum D E; itaque in fpeciebus, ut f ad b, ita $f e — e^2$ ad a^2: hinc æquatio $b f e — b e^2 \infty f a^2$, five $b f e — b e^2 — f a^2 \infty o$.

Poterit autem vel recta B E, vel recta D E, vel utraque dividi vel produci; unde multæ nafcentur æquationes inventu non admodum difficiles; fed id indicaffe fufficiat.

Ex ejufmodi ergo æquationibus femper ellipfim concludere licebit, cujus latus rectum erit b, diameter f, ordinata ad diametrum a, vel quæcunque ipfam a in æquatione referet, ac tandem intercepta inter ordinatam & verticem erit e, vel quæcunque ipfam e in æquatione referet. Immò, dabitur quoque ipfius ellipfis fpecies, ex hypothefi quòd angulus A B C vel D E C datus fit; fi tamen angulus ille rectus effet, & rectæ b & f æquales, loco ellipfis haberemus circulum: quod demonftrare non erit difficile.

Secunda Æquatio.

Poteft præmiffa prima æquatio reddi fimplicior, fi fiat ut b ad f, ita a^2 ad u^2; unde $f a^2 \infty b u^2$. Itaque in æquatione illa, loco ipfius $f a^2$ fuccedat illi æquale $b u^2$, ac tum $b f e — b e^2 — b u^2 \infty o$: omnia applicentur ad b, fietque æquatio fimplex $f e — e^2 — u^2 \infty o$.

Et hæc quidem æquatio directè pertinet ad circulum, at indirectè & per fictionem pertinere poterit ad quamcunque ellipfim, cujus diameter erit f, latus autem rectum erit recta quæcunque; at verò ordinata non erit u, (nifi latus rectum æquale fit ipfi f diametro, & angulus D E C obliquus) fed ut ipfa habeatur ordinata, fiet ut f ad latus rectum quod vocabimus b, ita u^2 ad aliud quod vocetur a^2, ac tum a erit ipfa ordinata; ex tali enim analogia fiet $f a^2 \infty b u^2$: at æquatio fimplex erat $f e — e^2 — u^2 \infty o$, quâ in b ductâ, fit $b f e — b e^2 — b u^2 \infty o$. Jam loco ipfius $b u^2$ fuccedat ipfi æquale $f a^2$, & fic tandem fiet prima ellipfis æquatio $b f e — b e^2 — f a^2 \infty o$.

Ad prædictas æquationes reducentur quæcunque fuprà ad circulum, ad parabolam & ad hyperbolam directè pertinebant, fi fpecies debitè atque ex arte permutentur, at iis conditionibus de quibus fæpius fuprà dictum eft.

Z z

Corollarium.

IN omnibus præmiſſis æquationibus liquidò conſtat, quatuor curvas ex quibus illæ deductæ ſunt, nempe circuli circumferentiam, parabolam, hyperbolam, & ellipſim ad ſuas diametros relatas eo modo quo ſuprà, non tranſcendere ſecundum gradum, hoc eſt quadratum incognitarum magnitudinum *a, e, i, u,* &c. Quòd ſi quis eaſdem ad alias rectas quàm ad ipſas diametros referat, ille rurſus in ſimiles, ſive ejuſdem gradus æquationes incidet; unde in univerſum, ex talibus æquationibus aliquam ex ipſis quatuor curvis ſemper concludere licebit: & hoc ſufficit ad omnia loca plana & ſolida Antiquorum invenienda & componenda; ſi tamen his æquationibus paucæ addantur quæ pertinent ad lineas rectas, dum illæ ad alias rectas referuntur, quæ ſanè æquationes ipſum eundem ſecundum gradum non excedunt; at verò ad hanc inventionem & compoſitionem requiritur Analyſta non vulgaris. Sed hoc etiam indicaſſe ſufficiat: nunc pauca de locis linearibus ad æquationes geometricas abſoluto modo revocatis ſuperſunt dicenda, quod nos in conchoïde Nicomedis tantùm exequemur, ſiquidem illa etiam in ſequentibus ad noſtrum inſtitutum ſatis erit, videturque eadem eſſe locorum omnium linearium ſimpliciſſimus.

DE CONCHOÏDE NICOMEDIS.

ETſi multa ſint linearum curvarum genera quæ in infinitas ſpecies multiplicentur, tamen hac in parte, conchoïdum genus omnia alia genera longiſſimè, immò infinities infinitè ſuperat. Siquidem nulla datur curva ex qua infinitæ conchoïdes deduci non poſſint, atque omnes ſpecie, immò etiam genere differentes; ac præterea, cujuſvis conchoïdis infinitæ rurſus dantur conchoïdes ſpecie ac genere inter ſe diſtinctæ, ita ut propoſità quâcunque curvâ putà circuli circumferentiâ, ſtatim ex ea innumeræ conchoïdes deducantur, quæ quamquam genere inter ſe diſtinctæ, tamen omnes ſint primi cujuſdam ordinis; tum ex unaquaque illarum innumeræ rurſus aliæ naſcantur genere diverſæ, quæ omnes ſecundi cujuſdam ordinis exiſtant, ex quibus ſingulis eodem modo innumeræ tertii cujuſdam ordinis oriuntur; atque ita in infinitum infinities abit talis multiplicatio.

Nos verò ex omnibus illis generibus duo tantùm ſeligere decrevimus, quæ quamquam ſimpliciſſima exiſtant, tamen illa per ſe ſingula ad æquationes analyticas quinti ac ſexti gradus, hoc eſt quadrato-cubicas ac cubo-cubicas ſolvendas ſufficiunt; ita ut beneficio cujuſvis illorum generum poſſit angulus quicunque rectilineus in quinque partes æquales dividi. Horum generum prius erit illud cujus conchoïdes vulgò vocantur à Nicomede earum inventore, ſuntque conchoïdes circulares primi ordinis, de quibus Eutocius in Archimede, necnon alii permulti authores ſcripſere; quandoquidem per medium talis conchoïdis Nicomedes ipſe famoſiſſimum problema de cubo duplicando ſolvere aggreſſus eſt, quamquam ſanè modo non uſque adeò legitimo, cùm tale problema ad lineas ſimpliciores, putà conicas, pertineat: ſolidum enim illud eſt tantùm, at conchoïdes omnes ſunt loci lineares. Alterum duorum generum conchoïdum noſtrarum erit parabolicarum, de quibus primus egiſſe putatur Renatus *des Cartes* in ſua Geometria, qui etiam modo prorſus legitimo iiſdem uſus eſt ad problemata analytica ſexti gradus ſolvenda, ad quem gradum illa quoque aſcendere cogit quæ ſunt quinti gradus; quod ſanè ei liberum, at non omninò neceſſe fuit, ſed modum quo aliter ab iis ſe expediret, aut non advertit, aut aliqua de cauſa neglexit.

In his duobus conchoïdum generibus hoc notatu dignum accidit, quòd quamquam simplicius sit circulare quàm parabolicum, si linearum genitricium ratio habeatur, (simplicior enim est circuli circumferentia quàm parabola) tamen, cùm ad æquationes ventum fuerit, reperiuntur illæ in conchoïde parabolica simpliciores quàm in circulari ; non quidem ratione gradus ad quem illæ ascendunt, qui in utraque suâ naturâ sextus est existente æquatione universali, sed ratione multiplicitatis affectionum, seu homogeneorum per signa + & — distinctorum ; at illud magis in sequentibus patebit.

Cùm autem dicimus ejusmodi conchoïdes ad sextum gradum pertinere, hoc intelligendum est dum illæ ad æquationes analyticas revocantur modo respectivo, non autem simplici seu absoluto ; quod etiam rursùs infrà clariùs innotescet.

Antequàm ad æquationes accedamus, pauca præmittenda sunt de natura conchoïdum in universum ; tum etiam pauca de conchoïde circulari in specie.

In universum ergo concipiatur quævis linea curva in plano jacens, quod planum moveri possit unà cum eadem curva motu quolibet tam lationis quàm circumvolutionis : hæc linea vocetur genitrix, à qua conchoïs describenda denominabitur, planum verò posteà vocabitur planum mobile : in hoc plano mobili notetur punctum quodcunque intra vel extra genitricem, quod vocetur polus mobilis : per hunc polum transeat quædam linea recta quæ circa talem polum liberè moveri possit, & tamen in ipso plano semper jaceat, ut recta illa sit instar regulæ mobilis quam communiter nomine Arabico vocare solent *alhidadam* in permultis instrumentis ; hanc posteà vocabimus regulam. Concipiatur deinde quæcunque linea, recta vel curva, in aliqua superficie jacens, (nos hanc superficiem planam assumimus, quam tamen curvam etiam assumere licebit) quæ superficies, quia immobilis statui debet saltem ad faciliorem intelligentiam, dicatur superficies immobilis ; & linea in ea concepta dicatur semita, quandoquidem per illam ac secundùm eandem moveri debet polus plani mobilis, dum planum illud posteà motu lationis secundùm præscriptas leges aliquas deferetur. Prætereà, in superficie immobili extra semitam, ultrà citráve, notetur punctum quodcunque quod vocetur polus immobilis, circa quem movebitur regula de qua jam dictum est, ita ut eadem per duos polos, mobilem scilicet & immobilem, perpetuò transeat, jaceatque interim semper in plano mobili.

His positis, si statuamus planum mobile cum immobili, ita ut polus mobilis exiftat in semita, & regula per utrumque polum transeat, tum moveatur planum mobile secundùm certam quandam ac constitutam legem, quæ tamen lex ad arbitrium Geometræ initio pendet, modò posteà illam inviolatam servet, polo mobili secundùm semitam delato, neque ab ea usquam evagante, notenturque interim puncta in quibus regula genitricem secat, ac per omnia illa sectionum puncta, linea duci intelligatur : hæc erit conchoïs de qua nunc agimus.

Fieri autem potest, ac reverà fit sæpissimè, ut in una eademque plani mobilis atque ideò lineæ genitricis positione, regula ipsam genitricem in duobus vel pluribus punctis secet ; unde etiam accidit non rarò, ut conchoïs inde orta non sit unica linea continua, sed duplex, triplex, aut multis modis multiplex, ita ut partes illius aliquando, etiam in infinitum productæ, nunquam sibi invicem occurrant ; aliquando, è contrario, illæ partes se secent, & aliquando eædem se tangant tantùm : sed & illud fieri potest, ut aliqua positione, regula lineæ genitrici nullo modo occurrat, quo pacto conchoïs non erit ad utramque partem infinitè extensa, vel certè ipsa erit interrupta, non verò continua. Sed hæc indicasse sufficiat in tam vaga atque multiplici linearum infinitis modis infinitarum descriptione.

In specie. Ponamus in aliqua ex tribus his figuris, planum mobile esse illud in quo est circulus cujus diameter est C D vel G F ; atque in eo plano lineam genitricem esse ejusdem circuli circumferentiam ; polum mobilem esse ipsius centrum B vel E, & regulam esse rectam AB, vel A E. Ponamus deinde planum immobile esse id in quo est recta B E in infinitum utrinque producta, quæ recta eadem sit semita per quam feratur polus mobilis B vel E, atque una cum ipso planum mobile deferens circulum C D vel G F, polus vero immobilis in hoc plano immobili esto A, per quem transeat regula A B vel A E.

Manifestum est ergo, quòd dum centrum circuli, sive polus mobilis feretur secundùm semitam B E, regula per hunc polum mobilem ac per immobilem A semper transiens, positionem suam continuò mutabit. Jam lex motus esto , ut planum mobile semper inter movendum jaceat secundùm suam planitiem in plano immobili; hæc enim lex sola sufficit ad certam atque

que indubitatam defcriptionem. Hoc pacto, quia in quacunque circumferentiæ genitricis pofitione, regula ipfam circumferentiam in duobus punctis, nec
pluribus, femper fecat, quorum punctorum unum eft ad unas partes femitæ
versùs polum immobilem A, quale eft punctum D vel G, alterum ad alteras
partes ejufdem femitæ, quale eft C vel F: fit neceffariò ut conchoïs circularis inde orta componatur ex duabus lineis ad utrafque partes femitæ B E exiftentibus, quarum linearum unaquæque ex utraque parte in infinitum extenditur fic ut femita utriufque afymptotos exiftat. Illæ lineæ in figuris præmiffis
funt C T F, D G S, quarum exterior C T F (exteriorem voco eam quæ refpectu poli immobilis A jacet ad alteras partes femitæ B E) circa verticem C,
ad aliquam diftantiam ex utraque parte ipfius verticis, interiùs cava eft versùs
femitam B E: eft autem vertex C punctum id in quo recta A B ad femitam
B E perpendiculariter producta occurrit ipfi conchoïdi; at ultra talem diftantiam mutatur cavitas ipfa, fitque ad partes exteriores, convexitas verò ref-
picit femitam ufque in infinitum. At conchoïs interior D G S, præter id quod
de exteriori jam diximus, quibufdam accidentibus obnoxia eft, prout recta
A B vel femidiametro D B major eft, vel eidem æqualis, vel ipfa major;
exiftente enim A B majore quàm D B, idem accidit quod de exteriori jamjam attulimus, quodque in prima trium figurarum fatis apparet; exiftentibus
verò rectis A B, D B æqualibus, ut in fecunda figura, tunc conchoïs interior
ad punctum A vel D qui vertex eft, angulum conftituit quolibet acuto rectilineo minorem, ut fic conchoïs ex duabus lineis ad verticem A D fefe tangentibus componi videatur, quarum utraque ad partes femitæ B E femper
convexa eft ufque in infinitum. Verùm, exiftente rectâ A B minore quàm
D B, ut in tertia figura, tunc conchoïs inter puncta A, D ita involvitur, ut
fpatium comprehendat laquei inftar, cujus funiculi poftquàm ad punctum A
decuffatim fefe fecuerunt, abeunt ex utraque parte in infinitum, ita tamen ut
convexitas eorum ad partes femitæ B E femper refpiciat.

Sic ergo fe habet conchoïs circularis Nicomedis. Quòd fi polus mobilis
non fit centrum circumferentiæ genitricis, fed quodvis aliud punctum in
plano mobili affumptum: fient aliæ conchoïdes circulares à prædicta & à fe
invicem diverfæ in infinitum; quod tamen indicaffe fufficit. Sed & femita
poterit effe non recta linea ut B E, verùm alia circuli circumferentia in plano
immobili jacens; quo etiam pacto aliæ atque aliæ conchoïdes circulares gi-
gnentur, quales habentur apud Vietam in fupplemento Geometriæ, quamquam
fane idem, ficuti de Nicomede diximus, modo non ufque adeo legitimo quàm
par fuerat ufus eft, in folvendis fcilicet problematis fuâ naturâ folidis, cùm conchoïdes illæ fint loci lineares. Sed hoc rurfus indicaffe fufficiat, ut inde poffit
quivis colligere quàm immenfa fit conchoïdum, etiam circularium, omnium
inter fe fpecie differentium multitudo: nunc ad æquationes analyticas modo
abfoluto, ipfam Nicomedeam revocemus, ut protinùs ad conchoïdem para-
bolicam deveniamus. Itaque in conchoïde exteriori C T F cujufvis ex tribus
guris præmiffis funto fpecies:

A B	b,	E H	$\dfrac{a\,e}{b+a}$
B C, E F	c,		
F H, B I	a,		
F I, B H	e,	E H quadratum	$\dfrac{a^2\,e^2}{b^2+2\,b\,a+a^2}$.

Et quoniam ut recta A I ad I F,
ita eft F H ad E H: erit in fpeciebus,
ut $b+a$ ad e, ita a ad $\dfrac{a\,e}{b+a}$.

Ponitur autem triangulum E F H
effe rectangulum. Hinc æqualitas
in quadratis laterum,

$$e^2 \infty a^2 + \frac{a^2\,e^2}{b^2+2\,b\,a+a^2}$$

A A a

& omnibus in communem divisorem ductis,

$$b^2 c^2 + 2 b c^2 a + c^2 a^2 \propto b^2 a^2 + 2 b a^3 + a^4 + a^2 e^2;$$

$$\text{vel } b^2 c^2 + 2 b c^2 a \genfrac{}{}{0pt}{}{+ c^2 a^2}{- b^2 a^2} - 2 b a^3 - a^4 - a^2 e^2 \propto 0:$$

unde ex tali æquatione sub iisdem speciebus licebit pronuntiare ipsam æquationem ad conchoïdem circularem Nicomedis exteriorem pertinere.

Neque verò in conchoïde interiori D G S magna erit differentia ; omnibus enim rité ordinatis differet æquatio, non quidem speciebus, sed specierum affectionibus secundùm signa + & —, idque in quibusdam affectionibus tantùm, ut ex formula sequenti apparet. Sunto ergo species:

A B esto	$b,$	OE quadratum $\dfrac{a^2 e^2}{b^2 - 2 b a + a^2}$
B C, E F, E G	$c,$	
G O, B P	$a,$	Ponitur autem triangulum E O G
G P, B O	$e,$	esse rectangulum. Unde fiet æqua-
Ut $b - a$ ad e, ita a ad $\dfrac{a e}{b - a}$		litas in quadratis laterum, nempe
O E $\dfrac{a e}{b - a}$		$c^2 \propto a^2 + \dfrac{a^2 e^2}{b^2 - 2 b a + a^2}$
		& omnibus ductis in communem divisorem,

$$b^2 c^2 - 2 b c^2 a + c^2 a^2 \propto b^2 a^2 - 2 b a^3 + a^4 + a^2 e^2;$$

$$\text{vel } b^2 c^2 - 2 b c^2 a \genfrac{}{}{0pt}{}{+ c^2 a^2}{- b^2 a^2} + 2 b a^3 - a^4 - a^2 e^2 \propto 0.$$

Itaque ex ejusmodi æquatione sub iisdem speciebus concludemus conchoïdem circularem Nicomedeam interiorem, ex qua æquatio illa ortum
duxerit.

Porrò multis modis, immò innumeris, variari possunt magnitudines igno-
tæ a & e; quippe si altera earum vel ambæ datâ magnitudine augeantur
vel minuantur, ut factum est suprà in circulo, parabola, hyperbola, & ellipsi. Finge enim productam esse H F in K, ita ut F K data sit sub specie d,
H K autem in specie sit i : tum verò H F erit in speciebus $i - d$ quæ priùs
erat a; unde loco speciei a & graduum ejus in æquatione, substitui poterunt
$i - d$ & gradus ipsius; quo pacto fiet alia quæpiam æquatio à præmissis diversa, ac multò pluribus nominibus constans, quæ sub suis speciebus ad conchoïdem Nicomedis pertinebit. Idem etiam concludemus si F H producatur
in L, & ipsius H L species sit d, ipsius autem F L species sit i, sic enim rursùs
H F erit in specie $i - d$, &c. Quòd si iisdem productis, H K vel F L data
sit sub specie d, & ipsius F K vel H L species sit i, erit ipsius F H species
$d + i$ quæ priùs erat a; unde, &c. ut suprà.

*Supple pun-
ctum V. in
figura.* Potuit etiam dividi F H in V, ita ut ex duabus portionibus F V, V H,
altera, putà V H, data esset sub specie d, altera F V ignota sub specie i; atque ita ipsius H F species fuisset $d + i$ quæ priùs erat a; unde, &c. ut suprà.

Nec minùs produci potuit recta F I vel H B in M, vel eadem dividi in
N. Sed hoc indicasse sufficiat.

Eodem modo ratiocinabimur de rectis G O & G P vel O B, quo de rectis
F H & F I vel H B, ut manifestum est.

Infinitos modos relinquimus, quia prædictos sufficere putavimus, ad hoc
ut quivis suopte ingenio quotvis alios ut libuerit, inquirat, & analyticè pro-
sequatur.

Appendix ad Isagogen topicam continens solutionem Problematum solidorum per locos.

PATUIT methodus quâ lineæ locales deteguntur: inquirendum restat quâ ratione Problematum solidorum solutio possit ex supradictis elegantissimè derivari. Hoc ut fiat, coarctanda illa quantitatum ignotarum extra limites suos evagandi licentia. Infinita enim sunt puncta quibus quæstioni propositæ satisfit in locis: commodissimè igitur per duas æqualitates locales quæstio determinatur, secant quippe se invicem duæ lineæ locales positione datæ, & punctum sectionis positione datum quæstionem ex infinito ad terminos præscriptos adigit. Exemplis breviter & dilucidè res explicatur.

Proponatur *a* cubus $+$ *b* in *a* quadratum æquari *z* plano in *b*.

Commodè utraque æqualitatis pars potest æquari solido *b* in *a* in *e*, ut per divisionem istius solidi, illinc per *a*, hinc per *b* res deducatur ad locos. Cùm igitur *a* cubus $+$ *b* in *a* quadratum æquetur *b* in *a* in *e*; ergo *aq* $+$ *b* in *a* æquabitur *b* in *e*:

Et erit, ut patet ex nostra methodo, extremitas ipsius *e* ad parabolam positione datam.

Deinde cùm *zP* in *b* æquetur *b* in *a* in *e*, ergo *zP* æquabitur *a* in *e*.

Et erit ex nostra methodo extremitas ipsius *e* ad hyperbolam positione datam. Sed jam probavimus esse ad parabolam positione datam. Ergo datur positione, & est facilis ab analysi ad synthesin regressus.

Nec dissimilis est methodus in omnibus æquationibus cubicis. Constitutis enim ex una parte solidis omnibus ab *a* adfectis, ex alterâ solido omninò dato, vel etiam cum solidis ab *a* vel *aq* affectis, poterit fingi æqualitas superiori similis.

Proponatur exemplum in æquationibus quadrato-quadratorum.

aqq $+$ *b*ᶠ in *a* $+$ *zP* in *aq* $\bowtie$ *dPP*; ergo *aqq* $\bowtie$ *dPP* $-$ *b*ᶠ in *a* $-$ *zq* in *aq* æquentur hæc duo homogenea *zq* in *eq*.

Cùm igitur *aqq* æquetur *zq* in *eq*: ergo per subdivisionem quadraticam, *aq* æquabitur *z* in *e*, & erit extremitas E ad parabolam positione datam.

Deinde cùm *dPP* $-$ *b*ᶠ in *a* $-$ *zq* in *aq* $\bowtie$ *zq* in *eq*, omnibus per *zq* divisis,

$$\frac{dPP - b^f \text{ in } a}{zq} - aq \bowtie eq.$$

Et erit ex nostra methodo extremitas E ad circulum positione datum; sed est & ad parabolam positione datam: ergo datur.

Non dissimili methodo solventur quæstiones omnes quadrato-quadraticæ. Expurgabuntur enim methodo Vietæ cap. 1. de emend. ab affectione sub cubo & quadrato-quadrato ignoto ab una parte, reliquis homogeneis ab altera constitutis, per parabolam, circulum vel hyperbolam solvetur quæstio.

Proponatur ad exemplum inventio duarum mediarum in continua proportione.

Sint duæ rectæ B major, D minor, inter quas duæ mediæ proportionales sunt inveniendæ, fiet *a* cubus $\bowtie$ *bq* in *d*, posito nempe quòd major mediarum ponatur *a*.

Æquentur singula homogenea *b* in *a* in *e*.

Illinc fiet *aq* $\bowtie$ *b* in *e*.

Istinc *a* in *e* $\bowtie$ *b* in *d*.

Ideoque quæstio per hyperbolæ & parabolæ intersectionem perficietur.

AAa ij

Exponatur enim recta quævis positione data O V N in qua detur punctum O. Sint rectæ datæ B & D inter quas duæ mediæ proportionales inveniendæ. Ponatur recta O V æquari *a*, & recta V M ipsi O V ad rectos angulos æquari *e*. Ex priori æqualitate, qua *aq* æquatur *b* in *e*, constat per punctum O tanquam verticem, describendam parabolam cujus rectum latus sit *b*, diameter ipsi V M parallela & applicatæ ipsi O V: transibit igitur hæc parabola per punctum M.

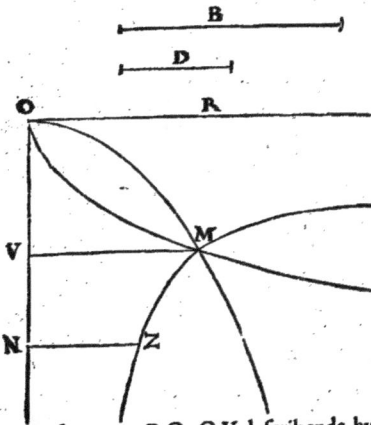

Ex secunda æqualitate quâ *b* in *d* æquatur *a* in *e*, sumatur punctum ubilibet in recta O V, ut N, à quo excitetur perpendicularis N Z, & fiat rectangulum O N Z æquale rectangulo *b* in *d*. Excitetur perpendicularis O R.

Circa asymptotos R O, O V describenda hyperbola per punctum Z, ex nostra methodo locali dabitur positione, & transibit per punctum M. Sed parabola etiam quam suprà descripsimus datur positione, & per idem punctum M transit: datur igitur punctum M positione, à quo si demittatur perpendicularis M V, dabitur punctum V, & recta O V major duarum continuè proportionalium quas quærimus.

Inventæ igitur sunt duæ mediæ per intersectionem parabolæ & hyperbolæ.

Si ad quadrato-quadrata lubeat quæstionem extendere, omnia ducantur in *a*, tunc *aqq* æquabitur *bq* in *d* in *a*.

Æquentur singula homogenea juxta superiorem methodum *bq* in *eq*.

Fient duæ æqualitates, nempe *aq* & *b* in *e*,

Et *d* in *a* & *eq*.

Quæ singulæ dabunt parabolam positione datam. Fiet igitur constructio mesolabii per intersectionem duarum parabolarum hoc casu.

Prior constructio & posterior sunt apud Eutocium in Archimede, & huic methodo facillimè redduntur obnoxiæ.

Abeant igitur illæ paraplerosēs Vietææ quibus æquationes quadrato-quadraticas reducit ad quadraticas per medium cubicarum abs radice plana; pari enim elegantiâ, facilitate & brevitate solvuntur, ut jam patuit: perinde quadrato-quadraticæ ac cubicæ quæstiones, nec possunt, opinor, elegantius.

Ut pateat elegantia hujus methodi, en constructionem omnium problematum cubicorum & quadrato-quadraticorum per parabolam & circulum.

Ponatur *aqq* + *z*f in *a* ∞ *d*PP: ergo *aqq* ∞ — *z*f in *a* + *d*PP. Fingatur quadratum abs *aq* — *bq*, aut alio quovis quadrato dato, fiet quadratum *aqq* + *bqq* — *bq* in *aq* bis. Addantur ad supplementum singulis æqualitatis partibus *bqq* — *bq* in *aq* bis: fiet *aqq* + *bqq* — *bq* in *aq* bis ∞ *bqq* — *bq* in *aq* bis — *z*f in *a* + *d*PP; sit *bq* bis ∞ *n*q, & singulis homogeneis sive partibus æqualitatis æquetur *n*q in *eq*: fiet illinc per subdivisionem quadraticam *aq* — *bq* ∞ *n* in *e*; ideóque punctum extremum *e* erit ad parabolam ex nostra methodo: isthinc fiet,

$$\frac{bqq}{nq} - aq - \frac{z^f \text{ in } a + dPP}{nq} \infty \, eq.$$

Ideóque ex noſtra methodo, punctum extremum *e* erit ad circulum. Deſcriptione igitur parabolæ & circuli ſolvitur quæſtio.

Hæc methodus facillimè ad omnes caſus tam cubicos quàm quadrato-quadraticos extenditur. Curandum eſt tantùm ut ex una parte ſit *a* qq; ex altera quælibet homogenea, modò non afficiantur ab *a* cubo. At per expurgationem Vietæam omnes æquationes quadrato-quadraticæ ab affectione ſub cubo liberantur: ergo eadem in omnibus methodus. Cùm autem æquationes cubicæ liberentur ab adfectione ſub quadrato per methodum Vietæam, homogeneis omnibus in *a* ductis, fiet æquatio quadrato-quadratica, cujus nullum ex homogeneis afficietur ſub cubo; ideóque ſolvetur per ſuperiorem methodum.

Id ſolùm in ſecunda æqualitate curandum eſt, ut *a*q ex una parte, ex altera *e*q ſub contraria affectionis nota reperiantur, quod eſt ſemper facillimum.

Sit enim in alio caſu, ut omnia percurramus, *a*qq ꝏ *z*P in *a*q — *z*ᶜ in *d*. Fingatur quodvis quadratum abs *a*q — quovis quadrato dato ut *b*q, fiet *a*qq + *b*qq — *b*q in *a*q bis. Adjiciatur utrique æqualitatis parti ad ſupplementum *b*qq — *b*q in *a*q bis, fiet *a*qq + *b*qq — *b*q in *a*q bis ꝏ *b*qq — *b*q in *a*q bis + *z*P in *a*q — *z*ᶜ in *d*.

Ut igitur commoda fiat diviſio in ſecunda æqualitate, ſumenda differentia inter *b*q bis & *z*P quæ ſit verbi gratiâ *n*q, & utraque æqualitatis pars æquanda *n*q in *e*q.

Ut illinc fiat *a*q — *b*q ꝏ *n* in *e*.

Iſthinc $\dfrac{b\mathrm{qq}}{n\mathrm{q}}$ — *a*q — $\dfrac{z^{\mathrm{c}}}{n\mathrm{q}}$ in *d* ꝏ *e*q.

Advertendum deinde *b*q bis debere præſtare *z*P, alioquin *a*q non afficeretur ſigno defectus, & pro circulo inveniremus hyperbolam, cui promptum remedium; *b*q enim ad libitum ſumimus, ideóque ipſius duplum majus *z*P nullius eſt negotii ſumere. Conſtat autem ex methodo locali, circulum creari ſemper ex æqualitate in cujus parte altera quadratum unum ignotum afficitur ſigno +; in altera aliud quadratum ignotum ſigno —.

Si ſumas ad hoc exemplum inventionem duarum mediarum, erit *a*ᶜ ꝏ *b*q in *d*.

Et *a*qq ꝏ *b*q in *d* in *a*.

Adjiciatur utrinque *b*qq — *b*q in *a*q.

*a*qq + *b*qq — *b*q in *a*q æquabitur *b*qq + *b*q in *d* in *a* — *b*q in *a*q Sit *b*q ꝏ *n*q.

Et ſingulæ æqualitatis partes æquentur *n*q in *e*q

Fiet illinc *a*q — *b*q ꝏ *n* in *e*.

Ideóque extremum *e* erit ad parabolam.

Iſthinc fiet *b*q½ + *d*½ in *a* — *a*q ꝏ *e*q; ideóque extremum *e* erit ad circulum.

Qui hæc adverterit, fruſtrà quæſtionem meſolabii, triſectionis angularis, & ſimiles tentabit deducere ex planis, hoc eſt per rectas & circulos expedite.

TRAITÉ DES INDIVISIBLES.

POUR tirer des conclusions par le moyen des indivisibles, il faut supposer que toute ligne, soit droite ou courbe, se peut diviser en une infinité de parties ou petites lignes toutes égales entr'elles, ou qui suivent entr'elles telle progression que l'on voudra, comme de quarré à quarré, de cube à cube, de quarré-quarré à quarré quarré, ou selon quelqu'autre puissance.

Or d'autant que toute ligne se termine par des points, au lieu de lignes on se servira de points; & puis au lieu de dire que toutes les petites lignes sont à telle chose en certaine raison, on dira que tous ces points sont à telle chose en ladite raison.

Quand toutes les petites lignes ont entr'elles pareille différence, comme est la suite des nombres 1, 2, 3, 4, 5, &c. alors elles sont toutes ensemble à la plus grande d'icelles prise autant de fois qu'il y en a de petites, comme le triangle au quarré qui a pour costé la plus grande ligne, c'est-à-sçavoir, comme 1 à 2, comme on voit au triangle qui est icy, que la surface contient la moitié de l'espace que contiendroit le quarré qui auroit 4 de costé comme le triangle; & encore qu'il ne fallust pas 10 points pour achever le quarré, parce que le costé A B seroit commun à l'autre moitié du quarré, néanmoins dans les indivisibles cela n'est pas considérable, parce que le triangle n'excéde jamais la moitié du quarré que de la moitié de son costé : or y ayant une infinité de costez audit quarré pris dans les indivisibles, la moitié d'un d'iceux n'entre pas en considération; ainsi ce triangle-cy qui a 4 de costé n'excéde la moitié du quarré collatéral, (c'est-à-dire qui a pareil costé) que de 2 qui est $\frac{1}{4}$ de ladite moitié, ou la moitié du costé. Si le triangle avoit 5 de costé, il n'excéderoit que de $\frac{1}{5}$ de la moitié du quarré collatéral : s'il en a 6, il n'exédera que de $\frac{1}{6}$, & ainsi de suite; & puis qu'on voit que l'excés diminuë toûjours, il s'anéantira enfin dans la division indéfinie.

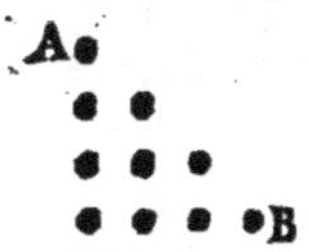

De mesme si les lignes suivoient entr'elles l'ordre des quarrez, la somme de toutes ces lignes ou des points qui les représentent, seroit à la derniére prise autant de fois, comme la somme des quarrez au cube, ou comme la pyramide à la colonne, sçavoir comme 1 à 3; car quoy-que prenant un nombre fini de quarrez leur somme soit plus grande que le tiers du cube collatéral au plus grand quarré, néanmoins dans la division infinie elle ne seroit que le tiers; car ladite somme ne passe jamais le $\frac{1}{3}$ du cube que de la moitié du plus grand quarré + $\frac{1}{6}$ du costé. Or dans le cube il y a une infinité de quarrez, & partant la moitié d'un d'iceux n'est pas considérable, & encore moins $\frac{1}{6}$ de la ligne ou costé du mesme cube.

Ainsi le cube estant 64, pour avoir la somme des quarrez dont le plus grand soit collatéral audit cube, on prendra le tiers d'iceluy, sçavoir 21 $\frac{1}{3}$, auquel joignant la moitié du plus grand quarré, sçavoir 8, on aura 29 $\frac{1}{3}$, à quoy joignant encore $\frac{1}{6}$ de 4 qui est le costé, sçavoir $\frac{2}{3}$, on aura 30 pour la somme des quatre premiers quarrez. Et ainsi par les propriétez des puissances suivantes, on montrera que la somme des cubes est $\frac{1}{4}$ du quarré-quarré collatéral au plus grand cube; que la somme des quarrez-quarrez est $\frac{1}{5}$ de la cinquiéme puiſſance; que la ſomme des cinquiémes puiſſances eſt ⅐ de la ſixiéme puiſſance, & ainſi des autres. Mais il faut remarquer que les puiſſances ont ainſi rapport l'une à l'autre de proche en proche, & non point ſi on en omet une entre deux. Ainſi la ligne ou coſté n'a point de rapport au cube, ni le quarré au quarré-quarré, ni le cube à la cinquiéme puiſſance, &c. car les lignes priſes à l'infini ne faiſant qu'un quarré, & y ayant une infinité de quarrez dans le cube, ſi l'on ajouſte ou ſi l'on oſte un ſeul quarré cela n'opérera rien. La meſme choſe ſe montrera du quarré eû egard au quarré-quarré, & du cube eû égard à la cinquiéme puiſſance, &c.

La ſuperficie ſe diviſe auſſi en une infinité de petites ſuperficies, leſquelles ou ſont égales, ou ont égale différence, ou gardent entr'elles quelqu'autre progreſſion, comme le quarré à quarré, de cube à cube, de quarréquarré à quarré-quarré, &c. Et d'autant que les ſuperficies ſont enfermées dans les lignes, au lieu de comparer les ſuperficies, on comparera les lignes à une autre choſe, & la ſomme de toutes les petites ſurfaces ou des lignes qui les repréſentent, ſont à la grande ſurface priſe autant de fois comme 1. à 3, comme il a eſté dit.

De meſme les ſolides ſe diviſent en une infinité de petits ſolides ou égaux, ou qui gardent quelque proportion, comme il a eſté dit des ſurfaces: & d'autant que les ſolides ſont terminez par des ſurfaces, au lieu de dire que ces petits ſolides ſont au grand ſolide pris autant de fois, je dis, l'infinité des ſurfaces ſont à la plus grande priſe autant de fois, comme le cube au quarré-quarré de ſon coſté, ou comme 1 à 4.

Par tout ce diſcours on peut comprendre que la multitude infinie de points ſe prend pour une infinité de petites lignes, & compoſe la ligne entiére. L'infinité de lignes repréſente l'infinité des petites ſuperficies qui compoſent la ſuperficie totale. L'infinité des ſuperficies repréſente l'infinité de petits ſolides qui compoſent enſemble le ſolide total.

EXPLICATION DE LA ROULETTE.

NOus poſons que le diamétre AB du cercle AEFGB ſe meut parallelement à ſoy-meſme, comme s'il eſtoit emporté par quelqu'autre corps, juſques à ce qu'il ſoit parvenu en CD pour achever le demi-cercle ou demi-tour. Pendant qu'il chemine, le point A de l'extrémité dudit diamétre marche par la circonférence du cercle AEFGB, & fait autant de chemin que le diamétre, en ſorte que quand le diamétre eſt en CD, le point A eſt venu en B, & la ligne AC ſe trouve égale à la circonférence AGHB. Or cette courſe du diamétre ſe diviſe en parties infinies & égales tant entr'elles qu'à chaque partie de la circonférence AGB, laquelle ſe diviſe auſſi en parties infinies toutes égales entr'elles & aux parties de AC parcouruës par le diamétre, comme il a eſté dit. En aprés je conſidére le chemin qu'a fait ledit point A porté par deux mouvemens, l'un du diamétre en avant, l'autre du ſien propre dans la circonférence. Pour trouver ledit chemin, je voy que quand il eſt venu en E il eſt élevé audeſſus de ſon premier lieu duquel il eſt parti, cette hauteur ſe marque tirant du point E au diamétre AB un ſinus E1, & le ſinus Verſe A1 eſt la hauteur dudit A quand il eſt venu en E. De meſme quand il eſt venu en F, du point F ſur AB je tire le ſinus F2, & A2 ſera la hauteur de A quand il a fait deux portions de la circonférence, & tirant le ſinus G3, le ſinus Verſe A3 ſera la hauteur de A quand il eſt parvenu en G, & faiſant ainſi de tous les lieux de la circonférence que parcourt A, je trouve toutes ſes hauteurs & elevemens pardeſſus l'extrémité du diamétre A, qui ſont A1, A2, A3, A4, A5, A6, A7; donc, afin d'avoir les lieux par où paſſe ledit point A, & sçavoir la ligne qu'il forme pendant ses deux mouvemens, je porte toutes ses hauteurs sur chacun des diamétres M, N, O, P, Q, R, S, T, & je trouve que M 1, N 2, O 3, P 4, Q 5, R 6, S 7 sont les mesmes que celles qui sont prises sur A B. Puis je prends les mesmes sinus E 1, F 2, G 3, &c. & je les porte sur chaque hauteur trouvée sur chaque diamétre, & je les tire vers le cercle, & des extrémitez de ces sinus se forment deux lignes, dont l'une est A 8 9 10 11 12 13 14 D, & l'autre A 1 2 3 4 5 6 7 D. Je sçay comme s'est fait la ligne A 8 9 D: mais pour sçavoir quels mouvemens ont produit l'autre, je dis que pendant que A B a parcouru la ligne A C, le point A est monté par la ligne A B, & a marqué tous les points 1, 2, 3, 4, 5, 6, 7, le premier espace pendant que A B est venu en M, le second pendant que A B est venu en N, & ainsi toûjours également d'un espace à l'autre jusques à ce que le diamétre soit arrivé en C D; alors le point A est monté en B. Voilà comment s'est formée la ligne A 1 2 3 D. Or ces deux lignes enferment un espace, estant séparées l'une de l'autre par tous les sinus, & se rejoignant ensemble aux deux extrémitez A D. Or chaque partie contenuë entre ces deux lignes est égale à chaque partie de l'aire du cercle A E B contenuë dans la circonférence d'iceluy; car les unes & les autres sont composées de lignes égales, sçavoir de la hauteur A 1, A 2, &c. & des sinus E 1, F 2, &c. qui sont les mesmes que ceux des diamétres M, N, O, &c. ainsi la figure A 4 D 12 est égale au demi-cercle A H B. Or la ligne A 1 2 3 D divise le parallelograme A B C D en deux également, parce que les lignes d'une moitié sont égales aux lignes de l'autre moitié, & la ligne A C à la ligne B D; & partant, selon Archiméde, la moitié est égale au cercle, auquel ajoustant le demi-cercle, sçavoir l'espace compris entre les deux lignes courbes, on aura un cercle & demi pour l'espace A 8 9 D C; & faisant de mesme pour l'autre moitié, toute la figure de la cycloïde vaudra trois fois le cercle.

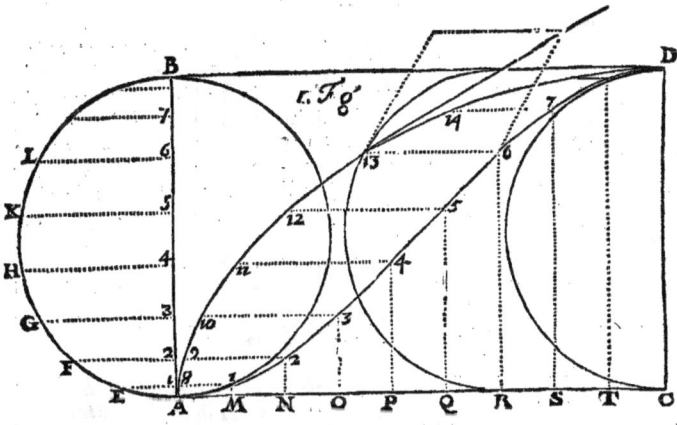

Pour trouver la tangente de la figure en un point donné, je tire dudit point une touchante au cercle qui passeroit par ledit point, car chaque point de cercle se meut selon la touchante de ce cercle. Je considére ensuite le mouvement que nous avons donné à nostre point emporté par le diamétre marchant parallelement à soy-mesme. Tirant du mesme point la ligne de ce mouvement, si je parachève le parallelogramme (qui doit toûjours avoir les
                                                                quatre

quatre coſtez égaux lors que le chemin du point A par la circonférence eſt
égal au chemin du diamétre A B par la ligne A C) & ſi du meſme point je
tire la diagonale, j'ay la touchante de la figure qui a eû ces deux mouvemens pour ſa compoſition, ſçavoir le circulaire & le direct. Voilà comme on
procéde en telles opérations quand on poſe les mouvemens égaux. Que ſi
on les avoit poſez en quelqu'autre raiſon, comme ſi lors que l'un parcourt
dans un temps l'eſpace d'un pied, l'autre parcouroit dans le meſme temps l'eſpace d'un pied & demi, ou en autre raiſon, il faudroit tirer les conſéquences
ſuivant ladite raiſon.

PROPORTION
de la circonférence du cercle à ſon diamétre.

SOIT le cercle A I B Q, ſon diamétre A B, & ſoient tirez les ſinus C E,
GV, HX, IY, LZ, MK, DF. Que les arcs C G, G H, HI, IL,
L M, M D ſoient égaux : je dis que la ligne EF eſt à la circonférence CD,
comme tous les ſinus enſemble, ſçavoir CE, GV & tous les autres, ſont à

autant de ſi-
nus totaux ou
demidiamé-
tres. Je le mon-
tre ainſi. Je
continuë C E
juſques en N,
G V juſques en
O, & ainſi des
autres. Je tire
enſuite la dia-
gonale de C en
O qui coupe la
ligne E V en
paſſant. Je tire
auſſi toutes les
autres diago-
nales, & par-
tant je fais des
triangles ſem-
blables, auſ-
quels triangles
ſemblables les
lignes D F &
N E ne ſont

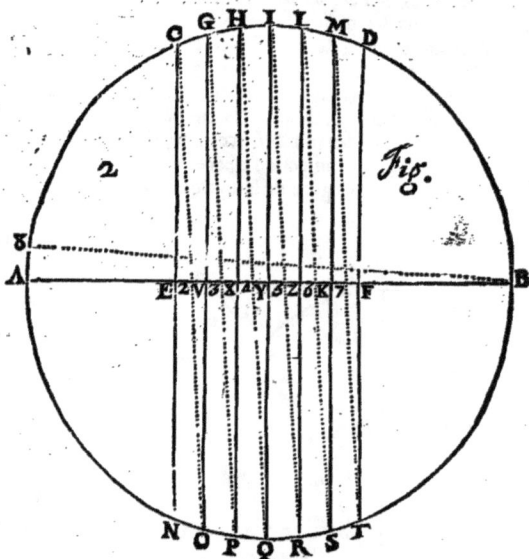

point employées, mais cela n'importe à cauſe de la diviſion infinie dans laquelle nul fini ne porte préjudice. Je tire par-aprés la ligne B 8 faiſant l'arc
8 A égal à C G ; & du point 8 j'abaiſſe la perpendiculaire 8 A pour avoir un
triangle ſemblable aux triangles C 2 E, G 3 V, & aux autres ſuivans. Nous
feignons que la circonférence C D eſt diviſée par infinis ſinus, & que la ligne
8 A eſtant ſi proche de la circonférence 8 A, devient elle-meſme circonférence
& égale à 8 A, ou à C G, & à chacune des autres qui ont eſté diviſées en infini.
De plus, nous diſons que la ligne B 8 peut eſtre tant aprochée par une diviſion infinie de la ligne A B diamétre, qu'elle devient elle-meſme diamétre.
Puis on dira : Comme C E eſt à E 2, ainſi O V eſt à V 2, & ainſi de
C C c

tous les triangles qui suivent la mesme régle. En aprés, le triangle C E 2 est semblable au triangle G V 3, parce qu'ils ont les angles C & G égaux, soûtenant circonférences égales N O, O P, car toutes sont égales depuis N jusques en T, & partant comme tous les doubles sinus C N & autres sont à la ligne E F, ainsi C E à E 2 : or comme C E à E 2, ainsi B 8, qui est devenu diamétre, à 8 A devenu circonférence, qui sera égale à C G & aux autres. Ainsi, comme tous les sinus à la ligne E F, ainsi le diamétre B 8 devenu diamétre, à 8 A devenu circonférence ; & au lieu de dire 8 A, je dis C G ; & coupant les antécédens en deux, je dis, comme les sinus d'enhaut à la ligne E F, ainsi le demi-diamétre ou sinus total à C G ; & multipliant C G autant de fois que la ligne C D côntient de divisions, tous les sinus d'enhaut seront à E F, comme autant de demi-diamétres ou sinus totaux qu'il y a de parties égales à C G depuis C jusques en D, sont à la circonférence C D : & changeant, comme tous les sinus d'enhaut sont à autant de sinus totaux ou demi-diamétres, ainsi la ligne E F est à la circonférence C D.

Que si la ligne E F avoit esté le demi-diamétre, & que les sinus eussent esté abbaissez du quart de la circonférence, le demi-diamétre eust esté au quart de la circonférence comme tous les sinus divisans la circonférence sont à autant de sinus totaux ou demi-diamétres.

FIGURE COURBE
égale au Quarré.

SUPPOSANT que le demi-diamétre du cercle est au quart de cercle comme tous les petits sinus infinis à tous les sinus totaux, c'est-à-dire, autant de petits sinus à autant de sinus totaux : je trouve que le quarré du demi-diamétre est égal à la figure qui est faite par tous les sinus posez à angles droits sur la circonférence ; car en la figure A B C, les lignes G H, I L, M N, P O, qui sont les sinus de toute la circonférence B C, font par l'extrémité de leur sommet la ligne A C ; & continuant de faire & prolonger lesdits sinus en sorte qu'ils soient égaux au sinus total ou demi-diamétre, ils forment la figure A B C D. Je fais aussi sur A B son quarré A B E F.

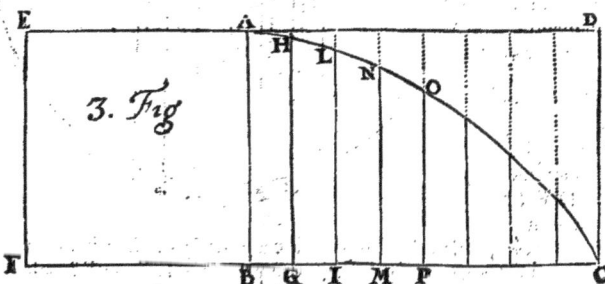

3. Fig

Puis je dis : Comme le demi-diamétre A B est à la circonférence B C, c'est-à-dire au quart de la circonférence, ainsi tous les sinus sont à autant de sinus totaux ou demi-diamétres ; & par les infinis, comme la figure A B C sera à la figure A B C D composée des infinis sinus totaux & du quart de la circonférence B C ; donc, comme le demi-diamétre est à la circonférence, ainsi la figure A B C est à la figure A B C D. Mais comme la ligne A B est à la ligne B C, ainsi le quarré d'icelle est au rectangle fait de

AB & BC; donc la figure ABC eſt à la grande ABCD comme le quarré
ABEF eſt au rectangle ABCD; ainſi le quarré de AB a meſme raiſon
au rectangle AC que la figure ABC; & partant le quarré de AB qui eſt
ABFE eſt égal à la figure ABC, ce qu'on vouloit prouver.

DE LA PARABOLE.

SOIT la Parabole BALMNOPC, le ſommet A, le diamétre AB,
la ligne touchante AD, laquelle ſoit diviſée en infinies parties égales
AE, EF, FG, GH, HI, ID, & de tous les points ſoient tirées les lignes
paralleles au diamétre AB juſques à la ligne CB, ſçavoir E1, F2, G3, &c.
& des points où leſdites lignes coupent la Parabole, ſoient tirées les ordonnées LQ, MR, NS, OT, PV. Mais les lignes AQ, AR ſont
entr'elles comme le
quarré de la ligne
LQ au quarré de la
ligne MR; & la li-
gne AR eſt à AS
comme le quarré de
MR au quarré de
NS, & ainſi de tou-
tes les autres lignes.
Or la ligne AD eſ-
tant diviſée en par-
ties égales, & les par-
ties d'icelles eſtant
égales aux lignes or-
données, ſçavoir AE
à QL, AF à RM,
AG à SN, AH à

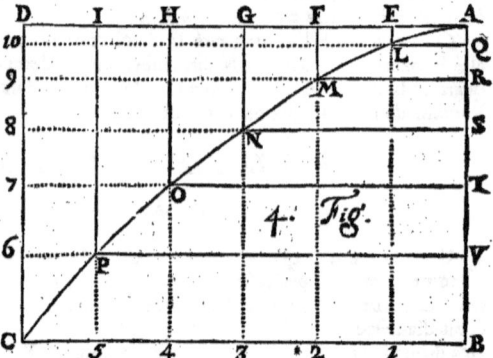

4. Fig.

TO, & AI à VP, il s'enſuit que chaque quarré d'icelles lignes ſurpaſſera
le précédent ſelon la progreſſion des nombres impairs, que les quarrez ſeront
faits des coſtez differens toûjours de l'unité, & que le coſté du premier eſtant 1, les autres coſtez ſeront 2, 3, 4, 5, 6. De plus, les portions du diamétre
compriſes & coupées par les ordonnées ſont les meſmes que EL, FM, GN,
HO, IP, DC; & par ainſi ces lignes ſont entr'elles comme les quarrez
1, 4, 9, 16, 25, 36 ſont entr'eux. Je dis donc que toutes ces lignes priſes
enſemble ſeront à la ligne DC priſe autant de fois qu'icelles lignes, comme
la ſomme des quarrez (ſuivant l'ordre que j'ay dit, c'eſt-à-dire, à commencer
à l'unité, & ſuivre toûjours en augmentant de l'unité) eſt au quarré DC
pris autant de fois qu'il y a de diviſions en la ligne AD, c'eſt-à-dire en la
préſente diviſion, ſix fois. Or multiplier un quarré autant de fois que vaut
ſon coſté, c'eſt-à-dire, par ſon coſté, c'eſt faire un cube: il eſt donc vray que
la ſomme de toutes ces lignes EL, FM, GN, HO, IP, DC eſt à la ligne DC priſe autant de fois qu'il y a deſdites lignes, comme la ſomme des
quarrez ſuſdits eſt au cube du plus grand nombre. Mais le cube eſt le triple de la ſomme des quarrez, partant le triligne CPONMLAD ſera
le tiers du rectangle CDAB, & par ainſi la Parabole ABCPONMLA
ſera les deux tiers du parallelogramme ou quarré CDAB; ce qui a eſté
démontré par Archiméde d'une autre maniére.

Que ſi nous voulons conſidérer une autre nature de Parabole comme
M. Fermat, faiſant que les portions du diamétre ſoient l'une à l'autre comme le cube au cube, il ſe trouvera que la meſme Parabole que deſſus, ou plû-

toſt le dehors d'icelle C O A D, ſera au rectangle A B C D comme la ſomme des cubes à un quarré-quarré, c'eſt-à-dire, comme 1 à 4. Si nous feignons que les portions du diamétre, c'eſt-à-dire, les petites lignes, E L, F M, G N, H O, I P, D C ſont l'une à l'autre comme les quarré-quarrez entr'eux, il ſe trouvera que la ſomme de toutes ces lignes ſeront à la ligne C D priſe autant de fois, comme la ſomme des quarré-quarrez au quarré-cube, c'eſt-à-dire, comme 1 à 5, & par ainſi la Parabole vaudra 4 & le rectangle 5; & de cette ſorte on pourra continuër & trouver des Paraboles qui changent de valeur, & cela ſe peut faire de toutes les puiſſances juſques où on voudra.

Quant au ſolide de noſtre Parabole, il ſe fait en feignant que tout le rectangle tourne ſur ſon axe, & qu'il ſe fait un grand cylindre par la révolution de A B C D. La révolution de la premiére partie E A B 1 ſe peut nommer cylindre, mais celle de chacune des autres ſe nomme Rouleau, parce que nous les devons conſidérer chacune à part, & cecy eſt pour les grands cylindres; mais en conſidérant les petits, comme la révolution que fait E A Q L, F A R M, & tous les autres, nous rejettons ce qui eſt au dedans de la Parabole, & ne conſidérons que ce qui eſt dehors; car toutes les parties de ces petits cylindres ou rouleaux qui ſont dans la Parabole ne peuvent faire une partie auſſi grande que fait le rouleau D I 5 C; & par ainſi nous rejettons toutes ces parties qui n'en valent pas une, qui n'eſt de nulle conſidération dans les indiviſibles.

Et par les petites lignes, c'eſt-à-dire par les portions du diamétre, nous conſidérons l'eſpace qui eſt hors la Parabole, & compris dans ces lignes. Tous ces cylindres ſont entr'eux comme leurs baſes, c'eſt-à-dire, comme leurs cercles; mais les cercles ſont entr'eux comme le quarré du demi-diamétre de l'un au quarré du demi-diamétre de l'autre: comme en noſtre figure le quarré de la ligne A E eſt au quarré de A F comme le premier quarré au ſecond quarré, & le quarré de A F eſt à celuy de A G comme le ſecond quarré au troiſiéme, &c. Mais un quarré ſurpaſſe ſon prochain de deux fois ſon coſté, ſçavoir le coſté du moindre quarré, plus l'unité: il arrive donc que toutes les lignes, ſçavoir A E, E F, F G, G H, H I, I D ſont toutes différentes des quarrez, c'eſt-à-dire, chacune priſe deux fois plus l'unité; or toutes ces unitez ne ſe conſidérent point dans les indiviſibles comme choſe finie. Nous prenons donc toutes ces lignes comme deux fois un coſté chacune, puis aprés nous diſons que les petites lignes E L, F M, G N, & les autres ſont entr'elles comme des quarrez; nous les conſidérons comme des quarrez, & diſons que l'eſpace E L Q vaut deux coſtez d'un quarré par ſon quarré E L, & le quarré de F M par le double de ſon coſté F A fait l'eſpace F M R, & pareillement le quarré de G N par deux G A fait l'eſpace G N S, &c. Or un quarré par deux fois ſon coſté vaut deux fois le cube; donc toutes ces petites lignes enſemble, ou l'eſpace qu'elles contiennent hors la parbole ſont comme deux fois la ſomme des cubes au quarré de C D pris autant de fois qu'il y a de diviſions en la ligne D A, c'eſt-à-dire, au quarré de C D par le quarré du meſme C D, c'eſt-à-dire, au quarré-quarré.

Il faut maintenant conſidérer A B C D, ou la Parabole C P O M A B ſe tournant ſur ſon axe comme la précédente, mais avec cette différence, que la ligne A B eſt diviſée en parties égales entr'elles. Nous conſidérons le ſolide ou cylindre que fait D C qui a pour baſe le cercle duquel le demi-diamétre eſt la ligne D A; les petits cylindres ont pour demi-diamétre de leurs cercles les lignes E A ou L Q ſon égale, M R, N S, O T, P V, &c. or tous ces petits cylindres ſont entr'eux comme leurs baſes, c'eſt-à-dire, leurs cercles, & les cercles ſont entr'eux comme les quarrez de leurs demi-diamétres:

diamétres : or les quarrez de ces petites lignes font entr'eux comme les lignes A Q, Q R, R S, S T, T V, sçavoir en égale différence de l'unité,
c'est-à-dire, que les quarrez de toutes ces lignes font entr'eux comme l'ordre des nombres naturels. Ainsi le quarré de L Q estant 1, celuy de M R vaudra 2, celuy de N S 3, celuy de O T vaudra 4, & celuy de R V vaudra 5. Or les cylindres estant entr'eux comme les quarrez des demi-diamétres de leurs bases ou cercles, il s'ensuit que tous les quarrez de ces petites lignes font au quarré de la grande B C pris autant de fois, comme la somme de la suite des nombres naturels, à commencer à l'unité, font au quarré du dernier.

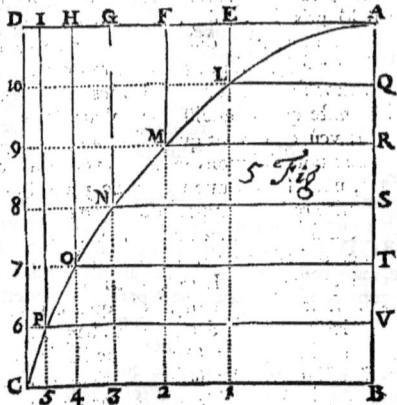

Mais le conoïde parabolique, c'est-à-dire, le solide fait par la révolution de C N L A B, est au cylindre total, sçavoir à celuy qui est fait par la révolution de A B C D, comme toutes les petites lignes à la grande prise autant de fois ; partant le conoïde parabolique est au cylindre, comme la somme des nombres, c'est-à-dire le triangle, est au quarré, ou bien comme la moitié à son tout ; car la somme des nombres est au quarré (en terme d'indivisible) comme la moitié au tout ; comme si la somme est 10 triangle de 4, le quarré est 16, dont la moitié 8 est excédée de 2 par ledit triangle. Or cela passe pour estre la moitié de l'autre ; car si on continuoit dans la suite des nombres on verroit que le triangle excéderoit toûjours la moitié du quarré d'une moindre portion, laquelle partant s'anéantiroit enfin dans l'infini.

Maintenant il faut considerer la figure A B C D comme faisant son tour *Voyez la Figure 4.* sur A D, lors la ligne C D sera le demi-diamétre de la base ou cercle du cylindre total : les lignes P I, O H, N G, M F, L E font les demi-diamétres du cercle ou base de chacun de leurs cylindres. Or par la propriété de la Parabole, la ligne E L est à F M comme le quarré au quarré, & ainsi toutes les autres petites lignes de suite ; partant le quarré de E L sera au quarré de F M comme un quarré-quarré à un quarré-quarré, & ainsi toutes les autres petites ; donc toutes ensemble elles seront entr'elles comme le quarré-quarré de D C pris autant de fois qu'il y a de petites lignes, c'est-à-dire, comme la somme des quarrez-quarrez au quarré-cube ; & telle est la raison du solide fait par la révolution de C D A au cylindre total fait par la révolution de C B, c'est-à-dire, qu'ils font entr'eux comme 1 à 5.

Maintenant nous considérons que la figure tourne sur la ligne C D parallele à l'axe. Par cette révolution la ligne A D est le demi-diamétre de la base ou cercle du grand cylindre ; les lignes 10 L, 9 M, 8 N, 7 O, 6 P font chacune le demi-diamétre du cercle ou base de leur cylindre qui font l'une à l'autre comme leursdites bases ou cercles, & les cercles font entr'eux comme les quarrez desdites lignes : donc tous les quarrez de ces petites lignes feront au quarré de la grande ligne prise autant de fois, comme les petits cylindres au grand cylindre. Mais je ne connois pas la raison des petits quarrez aux grands quarrez, laquelle je cherche par une grandeur qui leur foit égale, & je dis que le quarré de L 10 vaut le quarré de Q 10 & le quarré de Q L moins le rectangle de Q 10 Q L pris deux fois; le quarré de M 9 vaut le quarré de R 9, & celuy de M R moins le rectangle de 9 R M pris deux fois, & ainfi des autres jufques à l'infini. Or faifant la comparaifon, nous difons que les quarrez de Q 10 & Q L comparez au feul quarré Q 10 font égalité de raifon entre les deux grands qui font égaux : le mefme foit entendu de tous les autres quarrez. Les grands eftant égaux, il ne refte qu'à connoiftre la valeur des petits L Q, M R, &c. Mais nous avons veû cy-devant qu'ils font au grand quarré comme la moitié au tout: fi donc nous joignons un tout avec fa moitié, & le comparons à un autre tout, nous ferons une raifon de 3 à 2. Pofons que le grand quarré vaille 2, l'autre qui eft compofé du grand & de fa moitié vaudra 3; partant la rai-fon fera de ce dernier au premier de $\frac{1}{2}$ ou de 3 à 2; & pourfuivant, on of-tera ce qui eftoit de trop dans les deux quarrez mis cy-deffus pour trouver la valeur du quarré L 10, & nous avons dit que deux fois le rectangle Q 10 Q L eftoit de trop pardeffus le quarré L 10, & ainfi des autres; il faut donc ofter les rectangles deux fois à chaque quarré. Or tous ces rectangles ont pour mefme hauteur Q 10, donc ils feront entr'eux comme leurs bafes ou petites lignes, & les folides entr'eux comme leurs bafes. Mais nous avons veû que ce folide fait par le tour de la parabole eftoit le tiers du cylindre total: or il faut ofter deux fois le rectangle, partant il faudra diminuër de deux tiers la raifon que nous avons trouvée de 3 à 2, & mettant 9 à 6 au lieu de 3 à 2 & de $\frac{1}{2}$ on en oftera $\frac{1}{3}$ ou $\frac{3}{6}$, & reftera $\frac{1}{6}$ pour la valeur de C A B tourné fur D C, & le refte au cylindre entier, fçavoir C A D, vau-dra $\frac{5}{6}$ du grand cylindre A B C D.

DE LA CONCHOÏDE.

LA Conchoïde fe fait, quand d'un point on tire plufieurs lignes qui coupent une mefme ligne foit courbe ou droite, & que toutes les lignes tirées depuis ladite ligne font toutes égales, telles que font B 1, D 2, E 3, F 4, G 5, &c. tirées par le moyen du cercle C G B R divifé (felon la regle des indivifibles) en parties infinies égales, & par iceluy a efté compofée la Conchoïde 19 C 1, en laquelle, comme en toutes les autres, les lignes de-puis la circonférence du cercle jufques à ladite Conchoïde font toutes éga-les. Or toutes ces lignes qui divifent la circonférence du cercle commen-çant au point C & finiffant en 1, 2, 3, 4, 5, &c. divifent tant la Conchoïde que le cercle en triangles femblables, lefquels par la force des indivifibles fe convertiffent & deviennent fecteurs, & font l'un à l'autre comme quarré à quarré (quoy-que dans le fini il y ait quelque chofe à dire;) ainfi le fecteur C 1 2 eft au fecteur C B D ou C B V fon égal, comme le quarré de C 1 au quarré de C B. En aprés, le fecteur C B D ou C B V fon égal eft au fecteur C 19 18 comme le quarré de C B au quarré de C 19. Mais pour joindre les deux quarrez qui appartiennent à la Conchoïde afin de les com-parer aux quarrez du cercle, je regarde la valeur du quarré de C 1 qui vaut les quarrez de C B, B 1, plus le rectangle deux fois fous C B B 1; le quarré C 19 eft égal aux quarrez de C B, B 19 ou B 1 fon égal (car B 19 commence à la circonférence du cercle, & va au point de la Conchoïde 19, & par-tant doit eftre égale à B 1 qui part de la mefme circonférence, & va au point 1 de la Conchoïde) moins deux fois le rectangle C B B 19. Or le plus détruifant le moins, ces deux grandeurs jointes enfemble font le quarré C B deux fois, plus le quarré de B 1 deux fois; par ainfi le fecteur C 1 2, & le fecteur C 19 18 feront aux fecteurs C B D, C B V, comme deux fois les quarrez C B, B 1 à deux fois le quarré C B, & prenant la moitié, le quarré C B ╼ le quarré B 1 fera au quarré C B comme les secteurs C 1 2, C 19 18 aux secteurs C B D, C B V ; & tout l'espace de la Conchoïde est à l'espace du cercle comme les quarrez C B, B 1 au quarré C B, ou bien comme les secteurs C 1 2, C 19 18 aux secteurs C B D, C B V.

Je fais un demi-cercle de l'intervale B 1, & je le divise en autant de triangles semblables qu'il y en a au cercle premier, & au lieu de compter le quarré B 1, je dis le quarré 20 21 ; donc comme le quarré C B ╼ le quarré 20 21 sont au quarré C B : ainsi l'espace du cercle & demi-cercle ensemble sont à l'espace du cercle. Mais nous avons montré que toute la Conchoïde est au cercle comme le quarré C B ╼ le quarré B 1 ou leurs secteurs, est au quarré C B ; par ainsi, toute la Conchoïde est au cercle en mesme raison que le cercle & demi-cercle est au mesme cercle ; & partant la Conchoïde est égale au cercle & demi-cercle pris ensemble.

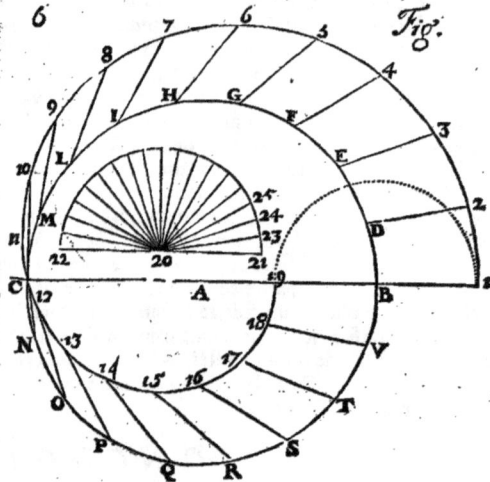

Conchoïde.

SOIT la base d'un cône oblique le cercle B F C duquel le centre est A ; le sommet du cône est en l'air, avec telle obliquité, que de ce sommet la perpendiculaire tombe sur le point N. Nous supposons par les indivisibles, que par tous les points du cercle soient tirées des touchantes, comme D H, E I, F L, G M, &c. Nous disons que si du sommet du cône on tire une perpendiculaire sur chacune de ces touchantes, & que si du point N sur lequel tombe la perpendiculaire tirée du sommet, on tire une ligne à ce mesme point de la touchante, l'angle sera droit, & ladite ligne perpendiculaire à ladite touchante ; & la ligne qui passe par l'extrémité de chacune desdites touchantes & où se fait le susdit angle droit, sçavoir la ligne B H I L N M C, se trouve estre une Conchoïde.

Pour le prouver, il faut construire un cercle qui ait pour diamétre N A, lequel cercle soit N P O A R, & faire voir que toutes les lignes comprises entre sa circonférence A P N R & la ligne B H I L N M C, sont toutes égales entr'elles ; nous prouvons que A O H D est un parallelogramme ; car l'angle D est droit, puis que D H est touchante & A D demi-diamétre ; l'angle H est aussi droit pour avoir esté tiré tel du point N sur lequel tomboit la perpendiculaire tirée du sommet du cône ; l'angle O est droit pour estre fait dans le demi-cercle N P O A, & partant le quatriéme O A D le sera aussi ; & partant c'est un parallelogramme, & les costez

oppofez font égaux ; & par ainfi A D fera égale à O H comprife entre l'autre cercle & la ligne courbe, & A D eft égale à A B pour eftre toutes deux

le rayon d'un mefme
cercle. Paffons outre,
& confidérons P I
E A. L'angle E eft
droit, eftant fait par
la touchante ; l'angle
I eft droit, ayant efté
fait tel par la ligne
N I ; l'angle P eft
droit, comme eftant
fait dans le demi-
cercle, & partant le
quatriéme l'eft aufii,
& les coftez oppofez
du parallelogramme,
fçavoir P I & A E ou
fon égale O H, font
égaux ; & partant
A B, O H, P I font
égales, & ce font les
lignes comprifes en-
tre les deux circonférences, fçavoir entre le cercle N P A R, & la ligne
courbe B H I L N M C, & on prouvera le mefme de toutes les autres lignes ;
& partant cette ligne courbe eft une Conchoïde.

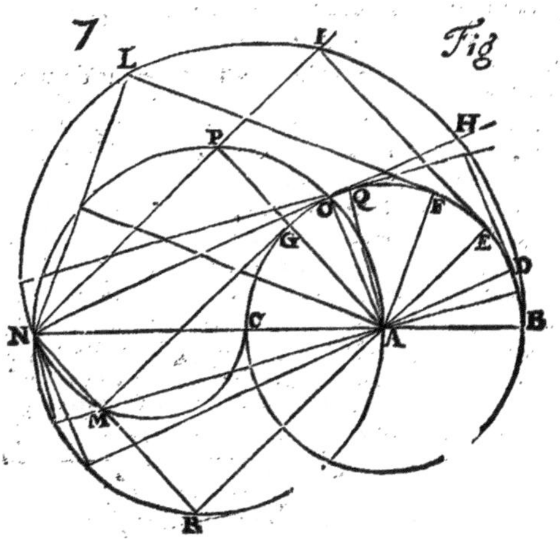

DES ANNEAUX.

SI on décrit alentour d'une figure un parallelogramme (nous avons pris
un cercle en cét exemple) & qu'on fasse tourner le tout fur un des coftez du parallelogramme, le folide fait par ce parallelogramme eft au folide fait par la figure, comme le plan du parallelogramme eft au plan de la
figure.

Nous expliquerons cecy par un cercle autour duquel eft écrit le parallelogramme E F H G : au milieu du cercle on a tiré la ligne A B parallele
au cofté F H du parallelogramme ; la nature de cette ligne doit eftre telle,
que toutes les lignes tirées dans le cercle foient coupées en deux également par cette ligne. Suppofant donc que le tout a tourné fur la ligne
F H, dans ce tour le parallelogramme a fait pour folide un cylindre, & le
cercle a fait pour folide un Anneau bouché qu'on nomme *Annulus frictus,*
c'eft-à-dire, qu'il fe diminuë peu à peu en forte que rien n'y peut entrer.
Or ces deux folides font égaux entr'eux, excepté les vuides, qui eftant rem-
plis au grand folide font de plus en iceluy qu'au petit ; il faut donc tirer
lefdits vuides du grand pour fçavoir ce qu'il refte pour le petit, & tout fe
mefure par les quarrez des lignes qui font dans la figure. Je commence
donc par la moitié du parallelogramme, & je confidére que cette moitié
fait un cylindre dans fa révolution, & que le demi-cercle fait une figure
différente de ce cylindre, de ces petits efpaces qu'il faut ofter du cylindre. Confidérant les quarrez du cylindre, je dis que le quarré de I S eft égal
aux quarrez de S 12 & I 12 plus deux fois le rectangle de S 12 I 12 ; le
quarré T K eft égal aux deux quarrez T 13, K 13 plus deux fois le rectangle K 13 T ; le mefme fe doit entendre des autres quarrez appartenant

au cylindre A F H B. Mais si nous ostons chaque quarré qui compose le vuide, & qui sont hors le cercle de chacun des quarrez du solide, il nous
restera tout le dedans du cercle, c'est-à-dire, du petit solide. Si donc du
quarré S I on oste le quarré S 12, il restera le quarré I 12 plus deux fois
le rectangle S 12 I : cecy est tiré du premier quarré du cylindre. Quand je
tire du second quarré du cylindre le quarré T 13, il me reste le quarré K 13
plus deux fois le rectangle K 13 T, & ainsi des autres. Puis donc que j'ay
de reste le quarré 12 I plus deux fois le rectangle S 12 I, je joins le quarré
avec une fois le rectangle, & par là j'ay le rectangle S I 12, & le rectangle
S 12 I. Je retiens ces restes; & passant à l'autre moitié du cercle pour la
joindre avec lesdits restes, je considére ce qu'elle fait quand le tout tourne
sur la mesme ligne qu'auparavant, & ce que font les grands quarrez S 8, T 9
& les autres. Je regarde combien ils surpassent les petits quarrez I 8, K 9,
& les autres qui sont dans le demi-cercle, & je dis ainsi : Le quarré S 8 est
égal aux deux quarrez S I, I 8 plus deux fois le rectangle S I 8; le quarré
T 9 est égal aux quarrez T K, K 9 plus deux fois le rectangle T K 9, & ainsi
des autres. Or il faut oster de tous ces quarrez les quarrez du cylindre,
sçavoir de S I, T K, & autres, & nous aurons de reste le quarré de I 8
plus deux fois le rectangle S I 8, le quarré de K 9 plus deux fois le rectangle T K 9, & ainsi des autres, & cecy se doit joindre à l'autre espace
du demi-cercle.

Pour faire cette jonction, je prens le quarré de 8 I que je joins au rectangle S 12 I que j'a-
vois de reste à l'autre demi-cercle, & je fais le rectangle S I 12 que j'avois
déja une fois, & partant
je l'ay deux fois. Au se-
cond demi-cercle, les
quarrez 8 I, 9 K estant
ostez, il m'est resté deux
fois le rectangle S I 8
qui est le mesme que le
précédent, & par ainsi

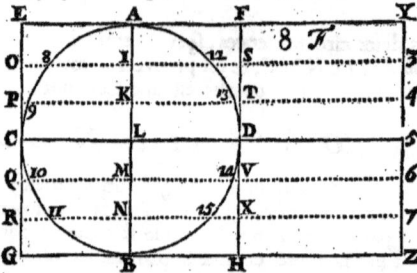

j'auray quatre fois le rectangle S I 8; donc quatre fois ce rectangle sera au
quarré de S O, comme le solide de l'anneau est au cylindre total; & au lieu
de dire quatre fois le rectangle, je double les lignes ou costez du rectangle,
& je dis que le rectangle tout seul S O par 8 12 est au quarré S O, comme
le solide de l'anneau est au cylindre total. Mais tous ces rectangles pris à
l'infini sont tous d'égale hauteur entr'eux & avec le parallelogramme total;
ils seront donc entr'eux comme leurs bases ou lignes, c'est-à-dire, comme
l'espace de ces lignes comprises dans le cercle est à l'espace des grandes lignes qui composent le parallelogramme : donc comme le solide au cylindre, ainsi le plan du solide est au parallelogramme; ce qu'il falloit prouver.

Nous trouverons la mesme chose en faisant tourner toute la figure sur la
ligne Y Z. Il faut premiérement examiner ce que fait A B Z Y par sa révolution, & ce qu'il différe d'avec A B H F. Le quarré Z B vaut les quarrez de
Z H & H B plus deux fois le rectangle Z H B; le quarré 7 N est égal aux
quarrez 7 X, X N plus deux fois le rectangle 7 X N, & ainsi de chacun
des autres grands quarrez. Il en faut oster tous les quarrez qui composent l'espace H Y, sçavoir le quarré F Y, S 3, T 4, & les autres, lesquels estant ostez, resteront le quarré S I plus deux fois le rectangle 3 S I,
& le quarré de T K plus deux fois le rectangle 4 T K; prenant le quarré

E E e

S I, & le joignant à l'un des rectangles, je feray le rectangle 3 I S, & le rectangle 3 S I, puis à 4 T, si on joint le quarré de K T à l'un des rectangles,
on fera le rectangle 4 K T, & le rectangle 4 T K. Il faut retenir tout cecy,
& passer à la considération du solide qui se fait par la révolution de A B
G E tournant sur la mesme Y Z. Nous disons que le quarré de 3 O est
égal aux deux quarrez de 3 I & I O plus deux fois le rectangle 3 I O, que
le quarré 4 P vaut les quarrez de 4 K, K P plus deux fois le rectangle
4 K P, & ainsi des autres. De la valeur de ces quarrez il en faut oster tous
les quarrez qui remplissent l'espace A B Z Y, sçavoir les quarrez 3 I, 4 K,
5 L, & les autres; & partant il reste le quarré O I plus deux fois le rectangle 3 I O; & partant au rectangle 3 S I qui estoit resté au calcul de
l'autre cylindre le quarré O I, je feray le rectangle 3 I O; & par ainsi dans
le précédent cylindre j'auray deux fois le rectangle 3 I S; & dans ce dernier, le quarré O I estant osté, il reste deux fois le rectangle 3 I O qui est
le mesme que 3 I S; partant le tout ensemble sera quatre fois le rectangle 3 I O; partant le quadruple du rectangle 3 I O sera au quarré de E Y,
comme le cylindre, ou plûtost le rouleau G E F H est au cylindre total
E G Z Y.

Il faut maintenant considérer ce que fait le cercle par sa révolution,
tournant sur la mesme ligne Y Z, & le comparant au cylindre total; ce qui
se doit faire en considérant une portion, sçavoir la moitié de la figure A 12
B 9 A. Nous prendrons donc premièrement la moitié A 12 15 B, & dirons :

Le quarré de 3 I vaut les
quarrez 3 12, & 12 I plus
deux fois le rectangle 3
12 I; le quarré de 4 K
vaut les quarrez 4 13, &
13 K plus deux fois le rectangle 4 13 K, & ainsi
des autres. De cette é-
quation il faut oster les
quarrez 3 12, 4 13, &
tous les autres qui sont
hors le cercle. Au re-

ctangle 3 12 I j'ajoute le quarré I 12, & je fais le rectangle 3 I 12, & le rectangle 3 12 I. J'ajoute pareillement le quarré K 13 au rectangle 4 13 K, &
je fais le rectangle 4 K 13, & le rectangle 4 13 K, ce qu'il faut retenir afin
de l'ajouster à l'autre moitié que je cherche maintenant, & je dis que le
quarré de 3 8 vaut les quarrez de 3 I & I 8 plus deux fois le rectangle 3 I 8;
le quarré 4 9 vaut les quarrez 4 K & K 9 plus deux fois le rectangle 4 K 9.
Or il faut ajouster tout cecy à la quantité que j'avois trouvée dans l'autre
moitié du cercle, laquelle est le rectangle 3 I 12 & 3 12 I; & ajoustant au
rectangle 3 12 I le quarré 8 I, je fais le rectangle 3 I 8, tellement que j'ay le
rectangle 3 I 12 deux fois, & j'ay trouvé en la discussion de la seconde moitié (les vuides estant ostez, c'est-a-dire, les quarrez de I 3, K 4, &c.) le
quarré 8 I (que j'ay ajousté au rectangle que j'avois trouvé auparavant)
plus deux fois le rectangle 3 I 8 qui est le mesme que 3 I 12; tellement que
j'ay quatre fois le rectangle 3 I 8, qui est au quarré de E Y comme l'anneau
ou solide fait par le cercle roulant sur Y Z, au cylindre total. Le rectangle
4 K 13 pris quatre fois est au mesme quarré E Y comme le solide du cercle
est au cylindre total fait par E G Z Y.

Il faut considérer le rapport que nous avons trouvé du rouleau par le
tour du parallelogramme E G H F au grand cylindre. La proportion est

comme quatre fois le rectangle 3 I O au grand quarré E Y, ainsi le rouleau
E G H F au cylindre total. Pour conclure, nous disons que quatre fois le rectangle 3 I O trouvé dans le rouleau G F, est au grand quarré E Y, comme le
mesme rouleau G F au grand cylindre G Y. En suite j'ay quatre fois le rectangle 3 I 8 qui est au grand quarré E Y, comme le solide fait par le cercle
A 8 B 12 au cylindre total. Il se trouve que le grand quarré est conséquent
en lune & en l'autre des comparaisons; partant les solides seront entr'eux
comme les rectangles entr'eux : mais les rectangles sont tous d'égale hauteur; rejettant la hauteur ils seront entr'eux comme leurs bases, c'est-à-dire,
comme les lignes du cercle aux lignes du rouleau : or ces lignes, en cas
d'indivisibles, comprennent l'espace de chaque figure; donc comme le solide ou anneau est au rouleau G F, ainsi le plan A 8 B 12 est au plan G F;
ce qu'il falloit démontrer.

Par tout ce discours nous n'avons trouvé que des raisons entre les solides & entre les plans : maintenant nous considérons si les solides sont égaux
ou non. Je parleray premièrement du cylindre que fait le parallelogramme
E F H G quand il roule sur la ligne F H : sa base est un cercle qui a pour
demi-diamétre la ligne G H; sa hauteur est la ligne H F : au lieu du cercle je
prens ce qui luy est égal, sçavoir le parallelogramme qui a le demi-diamétre
pour un costé, & la moitié de la circonférence pour l'autre; & par ainsi j'ay
trois costez ou lignes, qui me doivent servir pour les comparer avec le solide que je prétens estre égal à ce cylindre. Le solide donc a pour base le
parallelogramme E F H G, pour hauteur la circonférence d'un cercle duquel le demi-diamétre est L D. Or les solides, selon Euclide, sont entr'eux
en la raison composée de leur base & de leur hauteur; il faut donc considérer ce qu'ils ont de commun. Je trouve que dans le cylindre il y a trois
lignes, sçavoir G H, H F, & la demi-circonférence du cercle qui a pour
demi-diamétre la ligne G H : dans l'autre solide j'ay les lignes G H, H F, &
la circonférence du cercle qui a pour demi-diamétre la ligne L D. Mais
dans l'un & dans l'autre j'ay deux lignes communes, sçavoir G H & H F, entre lesquelles il ne peut avoir autre raison que d'égalité, puis qu'elles sont
égales, & partant on les peut oster, & la composition des raisons demeurera entre la circonférence d'un cercle & la demi-circonférence de l'autre.
Mais les circonférences sont entr'elles comme leurs diamétres : or le diamétre total du cercle entier qui est D C est égal au demi-diamétre G H; partant
la circonférence entière appartenant à D C sera égale à la demi-circonférence appartenant au demi-diamétre G H; & par ainsi le cylindre sera égal
au solide; ce qu'il falloit prouver.

Maintenant il faut considérer toute la figure, lors que le parallelogramme
E Y Z G se tournant sur la ligne Y Z fait le grand cylindre. Je dis que le
rouleau G F est égal au solide qui a pour base le parallelogramme G F, &
pour hauteur la circonférence d'un cercle qui aura pour demi-diamétre la
ligne L 5. Je dis encore que l'anneau (c'est-à-dire le solide qui se fait par
la révolution du cercle quand le tout roule sur Y Z) est égal au solide qui
a pour base le cercle A C B D, & pour hauteur la circonférence d'un cercle qui a pour demi-diamétre la ligne L 5.

Pour prouver cette égalité il faut faire voir que les quatre solides suivans sont proportionnaux, sçavoir le rouleau qui se fait quand le parallelogramme E F H G roule sur la ligne Y Z. Le second est l'anneau qui se fait
par le cercle quand le grand parallelogramme G Y tourne sur la ligne Y Z.
Le troisiéme est celuy qui a pour base le parallelogramme E F H G, & pour
hauteur la circonférence du cercle dont le demi-diamétre est la ligne Z B.
Et le quatriéme est celuy qui a pour base le cercle A C B D, & pour hau-

teur la circonférence du cercle dont le demi-diamétre eſt la la ligne L 5;
& par ainſi, faiſant voir comme le premier deſdits ſolides eſt égal au troiſiéme, le ſecond par conſéquent doit eſtre égal au quatriéme. Or nous
avons montré que comme quatre fois le rectangle Z B H eſt au quarré de
G Z, ainſi le rouleau G F eſt au grand cylindre G Y. Maintenant il nous
faut examiner comment la figure qui a pour baſe le parallelogramme E F
H G, & pour hauteur la circonférence du cercle dont le demi-diamétre eſt
la ligne L 5, eſt égale au meſme grand cylindre G Y.

Nous ſçavons que les ſolides ſont entr'eux en raiſon compoſée de leur
baſe & de leur hauteur : je conſidére quelles ſont les parties de l'un & de
l'autre des ſolides, & je trouve que le grand cylindre a deux parties, ſçavoir la ligne G Z qui eſt le demi-diamétre de ſa baſe qui eſt un cercle,
l'autre ligne eſt H F. Mais d'autant que nous avons beſoin de trois coſtez en ce ſolide ou grand cylindre, pour le comparer au ſolide qui a pour
baſe le parallelogramme G F, & pour hauteur la circonférence du cercle
duquel la ligne L 5 eſt demi-diamétre, lequel ſolide a trois lignes, ſçavoir
G H, H F, & la circonférence du cercle qui a L 5 pour demi-diamétre.
Pour avoir trois coſtez au grand cylindre, au lieu de prendre ſon demi-
diamétre qui repréſente ſon cercle, je prens ce qui eſt égal au cercle, ſçavoir le demi-diamétre G Z, & la demi-circonférence du meſme cercle (le
rectangle fait de ces lignes eſt égal au cercle ſelon Archiméde.)

J'auray donc trois coſtez ou lignes au grand cylindre, ſçavoir G Z, H F, &
la demi-circonférence du cercle dont G Z eſt le demi-diamétre. Il y a donc
dans ces deux ſolides deux coſtez qui ſont ſemblables, ſçavoir H F en chacun d'iceux ; & partant ils ne ſervent de rien pour la compoſition des raiſons qui demeurera entre les lignes G H, G Z antécédent & conſéquent, &
la circonférence entiére du cercle qui a L 5 pour demi-diamétre, à la demi-
circonférence du cercle qui a G Z pour demi-diamétre. Mais d'autant que
les circonférences ſont entr'elles comme leurs diamétres, au lieu des circonférences je prens le diamétre entier qui eſt deux fois L 5, & pour la demi-
circonférence je poſe ſon demi-diamétre G Z ; partant la raiſon ſera compoſée des raiſons de la ligne G H à G Z, & de la ligne L 5 doublée à la ligne G Z.

Or ſi on multiplie les antécédens l'un par l'autre, & pareillement les con-
ſéquens, on aura ladite raiſon compoſée ; donc G Z par G Z, c'eſt-à-dire le
quarré de G Z eſt au rectangle de G H par le double de L 5 ou Z B en ladite raiſon compoſée ; partant les ſolides ſeront entr'eux comme le rectangle de Z B deux fois par G H au quarré de G Z. Au lieu de Z B deux fois
par G H, on prendra G H deux fois par Z B : or Z B par G H deux fois,
eſt quatre fois le rectangle Z B G ; partant le ſolide qui a pour baſe le parallelogramme G F, & pour hauteur la circonférence du cercle qui a L 5
pour demi-diamétre eſt au cylindre total, comme quatre fois le rectangle
Z B G eſt au quarré G Z ; donc le rouleau & le ſolide auront meſme raiſon au cylindre total ; & par ainſi le rouleau qui ſe fait quand le parallelogramme E F H G roule ſur la ligne Y Z eſt égal au ſolide qui a pour baſe
le meſme parallelogramme E F H G, & pour hauteur la circonférence du
cercle qui a pour demi-diamétre la ligne Z B.

Puiſque ces deux ſolides ſont égaux, qui ſont le premier & le troiſiéme
dans les quatre proportionnaux, les deux autres qui ſont le ſecond & le
quatriéme ſeront auſſi égaux entr'eux. Ces deux ſolides ſont l'anneau qui
ſe fait par le cercle, quand le grand parallelogramme tourne ſur la ligne
Y Z ; l'autre ſolide eſt celuy qui a pour baſe le cercle A C B D, & pour hauteur la circonférence du cercle duquel le demi-diamétre eſt la ligne L 5.

Il faut maintenant voir ce qui se fait quand le roulement se fait sur la ligne A B. Nous avons icy representé la figure comme un cercle; le mesme se doit entendre d'une ellipse: & partant il faut voir ce que fait la sphére qui se forme par la révolution du demi-cercle A B C sur le diamétre A B, ou le sphéroïde qui se forme par la révolution de la demi-ellipse sur la mesme ligne A B.

Il faut entendre que le quarré de I 12 est au quarré de K 13, comme le rectangle B I A est au rectangle B K A, & le quarré K 13 est au quarré L D, comme le rectangle B K A au rectangle B L A, & ainsi des autres, tant au cercle qu'en l'ellipse. Or,

tant la sphére que le sphéroïde qui sont formez par le roulement, sont au cylindre qui se fait en mesme temps, comme tous les quarrez I 12, K 13 & autres petits, au grand quarré B H pris autant de fois. Mais pour la raison des petits quarrez, j'ay pris la raison des pe-

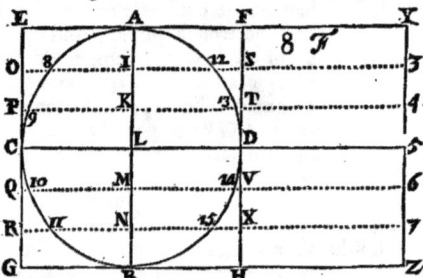

tits rectangles qui est la mesme: il faut donc avoir un grand rectangle pour le comparer aux petits rectangles, afin de laisser les grands quarrez. Je prendray le rectangle B L A qui vaut le quarré de L D ou M V, sçavoir les grands quarrez; & pour faire la comparaison, je dis que le rectangle B I A avec le quarré de L I est égal au quarré de L A ou L D son égal, ou quelqu'autre des grands quarrez; le rectangle B K A plus le quarré de L K est égal au mesme grand quarré L D, & ainsi de tous les petits rectangles qui se pourront faire; partant les grands quarrez excéderont les petits rectangles de tous les petits quarrez L I, L K qui vont toûjours en diminuant, & par ainsi font une pyramide que nous sçavons estre la troisiéme partie de son parallelipipede ou cube. Si donc nous ostons le tiers, il restera les deux tiers pour la valeur de la sphere ou spheroïde, qui seront par cette raison les deux tiers de leur cylindre; ce qu'il falloit prouver.

DE L'HYPERBOLE.

DANS l'Hyperbole A E D B C le sommet est C, c'est-à-dire que du point C on commenceroit l'hyperbole opposée; A C est le diamétre transversal coupé en deux au point B qui s'appelle le centre de l'Hyperbole. Il faut voir quand l'Hyperbole tourne sur la ligne A D, qui est l'axe, quelle raison le solide ou conoïde hyperbolique qui se fait, peut avoir avec son cylindre, c'est à dire, le solide qui se fait quand le parallelogramme F D tourne aussi sur l'axe A D.

Nous sçavons que le conoïde est au cylindre, comme tous les quarrez ensemble compris dans l'espace A E D, sçavoir le quarré de H O, de I P, L Q, & les autres, sont au quarré de E D pris autant de fois qu'il y en a de petits. Il reste à chercher la raison des quarrez entr'eux avec le grand.

La propriété de l'Hyperbole est que le quarré H O est au quarré I P, comme le rectangle C H A est au rectangle C I A; le quarré I P est au quarré L Q, comme le rectangle C I A au rectangle C L A, & ainsi des autres; & par ainsi tous les petits rectangles sont au grand rectangle C D A pris autant de fois qu'il y en a de petits, comme tous les petits quarrez sont

au grand quarré pris autant de fois qu'il y en a de petits. Mais pour sçavoir quelle est cette raison, je change les petits rectangles en leurs égaux,
& au lieu du rectangle C H A je pose le rectangle C A H plus le quarré
H A; au lieu du rectangle C I A, je pose le rectangle C A I plus le quarré
I A, & ainsi des autres; pour le grand, il n'y faut rien changer. On fera ensuite la comparaison, premièrement des rectangles C A H, C A I, & des
autres petits entr'eux & au grand C D A pris autant de fois qu'il y en a
de petits; & nous trouvons que tous les petits rectangles sont de mesme
hauteur, sçavoir C A, & par ainsi ils seront entr'eux comme leurs bases.
Nous avons donc pour les petits rectangles un solide qui a pour hauteur
la ligne CA, & pour base tous les nombres naturels qui composent un
triangle. Si au lieu de la ligne C A je prens sa moitié A B, j'auray un solide
qui aura pour base le quarré de A D, & pour hauteur la ligne B C; cecy
est pour les petits rectangles. Pour le grand rectangle, son solide a pour
hauteur D C, & pour base D A pris autant de fois qu'il y a de petits rectangles, c'est-à-dire le quarré D A; partant les deux solides ont tous deux le
mesme quarré D A pour base; & partant nous n'avons à considérer que leur
hauteur D C pour le grand, & B C pour le petit; partant tous les petits rectangles sont au grand rectangle pris autant de fois, comme D C est à B C.

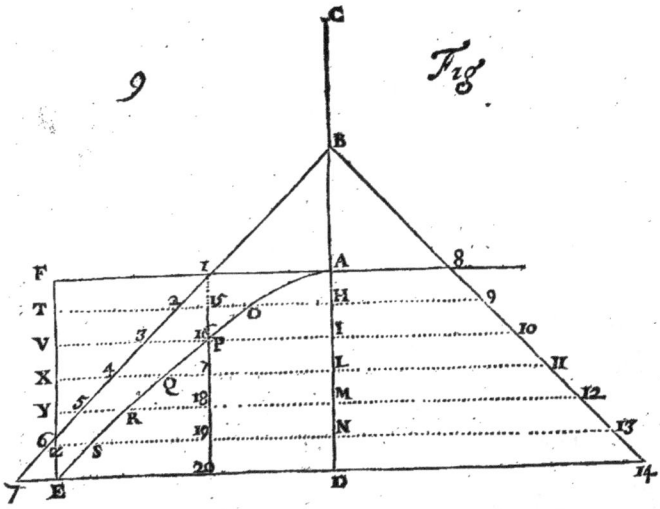

Il reste maintenant à considérer comment tous les petits quarrez sont
au mesme grand rectangle. Or tous les petits quarrez, sçavoir ceux de A H,
A I, A L, A M, A N, font une pyramide qui a pour base le quarré de A D,
& pour hauteur la mesme A D. (car les quarrez diminuez à l'infini font une
pyramide) Mais la pyramide est le tiers de son parallelipipede; c'est-à-
dire du solide qui a pour base le mesme quarré que la pyramide, & qui se
hausse autant que la pyramide, sçavoir de la ligne D A; donc au lieu de la
hauteur D A, j'en prens le tiers, & j'ay le solide qui a pour base le quarré
D A, & pour hauteur le tiers de D A; joignant donc ce tiers de D A avec
B C que j'avois trouvé devant, j'ay le tiers de D A plus B C ou A B son
égale, à la toute D C.

Pour le faire plus élégamment, je diray: Comme le tiers de A G (car j'ay ajoûsté à A C la ligne C G égale à B C) avec le tiers de D A qui est comme le tiers de D G à la ligne D C; ainsi le conoïde hyperbolique ou petit solide est au cylindre fait par A F E D. Que si nous voulons avoir la raison du cône qui se feroit, si le triangle A E D se tournoit sur la ligne D A (pour avoir ce triangle il faut tirer la ligne droite A E.) Euclide dit que le cône est le tiers de son cylindre: prenant donc le tiers de la ligne D C, elle sera au tiers de la ligne D G, ou toute la ligne D C à toute la ligne D G, comme le cône au conoïde hyperbolique ; ce qu'il falloit montrer.

Autre spéculation sur l'Hyperbole

DU centre de l'Hyperbole B j'ay tiré les asymptotes B 7, B 14. Si par le point A je tire la touchante 8 A 1, & que je tire d'un asymptote à l'autre infinies paralleles, comme les lignes 9 H 2, 10 I 3, & les autres, le rectangle 8 A 1 est égal au rectangle 9 O 2, 10 P 3; & ainsi tous ces rectangles sont égaux entr'eux. Quand le triangle B 7 D tourne sur D A, il se fait un cône qui est égal à tous les quarrez qui sont dans le plan, sçavoir au quarré de A 1, H 2, I 3, & à tous les autres, & dans le plan 1 B A. Si donc de tous ces quarrez j'en oste premiérement le vuide 1 B A, & tout ce qui est au dehors du plan E D A, il me restera le conoïde hyperbolique qui se fait par E D A tournant sur D A. Or le quarré H 2 vaut le rectangle 9 O 2 plus le quarré de H O; le quarré I 3 vaut le rectangle 10 P 3 plus le quarré de I P; le quarré de L 4 vaut le rectangle 11 Q 4 plus le quarré de L Q, & ainsi des autres. Mais chacun des rectangles est égal au quarré de A 1, lequel pris autant de fois qu'il y a de rectangles, fera le cylindre 1 20 D A; partant ostant ce cylindre, il restera les quarrez de H O, I P, L Q, qui sont égaux au conoïde hyperbolique; ce qu'il falloit montrer.

PROPORTION DE LA SPHERE
ou Sphéroïde, ou de leurs portions, au Cylindre
circonscrit, & au Cône inscrit.

ON considérera icy ce que fait la figure qui est en la page suivante tournant sur B D, & ne prenant que la portion 26 B L 4 que fait le cylindre & la portion de la Sphére ou Sphéroïde qui se fait par la révolution de la figure 4 1 B L. Le quarré de G 1 & les autres petits sont au grand quarré 4 L pris autant de fois qu'il y en a de petits, comme la portion de la Sphére ou sphéroïde (car c'est la mesme raison en l'une & en l'autre) est au cylindre 26 B L 4. Il est donc question de chercher la raison de ces petits quarrez au grand quarré. Or tous les petits quarrez sont au grand, comme les rectangles D L B, D I B, D H B, D G B sont au grand rectangle D L B; partant tous lesdits petits rectangles sont au grand rectangle D L B pris autant de fois, comme tous les petits quarrez sont au grand quarré pris autant de fois. Pour trouver la raison des petits rectangles au grand rectangle pris autant de fois, je change la valeur des petits rectangles en d'autres qui vaillent autant, & je dis ainsi: Le rectangle D B L moins le quarré B L vaut le rectangle D L B; le rectangle D B G moins le quarré B G vaut le rectangle D G B; le rectangle D B H moins le quarré B H vaut le rectangle D H B; le rectangle D B I moins le quarré B I vaut le rectangle D I B; partant dans les petis rectangles je trouve un solide qui a pour hauteur D B, & pour bases les petites lignes L B, L G, L H, L I qui font la somme de nombres naturels qui est un triangle lequel est toûjours la moitié de son quarré ; partant

je double le triangle pour avoir le quarré; & par ainſi j'auray un ſolide qui
aura pour hauteur DA moitié de DB (car doublant le triangle j'ay oſté la
moitié de DB) & pour baſe le quarré de LB comme l'autre ſolide. Pour le
grand rectangle, ſçavoir DLB pris autant de fois, il compoſe un ſolide qui
a pour hauteur la ligne DL, & pour baſe le meſme quarré LB. Les baſes
eſtant égales, il n'y a que les hauteurs à conſidérer, ſçavoit DB & BL. Mais

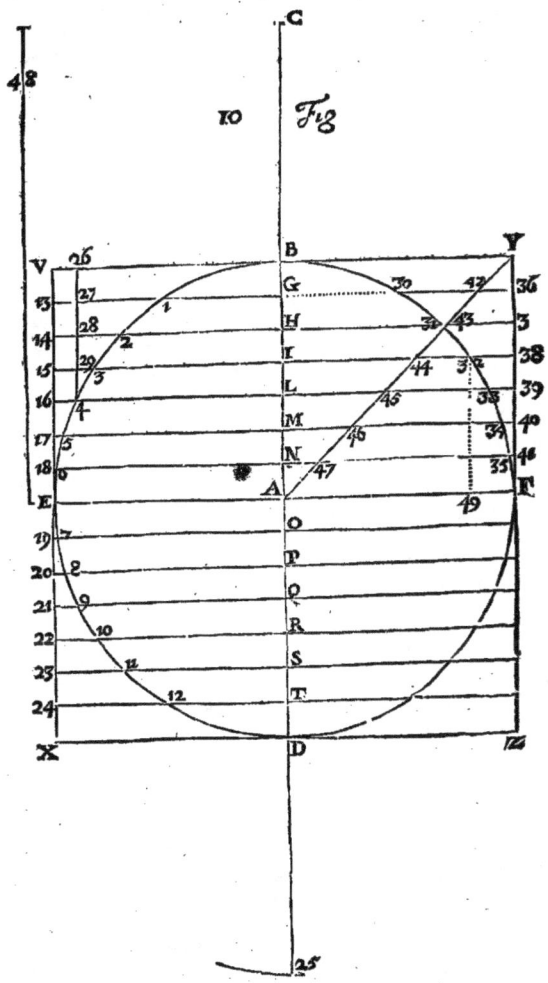

il faut oſter des petits rectangles les quarrez qui eſtoient de moins : or ces
petits quarrez compoſent une pyramide qui a pour baſe le quarré de LB, &
pour hauteur LB. Au lieu de la pyramide je prens un parallelipipede qui
                                                                    luy

luy foit égal : je retiens le mefme quarré L B, & pour hauteur le tiers de L B,
qui eſt la hauteur du parallelipipede égal à la pyramide (car toute pyramide eſt le tiers de fon parallelipipede.) Il faut oſter ce folide de l'autre qui a
mefme bafe, & partant il ſuffit d'oſter la hauteur du dernier de la hauteur de
l'autre. Voilà touchant le folide fait par les petits rectangles. Il reſte maintenant à chercher le folide du grand rectangle. Or ce folide n'eſt autre que
celuy qui a le quarré L B pour bafe, & D L pour hauteur. Celuy-cy n'a point
d'autre bafe que les autres, partant nous ne regarderons que la hauteur D L en
celuy-cy, puis nous dirons que comme le tiers de la ligne 25 L (car D A moins
le tiers de L B vaut le tiers de la ligne 25 L) eſt à la ligne D L, ainſi le folide fait
par la figure 4 2 B L eſt à fon cylindre fait par le parallelogramme 26 4 L B.

Que ſi nous voulons avoir le cône qui fe feroit par la mefme révolution,
ſi on tiroit une ligne B 4. Nous ſçavons que le cône eſt le tiers de fon cylindre ; je prendray donc le tiers de D L (laquelle repréſente le cylindre)
& je diray que comme le tiers de la ligne 25 L eſt au tiers de la ligne D L,
ainſi noſtre folide eſt au cône : or qui dit le tiers d'une ligne au tiers d'une
autre, dit la ligne entiére à la ligne entiére ; partant le folide fera au cône,
comme la ligne 25 L eſt à la ligne D L ; ce qu'il falloit trouver. Dans la mefme figure il faut conſidérer que, lors qu'elle tourne fur la ligne A B quand
le cylindre V E F Y fe fait, il fe fait auſſi un folide par la révolution du plan
A B F, qui s'appelle un creux. Il fe fait encore un autre folide par le plan B 30
F Y. Nous en avons encore un autre qui fe fait fur le triangle A Y B qui
eſt un cône. Il faut voir quel rapport ont entr'eux tous lefdits folides.

Les diviſions eſtant faites à l'infini, & toutes les lignes tirées telles qu'on les
voit en la figure , les figures ſont entr'elles comme les quarrez de ces lignes
ſont entr'eux. Or pour ce qui eſt du cône que nous voulons égaler au folide fait par B 30 F Y, il faut dire que la grande ligne du cylindre total eſt
coupée en deux également au point I, ſçavoir la ligne 15 I 38, & en deux
parties inégales au point 32 ; partant le rectangle 15 32 38 avec le quarré I 32,
vaut le quarré I 38. Si donc du quarré I 38 j'oſte le quarré I 32, il me reſte le
rectangle 15 32 38 qui appartient au folide B 30 F Y.

Puis aprés nous entrons dans les propriétez de l'ellipfe ; (car ce que je
concluray s'entendra du cercle comme de l'ellipfe.) Le diamétre E F, le diamétre B D & le coſté droit du diamétre E F, ſçavoir la ligne 48 , ſont trois
proportionnelles ; & la première E F eſt à la troiſiéme 48 , comme le quarré
de la première E F eſt eſt au quarré de la feconde D B. De plus, le rectangle
E 49 F eſt au quarré de l'ordonnée 49 32 comme la ligne E F eſt à la ligne
48 coſté droit d'icelle ; partant le rectangle E 49 F eſt au quarré 49 32, comme le quarré E F eſt au quarré D B, ou le quarré de A F au quarré de A B.
Au lieu de A F je poſe fon égale B Y ; donc le quarré B Y eſt au quarré
B A, comme le rectangle E 49 F au quarré 49 32 ; ou bien prenant leurs
égaux, le rectangle 15 32 38 au quarré I A égal au quarré 49 32. Mais le
quarré B Y eſt au quarré B A, comme le quarré I 44 eſt au quarré I A ; partant le rectangle 15 32 38 fera au quarré I A, comme le quarré I 44 eſt au
mefme quarré I A ; partant le rectangle 15 32 38 fera égal au quarré I 44 ; &
par ainſi le cône fera égal au folide de B 30 F Y. Mais le cône eſt le tiers de
fon cylindre ; ſi donc j'oſte le tiers du cylindre total, il reſtera les deux tiers
pour le folide ou le creux qui fe fait par le plan A F B, qui eſt ce qu'on
cherchoit.

Or, non-feulement le cône eſt égal au folide extérieur, mais chaque partie eſt égale à chaque partie ; c'eſt-à-dire que le folide fait par N 47 46 M,
eſt égal au folide fait par 35 41 40 34 ; le folide 45 L M 46 eſt égal au folide 33 39 40 34, & ainſi des autres. Par tout cecy nous venons à la con-

noiſſance du centre de gravité de tous ces ſolides ; car le centre de gravité du cylindre A Y eſt au milieu de la ligne A B : or le centre de gravité du cône eſt aux ⅓ de la ligne A B ; le centre de gravité du ſolide qui luy eſt égal, ſe trouve au meſme lieu dans la ligne B A aux ⅔ d'icelle ; partant, ſelon Archiméde, le centre de gravité de la Sphére ou Sphéroïde reſtant du cylindre ſera connu, parce qu'il eſt en la raiſon réciproque des deux ſolides, ſçavoir de la Sphére ou Sphéroïde, au ſolide de dehors, c'eſt-à-dire à B 30 F Y, aux lignes qui ſont depuis le centre de gravité du grand cylindre, au centre de gravité du petit ſolide, & à la ligne qui part du centre de gravité du meſme grand cylindre au centre de gravité de la figure reſtante que je cherche, qui eſt de la Sphére ou Sphéroïde.

PROPORTION
du Cône au Cylindre.

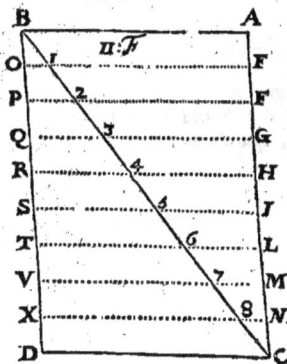

EN cette figure le triangle eſt au parallelogramme, comme tous les nombres naturels ſont au quarré du plus grand ; c'eſt-à-dire, comme 1 à 2. Que ſi vous le faites tourner ſur la ligne B D, le cône qui ſe fera de B D C ſera au cylindre qui ſe fera ſur A B D C comme 1 à 3 ſelon Archiméde.

DE LA CONCHOÏDE.

NOus conſidérons premiérement le grand triligne A 7 14. Le centre de la Conchoïde eſt A ; la Conchoïde 14 7 eſt la premiére, & la ſeconde Conchoïde eſt 16 17 ; la régle qui les ſépare B C ; les lignes qui partent de cette régle ou ligne & qui vont aux deux Conchoïdes, ſçavoir C 7, M 6, L 5, & les autres, ſont toutes égales entr'elles, & pareillement les lignes C 17, M 22, L 19 ſont égales entr'elles & aux autres cy-deſſus, ſçavoir à C 7, M 6, &c. Nous diſons donc ainſi :

. Le grand triligne eſt diviſé (ſelon les indiviſibles) en ſecteurs ſemblables infinis qui reſſemblent aux triangles, mais par les indiviſibles nous les prenons pour ſecteurs : or les ſecteurs ſemblables ſont entr'eux comme leurs quarrez ; nous devons donc chercher la raiſon & la valeur des quarrez pour tirer nos conſéquences. Au lieu de chaque quarré nous conſidérons ſon égal ; & par ainſi nous trouvons que le quarré A 7 vaut les quarrez A C, C 7 plus deux fois le rectangle A C 7 ; le quarré A 17 vaut les quarrez A C, C 7 ou C 17 moins le rectangle A C 17 pris deux fois. Tout cecy mis enſemble vaut le quarré C 7 deux fois, plus le quarré A C deux fois, les rectangles qui ſont par plus & moins ſe détruiſant l'un l'autre ; or ces quarrez nous repréſentent les deux trilignes, ſçavoir A 7 14, & A 17 16.

Je dis que le grand triligne A 7 14, & le petit A 17 16 ſont égaux à deux fois les quarrez A C, & C 7. [La petite figure qui eſt icy a eſté faite,

d'autant que dans l'espace C 7 B 14 il n'y a point de secteurs qui rempliſ-
ſent ledit eſpace, mais ſeulement des quarrez qui ſont entr'eux comme les
ſecteurs. Je prens donc des ſecteurs tous ſemblables, dont les angles ſoient
égaux aux angles en A, & la hauteur égale aux lignes C 7, M 6, & autres : ces
ſecteurs ſont aux grands ſecteurs, comme les quarrez de C 7, M 6, L 5, &
autres, ſont aux grands quarrez A 7, A 6, A 5, & autres.] Ayant donc l'é-
galité ſuſdite entre les trilignes A 7 14 & A 17 16, & les quarrez A C & C 7
pris deux fois : au lieu des quarrez C 7 je prens des ſecteurs ſemblables, qui
garderont la meſme raiſon entr'eux que leſdits quarrez, partant au lieu de
dire, deux fois les quarrez C 7, M 6, & les autres, je prens deux fois les ſecteurs compris dans la petite figure T V Y X, & je dis, deux fois les petits
ſecteurs avec deux fois le triangle A C B ſont égaux au triligne A 7 14, &
au triligne A 17 16 : & c'eſt icy la premiére conſéquence ou concluſion.

Pour la ſeconde, c'eſt quand nous oſtons du grand triligne A 7 14 le petit triligne A 17 16, alors nous avons d'un coſté l'eſpace 16 17 7 14 pour
comparer avec deux fois les petits ſecteurs, le triangle A B C, & l'eſpace
16 17 C B. Alors l'eſpace d'une conchoïde à l'autre, c'eſt-à-dire 16 17 7 14,
eſt égal à deux fois les petits ſecteurs plus deux fois l'eſpace 16 17 C B, &
c'eſt icy une autre concluſion.

J'avois omis de dire que quand du grand triligne & du petit triligne
j'en oſte le petit, il reſte le grand A 7 14 qui eſt égal à deux fois les petits
ſecteurs, au triangle A C B & à l'eſpace 16 17 C B, qui eſt une autre concluſion.

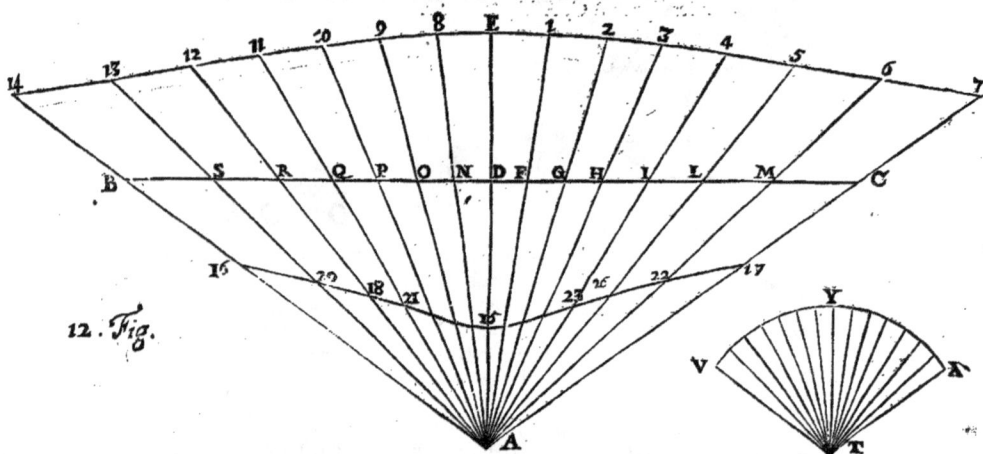

12. Fig.

Que ſi on veut retrancher du grand triligne A 7 14 le triangle A C B,
il reſtera l'eſpace 7 C B 14 qui ſera égal à deux fois les petits ſecteurs avec
une fois C B 16 17, qui eſt une quatriéme concluſion.

Maintenant il nous faut voir quelle raiſon il y a entre le triangle A B C
& l'eſpace B C 7 14. Cela ſe fera conſidérant le quarré A 7 duquel nous
oſterons le quarré A C. Ayant donc diviſé le triligne A 7 14 en ſecteurs tous
ſemblables & infinis, ainſi qu'il a eſté fait cy-deſſus aux autres concluſions,
& ſçachant que les ſecteurs ſont entr'eux comme leurs quarrez, nous diſons que le quarré A 7 eſt égal aux quarrez A C & C 7 plus le rectangle A C 7 pris deux fois. Si j'en oſte le quarré A C, il me reſte le quarré

C 7 plus le rectangle A C 7 deux fois. Il faut confidérer quels folides ils font.

Tous les quarrez C 7, M 6, & les autres font tous égaux ; & par ainfi tous joints enfemble font un parallelipipede ou folide qui a pour hauteur & largeur la ligne C 7, & pour longueur une ligne telle qu'on voudra, fçavoir autant qu'on aura pris de fois & ajoûté les quarrez l'un à l'autre ; c'est le premier folide qui fe forme.

L'autre fe fait du rectangle A C 7 pris autant de fois que les fufdits quarrez, & forme un folide qui a pour hauteur C 7 comme l'autre, mais fa longueur eft diverfe, fçavoir des lignes AC, AM, AL, & des autres qui toutes font inégales.

Or ces deux folides fe doivent mettre enfemble afin de les comparer à celuy qui eft compofé des quarrez A C, A M & autres qui tous font inégaux ; & partant ce folide fera racourci de deux coftez. Or ce folide fe peut confidérer comme fi j'avois fait un cercle du centre A & de l'intervalle A D : car alors la ligne B C fera une touchante dudit cercle au point D, la ligne A D fera le finus total ; & les lignes A N, A O, A P feront toutes des fecantes, & ainfi le folide fera formé des quarrez des fécantes. Or ces deux folides eftant de mefme hauteur, fçavoir de la ligne C 7 & autres, il eft aifé de les joindre enfemble, & de tous deux en faire un folide compofé de tous les quarrez C 7, M 6, &c. d'une part, & de la ligne C 7 multipliée par la fomme des lignes AC, A M, & les autres prifes deux fois (parce que le rectangle A C 7 eft deux fois dans le quarré A 7) c'eft-à-dire, qu'il faut doubler les lignes A C, A M, & autres.

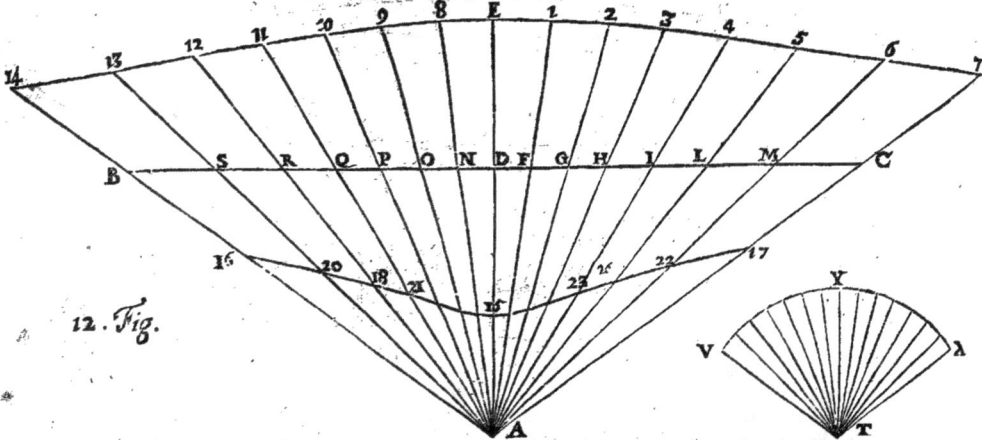

12. Fig.

Le folide qu'il faut comparer à celuy-cy eft fait par la fomme des quarrez des lignes A C, A M, & des autres qui toutes font inégales. Nous difons donc, Comme le folide fait par la fomme des quarrez A C, A M, & autres, eft au folide compofé des deux cy-devant mis ; ainfi le triangle A B C eft à la figure C 7 14 B. Mais dans le premier folide les lignes C 7, M 6 me font données, & partant leurs quarrez : de plus les lignes A C, A M, & autres me font auffi données, d'autant que la ligne A D (que je prens pour finus total ou demi-diametre d'un cercle que je feins eftre fait) m'eft donnée, & la ligne D E fur lefquelles j'ay formé ma Conchoïde ; & par le moyen de A D finus total & de l'angle B A D, je connois toutes les fécantes de ce cercle

que

que je pose estre décrite sur le rayon A D : ces sécantes sont A N, A O, A P, &
les autres qui suivent. Dans le dernier solide tous les quarrez de A C, A M
me seront donnez, puisque les lignes sont données ; & ainsi je joins les quarrez C 7, M 8 avec le rectangle fait de A C doublé & C 7, le tout pris autant de fois qu'il y a de quarrez. Or C A, & M A sont sécantes ; donc par
le calcul il nous sera facile d'en trouver la valeur que nous comparerons
avec le second solide qui est composé de l'aggrégé ou somme des quarrez
des sécantes ; & telle sera la raison de A B C à l'espace B C 7 14.

TRACER SUR UN CYLINDRE DROIT
un espace égal à un Quarré donné,
& ce d'un seul trait de Compas.

ON demande qu'il soit tracé sur un cylindre droit d'un seul trait de compas un espace égal au quarré de la ligne A B. Pour le faire je coupe en
deux également la ligne A B au point C, & je décris le cercle F M E, le diamétre duquel F E soit égal à A C. Sur ce cercle j'éleve un cylindre dont la
hauteur soit du moins le double de F E, & au milieu de cette hauteur soit le
point F ; puis ouvrant le compas de l'intervalle F E, je décris un espace sur
la superficie du cylindre. Je dis que cét espace vaut le quarré de A B.

Pour le prouver, je divise le cercle en parties infinies aux points E G H I &
autres : de chacun de ces points j'éleve des perpendiculaires au plan du cercle en nombre infini, comme les points sont infinis : du point E qui est l'extrémité du diamétre, je tire à chaque point de la division des lignes droites
E G, E H, E I, & autres qui sont dans le demi - cercle E L F. Or toutes ces
petites lignes sont des sinus du quart d'une circonférence ; ce qui se con-
noistra, faisant du rayon F E & du centre F un cercle qui ait pour diamétre le double de E F ; mais icy je me contente de la quatriéme partie de la
circonférence. Si donc du centre F je tire des lignes en nombre infini qui
soient toutes égales à F E, elles iront jusques à la circonférence de ce cercle,
& couperont toutes les petites lignes E G, E H & les autres à angles droits, car
l'angle se trouve dans le demi-cercle E L F ; & partant toutes les petites lignes
sont les sinus du quart d'une circonférence.

Nous sçavons que le demi-diamétre du cercle est au quart de la circonférence, comme tous les petits sinus sont au sinus total pris autant de fois.
Nous sçavons aussi que le quarré du demi-diamétre est égal à la figure qui
est faite par les infinis petits sinus qui divisent ce quart de circonférence. Or
le demi-diamétre est F E qui est égal à la ligne droite A C moitié de A B ;
partant son quarré quatre fois vaudra le quarré de A B. Or les sinus E G,
E H, &c. sont égaux aux perpendiculaires élevées des points G H, &c. jusques
au retranchement fait par le compas, comme il sera montré ; & par ainsi la
figure ou l'espace tracé par le compas qui est ouvert de la grandeur E F, l'un des
pieds posé sur F qui est un point pris en quelque endroit que ce soit de la
surface du cylindre, & l'autre pied, par exemple sur le point E, & tournant
sur la superficie du cylindre tant qu'il revienne au mesme point E ; cét espace compris sur le cylindre vaut quatre fois l'espace compris des petits sinus qui divisent le quart de la circonférence ; car le compas parcourt les
quatre quarts de la circonférence du cylindre, s'il se peut ainsi dire. Or le
cylindre est présumé prolongé tant en haut qu'en bas autant qu'il faudra,
dessus & dessous ledit point F, & le cercle F M E parallele à sa base pour
satisfaire à la question.

On considere icy deux triangles qu'on veut prouver estre égaux: l'un est F H E; l'autre a pour base F H, pour catet la perpendiculaire tirée du point H jusques au retranchement fait par le compas, & l'hipoteneuse sera égale à F E, puis que c'est l'ouverture du compas.

Reste à montrer que la ligne EH est égale à la perpendiculaire élevée du point H, quand elle a esté retranchée par le compas ouvert de la grandeur FE. Pour cét effet, il faut tirer la ligne FH, & concevoir deux triangles, l'un de la ligne FH & FE portée à l'extrémité de la perpendiculaire tirée du point H, & qui monte vers le haut du cylindre & de ladite perpendiculaire qui sort de H jusques au retranchement fait par FE portée sur la surface du cylindre. Ces trois lignes font un triangle rectangle qui est égal au triangle FEH; car en tous les deux triangles la ligne FH est commune; l'angle en H est droit, car il se fait de la ligne FH & de la perpendiculaire sur le point H en l'un des triangles, sçavoir en celuy qu'on veut montrer égal à FEH, & pareillement l'angle en H de l'autre triangle FEH est droit, estant dans le demi-cercle; la ligne FE qui a coupé la perpendiculaire élevée sur le point H est égale à FE; partant la ligne EH est égale à ladite perpendiculaire qui part du point H, & qui est coupée par la ligne FE par la révolution du compas. Le mesme se prouvera de toutes les autres lignes EG, EI, EL, EM, & autres.

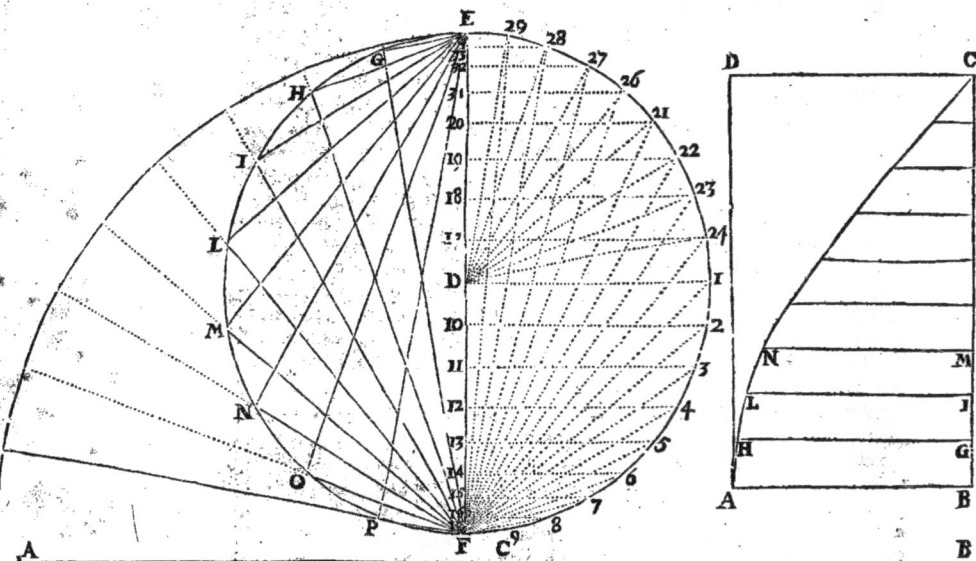

Or cette figure se trouve estre la mesme que la troisiéme figure cy-devant, si on suppose que la circonférence EHLF est égale à BC dans la troisiéme figure, & qu'elle est divisée infiniment en sinus GE, HE, IE, & les autres; tout ainsi que la ligne BC de la troisiéme figure est divisée en sinus infinis, sçavoir GH, IL, MN, &c. Or nous devons considérer cette troisiéme figure ou bien la présente, car il n'importe pas, & voir ce qu'elles font. Par exemple, quand la troisiéme figure tourne sur la ligne BD, elle fait un cylindre avec le rectangle BD, & un autre solide avec la figure courbe ACB. Je trouve que le cylindre est double du petit solide fait de la figure courbe. Pour le prouver je me sers de la treiziéme figure présente, & je feins avoir tiré une infinité de lignes du point F à tous les points, comme FP, FO, FN, & autres, qui sont toutes égales aux premiéres tirées du point E aux mesmes

points, sçavoir à E G, E H, E I, &c. Je dis en suite que les quarrez de GE
& GF sont égaux au quarré de FE: il en est de mesme des quarrez de EH
& HF, & ainsi des autres ; partant tous ces quarrez ensemble seront égaux
au quarré de EF pris autant de fois. Mais dans ces petits quarrez je n'ay besoin que de ceux qui composent la figure, sçavoir des quarrez de EG, EH,
EI, & autres tirez du point E, qui sont la moitié de tous ceux que j'avois
comparez avec le grand quarré FE ; partant tous ces petits quarrez seront à
autant de fois le grand quarré FE comme la moitié au tout. Mais les solides sont entr'eux comme tous les quarrez pris ensemble ; partant le petit solide fait de la figure courbe ABC en la troisiéme figure, sera au cylindre
fait de BD, comme 1 à 2 ; ce qu'il falloit démontrer.

On considérera encore en la mesme figure un autre trait de compas. Je
pose une des pointes sur le point F que je prens dans la circonférence du
cercle F 1 E L, lequel cercle est la base mitoyenne du cylindre qu'on suppose toûjours prolongé en haut, & en bas autant qu'il est nécessaire. On met
donc l'un des pieds du compas en F, & l'ouverture d'iceluy est F 1 qui est la
soutendante du quart de la circonférence totale F 51. Or cette circonférence est divisée en parties égales & infinies aux points 2, 3, 4, &c. sur chacun
desquels j'éleve des perpendiculaires, comme cy-devant : des mesmes points
je tire des perpendiculaires sur le demi-diametre FD qui le divisent en une
infinité d'autant de parties inégales. Il faut maintenant considérer les pro-
prietez de toutes ces lignes. Nous voyons qu'il se fait plusieurs triangles rectangles dont les costez sont F 2, F 1, & la perpendiculaire sur le point 2, laquelle est en l'air ; le second, F 3, F 1, & la perpendiculaire en l'air sur le point 3 ;
F 4, F 1, & la perpendicle en l'air sur le point 4, & cette perpendiculaire tirée
en l'air s'augmente à mesure que la soutendante diminuë. Car les quarrez des
deux lignes F 2 & la perpendiculaire en l'air sur le point 2, sont égaux au quarré
de F 1 ; les quarrez de F 3, & de la perpendiculaire sur 3 en l'air sont égaux au
mesme quarré F 1, & ainsi des autres. Mais le quarré F 1 est égal au rectangle
E F D, le quarré F 2 est égal au rectangle E F 10, le quarré F 3 au rectangle
E F 11, & ainsi des autres quarrez & rectangles ; partant tous les rectangles
E F D, E F 10, E F 11, & les autres, sont entr'eux comme les quarrez F 1,
F 2, F 3, &c. & partant tous les rectangles E F 10, E F 11, & autres tous ensemble sont au grand rectangle E F D, comme tous les quarrez F 2, F 3, &c.
sont au grand quarré F 1. Quand du rectangle E F D j'oste le rectangle E F 10,
il reste le rectangle E F par 10 D qui est égal au quarré de la perpendiculaire
tirée du point 2 en l'air ; quand du mesme rectangle E F D j'en oste le rectangle E F 11, il reste le rectangle E F par 11 D qui est égal au quarré de la perpendiculaire tirée du point 3 en l'air. (Or j'ay besoin des quarrez de ces perpendiculaires, d'autant qu'en tournant la troisiéme figure sur B C, ces lignes représentent les demi-diametres des cercles qu'il faut comparer avec le quarré du
demi-diametre de la base du cylindre.) Mais tous les rectangles susdits ont
une mesme hauteur, sçavoir FE ; & partant ils sont entr'eux comme les lignes FD, F 10, F 11. Si on oste de la base d'un rectangle la base d'un autre
rectangle, il restera leur différence : comme si de FD j'oste F 10, il restera
D 10 ; si de FD j'oste F 11, il restera D 11, & ainsi des autres. Or ces restes
sont homologues avec les quarrez des lignes perpendiculaires qui restent
quand j'ay osté le quarré F 2 du quarré F 1 : du mesme quarré F 1 j'ay osté
le quarré F 3, puis F 4, &c. il reste les quarrez des perpendiculaires tirées en l'air
des points 2, 3, 4, &c. partant les lignes D 10, D 11, & autres garderont entr'elles la mesme raison que les quarrez desdites perpendiculaires. Mais les lignes D 10, D 11, D 12, &c. sont sinus ; car les lignes 2 10, 3 11, 4 12, &c. sont
perpendiculaires sur le diametre EF ; donc les quarrez des perpendiculaires

HHh ij

Il faut en-
tendre icy
que la figure
A B C est
faite de tou-
tes les per-
pendiculai-
res élevées
sur les points
2, 3, 4, &c.
& que A B
est égale à
F 1.

font au quarré de la grande F I prife autant de fois, comme tous les petits
finus font au finus total D F pris autant de fois. Mais les petits finus font au
finus total pris autant de fois, comme le demi-diametre du cercle eft au quart
de la circonférence; partant le folide fait par la révolution de la figure courbe
A C B fur la ligne B C, fera au cylindre fait du rectangle B D, comme le demi-
diametre du cercle eft au quart de la circonférence.

Confidérons maintenant le trait du compas fait de l'intervale F 3, gardant
toûjours le point F pour pofer ledit compas. Il fe trouve que le quarré F 4
avec le quarré de la perpendiculaire tirée du point 4 en l'air, eft égal au quarré
de F 3; le quarré F 5 avec celuy de la perpendiculaire fur le point 5 en l'air,
font égaux au mefme quarré F 3, & ainfi des autres. Or le rectangle E F 11
eft égal au quarré F 3, & le rectangle E F 12 eft égal au quarré F 4, & ainfi
des autres rectangles & quarrez. Si donc du rectangle E F 11 j'ofte le rectangle E F 12, il refte le rectangle E F par 12 11 égal au quarré de la perpendiculaire fur 4 tirée en l'air. Si du mefme rectangle E F 11 on ofte le rectangle E F 13,
il refte le rectangle E F par 13 11 qui eft égal au quarré de la perpendiculaire
tirée fur 5, & ainfi des autres. Que fi nous feignons une parabole eftre tirée du fommet 11 vers la circonférence du cercle, & que des points 11, 12,
13, 14, 15, pris fur fon axe 11 F on tire des ordonnées jufques à la circonférence de ladite parabole, les quarrez de telles ordonnées feront égaux
aux rectangles; fçavoir le quarré de la ligne tirée du point 12 à la parabole,
fera égal au rectangle fait par le cofté droit de ladite parabole qui eft F E, &
la portion de l'axe 11 12; le quarré de l'ordonnée tirée du point 13 à la parabole, fera égal au rectangle E F par 11 13, & ainfi des autres. Ce qui fait voir
que les quarrez des ordonnées font égaux aux quarrez des perpendiculaires
qu'on a tirées en l'air des points 3, 4, 5, &c. & par conféquent les ordonnées feront égales aufdites perpendiculaires. Mais d'autant que les perpendiculaires
font en égale diftance l'une de l'autre, & les ordonnées inégalement diftantes
l'une de l'autre, cela eft caufe qu'on ne peut pas comparer le plan fait par les
perpendiculaires avec le plan qui fe fait par les ordonnées, d'autant que les
perpendiculaires divifent la ligne en parties égales, mais les ordonnées ne
divifent pas l'axe également, mais inégalement; & ainfi le plan qui fe fait
des perpendiculaires ne peut pas eftre comparé avec le plan fait par les ordonnées pour en fçavoir la raifon.

Maintenant il faut confidérer la raifon des folides, fi la figure fe tournoit
fur la ligne F 5 3 étenduë en ligne droite, fuppofant que le trait du compas fe faffe du point F, & de l'ouverture F 3. Or nous avons trouvé par le
précédent difcours, que le rectangle E F par 11 12 eft égal au quarré de la
perpendiculaire fur 4 en l'air; le rectangle E F par 11 13, égal au quarré de la
perpendiculaire fur 5 en l'air, & ainfi des autres: partant toutes ces lignes feront homologues avec les quarrez defdites perpendiculaires. Or les lignes 11
12, 11 13, 11 14, &c. ne font point finus, parce qu'elles ne partent pas du demi-
diametre D 1, car il s'en faut la ligne D 11 qu'elles ne viennent jufques à
D 1. Que fi elles eftoient des finus, nous ferions la raifon comme en l'autre
précédente raifon des folides, fçavoir comme les petits finus au finus total
D 1 pris autant de fois. Or les lignes 11 12, 11 13, 11 14, &c. font les mefmes
que fi du point 4 on menoit une perpendiculaire fur 11 3, & du point 5 &
6 fur la mefme 11 3, & ainfi de tous les autres points qui divifent la circonférence. Or toutes ces lignes ne font point finus, car il s'en faut la ligne 11 D, ou la perpendiculaire qui feroit tirée du point 3 fur la ligne D 1,
fçavoir 3 25. Comme donc la ligne 11 3, ou D 25 fon égale, à la circonférence F 5 3, ainfi tous les petits finus font au finus total pris autant de fois.
Mais pour trouver l'équation des folides il faut avoir la différence des finus,

nus, sçavoir D 12, D 13, D 14, D 15, D 16 moins autant de fois D 11; partant toutes les différences des petits sinus sont au sinus total pris autant de
fois, moins le mesme espace D 11 pris autant de fois, comme le solide fait
par les quarrez des perpendiculaires au cylindre qui se fait. Cecy sera mieux

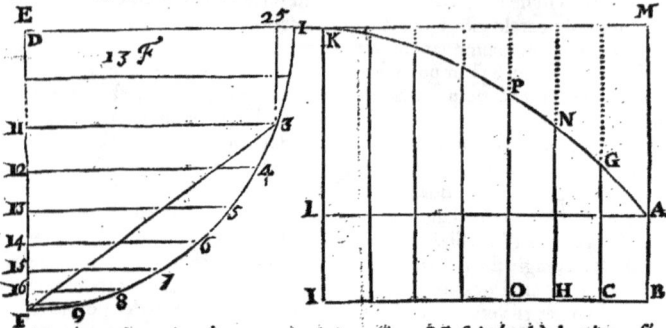

représenté par la petite figure qui est icy. Que I B soit égal à la circonférence F 53; A B à D 11 ou à 3 25; & les lignes C G, H N, O P, &c. égales
à D 12, D 13, D 14, & autres sinus, desquels il faut retrancher A B ou D 11
pris autant de fois, c'est-à-dire, le parallelogramme A B I L. Tout cela se
doit comparer au sinus total pris autant de fois, qui est D F en la grande
figure, mais en la petite c'est I K qui fait le parallelogramme I K B M duquel il faut oster le mesme parallelogramme A B I L; & partant il reste le
parallelogramme L A M K, & de I K A B il restera le triligne L A P K; & partant le solide fait par les quatrez des perpendiculaires est au cylindre de la
grande, comme le triligne L A K au parallelogramme L K M A. Mais ne nous
contentant pas de cela, nous cherchons des raisons en lignes; & retournant
à la grande figure, nous disons: Comme tous les petits sinus sont au grand
sinus pris autant de fois; ainsi le sinus 11 3 est à la circonférence F 3. Or il
faut oster de cette raison ce qui y est de trop, & dire: Comme tous les
petits sinus moins 11 D pris autant de fois, au sinus total pris autant de fois,
moins le mesme 11 D pris autant de fois; & changeant la proportion on
dira: Comme le sinus total D F est à D 11, ainsi la circonférence F 53 sera
à quelque portion de la mesme circonférence F 5 3, laquelle portion il faut
oster de la ligne ou sinus 11 3; & par ainsi la ligne 11 3, quand on en a osté
ce qui avoit esté retranché de ladite circonférence F 53, est à ce qui reste de
ladite circonférence F 5 3, comme le petit solide fait des quarrez de perpendiculaires est à leur cylindre. Or tous les sinus & la circonférence me
sont donnez; & partant la raison des solides sera connuë, ce qu'il falloit
prouver.

Maintenant il faut considérer sur la mesme figure la raison des solides *Voyez la fi-*
entr'eux quand elle roule sur la ligne circulaire F 2 21 étenduë comme droite, *gure suivan-*
& quand l'ouverture du compas est F 21, sans répéter ce qui a esté dit cy- *te.*
devant: on trouve que les quarrez des perpendiculaires tirées en l'air des
points 21, 22, 23, 24, &c. sont entr'eux comme les lignes 20 19, 20 18,
20 17, &c. Or toutes ces lignes se doivent considérer en cette sorte, 20 D
— 19 D; 20 D — 18 D; 20 D — 17 D; & ainsi des autres. Les suivantes se considérent ainsi, 20 D + 10 D; 20 D + 11 D; 20 D + 12 D;
20 D + 13 D, &c. en sorte que 20 D est pris autant de fois qu'il y a de
divisions en la circonférence F 2 21 & les autres sinus, sçavoir D 16, D 11
D 12, D 13 &c. sont pris autant de fois qu'il y a de divisions au quart de

III i

la circonférence F 1 ..... choſe, il en faut oſter les lignes D 19, D 18,
D 17, & les autres ..... autant de fois qu'il y a de diviſions dans la circonférence 1 21. Voilà une des équations ; l'autre eſt la ligne F 20 priſe
autant de fois qu'il y a de diviſions en la circonférence F 2 21.

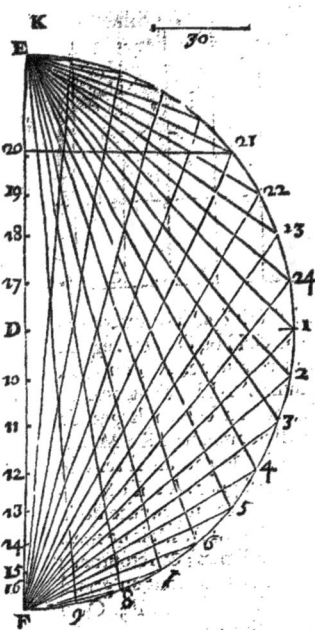

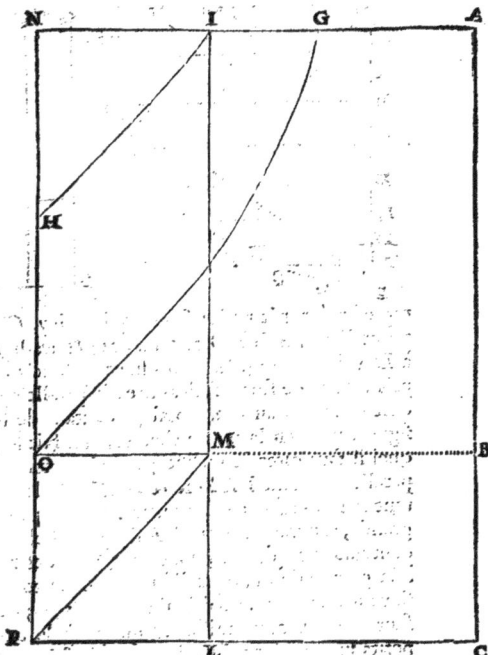

Pour mieux entendre ce diſcours, on fera la figure qui eſt icy à coſté
du demi-cercle, en laquelle A B vaut F 1, quart de la circonférence ; B C
vaut 1 21 ; & la toute A C vaut la circonférence F 3 21 ; A N vaut F 20,
& par ainſi le parallelogramme N C vaut ce qui eſt contenu dans 20 F 2 21 ;
N G vaut F D ſinus total ; A G ou ſon égale N I vaut D 20 ; N H égale à
O P vaut la circonférence 1 21. Nous diſons donc que comme le rectangle
A N P C eſt au rectangle I N P L + le triligne N G O — le triligne
I N H ou O M P ſon égal, ainſi le cylindre eſt au ſolide qui ſe fait quand
la figure retranchée du cylindre tourne ſur la circonférence F 1 21 étenduë
en ligne droite ; ce qu'il falloit démontrer.

Nous venons maintenant à une conſidération qui eſt que prenant toûjours le meſme point F, & l'ouverture du compas telle que ſon quarré ſoit
égal aux quarrez de F E & de la ligne 30, il ſe trouve, par exemple, que
les quarrez de F E & de 30 ſont égaux aux quarrez de F 22 & de la perpendiculaire tirée en l'air du point 22, & ainſi de tous les autres. Or le
quarré F E vaut les quarrez E 22 & 22 F ; partant les quarrez de E 22, 22 F,
& de 30 ſont égaux au quarré de 22 F & à celuy de la perpendiculaire tirée de 22 en l'air. J'oſte des deux équations ce qui eſt commun, ſçavoir le
quarré F 22, & il me reſte d'une part le quarré E 22 + le quarré 30 égal au

quarré de la perpendiculaire tirée en l'air du point 2 2 ; & ainſi tous les quarrez des perpendiculaires tirées en l'air de tous le points qui diviſent la demi-circonférence, ſont égaux aux quarrez des lignes qui partent du point E,
& ſe terminent auſdits points, plus le quarré de la ligne 3 0. Il faut remarquer que la ligne 3 0 ne change point, mais les autres changent toûjours,
puiſque les quarrez E 2 2 & 2 2 F, E 2 3 & 2 3 F, & tous les autres ſont égaux
au quarré F E pris autant de fois. Mais de tous ces quarrez je n'ay beſoin
que de la moitié ; partant cette moitié ſera égale à la moitié du quarré F E
pris autant de fois. (On ne prend que la moitié de cette ſomme de quarrez,
parce qu'on n'en a pas beſoin d'autre choſe ; car joignant leſdits quarrez au
quarré de 3 0 pris autant de fois, on aura la valeur des quarrez des perpendiculaires en l'air, qui eſt ce qu'il faut avoir.)

Nous conclurons donc que le ſolide qui ſe fait par la révolution des
perpendiculaires qui tournent ſur la circonférence étenduë comme une ligne droite, eſt égal à deux cylindres, le premier deſquels a d'une part la ligne F E, & de l'autre la meſme circonférence étenduë ; & de celuy-cy il
n'en faut prendre que la moitié. L'autre cylindre a la meſme circonférence
étenduë, & la ligne 3 0 pour hauteur ; car en l'un & l'autre cylindre, la figure tourne ſur la circonférence étenduë ; & ainſi le cylindre des perpendiculaires eſt égal à ce petit cylindre & à la moitié du grand tout enſemble ; ce qu'il falloit démontrer.

Il faut voir maintenant la comparaiſon des plans, & comment ils ſont
entr'eux. Nous avons trouvé les quarrez de E 2 2 & de 3 0 ſont égaux
au quarré de la perpendiculaire élevée ſur le point 2 2, & le rectangle F E 19
eſt égal au quarré E 2 2. Je fais un rectangle égal au quarré 3 0 ſur la ligne E F,
& ſur quelqu'autre ligne tirée depuis E en K, & ainſi les deux rectangles
joints enſemble, ſçavoir F E 19, & F E K, qui valent le rectangle F E K 19
ſont égaux aux quarrez de E 2 2 & de la perpendiculaire 3 0, comme auſſi
au quarré de la perpendiculaire élevée ſur le point 2 2. Or ſi du point K comme ſommet je décris une parabole, dont le coſté droit ſoit égal à F E, & K F
ſoit l'axe : le quarré de l'ordonnée qui partira du point 1 9 ſera égal au
rectangle F E par 1 9 K, & ainſi de toutes les autres ; partant les quarrez
deſdites ordonnées ſeront égaux aux quarrez des perpendiculaires tirées en
l'air, & les meſmes ordonnées égales aux perpendiculaires ; c'eſt pourquoy
le plan occupé par les perpendiculaires devroit eſtre égal au plan occupé par
les ordonnées.

Mais la comparaiſon ne ſe peut pas faire de la ſorte, parce que les perpendiculaires ſont également diſtantes l'une de l'autre ; mais les ordonnées
le ſont inégalement, puis que la ligne F E eſt toute coupée en parties inégales, & partant le plan ne peut eſtre comparé au plan.

Nous venons maintenant à conſidérer qu'elle eſt la raiſon, ou comparai- *Voyez la*
ſon des quarrez des ſinus avec le quarré du diamétre F E. La circonféren- *figure ſui-*
ce F 1 E eſt diviſée en parties infinies & égales, & les lignes 24 17, 23 18, *vante.*
2 2 19, 2 1 20, 2 6 31, 2 7 32, 2 8 33, & 2 9 34 ſont toutes ſinus droits. Je dis
que le quarré D 24 demi-diametre vaut le quarré 17 24, & le quarré 17 D
qui eſt ſinus de complément égal à la ligne tirée du point 24 perpendiculaire ſur le demi-diametre D 1, & eſt égale au ſinus 29 34. Le meſme quarré
du demi-diametre D 23 eſt égal aux quarrez de 18 23, & de 18 D ſinus de
complément égal à la perpendiculaire tirée de 23 ſur D 1, & auſſi au ſinus
droit 28 33. Le quarré de D 2 2 eſt égal aux quarrez de 2 2 19, & de 19 D
ſinus de complément égal à la perpendiculaire tirée de 2 2 ſur D 1 & au ſinus
27 32, & ainſi de tous les autres, en telle ſorte que tous les ſinus de complément ſont égaux aux ſinus droits, cy-devant marquez ; & ainſi les quarrez

de tous les sinus pris deux fois (ce qui se doit faire, puis que les uns sont égaux aux autres) sont égaux au quarré du demi-diamétre D 1 pris autant de fois qu'il y a de sinus. Mais le quarré du demi-diamétre n'est que le quart du quarré du diamétre; partant le quarré du diamétre sera huit fois la somme des quarrez des sinus, c'est-à-dire, que les quarrez des sinus sont au quarré du diamétre pris autant de fois comme 1 à 8. Voilà la première partie.

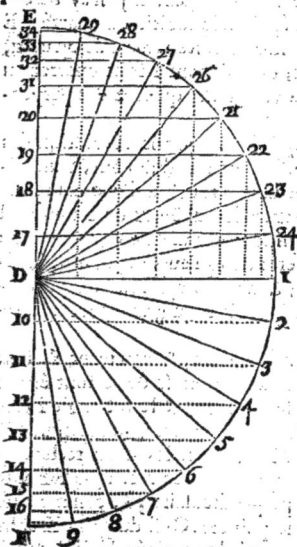

Pour la seconde. Le quarré de F E est égal aux quarrez de F 33 & 33 E, plus deux fois le rectangle F 33 E, qui est à dire le quarré 28 33 deux fois; le mesme quarré F E est égal aux quarrez F 32 & 32 E, plus deux fois le rectangle F 32 E, ou deux fois le quarré 32 27; le mesme F E est égal aux quarrez F 31 & 31 E, plus deux fois le rectangle F 31 E, ou le quarré 31 26; le mesme quarré F E est égal aux quarrez F 20 & 20 E, plus deux fois le rectangle F 20 E, ou le quarré 20 21, & ainsi de tous les autres tant en haut qu'en bas: & de cette sorte le quarré F E vient à estre égal à deux fois tous ces petits quarrez F 34, 34 E; F 33, 33 E; F 32, 32 E, & tous les autres, en telle sorte que le quarré F E pris autant de fois est double de tous ces quarrez, & de plus, à deux fois les quarrez de 34 29, 33 28, 32 27, & les autres. Nous avons veû comme tous les quarrez de ces sinus 34 29, 33 28, &c. sont au quarré du diamétre F E pris autant de fois, comme 1 à 8. Or ils sont icy deux fois, & les sinus verses aussi deux fois; partant deux fois les quarrez des sinus verses, & deux fois les quarrez des sinus droits sont égaux à huit fois les quarrez des sinus droits; & ostant de part & d'autre deux fois les quarrez des sinus droits, restera d'une part deux fois les quarrez des sinus verses égaux à six fois les quarrez des sinus droits; & prenant la moitié, les quarrez des sinus verses seront égaux à trois fois les quarrez des sinus droits; partant les quarrez des sinus verses sont à ceux des sinus droits, comme 3 à 1, mais le quarré de F E pris autant de fois est aux quarrez des sinus droits, comme 8 à 1: donc le quarré de F E pris autant de fois est aux quarrez des sinus verses, comme 8 à 3, ce qu'il faloit trouver.

La précédente conclusion nous servira pour trouver la raison du solide que fait la Roulette, quand elle tourne sur la circonférence du cercle générateur étenduë en ligne droite. Car le solide fait par les sinus verses (voyez la figure de la Roulette, qui est placée cy-après page suivante) sçavoir par M 1, N 2, O 3, P 4, &c. est au solide fait par le parallelogramme composé du diamétre du cercle, & de la circonférence d'iceluy étenduë en ligne droite, comme 3 à 8 par la conclusion précédente. Nous sçavons aussi que l'espace compris entre les deux lignes A 11 D & A 4 D est égal au demi-cercle A H B, parce que les lignes d'un des espaces sont égales aux lignes de l'autre espace par la construction: partant le double de l'espace est égal au cercle entier A H B A, de sorte que tout ce qui se dira du cercle se doit entendre dudit espace doublé. Mais il a esté démontré que le cylindre de A B est au solide

lide qui se fait lors que la figure A 12 D ... la ligne ou circonférence A C, comme 8 à 2, l'esquels 2 joints ... trouvez cy-devant
font 5, qui est la raison qu'il y a du solide entier de la roulette, à son cylindre
A B D C double; car A B D C n'est que la moitié de l'espace parcouru par la
roulette.

Remarquez que ce solide qui est au cylindre A D tourné sur C, comme 1
à 4, ou 2 à 8: est celuy que fait l'espace compris entre les deux lignes A 12
D & A 4 D,
qui est égal à
celuy que fe-
roit le demi-
cercle A H B
par la mesme
révolution, par-
ce que l'une &
l'autre figure a
ces lignes éga-
les, & posées
en mesme dis-
tance de A C,
& partant est le

quart dudit cylindre A D; & joignant ledit solide à celuy qui se fait par
l'espace compris entre les lignes A 4 D & A C, qui est audit cylindre comme 3 à 8, on aura le solide fait par l'espace compris entre A 12 D & A C,
qui sera 5, ledit cylindre A D estant 8.

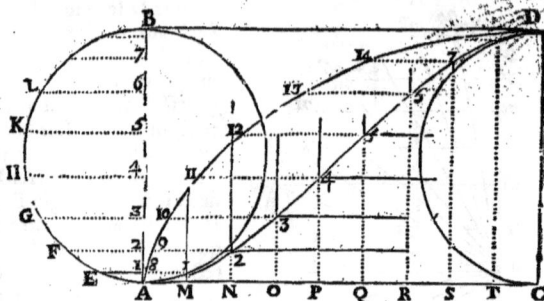

TRACER SUR UN CYLINDRE DROIT
un espace égal à la superficie d'un cylindre oblique donné;
& d'un seul trait de compas.

LE cercle B D C E est la base d'un cylindre oblique, les costez duquel
partans des points B, G, H, I, &c. vont obliquement rencontrer un autre cercle en haut, qui est l'autre base du cylindre, & est parallele au premier B D C E: (ce cercle peut estre représenté par le cercle F N O P, &c.
mais il est en l'air & à plomb audessus de celuy-cy) l'axe du mesme cylindre
sort du centre A, & va rencontrer obliquement le centre dudit cercle supé-
rieur. Or nous feignons que du sommet de l'axe soit tirée une perpendiculaire qui tombe sur le point T, & que du sommet de tous les costez du cylindre s'abaissent des perpendiculaires qui tombent aux points F, N, O, P,
&c. qui font la circonférence d'un cercle dont le centre est le point T, &
lequel est égal au premier B D C, comme il est aisé à voir. Or divisant les
deux cercles ou bases du cylindre en parties infinies aux points G, H, I, L, &c.
& feignant des lignes tirées G H, H I, I L, &c. ces petites lignes passent pour
la circonférence mesme, & le cylindre en cette sorte se trouve divisé en infinies parallelogrammes; car les costez du cylindre avec la portion de la circonférence des deux cercles font des parallelogrammes qui composent tout
l'espace du cylindre; de sorte qu'il faut comparer tous ces parallelogrammes
au grand parallelogramme pris autant de fois. Si du point G je tire une ligne
touchante G 2, & du point correspondant à G, sçavoir de N, je tire une perpendiculaire à ladite touchante, qui la rencontre au point 2; si du sommet
du costé du cylindre (j'entens du costé qui commence en G, & va finir à
l'autre cercle au-dessus du point N) je tire une ligne au point 2: cette ligne

K K k

fera perpendiculaire à la ligne G 2. Du point H je tire une ligne touchante,
& du point O correfpondant à H, je tire une perpendiculaire à ladite touchante, fçavoir O 3, & ainfi des autres points I & P, L & Q, &c. je ne
parle plus de la ligne tirée d'enhaut, car il fuffit d'avoir dit une fois qu'elle
fera perpendiculaire à la mefme touchante. Ayant ainfi tiré autant de perpendiculaires qu'il y a de touchantes à chaque point, ces lignes feront N 2,
O 3, P 4, Q 5, &c. Si chacune de ces lignes eft continuée comme 2 N 7,
3 O 8, 4 P 9, &c. elles iront toutes finir au point T centre du cercle F S 17.
Pour la preuve, nous feignons qu'il y a une ligne A G, laquelle avec 2 7
compofe un quadrilatere : en iceluy l'angle 7 2 G par la conftruction eft droit ;
l'angle A G 2 eft droit, fçavoir du centre au point d'atouchement ; partant
2 N, & G A font parallele. Soit tirée N T, l'arc G B eftant égal à l'arc N F.
Il s'enfuit que l'angle G A B eft égal à l'angle N T F, puis qu'ils font faits
tous deux aux centres T & A des deux cercles égaux B D C & F S 17, &
partant la mefme G A fera parallele à N T ; donc 2 N 7, & N T font paralleles
entr'elles ; mais elles fe joignent au point N, & partant elles ne font enfemble qu'une mefme ligne.

Maintenant il faut confidérer les parallelogrammes, au lieu defquels je
prens la perpendiculaire qui tombe du fommet fur les touchantes cy-devant,
comme du fommet du cofté du cylindre qui part de G & va en l'air, j'a-
baiffe la perpendiculaire fur le point 2, laquelle eft la hauteur ou perpendiculaire du parallelogramme compofé de la ligne G 2, qui paffe dans les indivifibles pour circonférence, & du cofté du cylindre qui part de G & va en
l'air, lequel cofté vaut pour deux coftez du parallelogramme, fçavoir commençant en G & 2, & finiffant en la circonférence de la bafe fupérieure du
cylindre ; & par ainfi on a les quatre lignes du parallelogramme, fçavoir G 2
(qui paffe pour circonférence) & fon égale en la circonférence de la bafe

fupérieure, & les deux coftez du cylindre. Mais au lieu du parallelogramme nous confidérons un triangle qui a pour un de fes coftez la perpendiculaire tirée du fommet du cofté fur le point 2, & qui fe peut nommer la perpendiculaire ou hauteur du parallelogramme ; & pour les deux autres coftez, la ligne G 2, & le cofté du cylindre tiré de G en l'air. Or en ce triangle le cofté du cylindre vaut en puiffance la ligne G 2, & la perpendiculaire tirée du fommet & finiffant en 2. Il faut enfuite confidérer un autre triangle, dans lequel la mefme perpendiculaire tombant en 2 foit un des coftez ; 2 N foit un autre cofté ; & le troifiéme foit la ligne tombante perpendiculairement du fommet du cofté fur le plan du cercle au point N. Or en ce triangle la perpendiculaire qui tombe fur 2 peut autant que les deux lignes 2 N, & la perpendiculaire qui tombe du fommet fur N. Mais cette perpendiculaire qui tombe du fommet fur N, O, P, Q, & autres points de la circonférence eft toûjours égale : mais les lignes 2 N, 3 O, 4 P, 5 Q, &c. font inégales ; car 2 N vaut 7 T ; 3 O vaut 8 T ; 4 P eft égale à 9 T, & ainfi des autres qui toutes font inégales.

Au premier triangle G 2 & l'autre point qui eft au cercle fupérieur le cofté du cylindre qui va de G en l'air à l'autre cercle fupérieur, vaut la ligne tirée du fommet (qui eft ce troifiéme point en l'air) & qui finit en 2, & la ligne G 2. (on doit entendre cecy de tous les autres points & triangles qui fe peuvent former de la mefme forte.) Mais les lignes G 2, H 3, I 4 &c. vont toûjours augmentant ; car G 2 eft égale à la foûtendante A 7, la ligne H 3 à A 8, I 4 à A 9 ; toutes lefquelles lignes A 7, A 8, A 9 font inégales. Mais avant que de conclure il faut prouver que la ligne G 2 eft égale à A 7, H 3 à A 8, & ainfi des autres ; de plus que 3 O eft égale à 7 T, 3 O à 8 T, &c. Pour cét effet, il faut confidérer les triangles 2 G N, & A T 7, aufquels l'angle 2 N G eft égal à l'angle A T 7 ; car les lignes G N, A T font paralleles, l'angle N 2 G eft droit, par la conftruction, & pareillement T 7 A qui eft dans le demi-cercle, & partant le troifiéme angle eft égal au troifiéme ; la ligne G N eft égale à A T, & partant tout le triangle à l'autre triangle, & partant la ligne 2 N à 7 T, & G 2 à la foûtendante A 7 ; ce qu'il falloit démontrer.

Il nous refte à voir le rapport & la raifon de tous les petits parallelogrammes à leur plus grand pris autant de fois. Or il faut confidérer que les petits parallelogrammes bien qu'ils ayent les coftez égaux, car ils font compofez des coftez du cylindre & de la portion de la circonférence divifée en parties égales infinies, & cette divifion eft faite aux deux cercles ou bafes d'iceluy cylindre ; & d'autant que les angles font inégaux, les parallelogrammes font inégaux, & ainfi leur hauteur fera inégale, & c'eft par cette hauteur qu'il faut confidérer lefdits parallelogrammes. Il faut donc premiérement le plus grand de tous qui eft fait de B G, tant en la bafe du cylindre B D C, qu'en l'autre qui eft en l'air, & des coftez du cylindre. Or en ce parallelogramme il faut remarquer que la perpendiculaire qui eft la hauteur dudit parallelogramme, & qui du fommet tombe fur le point B, n'eft autre chofe que le cofté du cylindre ; & confidérant le fecond parallelogramme qui a pour coftez G H & les coftez du cylindre, on voit que ce cofté du cylindre vaut en puiffance la ligne G 2, & la perpendiculaire ou hauteur du mefme parallelogramme ; & partant ladite perpendiculaire ou hauteur du parallelogramme eft plus petite que la perpendiculaire du premier, qui eft égale au cofté du cylindre ; & par ainfi ces hauteurs ou perpendiculaires vont toûjours en diminuant jufques au quart de cercle, & puis après vont en croiffant au quart fuivant.

Remarquez que les lignes G 2, H 3, I 4, L 5 qui font touchantes, paffent pour la circonférence des divifions du cercle, & pour coftez des parallelogrammes.

Il faut entendre en cette figure rectiligne, que K V est égale à la plus grande des perpendiculaires, & aussi au costé du cylindre, & qui tombe perpendiculairement sur le costé B G au point B : la ligne K X & les autres divisions represente & sont égales à celles de la circonférence, comme K X à B G, & ainsi des autres ; car K E est supposée égale au quart de la circonférence B H D. Le plus grand des parallelogrammes est fait des lignes K V, K X ; & quand il est pris autant de fois qu'il y en a de petits, il occupe l'espace K V Y E ; partant toutes ces lignes sont à la grande K V prise autant de fois, comme la figure K V Z E est au quart de la superficie du cylindre qui est icy représenté par le parallelogramme K V Y E.

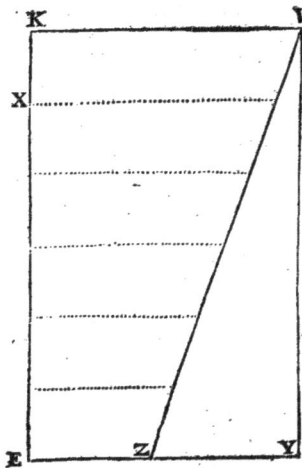

Il faut passer plus avant, & considérer les perpendiculaires qui sont tirées du sommet sur les points 2, 3, 4, 5, &c. du cercle B D C. Or chacune de ces perpendiculaires, par éxemple celle qui part du point 2, vaut la ligne qui tombe perpendiculairement sur le point N & la ligne N 2 ; la perpendiculaire qui tombe sur le point 3 vaut en puissance celle qui tombe perpendiculairement sur O, & la ligne O 3, & ainsi des autres. Cecy s'explique mieux dans le petit cercle A 9 T. Il faut donc concevoir la ligne qui part du point A centre du grand cercle B D C base du cylindre oblique, & qui va trouver le centre de l'autre cercle qui est la base supérieure du mesme cylindre, duquel centre on abaisse la perpendiculaire qui tombe sur la circonférence du petit cercle A 9 T au point T. Ayant trouvé le point T, de l'intervale A T comme diamétre je forme le cercle A 9 T ; la demi-circonférence duquel est divisée en autant de parties égales qu'il y en a au quart B D de la circonférence du cercle B D C. Puis aprés, du point duquel j'ay tiré la perpendiculaire sur le point T, je tire des lignes aux points 11, 10, 9, 8, 7, &c. qui font la division du cercle, comme il a esté dit. Du point T je tire des lignes aux mesmes points 11, 10, 9, 8, 7. Je dis davantage que le cercle A 9 T nous représente la base d'un cylindre droit qui a son autre base en l'air, sçavoir un cercle dont la circonférence passe par le point d'où est tiré la ligne qui tombe sur T, & est aussi le centre de la base supérieure du cylindre oblique, & on nommera icy ledit point qui est en l'air, sommet. Nous disons donc que la ligne tirée en l'air dudit sommet sur le point 7, est égale en puissance aux deux lignes dont l'une est celle qui tombe perpendiculairement dudit sommet sur le point T ; & l'autre est T 7. La ligne qui part dudit sommet, & va au point 8, est égale en puissance à la susdite qui tombe dudit sommet sur T, & à T 8, & ainsi de toutes les lignes qui vont au point du cercle A 9 T. Or la ligne qui tombe sur le point T est toûjours la mesme, & est la hauteur perpendiculaire du cylindre oblique ; & toutes ces lignes qui partent dudit sommet, & vont sur les points 7, 8, 9, 10, 11, &c. forment un cône dont ledit point d'où sortent toutes ces lignes, & aussi celle qui tombe sur T, est le sommet ; & chacune desdites lignes qui vont dudit sommet sur 7, 8, 9, &c. sont chacune égales en puissance à ladite ligne qui tombe sur T, & à celle qui de T va sur le point de la circonférence A 9 T, auquel celle qui part du sommet aboutissoit aussi.

Or en tout cecy on doit considérer la figure du discours précédent, qui est

est icy décrite, en laquelle nous feignons que l'ouverture du compas se doit faire sur un cylindre droit posant un pied du compas pour pole sur le point F, & traçant de l'autre sur le cylindre, & faisant ladite ouverture plus gran-

de que le diametre F E : la pointe du compas va toucher la plus petite des perpendiculaires, laquelle partira du point E, & montera le long du cylindre,& les perpendiculaires suivantes qui partent des points 29, 28, 27, 26, 21, 22, 23, &c. jusques au mesme point F, auquel lieu la perpendiculaire est égale à l'ouverture du compas, & partant la plus grande de toutes ces perpendiculaires. Or la ligne qui est l'ouverture du compas est égale en puissance à la ligne F E, & à la moindre perpendiculaire, sçavoir à celle qui va du point E le long du cylindre. Prenons maintenant quelqu'autre point comme 22. Nous disons que la ligne qui est l'ouverture du compas vaut les quarrez de la ligne F 22, & de la perpendiculaire du point 22 en l'air ; partant les quarrez de F E & de la perpendiculaire sur E en l'air, sont égaux aux quarrez F 22 & de la perpendiculaire sur 22 en l'air. Au lieu du quarré F E, je prends les quarrez de F 22, & de 22 E ; partant les quarrez de F 22, & de la perpendiculaire sur 22 en l'air, valent les quarrez de

F 22, 22 E, & de la perpendiculaire sur E en l'air. Des deux grandeurs ostez ce qui est commun, sçavoir le quarré de F 22, restera le quarré de la perpendiculaire sur 22 en l'air, égal aux quarrez de 22 E & de la perpendiculaire sur E en l'air ; & faisant le mesme aux autres points 23, 24, 25, 26, 27, &c. on aura le quarré de la perpendiculaire sur 23, par exemple, égal aux quarrez de 23 E, & de la perpendiculaire sur E en l'air, & ainsi des autres : par ainsi nous trouvons que les quarrez desdites perpendiculaires en l'air sont égaux aux quarrez de la perpendiculaire sur E en l'air, & des soutendantes 23 E, 22 E, 26 E, &c.

Or si on suppose que le cercle A 9 T soit aussi grand que F 22 E de la présente figure, & qu'ils soient tous deux également divisez, & que l'ouverture du compas vaille en puissance le diametre F E, & la hauteur du cylindre oblique, sçavoir la ligne qui tombe perpendiculairement sur T, alors les perpendiculaires bornées par le trait du compas, & tirées en l'air des points E, 29, 28, 27, 26, &c. sont toutes égales aux lignes qui tombent sur les points T, 11, 10, 9, 8, 7, A, & qui sont tirées du centre de la base supérieure du cylindre oblique, qui est le sommet d'où tombe perpendiculairement la ligne sur le point T, & cette ligne est la plus courte de toutes celles qui tombent sur le cercle A 9 T, & est égale à la perpendiculaire tirée sur le point E en l'air, & coupée par ladite ouverture du compas ; la ligne qui aboutit au point 11, & vient du mesme sommet, est égale à la perpendiculaire sur le point 29 en l'air, & coupée par le compas ; & ainsi toutes les lignes tirées du sommet, ou centre de la base superieure du cylindre obli-

Voyez la figure de la page 222.

LL l

que font égales aux perpendiculaires retranchées par le compas fur la furface
du cylindre droit. Or les lignes ainfi tirées du centre oblique fur le cercle
A 9 T font égales aux lignes qui tombent fur les points 2, 3, 4, &c. & qui
font tirées de la circonference de ladite bafe fuperieure du cylindre oblique,
fçavoir des points de ces perpendiculaires aux points F, N, O, P, &c. &
les foutendantes T 7, T 8, T 9, &c. font égales aux lignes N 2, O 3, P 4,
&c. Nous difons donc que les parallelogrammes qui font en mefme hauteur,
& dont les bafes font égales, doivent eftre égaux, & contiennent des efpaces
égaux. Or pour mieux entendre cette égalité, nous devons feindre que le
cercle A 9 T va jufques au centre du cercle F P S 17, & que fon diamétre
A T eft égal à B A demi-diamétre du cercle B D C; & ainfi le demi-cercle
A 9 T fera égal au quart de cercle B D. Or le trait du compas qui s'eft fait
en la derniére figure F 22 E, fe rapporte entiérement à ce qui s'eft fait dans
le cercle A 9 T de l'autre figure; & partant le trait du compas fait fur le
cylindre droit eft égal au quart de la circonference du cylindre oblique.

Pour conclufion. Si le cercle de la derniére figure F 22 E eft égal à celuy de l'autre figure, fçavoir B D C, & que la perpendiculaire retranchée par
le compas, & qui part du point E en l'air (quand le compas eft plus ouvert
que F E) eft égale à la perpendiculaire tirée de la bafe fuperieure du cylindre oblique à l'autre bafe, & qui eft la vraye hauteur dudit cylindre oblique, & qu'on a fuppofé tomber de la bafe fupérieure fur les points F, N,
O, P, &c. & mefme fur C : toutes les perpendiculaires retranchées par le
compas fur le cylindre droit dont la bafe eft F 22 E, feront égales aux perpendiculaires tirées du cercle fupérieur du cylindre oblique fur les points
B, 2, 3, 4, 5, &c. & la figure retranchée par le compas fera égale à la fuperficie du cylindre oblique duquel la bafe eft le cercle B D C, & la hauteur
perpendiculaire double de la perpendiculaire fur E en l'air, & retranchée
par le compas, fçavoir de la perpendiculaire tant deffus que deffous ledit
point E.

Voyez la
figure fui-
vante.
Que la ligne C G foit le diamétre d'un cercle qui ferve de bafe à un cylindre droit duquel on ait retranché une fuperficie; A C B foit le diamétre
d'un cercle qui foit la bafe d'un cylindre oblique propofé; C F foit l'axe dudit cylindre oblique; F le centre de la bafe fupérieure, duquel tirant la ligne F G perpendiculaire fur A B, ladite F G fera la hauteur du cylindre
oblique. Mais fi on éleve ledit axe C F perpendiculairement fur C, on aura
fon égale C L qui eft la hauteur qu'il faut donner au cylindre droit qui a la
ligne C G pour diamétre de fa bafe; & fi on tire de L en I une parallele à
C G, & du point I la ligne I F G, le cylindre droit eft achevé, fur lequel du
point C, & intervalle C L on retranchera avec le compas la fuperficie L F, &c.
Or nous avons veû cy-devant que ce qui eft retranché fur la fuperficie du
cylindre droit C L I G, eft à la fuperficie du cylindre oblique propofé A E D B,
comme le diamétre du cylindre droit C G, fçavoir de fa bafe au demi-diamétre de la bafe du cylindre oblique A C ou C B. Or fi le diamétre du cylindre droit eft égal au demi-diamétre de l'oblique, alors ce qui eft retranché du cylindre droit fera égal à la fuperficie du cylindre oblique. Mais
l'un n'eftant pas égal à l'autre, pour trouver un retranchement qui foit
égal à la fuperficie du cylindre oblique, il eft néceffaire de trouver un cylindre droit femblable au premier C L I G, comme eft C N M H. Pour le
trouver, on prend une moyenne proportionnelle entre C B, & C G, laquelle eft C H : du point H j'éleve la perpendiculaire H O M qui coupe la
ligne C F en O, & fait le triangle C H O femblable au triangle C G F :
ces triangles femblables fervent à faire le petit cylindre droit femblable
au grand cylindre droit; car du petit cylindre C N M H, on retranche

N E O, &c. & ce qui est retranché est égal à la superficie du cylindre oblique proposé ; car le retranché L F du cylindre droit G L I G est à la superficie du cylindre oblique proposé A E D B, comme le diamétre C G au demi-
diamétre C B. Mais le petit cylindre C N M H estant semblable au grand cylindre C L I G, le retranché de l'un sera semblable au retranché de l'autre :
les superficies des cylindres sont entr'elles en raison doublée de leurs diamétres ; partant la superficie du grand cylindre est à celle du petit en raison

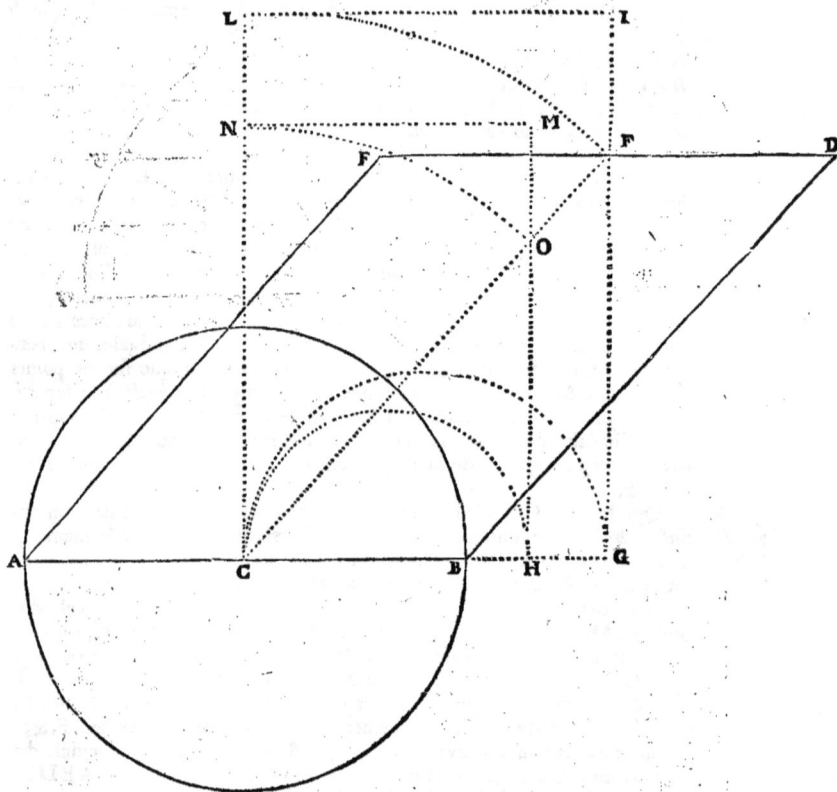

doublée de C G diamétre du cercle du grand cylindre à C H diamétre du
cercle du petit ; la superficie de l'un sera donc à celle de l'autre en raison
doublée de C G à C H, c'est-à-dire, comme C G à C B. Mais les cylindres
droits estant semblables, le retranché de l'un sera au retranché de l'autre,
comme toute la superficie de l'un à toute la superficie de l'autre ; partant le
retranché du cylindre droit C L F est au retranché du petit cylindre droit
C N E O, comme C G à C B. Mais le retranché du grand cylindre droit
est à la superficie du cylindre oblique, comme C G à C B ; partant le retranché du petit cylindre est égal à la superficie du cylindre oblique, puis
que l'un & l'autre a mesme raison au retranché du grand cylindre.

Tout ce qui a esté dit cy-devant pour couper sur un cylindre droit un espace égal à la superficie d'un cylindre oblique, se peut réduire à ce qui s'ensuit.

Soit fait la figure suivante dans laquelle le diamétre du petit cercle, sçavoir A T, doit estre égal au demi-diamétre du grand cercle B D C base inférieure, & de F P S 17 representant la base supérieure en l'air du cylindre oblique dont le centre est perpendiculaire sur T joint au point C. Je dis que

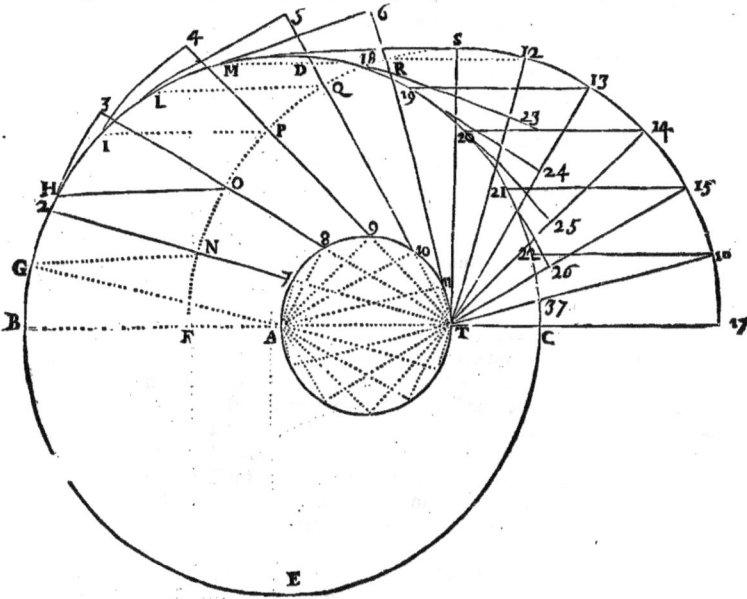

si on ouvre le compas autant que le costé du cylindre oblique, & que laissant un des pieds du compas sur le point F joint au point A, on trace une ligne sur le cylindre droit dont la base est A 9 T, l'espace compris entre ladite ligne, & ladite base A 9 T, sera égal à la superficie du cylindre oblique.

Soient divisées les bases desdits cylindres oblique & droit en une infinité de parties égales, sçavoir, faisant autant de divisions sur le quart de cercle B L D que sur le demi-cercle A 9 T, & ce, tant aux bases supérieures qu'aux inférieures desdits cylindres, & tirant des lignes par les points desdites divisions, on fera plusieurs parallelogrammes qu'on prendra au cylindre oblique d'une base à l'autre; mais au cylindre droit on les prendra depuis la base inférieure jusques à la section faite par le compas. Or lesdits parallelogrammes sont égaux en multitude en l'un & l'autre cylindre, & on les démontrera aussi égaux en quantité, comme il s'ensuit.

Puisque les parallelogrammes susdits ont mesme base, puisqu'ils contiennent égale portion ou quantité en la circonférence de la base de chacun des cylindres, reste à montrer que leur hauteur est égale. Cette hauteur est facile à connoistre au cylindre droit, puisque le costé mesme du cylindre coupé par le compas, la dénote : mais au cylindre oblique cette hauteur est la ligne tirée de la base supérieure représentée par les points N, O, P, &c. perpendiculairement sur la tangente tirée du point correspondant en la base inférieure ;

ainsi

ainſi la ligne tirée de N en l'air ſur la touchante G 2 (qui part du point G de la baſe inférieure correſpondant au point N de la ſupérieure) en ſorte qu'il ſe faſſe un angle droit au point 2, eſt la hauteur du parallelogramme tiré de G au point N en l'air de la baſe ſupérieure. Et de meſme, la hauteur du parallelogramme tiré du point H au point qui eſt audeſſus de O en l'air en la baſe ſupérieure, eſt la ligne tirée du meſme point O en l'air au point 3 ſur la touchante H 3 où elles ſont enſemble un angle droit; & ainſi les hauteurs de tous les parallelogrammes ſont les lignes tirées des points de la baſe ſupérieure perpendiculairement ſur les tangentes qui partent des points correſpondans en la baſe inférieure; & ainſi, le moindre de tous les parallelogrammes ſera ce-luy qui du point D de la baſe inférieure, eſt tiré au point correſpondant à S en la ſupérieure; car il n'a pour hauteur ſimplement que la hauteur du cy-lindre oblique, ſçavoir les lignes tirées perpendiculairement des points C, F, N, O, &c. à la baſe ſupérieure. Comme le plus grand deſdits parallelo-grammes eſt celuy qui de B eſt tiré vers F en l'air; car ſa hauteur eſt le coſté entier du cylindre oblique : il reſte à démontrer que ces perpendicu-laires ſont égales en l'un & en l'autre cylindre.

Premiérement, il eſt certain que l'ouverture du compas, qui fait le retran-chement ſur le cylindre droit, eſtant égale au coſté du cylindre oblique, la perpendiculaire ſur A au cylindre droit, bornée par le trait du compas, ſera égale à celle qui va du point B au point correſpondant de la baſe ſupé-rieure du cylindre oblique, qui eſt auſſi le coſté du cylindre oblique. Et pa-reillement la perpendiculaire ſur le point T au cylindre droit eſt égale à la hauteur du cylindre oblique, & à la ligne tirée perpendiculairement du point S à ſa baſe ſupérieure; car l'axe du cylindre oblique qui du centre A de la baſe inférieure va à celuy de la ſupérieure qui eſt audeſſus de T, eſt égal au coſté du cylindre oblique, & partant à l'ouverture du compas : mais ledit point T en l'air, centre de la baſe ſupérieure, eſt le point du cylindre droit re-tranché par le compas; partant ladite perpendiculaire ſur T au cylindre droit, ſera égale à la hauteur du cylindre oblique, & à la perpendiculaire ſur S.

On le démontreroit encore autrement, imaginant un triangle rectangle dont un des coſtez ſoit D S; le ſecond, la perpendiculaire qui va de S à la baſe ſupérieure; & le troiſiéme qui va de D audit point ſur S en l'air; car ce triangle eſt entiérement égal à celuy qui ſe fait au-dedans du cylindre droit dont un des coſtez eſt A T; l'autre, la perpendiculaire ſur T juſques au retranchement; & le troiſiéme eſt l'ouverture du compas, qui va de A à T en l'air, & eſt égale au coſté du cylindre oblique, ſçavoir à la ligne qui va de D au point S en l'air : la ligne A T eſt égale à D S, comme il eſt aiſé de le montrer; les angles en T & en S ſont droits; & partant les triangles ſont égaux; & la ligne ſur T égale à la ligne ſur S.

On montrera, comme cy-devant, l'égalité des autres perpendiculaires, ſçavoir, celle ſur 7 au cylindre droit, à celle qui tombe ſur 2 à l'oblique; celle ſur 8, à celle ſur 3, &c. & nous le répéterons encore icy. L'ouverture du compas eſt égale en puiſſance aux quarrez de A T & de la perpendicu-laire ſur T du cylindre droit; & pareillement elle eſt égale aux quarrez de A 7 & de la perpendiculaire ſur 7, & aux quarrez de A 8 & de la perpendi-culaire ſur 8, &c. Donc les quarrez de A T & de la perpendiculaire ſur T ſont égaux aux quarrez de A 7 & de la perpendiculaire ſur 7; & ſi, au lieu du quarré A T on prend les quarrez de A 7 & 7 T qui luy ſont égaux, on aura les quarrez de 7 T, 7 A, & de la perpendiculaire ſur T égaux aux quar-rez de 7 A, & de la perpendiculaire ſur 7; & oſtant de part & d'autre le quarré 7 A, on aura le quarré de la perpendiculaire ſur 7 égal aux quarrez de 7 T, & de la perpendiculaire ſur T.

De plus, on a montré que 2 N eſt égal à 7 T par le moyen du rectangle 7 A G 2. Il faudra donc pour la perpendiculaire ſur 2 imaginer un triangle rectangle en l'air ſur le point N dont un des coſtez ſera N 2 ; le ſecond, la perpendiculaire qui du point N va trouver le point correſpondant en la baſe ſupérieure du cylindre oblique ; & le troiſiéme eſt la perpendiculaire cher-chée, qui du point N en l'air eſt menée au point 2, & ce troiſiéme coſté eſtant oppoſé à l'angle droit en N, vaut en puiſſance les quarrez de la perpendicu-laire ſur N (égal à celuy de la perpendiculaire ſur T) & de la ligne N 2 égale à 7 T ; donc la perpendiculaire ſur 7 ſera égale à la ligne qui du point N en l'air tombe ſur 2. Mais ces lignes déſignent la hauteur des parallelogram-mes faits ſur les cylindres ; & partant leſdits parallelogrammes ayant la baſe égale & la hauteur égale ſont égaux ; & partant la ſurface du cylindre obli-que égale à ce qui eſt coupé du cylindre droit. Mais ſi la perpendiculaire ti-rée du centre de la baſe ſupérieure ne tombe pas ſur la circonférence de la baſe inférieure, en ſorte que A T ne ſoit pas égal au demi-diamétre de ladi-te baſe, alors il faut proportionner, comme on a montré au diſcours ſur la figure de la page 227.

DU SOLIDE DE LA ROULETTE.

QUE A I B ſoit le chemin de la Roulette ; A L M B le parallelogramme fait du diamétre I C, & de la circonférence A B étenduë en ligne droite. Nous cherchons la raiſon qu'il y a du cylindre fait par le parallelogramme, au ſolide fait par la roulette A I B, lors que le tout tourne ſur ladite circon-férence A C B. Pour cét effet, je tire la ligne G D H parallele à A C B ; &

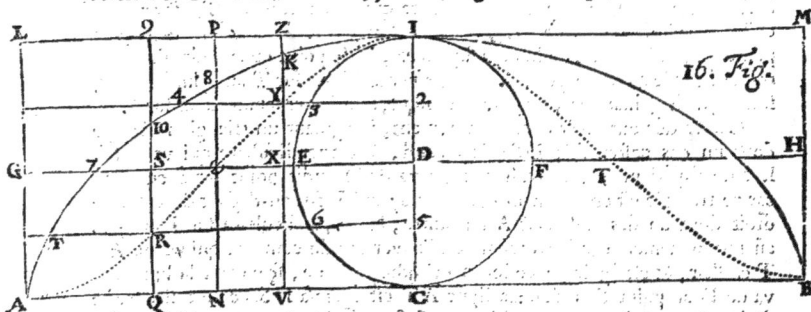

16. Fig.

ctete ligne ſe prend pour le chemin du point D centre de la roulette. Or cette ligne G D H coupe la figure A O I 4 & le demi-cercle C E I, chacune en deux parties ſemblables : or il y a un Théorème qui porte que, quand deux figures ſont ainſi coupées par une ligne parallele à la ligne ſur laquelle les fi-gures font leur tour, les ſolides des figures ſont entr'eux comme les figures ; & partant le ſolide fait par la figure A O I 4 eſt égal au ſolide fait par la demi-circonférence I E C ; car nous avons veû comme le plan A O I 4 eſt égal au demi-cercle I E C que nous avons trouvé eſtre le quart du paral-lelogramme ; & ainſi ces ſolides ſeront chacun le quart du cylindre fait par le parallelogramme. Mais ne prenant que le ſeul ſolide fait par A O I 4 qui ſera le quart du cylindre, & ayant tiré la ligne Q R S qui repréſente toutes les lignes tirées perpendiculairement de A N premier quart de la cir-conférence A C B ſur G D H, & la ligne V X Y qui repréſente toutes les li-gnes tirées de N C ſecond quart, ſur la ligne courbe O Y I : nous diſons que le quarré de Q R eſt égal aux quarrez de Q S & S R, moins deux fois le rectangle Q S R, & ainsi des autres lignes tirées sur ledit quart A N; & de plus que le quarré de V Y est égal aux quarrez de V X, & X Y plus deux fois le rectangle V X Y, & ainsi des autres lignes tirées sur le second quart N C. Or les rectangles qui se trouvent dans l'espace A O sont égaux à ceux de l'espace N I; & estant de plus d'un costé & moins de l'autre, on les ostera de part & d'autre. Il restera donc que les quarrez de Q R, V Y & des autres lignes tirées de A C sur la ligne courbe A R O Y I pris tous ensemble, seront égaux aux quarrez du demi-diamétre Q S ou V X pris autant de fois, & aux quarrez de S R, X Y, & autres lignes tirées de G D sur la ligne courbe A O I pris aussi autant de fois. Or lesdites lignes S R, X Y, &c. sont des sinus droits dont les quarrez sont au quarré du diamétre pris autant de fois, comme 1 à 8, & les quarrez du demi-diamétre sont aux quarrez du diamétre, comme 2 à 8. Si on joint ces raisons, on aura celle de 3 à 8 qui est celle des quarrez des lignes tirées de A C sur la ligne courbe A O I au quarré du diamétre pris autant de fois; & si on y joint la raison de la figure A O I 4 au parallelogramme A I, qui est comme 2 à 8, on aura la raison de 5 à 8, qui est celle du solide que fait la roulette A I B, au cylindre A M, le tout tournant sur A C B.

On conclura la mesme chose en considerant les quarrez des sinus verses Q R, V Y, & les autres, lesquels sont au quarré du diamétre pris autant de fois, comme 3 à 8; & l'espace A R I 4 est au parallelogramme A I, comme 2 à 8, qui joint avec la raison de 3 à 8, font celle de 5 à 8; & telle est la raison du solide de la roulette au cylindre, comme en l'autre conclusion.

Maintenant il faut voir quelle raison il y aura entre le solide de la mesme roulette & son cylindre, lors qu'elle tourne sur L M parallele à A B, où il faut considerer que le quarré de N 8 vaut les quarrez de N P & P 8 moins deux fois le rectangle N P 8; & ainsi le quarré N 8 plus deux fois le rectangle N P 8 est égal aux quarrez N P, P 8. On sçait que les quarrez de N 8, V K, & de toutes les autres sont au quarré du diamétre C I ou N P son égal pris autant de fois, comme 5 à 8, à quoy il faut joindre deux fois les rectangles N P 8, V Z K, & tous les autres: or ces rectangles ont tous pour hauteur N P, & partant ils seront entr'eux comme toutes les lignes P 8; Z K, 9 10, & les autres. Mais tout l'espace rempli de ces lignes, ou plutost toutes ces lignes sont au diamétre pris autant de fois, comme 2 à 8: & il faut prendre deux fois ces rectangles; partant ils seront au quarré du diamétre pris autant de fois, qu'il y a de lignes V K, N 8, Q 10, &c. comme 4 à 8; laquelle raison jointe à celle de 5 à 8 cy-devant, font celle de 9 à 8, ou $\frac{9}{8}$; & parce que les quarrez Q 9, N P, V Z, &c. representent les 8, il s'ensuivra que les quarrez 9 10, P 8, Z K, &c. vaudront $\frac{1}{8}$; car puisque les quarrez Q 10, N 8, V K, &c. avec deux fois les rectangles Q 9 10, N P 8, V Z K, &c. (qui tous ensemble avec lesdits quarrez valent $\frac{9}{8}$) sont égaux aux quarrez Q 9, 9 10, N P, P 8, Z K, &c. ceux-cy valent aussi $\frac{9}{8}$. Si donc on en oste les quarrez Q 9, N P, V Z, qui valent $\frac{8}{8}$, restera $\frac{1}{8}$ pour les quarrez 9 10, P 8, Z K, qui ostez encore des mesmes quarrez Q 9, N P, V Z, restera $\frac{7}{8}$ pour le solide de la roulette, qui sera au cylindre comme 7 à 8.

La mesme chose se peut conclure d'une autre façon, en disant que le quarré P 8 est égal aux deux quarrez P N, N 8 moins deux fois le rectangle P N 8, & tous les autres de mesme, sçavoir le quarré de Z K égal aux quarrez de Z V, & K V moins deux fois le rectangle Z V K, & ainsi des autres. On a veu que les quarrez de N 8 & les autres, sont au quarré du diamétre pris autant de fois, comme 5 à 8; & joignant le quarré de N P qui est 8, avec 5, on aura la raison de 13 à 8. De cette somme il faut oster le moins, sçavoir les rectangles P N 8 & autres, tous lesquels ont mesme hauteur, sçavoir P N; ils seront donc entr'eux comme leurs bases V K,

N 8, Q 10, & les autres. L'espace A 8 I D C rempli par les petites lignes
V K, N 8, &c. est au grand parallelogramme A I, comme 6 à 8; & le rectangle pris deux fois sera audit parallelogramme, comme 12 à 8; & ostant
la raison de 12 à 8 de celle de 13 à 8, restera celle de 1 à 8, comme cy-devant pour la valeur des quarrez Z K, P 8, 9 10, & les autres.

Il faut maintenant considerer les solides qui se font quand la figure tourne sur L A, où on remarquera que la ligne I C parallele à ladite L A, coupe le parallelogramme A M & la figure A I B en deux également; & partant les solides sont entr'eux comme les plans; & ainsi le solide fait par
A I B sera au cylindre formé par le parallelogramme A M, comme le plan
de l'un est au plan de l'autre. Mais les plans sont entr'eux comme 4 à 3;
partant le cylindre sera au solide de la roulette comme 4 à 3.

Considerons maintenant le solide fait par le plan de la compagne de la
roulette A O I T B. On voit que la ligne I C coupe en deux également
tant le parallelogramme A M, que ladite figure A O I T B; partant les
solides seront entr'eux comme les plans : mais les plans sont entr'eux comme
2 à 1, partant le cylindre sera au solide fait par A O I T B, comme 2 à 1;
c'est-à-dire double.

On conclura de là que le solide fait par la figure A O I 10 est au cylindre A I, comme 1 à 4; car puisque le solide fait par A 8 I D C est au
cylindre A I comme 3 à 4 : si on en oste le solide fait par A Q I D C qui
est au mesme cylindre A I comme 2 à 4, restera la raison de 1 à 4, pour
celle du solide fait par A O I 10, au mesme cylindre A I.

PROPORTION DES SOLIDES

*composez de lignes courbes, avec le cylindre qui aura mesme
base & mesme hauteur, ensemble de leur centre de gravité.*

QUE A G E C soit une ligne irréguliére telle qu'on voudra, pourveu
toutefois qu'elle baisse toûjours vers C; & soient tirées les lignes
A B, B C, qui fassent un angle en B, lequel soit icy supposé estre droit,

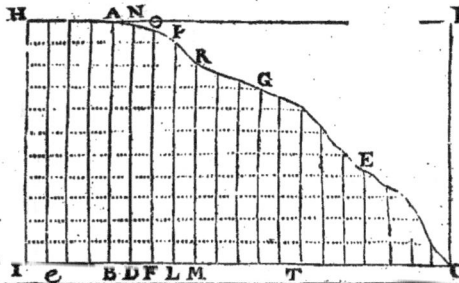

car cela n'est pas néces-
saire, & on aura le triligne A B C. Que les li-
gnes A B, B C soient
divisées en une infinité
de parties égales, &
chaque partie de A B
soit égale à chaque par-
tie de B C : de chaque
point de la division
soient tirées des paral-
leles aux lignes A B,
B C, qui divisent le tri-
ligne, comme on voit icy. Du point C j'éleve en l'air une perpendiculaire au
plan A B C égale à B C; puis je conçois un plan sur la ligne A B, tellement
incliné, qu'il vienne rencontrer l'extremité de la perpendiculaire sur C en
l'air. Ensuite j'éleve de chaque point de la ligne B C une perpendiculaire
qui rencontre ce plan incliné, & chacune de ces perpendiculaires est égale
à sa correspondante, sçavoir à celle qui va du point dont elle a esté tirée,
jusques à la ligne A B : comme la perpendiculaire tirée sur D sera égale à B D,
                                                                        celle

telle qui est elevée sur F est égale à BF, & ainsi des autres. Il faut aussi concevoir un triangle rectangle isocele qui se fait par la ligne BC, la perpendiculaire en l'air sur C qui est égale à BC, & la ligne qui va de B à l'extremité de ladite perpendiculaire : le plan de ce triangle est égal à la moitié du quarré BC; le mesme doit estre entendu de tous les triangles qui se font par le moyen du plan incliné, qui tous sont égaux à la moitié du quarré de leurs costez égaux.

Il faut en suite considerer une perpendiculaire élevée sur le point A qui chemine sur la ligne AGEC, & qui rencontre le plan incliné : cette ligne par son chemin décrit une superficie; & par conséquent on a quatre superficies qui enferment un solide, la premiere est le plan du triligne ACB; la deuxiéme, le plan incliné qui commence à AB; la troisiéme est le triangle sur BC en l'air & perpendiculaire sur le plan ABC; la quatriéme est celle que fait la perpendiculaire en parcourant la ligne AGEC. Ce solide est distingué & comme composé d'une infinité de triangles tous paralleles & semblables à celuy qui est elevé perpendiculairement sur BC, & qui est une des faces du solide; partant ce solide partagé de cette sorte est formé de la moitié de tous les quarrez de la ligne BC, & de ses paralleles.

Que si on veut couper ce solide d'un autre sens, sçavoir par des plans paralleles à la ligne AB, alors on fera dans le solide des parallelogrammes égaux aux parallelogrammes BDN, BFO, BLP &c. partant tous ces parallelogrammes ensemble seront égaux aux demi-quarrez de la ligne BC & de ses paralleles; car c'est le mesme solide qui ne change point. On peut donc établir, que tous les demi-quarrez de la ligne BC & de ses paralleles, sont égaux à tous les parallelogrammes NDB, OFB, PLB &c.

Soit tiré une parallele à AB en quelque part qu'on voudra : que ce soit HI, sçavoir hors de la figure, & soit achevé le parallelogramme HICK, & soit élevé un plan sur la ligne HI, incliné en telle sorte, qu'il rencontre comme le precedent, l'extremité de la perpendiculaire sur C en l'air prise de la longueur de IC; & soit aussi prolongé les lignes de la figure jusques à la ligne HI : on trouvera que les demi-quarrez de la ligne IC & des autres paralleles à cette ligne, qui aboutissent à HI, sont égaux à tous les parallelogrammes compris dans la figure ABC, en les prolongeant jusques à HI, & dans l'espace HIBA; sçavoir ABI, NDI, OFI, &c.

Nous considérerons maintenant la figure quand elle tourne sur HI. Alors elle forme trois solides, sçavoir un cylindre par HIBA; un solide qui se nomme creux par la figure ACB; un autre par HACBI; & le grand cylindre HICK. Nous cherchons les raisons de ces solides entr'eux. Pour le petit cylindre, il est au grand cylindre comme le quarré de HA est au quarré de HK; le solide fait de HIBCA est au grand cylindre, comme le quarré de IC & des autres paralleles jusques à HA, sont au quarré de HK pris autant de fois; le solide de la figure ABC est au grand cylindre comme le quarré de IC & des autres paralleles moins le quarré IB, pris autant de fois, est au quarré HK pris autant de fois : & si on prend la moitié du solide, elle sera au grand cylindre, comme la moitié des quarrez IC, & des autres moins la moitié du quarré IB pris autant de fois, est au quarré HK pris autant de fois. Au lieu des demi-quarrez je prends ce qui leur est égal, sçavoir tous les parallelogrammes moins les petits de la figure HABI, & ils seront au grand quarré HK pris autant de fois, comme la moitié du solide de la figure est au grand cylindre. Que si on fait tourner la figure ABC sur AB, alors la moitié du solide fait par ABC sera au cylindre fait par ABCK, comme la moitié des quarrez de BC

& de ses paralleles, sont au quarré de BC pris autant de fois ; & en general, sur quelque ligne qu'on fasse tourner la figure, pourveu qu'elle soit parallele à AB, on aura toûjours la mesme équation ; sçavoir, que la moitié du solide fait par la figure, sera à son cylindre, comme la moitié des quarrez compris dans la figure, sera au grand quarré pris autant de fois. J'entens que la figure commence à la ligne sur laquelle elle tourne, & que le parallelogramme commence à la mesme ligne.

Tout cela posé je viens à chercher le centre de gravité du plan de la figure ABC. Pour cét effet je suppose que la ligne BC est un levier dont le point B est l'appuy & en C la puissance : tous les points sont les lieux sur lesquels

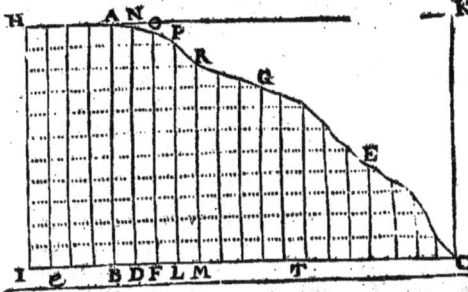

les pesanteurs pesent ; on nommera ces points centres de gravité de chaque portion de la figure, laquelle se divise en parallelogrammes qui tous ont chacun leur centre, sçavoir le point sur lequel chacun d'iceux pese ; & tous ces centres ensemble viennent à estre égaux (eu égard à la pesanteur qu'ils supportent) au centre total de la figure. Or nous disons que le premier point, sçavoir D, est le centre de gravité du premier parallelogramme ; F, du second parallelogramme ; L, du troisiéme &c. Les centres de gravité sont entr'eux en raison composée des costez de leurs figures ; par exemple, le centre D est au centre F en raison composée de celle de N D à F O, & de celle de B D à B F ; ce qui veut dire que comme le rectangle ou parallelogramme des antecedens est à celuy des consequens, sçavoir comme le parallelogramme N D B est au parallelogramme O F B : ainsi toutes les pesanteurs sur tous lesdits points ou centres de gravité sont entr'elles, comme tous les parallelogrammes sont entr'eux. Au lieu des parallelogrammes je prens leurs hauteurs, sçavoir les lignes A B, N D, O F, & je pose chacune de ces lignes pour le fardeau étendu, & qui pese sur chacun de ces points. Pour trouver le centre de gravité de la figure, sçavoir le point sur la ligne B C où les parties sont contrepesées les unes aux autres, je feins par l'analize qu'il est en M, & j'attache à ce point M un poids égal à tous les autres cy-dessus representées par toutes les lignes qui sont sur les points. Ce poids est donc une ligne égale à toutes les lignes cy-dessus, & je dis ainsi, Toutes les pesanteurs, ou centres de gravité ensemble sont au poids de toute la figure qui est en M, comme tous les parallelogrammes de la figure sont au grand parallelogramme qui a un costé égal à toutes les lignes cy-dessus, & la ligne B M pour l'autre costé (car on prend icy les parallelogrammes qui estant perpendiculaires sur les lignes N D, O F, P L, &c. vont rencontrer le plan qui part de la ligne A B, & en montant va rencontrer le point sur C en l'air elevé à la hauteur de C B, comme il a esté dit cy-devant.) Mais toutes les pesanteurs assemblées sont égales à la pesanteur qui est en M ; partant tous les parallelogrammes de la figure sont égaux au parallelogramme qui a toutes les lignes B A, D N, F O, &c. pour un de ses costez, & B M pour l'autre : estant égaux ils auront mesme raison à une autre grandeur ; c'est pourquoy tous les rectangles sont au grand quarré BC pris autant de fois, comme le grand rectangle qui a toutes les lignes fufdites A B, N D, O F, &c. pour un de fes coftez, & B M pour l'autre, eft au mefme quarré pris comme cy-devant.

Au lieu de tous les rectangles fufdits je prens ce qui leur eft égal, fçavoir les demi-quarrez des lignes B D, B F, B L, B M, B C, &c. ils feront donc au grand quarré B C pris autant de fois, comme le grand rectangle fufdit qui a B M pour un de fes coftez, & pour l'autre toutes les lignes A B, N D, O F, &c. eft audit quarré B C pris &c. Mais nous avons veû que comme le cylindre fait par A B C K eft à la moitié du folide fait quand la figure tourne fur A B, ainfi le quarré B C pris autant de fois, eft aux demi-quarrez des lignes B D, B F, B L, &c. Donc le rectangle qui a les lignes A B, N D, O F, &c. pour un de fes coftez, & B M pour l'autre, eft au quarré B C pris autant de fois, comme la moitié du folide fait par A B C eft au cylindre. Par les indivifibles je fais des folides de tous ces plans, & je dis que la moitié du folide fait par A B C eft au cylindre fait par A B C K, comme le folide qui a pour bafe la figure A B C, & B M pour hauteur, eft au folide qui a pour bafe le parallelogramme A B C K, & B C pour hauteur. Or les folides font entr'eux en raifon compofée de leur bafe & de leur hauteur; partant la moitié du folide de A B C, & le cylindre du parallelogramme A B C K, font la raifon compofante des deux folides, qui font entr'eux en la raifon compofée du parallelogramme A B C K à la figure A B C, & de celle de la ligne B C, à B M. Nous connoiffons la raifon compofante, c'eft à dire de la moitié du folide au cylindre; car (fi c'eft une parabole) fon folide eft à fon cylindre comme 8 à 15: icy nous n'avons que la moitié du folide; c'eft pourquoy ce fera comme 4 à 15. Pareillement la raifon du plan de la parabole à fon parallelogramme eft connuë, qui eft comme 2 à 3; oftant donc de 4 à 15 la raifon de 2 à 3 ou de 4 à 6, il refte celle de 6 à 15; & telle eft la raifon de B M à B C, & le point M eft le centre.

Que fi nous feignons un cylindre tel qu'il foit la moitié d'un folide, & que nous difions, Comme le cylindre eft à la moitié du folide, ainfi quelque ligne, comme e T eft à la ligne B M; & comme le parallelogramme A B C K eft au plan A B C, ainfi la mefme ligne e T eft à la ligne B C: ces trois lignes compofent la raifon qui eft entre la moitié du folide & le cylindre, qui fera la raifon compofée de e T à B C, & de B C à B M; & ainfi le point M fera le centre de gravité.

Auparavant que de proceder felon cette derniere façon il faut avoir trouvé cette ligne e T, faifant que, comme le plan A B C eft au parallelogramme A B C K, ainfi la ligne B C foit à e T; & puis dire, Comme le cylindre fait par A B C K eft à la moitié du folide fait par A B C tournant fur A B, ainfi la ligne e T foit à B M: le point M marque le centre de gravité. Cette méthode eft pour agir plus élegamment, & plus briévement que par la premiere qui eft plus feure, fçavoir par la compofition de raifon des deux folides qui font entr'eux en la raifon compofée de celle de leur bafe, & de celle de leur hauteur, comme il a efté dit cy-devant.

Il nous faut maintenant chercher le centre de gravité d'un quart de cercle par le folide qui fe fait quand un quart de cercle qui partiroit du point A & viendroit en C, puis après du point C l'autre quart de cercle viendroit rencontrer la ligne A B prolongée tant que de befoin. Quand ce quart de cercle tourne fur A B, il fe fait un folide de ce quart, & il fe fait un cylindre du parallelogramme A B C K, lequel, en cette figure, eft un quarré; car A B eft égale à B C, & chacune eft le demi-diametre du cercle. Je trouve premierement le centre de gravité fçavoir le point M, en la façon ordinaire, fçavoir, que le demi-folide du quart de cercle, eft à fon cylindre comme le folide qui a pour bafe le quart de cercle, & pour hau-

Voyez la figure fuivante.

teur la ligne B M, est au solide qui est composé du quarré B C pris autant de fois qu'il y a de divisions en B C. Mais les solides sont entr'eux en la raison composée de celle de leur hauteur, & de celle de leur base, sçavoir comme le quart de cercle, au quarté B C, & comme la ligne B M, à B C; en telle sorte que ces quatre termes composent la raison de la moitié du solide fait par le quart de cercle, à son cylindre, laquelle est connuë, car le cylindre est au solide comme 6 à 4; mais icy il n'y a que la moitié, & partant la raison sera comme 6 à 2. La raison du plan au plan, & de la ligne à la ligne, sera donc comme 2 à 6; la raison du plan au plan est connuë; car en cette figure, selon Archimede, elle est comme 11 à 14. Si donc je soustrais la raison de 11 à 14, de celle de 2 à 6, ou de 11 à 33, il restera la raison de 14 à 33 pour celle des lignes B M à B C; & le point M vient à estre le lieu du centre de gravité, en la premiere maniere.

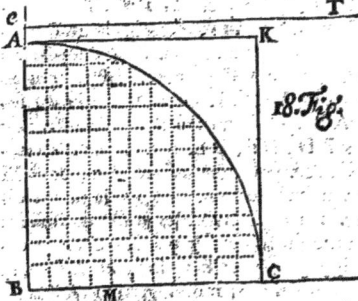

La deuxiéme façon est en disant, Comme le cylindre de A B C K est à la moitié du solide du quart de cercle, ainsi la ligne e T est à B M; (on trouvera la ligne e T comme cy-devant, sçavoir en faisant comme le plan du quart de cercle est au parallelogramme, ainsi la ligne B C est à e T) c'est pourquoy nous voyons que la moitié du solide est à son cylindre, en la raison composée de e T à B C, & de B C à B M; & ainsi le point M est encore le centre de gravité, selon la seconde methode.

La troisiéme methode est la plus subtile, & elle est telle : comme le quart & demi de la circonference, sçavoir A C & sa moitié, le tout pris comme ligne droite, est à B C demi-diametre, ainsi B C est au tiers de la ligne e T trouvée comme cy-dessus; & il se trouvera que B M sera le tiers de ladite e T; & ainsi le point M sera le centre de gravité. Il faut montrer que B M est le tiers de e T; de plus, que le quart & demi de la circonference est à son demi-diametre, comme le mesme demi-diametre est à B M tiers de e T.

Pour le premier, il est aisé à voir; car faisant que comme la moitié du solide est au cylindre, ou bien comme le cylindre fait par A B C K, est à la moitié du solide fait par le quart de cercle, ainsi la ligne e T soit à B M. Nous sçavons que le cylindre est triple de la moitié du solide; partant la ligne e T sera triple de B M; ce qu'il falloit prouver.

Il faut maintenant prouver que les trois lignes, sçavoir le quart & demi de la circonference pris comme ligne droite, le demi-diametre & le tiers de e T sont proportionnelles. Cecy se démonstre par la proportion troublée que je dispose comme il s'ensuit. Que le quart & demi de la circonference soit a; le demi-quart de la mesme circonference soit b; le demi-diametre soit c; le mesme demi-diametre soit aussi d; la ligne e T soit e; & le tiers de la ligne e T ou la ligne B M, soit m. On fera les proportions suivantes.

Comme a est à b, ainsi e est à m; & comme b est à c, ainsi d est à e; partant comme a est à c, ainsi d est à m; partant les trois lignes a, c, m sont proportionelles, ce qui restoit à démontrer.

Tout ce qui a esté dit jusques à present ne sert que pour trouver le centre de gravité des plans par le moyen d'un solide. Maintenant nous chercherons le centre de gravité d'une ligne telle qu'elle puisse estre, soit droite, circulaire, ou irreguliere.

TROUVER

TROUVER LE CENTRE DE GRAVITE
de la ligne AGEC.

SOIT divisé la ligne AGEC en une infinité de parties égales, & ayant tiré les lignes A B, B C, comme cy-devant, soit aussi tiré des paralleles à A B de chaque point de la division, qui diviseront la ligne BC en parties inégales. Les parties de la ligne A G C ont chacune leur pesanteur, & le poids d'une partie n'est pas égal au poids de l'autre. Or le poids de chaque portion est representé par le point de sa division : les paralleles portent chaque pesanteur sur le levier B C aux points de sa division ; & c'est sur ces points de BC que pesent toutes les parties de la ligne A G C. Nous sçavons que les poids sont entr'eux comme les rectangles ; c'est à dire que le poids du point D est au poids du point H, comme le rectangle fait de A D & de B F, au rectangle fait de A D ou son égale D H, & de B I. Au lieu de dire, comme les rectangles, je dis, comme la ligne B F est à B I, parce que les rectangles ont tous un costé égal, sçavoir la portion de la ligne A G C.

Je feins que le cen- | tre soit en M, duquel | point je fais pendre | une ligne égale à | A G C qui represente | sa pesanteur ; puis je | dis que le poids du | point F est au poids du | point M centre, com- | me la ligne BF est à | la ligne BM ; le poids | du point I est au poids | de M, comme la ligne | BI à BM, & ainsi des | autres. De là nous re- | viendrons aux rectan- | gles, & nous dirons | que tous les points | pesans sur ceux de la | ligne B C sont au | poids universel pe- | sant sur le point M | centre total, comme | le rectangle fait d'u- | ne seule portion de la

ligne A G C & de toutes les lignes BF, BI, BL, BM, &c, est au rectangle fait par la ligne A G C pendüe au point M, & par la ligne BM. Or tous les petits poids ramassez ensemble sont égaux au poids en M, qui est le poids de toute la ligne ; & partant les deux rectangles sont égaux, & leurs costez sont quatre lignes proportionnelles. Pour faciliter la resolution de la question, du rectangle fait par une portion de la ligne A G C & des lignes B F, B I, B L, &c, j'oste par les indivisibles la portion de la ligne A G C : cette portion estant une & terminée, ne diminuë rien dans l'infini ; (car tout ce qui est fini & terminé comme 1, 2, 3, 4, & tant de nombres terminez qu'on voudra, n'augmente ny ne diminuë rien dans les infinis) ayant donc retiré cette unique portion du rectangle, il me reste l'espace com-

OC 3

pris par les lignes B F, B I, B L, &c. qui est égal au mesme rectangle de A G C par B M. Je pose que la ligne A G C soit la droite T N, laquelle estant divisée infiniment, j'eleve sur chaque point de la division perpendiculairement la ligne R S égale à B F, Q X égale à B I, & ainsi des autres. Les lignes ainsi élevées composent une figure égale au rectangle T P dont le costé N P est égal à B M, & T N égal à A G C, puis je cherche un quarré qui soit égal à la figure ou à ce rectangle, (car l'un est égal à l'autre.) Que son costé soit la ligne marquée V. Nous dirons que comme la ligne A G C est à la ligne V, ainsi la ligne V est à la ligne B M cherchée ; & cecy est la proposition universelle. Comme la ligne proposée à la ligne dont le quarré est égal à la figure ou plan fait par toutes les lignes B F, B I, B L, &c. ainsi cette mesme ligne qui est le costé dudit quarré, est à la ligne B M cherchée ; & ainsi ces trois lignes, sçavoir la donnée, celle qui est le costé du quarré susdit , & la cherchée B M sont continuellement proportionnelles.

Cherchons maintenant le centre de gravité du quart de circonférence A G Z. Alors il faudra dire, Comme la ligne A G Z étenduë en ligne droite est à son demi-diamétre B Z, ainsi ce demi-diamétre est à la ligne cherchée B M. Mais le quart de la circonférence est au demi-diamétre, comme tous les sinus tirez par les points esquels est divisée la circonférence, sont au sinus total pris autant de fois ; or tous ces sinus sont les lignes B F, B I, B L, &c. répondans aux points de la circonférence divisée en parties égales infinies ; & tous ces sinus sont égaux au quarré du demi-diamétre, comme il paroist par la troisiéme Proposition.

Voyez la figure suivante.

Mais si on suppose que la ligne A C soit droite, pour en trouver le centre de gravité je la divise en une infinité de parties égales, & de chaque point de la division je tire des lignes paralleles à A B, qui tombent sur le levier B C & le divisent en parties égales entr'elles, & divisent la figure A B C en triangles semblables : les points de la ligne B C marquent les centres de gravité de chaque portion de la ligne proposée A C. Or tous ces centres ou pesanteurs sont entr'elles, comme les rectangles sont entr'eux, c'est à sçavoir, comme le rectangle B F par A D est au rectangle B I par D H ou son égale A D ; & d'autant que la portion de A C est toûjours la mesme en tous les rectangles, les centres sont entr'eux, comme les lignes B F, B I, B L, &c. de sorte que ces petits centres ou pesanteurs particulieres sont au centre ou pesanteur totale qui est au point M (d'où on a pendu une ligne égale en grandeur & pesanteur à la ligne A C) comme toutes les lignes B F, B I, B L, &c. sont au rectangle A C par B M ; car par les indivisibles on a retranché du rectangle fait de la portion de la ligne A C, sçavoir de A D & de toutes les lignes B F, B I, B L, &c. prises ensemble, ladite portion A D. Il faut trouver une ligne qui soit égale en puissance à l'espace fait par toutes les lignes B F, B I, B L, & les autres ; puis je dis que comme la ligne donnée, sçavoir A C, est à cette ligne dont le quarré est égal à l'espace & plan susdit fait par toutes les lignes B F, B I, B L, &c. ainsi cette ligne ou costé de quarré est à B M ; en sorte que la ligne susdite qui peut l'espace fait par les lignes B F, B I, B L, &c. soit moyenne proportionnelle entre la ligne proposée A C, & la cherchée B M. Mais toutes ces lignes sont à B C pris autant de fois, comme le triangle au quarré de la somme ou multitude desdits points, c'est à dire, comme 1 à 2 ; partant la ligne B M vaudra en puissance le quart du quarré B C, & partant B M est la moitié de B C ; & ainsi le centre de ladite ligne proposée est au milieu d'icelle : car du point M tirant une ligne parallele à A B, elle passera par le point G milieu de la ligne A C, & marquera le lieu de son centre de gravité.

Je viens maintenant à chercher le centre de gravité d'une figure solide,
soit cône, cylindre, conoïde parabolique & hyperbolique, solide elliptique,
ou de quelqu'autre solide connû. Parlons premiérement du cône qui est representé par la ligne AC, & par CB tirée perpendiculairement sur AB. Le
sommet du cône est C, l'axe est CB; & la ligne AB estant doublée vient à
estre le diamétre du cercle, ou base du cône. Que l'axe de ce cône, sçavoir
BC, soit coupé par des plans perpendiculaires à cette axe en une infinité
de parties égales : toutes ces divisions font autant de cercles, qui tous en-

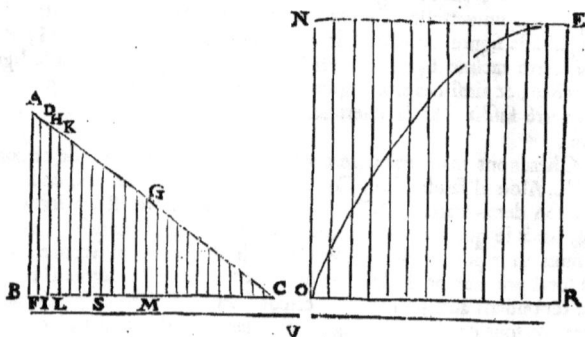

semble par les indivisibles composent le cône, & sont entr'eux comme les
quarrez de leur diamétres; sçachant donc comme les diamétres sont entr'eux,
on sçaura aussi la proportion des quarrez. Or cette division fait dans le cône
& sur son axe des triangles semblables, comme ABC, DFC, HIC,
KLC, &c. c'est pourquoy les demi-diamétres AB, DF, HI, KL &c.
sont entr'eux, comme les portions de l'axe BC, FC, IC, LC sont entr'elles : or ces portions ayant différences égales, elles gardent entr'elles l'ordre naturel des nombres; les demi-diamétres garderont donc entr'eux l'ordre
naturel des nombres. Si les diamétres gardent l'ordre naturel des nombres;
leurs quarrez garderont l'ordre naturel des quarrez desdits nombres; & partant ces cercles seront entr'eux comme les quarrez des nombres qui suivent
l'ordre naturel; c'est à dire comme 1, 4, 9, 16, 25, &c.

Cela posé, pour trouver le centre de ce cône, il faut chercher un plan
dans lequel les lignes tirées gardent la mesme proportion, c'est à dire que
la ligne soit à la ligne comme un quarré à un quarré; car le plan qui aura
cette condition ne manquera pas d'avoir le centre de gravité au mesme lieu
que le solide. Je prens pour le plan une parabole qui a pour sommet le point E;
son axe est ER; & la touchante EN representera l'axe du cône BC. Je
divise EN en parties infinies & égales, & de chaque point je tire des lignes parallèles à NO (representant AB) qui divisent le plan ou triligne
EON. On a montré que ce triligne est à son parallelogramme comme
1 à 3: on dira donc, Comme le triligne est à son parallelogramme, ainsi NE
sera à une autre ligne V; partant V sera triple de NE; & si NE vaut 4,
V vaudra 12. Je dis ensuite, Comme le cylindre fait par le parallelogramme
de la parabole, est à la moitié du solide fait par le triligne OEN qui est
renfermé dans le cylindre, ainsi 4 à 1; & ainsi la ligne V qui vaut 12 est à 3;
qui sera la ligne CS, & le point S montrera le centre de gravité. Or BC
estant 4, BS sera 1, & CS sera 3.

OOo ij

CENTRE DE GRAVITÉ,
du Conoïde parabolique.

SI je cherche le centre de gravité du Conoïde parabolique, je le coupe, ou fon axe, en parties infinies & égales par des plans qui diviferont tout le folide en cercles (car dans le conoïde parabolique auffi bien que dans le cône, les fections faites par un plan parallele à la bafe, engendrent des cercles.) Or tous ces cercles font entr'eux comme les quarrez de leurs diamétres, & partant fçachant comme les diamétres font entr'eux, nous fçaurons comment font leurs quarrez. Mais dans la parabole les quarrez des ordonnées font entr'eux comme les portions de l'axe : icy les portions font égales, & partant ils font entr'eux comme les nombres naturels ; les quarrez des diamétres feront donc entr'eux en l'ordre des nombres naturels ; & le premier quarré eftant 1, le fecond fera 2, le troifiéme fera 3 &c.

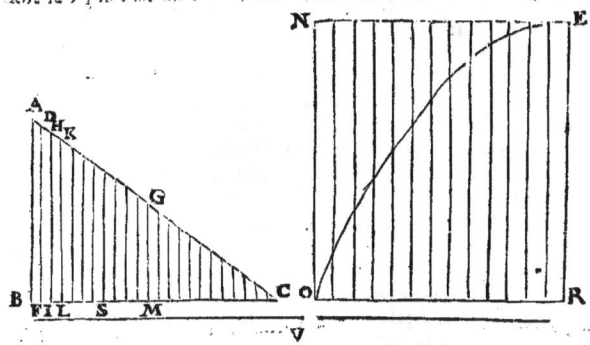

Par noftre doctrine il faut trouver une figure ou plan qui ait cette mefme proprieté. Je trouve que le triangle fait la mefme chofe ; il faut donc feindre que A B C eft un triangle. Je divife B C en parties égales & infinies, & par les points je tire des paralleles à A B : or B C reprefente l'axe du folide dont on cherche le centre. Cela fait je dis, Comme le plan du triangle eft à fon parallelogramme, ainfi B C eft à la ligne V. On fçait que le triangle eft au parallelogramme comme 1 à 2, partant V fera double de B C ; fi B C eft 3, V fera 6. Aprés on dit, Comme le cylindre fait par le parallelogramme du triangle eft à la moitié du folide, ou du cône fait par le triangle, ainfi la ligne V. fera à B M. qui marquera le centre. Or le cylindre fufdit eft à la moitié du cône comme 5 à 1, partant B M fera ⅕ de la ligne V, & le tiers de B C, le centre de gravité du conoïde parabolique fera donc au tiers de fon axe du cofté de la bafe, & ainfi divifant l'axe en trois parties égales, le premier point du cofté de la bafe fera le centre de gravité.

Il faut obferver en général, que quand on veut trouver le centre de quelque folide, aprés avoir divifé fon axe en une infinité de parties égales, & par confequent tout le folide, fçachant quelle proportion ou raifon gardent toutes les fections faites par le plan qui a divifé le folide ; il faut trouver un plan duquel la proprieté foit telle, que les lignes qui le divifent en une infinité de parties égales, foient entr'elles comme toutes les fections du folide font entr'elles : fi les fections, ou plans du folide font entr'eux comme le quarré au quarré, les lignes du plan doivent eftre entr'elles comme le quarré

au

au quarré. Si la proportion ou raison est autre dans le solide, elle doit estre telle dans le plan : observant toûjours dans le solide que si le plan est au plan comme le quarré de son demi-diametre, au quarré du demi-diametre de l'autre, dans le plan la ligne soit à la ligne, comme un quarré à un quarré. Voilà ce qu'il faut remarquer.

Soit la ligne courbe ou circulaire B T E A divisée en une infinité de parties égales aux points V, T, F, E, D, &c. & de chaqu'un desdits points soit tiré une touchante comme V S, T R, F I, E H, D G, &c. à telle condition que la derniére comme D G estant tirée, toutes les autres rencontrent plus haut la ligne C S, sçavoir plus loin du point C, comme aux points H, I, R, S, &c. qui partant seront tous plus éloignez de C que le point G dans la ligne C S. Outre cela, du point B je tire la touchante, qui vient à estre parallele à C S. Cela fait, des points d'atouchement comme de D, je tire une ligne, sçavoir D O, qui soit égale & parallele à C G; du point E, la ligne E P égale & parallele à H C; de F, la ligne F Q égale & parallele à I C; semblablement la ligne T Y égale à R C, & V Z égale à S C, & ainsi des autres points infinis, la ligne C S estant prolongée tant qu'il faudra, & la touchante en B tirée à l'infini, laquelle viendra à estre asymptote au regard de la ligne qui se forme par l'extremité des lignes tirées des points de la division paralleles à C S, qui est la ligne courbe C O P Q Y Z. Puis aprés, si du point C on tire des lignes à chaque point de la division de la courbe B F A, tout l'espace A F B C viendra à estre divisé en secteurs infinis, lesquels par les indivisibles se convertissent en triangles, à cause que les petites portions des lignes courbes deviennent droites par la division infinie. Je dis davantage que tout l'espace B F A C Q Z jusques au bout de la courbe C Q Z tirée à l'infini, & qui est entre ladite courbe, & la touchante B tirée aussi à l'infini, se trouve divisé en parallelogrammes infinis, l'un desquels est D O C G qui represente le moindre. C'est un parallelogramme, parce que dans les indivisibles la touchante D G passe pour la partie de la ligne courbe D A, comme il a esté dit cy-devant dans une autre Proposition : or D O a esté faite égale & parallele à G C, & pareillement de tous les autres points, on a tiré les lignes égales & paralleles à leurs correspondantes en C S.

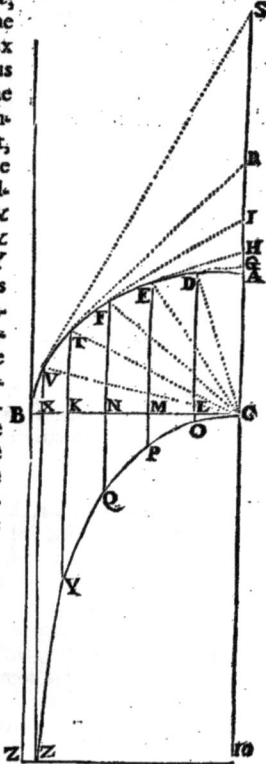

Pour venir à la conclusion, les parallelogrammes ont tous un mesme costé que les triangles, qui est chaque portion égale de la ligne courbe A E B. Je dis donc que les triangles qui ont pour sommet le point C duquel partent les deux costez du triangle, & dont le troisiéme est la portion de la courbe B F A divisée à l'infini; tous ces triangles, dis-je, qui remplissent l'espace A F B C, partent du point C comme de leur sommet. Mais les parallelogrammes qui sont sur bases égales & entre mesmes paralleles que

PPp

les triangles, font doubles defdits triangles, & les uns & les autres font entre les paralleles C O & D G & entre C P & E H &c. (ces lignes CO, C P
font feulement imaginées pour montrer que les triangles, & les parallelogrammes font entre les mefmes paralleles, & fur des bafes égales; car les bafes des uns & des autres font les portions de la ligne courbe divifée à l'infini,
& les portions des touchantes comprifes entre les paralleles à C A paffent
& font prifes pour ces portions de courbes comprifes auffi entre les mefmes
paralleles.)

Puifque les parallelogrammes font doubles des triangles, par les indivifibles, l'efpace qui eft occupé par lefdits parallelogrammes, lequel fe trouve
compris entre la courbe A E B d'une part, & la courbe C Q Z produite à l'infini, d'autre part ; & entre les lignes droites A C & la touchante B tirée à
l'infini, tout cet efpace, fçavoir le quadriligne Z B F A C Q Z fera double
de l'efpace A F B C. Mais l'efpace A F B C eft celuy qui eft fait par les triangles ; partant il fera égal à l'autre efpace
compris dans Z B C Q Z, les deux lignes
B Z & C Z eftant tirées à l'infini; ce qu'il
falloit démontrer.

Cét article
appartient à
la figure pré-
cédente.

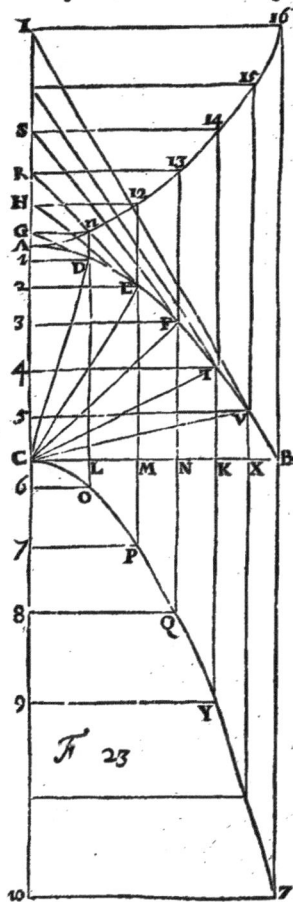

Or la touchante B Z eft afymptote,
d'autant que, comme la ligne D O qui part
de la touchante D G eft égale à la ligne
G C qui part de l'extrémité de la mefme
touchante, & ainfi de toutes les autres lignes qui partent des touchantes, il faudroit que la ligne qui fort du point B,
& qui devroit rencontrer la mefme ligne
C Q Z en quelque point plus éloigné, fuft
égale à la portion de la ligne C A I prolongée & comprife entre le point C & la
rencontre de la touchante en B. Mais il
eft impoffible que la touchante en B la puif-
fe rencontrer, puifqu'elles font paralleles;
ainfi elle ne rencontrera jamais la ligne
C Q Z en quelque point que ce foit, &
partant elle eft afymptote.

Confidérons la figure quand nous aurons tiré les ordonnées des points D, E, F,
&c. fur l'axe C A, & pareillement des
points O, P, Q, &c. fur l'axe C 10, fuppofant que la figure A B C foit une parabole.

Soit D 1 la premiére ordonnée de la figure A B C, & O 6 de C Z 10, on aura
D O égal à G C, & auffi à 1 6; & fi des
deux lignes égales G C & 1 6 on ofte la
ligne C 1 qui leur eft commune à toutes
deux, il reftera G 1 égale à C 6. Or par la
propriété de la parabole, G 1 eft divifée en
deux également par le fommet A ; partant
C 6 eft double de A 1 ; & ainfi de tous les
autres ; fçavoir C 7 fera double de A 2 ;
C 8 de A 3, &c. & ainfi, comme les lignes,
ou parties de l'axe de la parabole A B C font entr'elles, ainfi les doubles par-

ties feront entr'elles dans l'autre figure C Z 10. Mais dans la parabole les parties font entr'elles comme les quarrez des ordonnées, & partant dans la figure C Z 10 les parties de l'axe feront auffi entr'elles, comme les quarrez des paralleles aux ordonnées (qui font les ordonnées de ladite figure C Z 10) fçavoir, comme le quarré de O 6 eft au quarré de P 7, ainfi C 6 eft à C 7; d'où il s'enfuit que la figure C Z 10 fera auffi une parabole, qui fera double de la parabole A B C.

Mais fi l'on veut que les portions de l'axe foient entr'elles comme les cubes des ordonnées, & qu'ainfi G 1 foit triple de A 1, alors C 6 fera triple du mefme A 1, & la parabole C Z 10 fera triple de la parabole A B C. La mefme chofe fe fera toûjours changeant les paraboles, & faifant que les portions de l'axe foient entr'elles comme les quarré-quarrez, quarré-cubes &c. des ordonnées à l'axe defdites paraboles.

Maintenant il faut voir comment fe fera la quadrature de la parabole. Pour cét effet il faut confiderer dans A B C que les ordonnées & les portions de l'axe forment des parallelogrammes qui rempliffent la figure. Pour l'autre figure C Z 10, je la puis confiderer comme ayant tiré du point B une touchante qui rencontre C I en I (car dans la parabole la touchante au point B n'eft point parallele à C I, comme à la figure précedente, & partant elle doit rencontrer la ligne C I.) De ce mefme point B on tire B Z parallele à C I qui rencontrera la ligne C Q Z; car cette ligne n'eft formée que par l'extremité des lignes paralleles à G A. Du point de la rencontre foit fermée la figure C Q Z 10. Les ordonnées de la parabole A B C feront égales aux ordonnées de la parabole C Z 10. Mais les portions de l'axe de la parabole A B C ne valent que la moitié des portions de l'axe de la parabole C Z 10; partant celles-cy font doubles de celles-là, & partant les parallelogrammes de la parabole C Z 10 font doubles des parallelogrammes de la parabole A B C; & partant la parabole C Z 10 fera double de A B C, ou du triligne qui luy eft égal B C Q Z; & le parallelogramme C B Z 10 triple de la mefme parabole A B C; donc ladite parabole C Z 10 fera les deux tiers dudit parallelogramme C B Z 10; & de cette forte je trouve la quadrature de la parabole puifque j'ay un parallelogramme qui a raifon avec la parabole, Archiméde s'eftant contenté de trouver une parabole égale, ou bien en raifon, à un triangle. Que fi on prend les cubes, quarré-quarrez & autres puiffances des ordonnées on en conclura de mefme la quadrature de ces paraboles.

Il faut maintenant prouver que les deux trilignes D A 1, & O C L font égaux; & pour cét effet ayant tiré la ligne droite C D, je dis que le triligne C D A eft la moitié du quadriligne C O D A: fi donc de ce quadriligne j'ofte le parallelogramme C L D 1, il reftera les trilignes C O L & A D 1; fi du triligne on ofte le triangle C D 1, il reftera le triligne D A 1; par ainfi d'une grandeur double d'une autre grandeur, j'ay tiré une partie double d'une partie que j'ay tirée de l'autre, partant le refte de la grande doit eftre double du refte de la petite, & de cette forte D A 1, & L C O font doubles de D A 1, donc D A 1 fera égal à L C O, ce qu'il falloit démontrer.

Il refte à faire voir que la ligne C D coupe en deux également le quadriligne C O D A (car il n'eft pas toûjours véritable.) Pour cét effet on fuppofe O D pour un des coftez du parallelogramme, & pour l'autre la portion D A indivifible fur la touchante D G ou fur la ligne courbe D A qui eft la mefme chofe, & le triangle C D avec la mefme portion indivifible D G ou D A. Je dis que le parallelogramme eft double du triangle; car ils font fur des bafes égales, qui font lefdites portions indivifibles, & entre mefmes paralleles, fçavoir O C & D G, ainfi C D coupe le parallelogramme, ou pour mieux dire, le quadriligne ODAC en deux également; car nous ne considérons plus l'espace DAG ni celuy qui est compris entre la courbe OC & la droite OC; car ces espaces ne sont point de nos parallelogrammes & triangles. Or tous ces triangles ne sont considérez que comme des lignes, sçavoir CD, CE, & les autres à l'infini; & toutes les lignes ou triangles remplissent l'espace ABC comme les parallelogrammes (au lieu desquels nous prenons les lignes DO, EP, FQ, &c.) remplissent l'espace ZBACQZ, soit que les lignes BZ & CQZ se rencontrent ou non.

Venons maintenant au solide qui se fait par la révolution de la figure sur l'axe AC. Nous voyons qu'il se fait plusieurs cylindres, rouleaux de cylindres, cônes, ou rouleaux de cônes; comme le cylindre fait sur l'axe CA par le parallelogramme CADO; le cône fait sur la mesme CA, & par le triangle CAD; puis les rouleaux de cylindres faits par les petits parallelogrammes, comme sont DOPE & les autres semblables qui ont pour base les portions indivisibles de la courbe, & les rouleaux de cônes qui sont faits par les triangles comme CDE, CEF & les autres semblables autour de l'axe CA. Mais les cônes sont aux cylindres qui sont sur mesme base, comme 1 à 3, & les rouleaux des cônes sont aux rouleaux des cylindres en mesme raison; & partant le solide fait de ABC sera le tiers du solide ZBACQZ; & si les lignes BZ, CZ ne se rencontrent point, il faut supposer le solide continué à l'infini de ce costé-là, & ostant le solide fait de ABC, restera le solide BCZ, qui sera double du mesme ABC. Dans les plans nous avons trouvé que le plan ABC est égal au plan BCZ continué à l'infini s'il est besoin. Il faut maintenant considerer ces figures comme paraboles; & par consequent la touchante du point B, ou plûtost la ligne tirée de B parallele à AC rencontrera la courbe CZ continuée. Soit donc fermé la figure au point de la rencontre, & soit CZ 10 la figure tournant sur son axe, & comparant les cylindres faits par les parallelogrammes D 1 A, E 2 A, &c. à ceux de l'autre parabole comme O 6 C, P 7 C, &c. parce que les ordonnées D 1, O 6, &c. de l'une & de l'autre figure sont toutes égales; mais les portions de l'axe de la parabole CZ 10, comme C 6, &c. sont doubles des portions de l'axe AC, comme A 1 &c. il s'ensuit que chaque cylindre d'embas sera double de celuy d'enhaut, & partant tout le solide d'embas fait par CZ 10 roulant sur C 10 sera au solide fait par ABC tournant sur AC, comme 2 à 1. Mais on a veû que le solide de ABC estoit au solide fait par ZQCB, comme 1 à 2; partant ledit solide de ZQCB sera égal au solide de CZ 10; & ainsi le solide de CZ 10 sera la moitié du cylindre fait par le parallelogramme CBZ 10, ce qu'il falloit démontrer.

Il faut maintenant considerer une autre figure qui se fait élevant du point L une ligne égale & parallele à CG, sçavoir L 11; du point M tirant M 12, égale & parallele à CH, & ainsi des autres, & par l'extremité desdites lignes se forme la ligne courbe A 11 12 16, & de chaqu'un desdits points on tire les ordonnées 11 G, 12 H, 13 R, &c. qui sont égales à celles de ABC tirées des points correspondans DEF, &c. qui sont infinis: de plus AG est égal à A 1, AH égal à A 2, &c. dans la parabole simple.

On considerera aussi que les lignes L 11, & DO sont égales, & pareillement M 12 & EP; N 13 & FQ, &c. & partant les parallelogrammes 11 LM 12, 12 MN 13, &c. sont égaux aux parallelogrammes ODEP, PEFQ, &c. car on ne prend icy que les lignes DOEP &c. ou leurs égales L 11, M 12, &c. au lieu desdits parallelogrammes. Or on a montré que les triangles CAD, CDE, CEF &c. sont la moitié des parallelogrammes AO, DP, EQ, &c. partant ils seront aussi la moitié des parallelogrammes ACL 11, 11 LM 12, 12 MN 13, &c. l'espace ABC est donc la moitié de l'espace 16 ACB, soit que

les

les lignes A 16, & B 16 se rencontrent ou non. D'où il s'ensuit que A B C
est égal à l'espace B A 16, quand mesme les lignes A 16 & B 16 estant pro-
longées à l'infini, ne se rencontreroient
point. On pourroit montrer la mesme chose plus briévement, comme il s'ensuit. Les
lignes 11 L, 12 M, 13 N, & les autres infiniment, estant égales aux lignes D O, E P,
F Q, &c. il s'ensuit que l'espace Z C A B
est égal à B C A 16; ostant donc A B C
commun, restera B A 16 égal à B C Z qui
a esté cy-devant montré égal à A B C, &
partant 16 A B luy est aussi égal.

Maintenant soit A B C la première parabole, la touchante B I rencontrant C I,
la ligne B 16 égale & parallele à C I rencontrera la courbe A 16 au point 16, & la
figure A 16 I sera une parabole égale &
semblable à A B C : car les ordonnées de
l'une sont égales aux ordonnées de l'autre,
sçavoir D 1 à G 11, à H 12 &c. puisqu'elles sont entre les mesmes paralleles ;
& par la proprieté de la parabole, A G est
égal à A 1, A H à A 2, A R à A 3, &c.
sçavoir les portions de l'axe où aboutissent les ordonnées correspondantes sont
égales ; & partant toute la parabole A B C
sera égale à toute la parabole A 16 I. Or
on a trouvé que l'espace B A 16 est égal à
A B C ; partant les trois piéces ou espaces
A B C, A 16 I, & B A 16 comprises dans le
parallelogramme I C B 16, & qui le forment, sont égales entr'elles.

Ce que nous venons de dire icy de la
premiere parabole, ou de la parabole du
premier genre, ce qui est la mesme chose,
se doit entendre aussi des paraboles des autres genres, c'est-à-dire que, si la parabole
A B C est du troisiéme genre, la parabole
A 16 I sera aussi du troisiéme genre ; mais
elle ne sera pas la mesme que la parabole
A B C : car les parties A G, A H, A R, &c. sont bien entr'elles en mesme
raison, que les parties A 1, A 2, A 3 &c. mais A G n'est pas égale à A 1, ni
A H égale à A 2 &c. comme elles sont dans la parabole du premier genre.

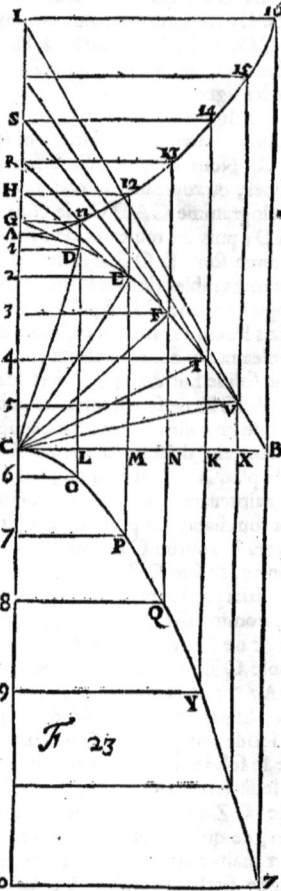

DE
TROCHOIDE
EJUSQUE SPATIO.

DEFINITIONES.

S I circulus duplici motu simul & eodem tempore moveatur, altero quidem recto, quo centrum illius feratur secundùm lineam rectam: altero
autem circulari, quo ipse cum omnibus suis radiis circa centrum suum circumvolvatur; sitque uterque motus sibi ipsi semper uniformis, & alter alteri
æqualis, ita ut recta quam percurrit centrum spatio unius integræ conversionis circumferentiæ, intelligatur esse eidem circumferentiæ æqualis: atque inter movendum circulus ipse perpetuò maneat in eodem plano infinito in quo
extitit in initio motus: ejusmodi circulum vocamus *Rotam*.

Recta per quam fertur centrum, vocetur *iter centri*.

Quæcunque puncta vel lineæ à circulo denominantur, denominentur hîc
à rotâ, ut centrum rotæ, radius rotæ, circumferentia rotæ, &c.

Manifestum est autem circumferentiam rotæ contingere continuè & successivè in aliis atque aliis punctis quandam lineam rectam itineri centri parallelam: vocetur hæc *via rotæ*.

Manifestum est quoque quidquid accidat in quâvis integrâ circumvolu-
tione rotæ, idem quoque accidere in quâcunque aliâ: modo initia circum-
volutionum sumantur à radiis similiter positis, id est, qui cum itinere centri æquales ad easdem partes angulos constituant, sintque radii ipsi paralleli.

Nos itaque unam conversionem assumamus, cujus initium statuimus in eo
rotæ radio qui perpendicularis est tam rotæ quam itineri centri, eum-
que ipsum radium, dum ad motum rotæ movetur, consideramus ac prose-
quimur, donec absolutâ integrâ conversione, idem ab eadem parte fiat rursus iisdem viæ rotæ & itineri centri perpendicularis. Hic ergo radius in initio circumvolutionis vocetur *radius principii motûs*: in medio autem dum
ipse perpendicularis est itineri centri, sed ad alteras partes constitutus, dicetur *radius medii motûs*: & tandem in fine, *radius perfecti motûs*.

Quòd si radius ipse in quâcumque positione produci intelligatur utrinque
quantùm libuerit etiam extra rotam, idem dicetur linea principii, medii, vel
perfecti motûs.

Jam in lineâ principii motûs indefinitè productâ versùs viam rotæ intelligatur sumptum quodcumque punctum præter centrum, atque inter ipsum
centrum versùs viam rotæ, etiam in eâdem viâ aut ultrà, cujus puncti motus spectetur: fiet necessariò ut propter implicationem motûs circularis cum
recto, ipsum punctum describat lineam aliquam, cujus portio quædam ab unâ
parte itineris centri, altera autem portio ab alterâ parte existat; ea autem
incipiet in lineâ principii motus, & in lineâ perfecti motûs desinet. Vocetur
hæc *Trochoides*.

Recta quæ Trochoidis hujus extrema puncta jungit, estque vel via rotæ,
vel ei parallela, dicatur *Trochoidis ejusdem basis*. Portio lineæ medii motûs
intercepta inter trochoidem & basim ejus, *axis trochoidis* vocabitur; qui

quidem axis ab itinere centri bifariam fecabitur in puncto quod nos *centrum trochoidis* nuncupamus. *Vertex* autem *trochoidis* eſt extremum axis punctum in trochoide exiſtens, ſeu baſi oppoſitum.

Jam manifeſtum eſt à trochoide & ab ejuſdem baſi comprehendi ſpatium quoddam planum; quod nos poſtea vocabimus *ſpatium trochoidis*. Ejus centrum, baſis, axis & vertex ijdem qui trochoidis intelligantur.

Quæcunque recta ab aliquo puncto trochoidis ducitur uſque ad axem parallela viæ rotæ, dicatur *ad axem ordinata*.

Item, menſura integri motûs converſionis rotæ intelligatur tota circumferentia rotæ : menſura dimidij motûs intelligatur dimidia circumferentia; & ſic in univerſum menſura cujuvis partis motûs rotæ intelligatur eſſe arcus circumferentiæ ejuſdem rotæ, qui ad integram circumferentiam eandem habeat rationem, quam pars motûs aſſumpta ad motum converſionis integræ.

Præterea, ſi circa axem trochoidis tanquam circa diametrum, & circa ejuſdem trochoidis centrum circulus deſcribatur, is erit vel rota ipſa, vel eâdem major aut minor, prout punctum, quod trochoidem deſcripſit, ſumptum fuerit vel in circumferentiâ rotæ, vel extra vel intra ipſam rotam. Et ſiquidem circulus ipſe ſit rotæ æqualis, ſeu rota ipſa; tunc ipſa trochoides denominabitur à rota ſimplici, diceturque *trochoides rotæ ſimplicis*, ſeu *trochoides veræ rotæ*. Si autem ipſe circulus circa axem trochoidis deſcriptus major ſit quam rota, tunc trochoides denominabitur à rotâ contractâ, diceturque *trochoides rotæ contractæ*. Si tandem circulus minor ſit ipſâ rotâ, ejus trochoides denominabitur à rotâ prolatâ, diceturque *trochoides rotæ prolatæ*. Spatia, baſes, & cætera ad ipſas trochoides pertinentia, curvæ ſuæ denominationem ſortiantur : at circulus ipſe circa axem trochoidis tanquam circa diametrum deſcriptus, dicatur circulus ſuæ trochoidi proprius.

Et quia poſitis ijs quæ jam dicta ſunt, concipi poteſt duplex rotæ motus circularis, prout motus circuli circa centrum intelligi poteſt fieri ad hanc vel illam partem : nos eum aſſumimus, qui rotis communibus convenit, quo quidem motu pars interior circumferentiæ, putà quæ adjacet viæ rotæ, fertur non ad eaſdem partes ad quas centrum tendit motu recto, ſed ad contrarias; ſuperior autem rotæ pars quæ viæ ejus opponitur, fertur ſecundùm motum centri. Hic enim motus omnium rotarum phyſicarum proprius eſt & veluti naturalis; alter autem eidem contrarius eſt, veluti violentus & contra naturam rotæ : geometricè tamen uterque conſiderari poteſt, nec alia inter trochoides quæ ab ipſis orientur, accidet differentia, niſi quod quæ partes erant unius extremæ in alterâ, eædem erunt mediæ; ſpatia autem longè different cùm figurâ tum magnitudine, ſed quia unum erit veluti complementum alterius, ideo ex uno noto dabitur alterum; quam ſpeculationem nos in aliud tempus remittimus. Agimus autem hîc de trochoide rotæ tam ſimplicis quam prolatæ & contractæ, ſed motu communi rotæ phyſicæ motæ, ac de eâ & de ſpatio ejus ſequentia enuntiamus Theoremata, quorum pars ſtatim demonſtrabitur; reliqua autem pars quæ longiſſimæ & acutiſſimæ ſpeculationis eſt, opportuno tempore ſuam hanciſcetur demonſtrationem, quam quidem à nobis inventam (ut cætera quæ ad rotam pertinent) eo uſque retinemus donec per tempus liceat integrum opus producere.

Supponimus autem quædam quæ etſi per ſe demonſtrationem requirant, tamen ea tam facilis eſt, ut cuivis in Geometriâ mediocriter verſato ſtatim appareat, qualia ſunt hæc. In primo quadrante integræ converſionis rotæ punctum quod trochoidem deſcribit, percurrit ſpatium quod eſt inter baſim trochoidis & iter centri; idemque punctum motu recto poſterius eſt centro rotæ. In ſecundo quadrante idem punctum percurrit ſpatium quod eſt ab itinere centri uſque ad verticem trochoidis, eſt que adhuc poſterius centro rotæ. In tertio quadrante punctum idem percurrit spatium quod est à vertice trochoidis usque ad iter centri, sed jam hoc punctum præcedit respectu centri, quod sequitur si motus recti habeatur ratio. In quarto & ultimo quadrante punctum de quo agimus percurrit spatium quod est ab itinere centri usque ad basim trochoidis, & adhuc idem punctum præcedit, centrum autem rotæ sequitur motu recto.

Hinc verò atque ex quibusdam alijs quæ naturam rotæ motæ, ut dictum est, statim consequuntur, demonstrabitur facilè trochoidem quæ sit ab unicâ conversione cujuscunque rotæ in seipsam non recurrere, seu per idem punctum bis transire non posse : contrarium autem accideret in rotâ prolatâ, si aliud à nostra sumeretur principium.

Nec minus facilè est demonstrare eam trochoidis partem, quæ est à principio usque ad verticem æqualem esse & similem alteri parti quæ est à vertice usque ad finem, & ambas partes sibi invicem congruere posse. Item, primam medietatem ejusdem trochoidis totam esse ab unâ parte axis, secundam verò totam esse ab alterâ. Idem dictum intelligatur de duabus partibus spatij ipsius trochoidis quæ ab ejusdem axe constituuntur. Atque ita quæ in unâ ex his medietatibus demonstrabuntur, in alterâ quoque medietate demonstrata esse quivis facilè intelliget, collatis invicem duarum medietatum partibus illis quæ sunt prope verticem &c. His positis primaria trochoidis proprietas, quam propterea demonstrabimus, videtur esse hæc.

PROPOSITIO PRIMA.

Si ab assumpto puncto prima medietatis trochoidis ad axem ordinata sit recta quavis, ejus portio quædam erit extra circulum ipsi trochoidi proprium; quæ quidem portio æqualis erit arcui rotæ, qui mensurat eam partem motûs, quæ restat inde ab eo tempore, quo notatum est à puncto mobili punctum assumptum, usque ad medietatem integræ conversionis rotæ.

ESTO recta EP; iter centri rotæ cujusdam æqualis circulo seorsim posito SOMZ, cujus centrum T; sit que recta CEA linea principij motûs: intelligaturque recta EP æqualis circumferentiæ rotæ SOMZS, & recta NPL sit linea perfecti motûs. Tum divisâ EP bifariam in puncto K, ducatur recta HKF, quæ sit linea medij motus; puncta autem A, F, L sint ad easdem partes respectu rectæ EP, & puncta C, H, N ad easdem quidem partes inter se, sed ad alteras respectu ejusdem rectæ EP, & punctorum A, F, L.

Concipiatur jam in linea principij motûs CEA assumptum esse punctum A, ad describendam trochoidem, sive recta EA æqualis sit semidiametro rotæ TO, quo pacto fiet trochoides rotæ simplicis; sive ipsa EA major sit quam TO, ut fiat trochoides rotæ prolatæ; sive denique minor ut habeamus trochoidem rotæ contractæ : moveaturque rota hoc pacto ut centrum illius percurrat rectam EP, interim dum ipsa motu circulari absolverit unam integram conversionem circa idem centrum, posito utroque motu sibi ipsi semper uniformi : feratur autem unà cum rotâ recta EA, quæ ad motum rotæ æqualiter circumvolvatur, ita ut in medio motus integræ conversionis ipsa EA conveniat rectæ KH, in fine autem eadem conveniat rectæ PL; sicque propter implicationem motus circularis cum recto punctum A describat trochoidem ARYHL, cujus basis AL, axis HF, vertex H, centrum K, & spatium ARYHLA; sint etiam puncta A, F, L in eâdem rectâ lineâ quæ est basis, & puncta C, H, N in aliâ rectâ ipsi basi & itineri centri parallelâ, ut sit ALNC parallelogrammum rectangulum. Præterea centro K, & intervallo

KH,

KH, feu KF, æquali ipfi EA, defcribatur circulus HIFG, cujus circumferentia fecet iter centri versùs principium quidem in I, versùs finem autem in
G, qui circulus erit proprius trochoidi ex definitione, eritque idem vel æqualis rotæ, vel ipfa major aut minor, quod hoc loco nihil refert. Item in lineâ
ARYH, quæ eft prima medietas trochoidis fumatur quodcunque punctum
Y, à quo ad axem HF, ordinata fit recta YD fecans primam femicircumferentiam circuli proprii in puncto X.

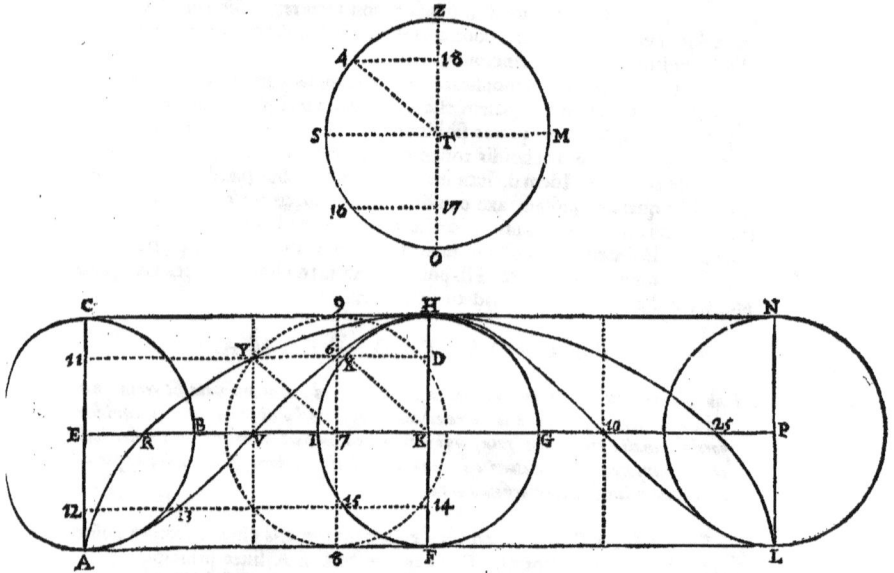

Dico primò portionem aliquam ipfius YD effe extra circulum FIH.
Quia cum punctum Y eft in prima medietate trochoidis, quæ quidem per
ipfum punctum Y femel tantùm tranfit, ut fuperius pofitum eft, non poteft
effe nifi unica pofitio rotæ in quâ illâ exiftente notatum eft punctum Y, atque
in illâ pofitione centrum ipfius rotæ extitit inter puncta E, K, fcilicet intra
primam medietatem itineris centri. Exiftat igitur eâ pofitione centrum illud
in puncto 7, per quod ducatur recta 8 7 9 parallela lineæ medii motûs FKH,
fecans bafim quidem AL, in puncto 8, rectam verò CN in puncto 9; ducatur quoque recta 7 Y, quæ quia ducitur à centro rotæ 7 in hâc pofitione,
ad punctum Y, quod in eâdem pofitione trochoidem defcribit, æqualis erit
rectæ EA, feu potius recta 7 Y erit ea ipfa EA, cujus punctum E motu recto
pervenit in 7, punctum autem A motu implicato perlatum eft in Y, defcri-
bens trochoidis portionem ARY, & eadem recta motu circulari rotæ pofitionem fuam mutavit fecundùm angulum 8 7 Y : huic ergo angulo confti-
tuatur æqualis OT 4 rotæ feorfim pofitæ, cujus OTZ fit diameter, & punctum 4 in circumferentiâ.

Conveniente ergo per intellectum centro T cum centro 7, & angulo
OT 4 angulo 8 7 Y, five latera æqualia fint, five non, manifeftum eft ex
naturâ rotæ, arcum O 4 effe menfuram motûs jam peracti à principio con-
verfionis; & arcum 4 Z qui cum O 4 complet femicircumferentiam rotæ,

esse menfuram motûs qui deeft ad complendam dimidiam converfionem : & quia æquales funt ambo motus rotæ, circularis fcilicet & rectus, & uterque uniformis fibi ipfi, manifeftum eft quoque rectam E 7 æqualem effe arcui O 4, & rectam 7 K arcui 4 Z : quod notetur.

Centro 7, intervallo autem 7 Y, vel 7 8, vel 7 9, quæ æqualia funt, defcribatur circulus cujus diameter erit 8 7 9. Quoniam ergo per ea quæ po-fita funt, punctum Y in prima medietate trochoidis exiftens fequitur poft

centrum motu recto, erit ipfum Y refpectu diametri 8 9 verfus principium curvæ, jacebitque propterea ipfa diameter 8 9 inter punctum Y & axem H F, eademque fecabit rectam Y D ordinatam ad axem, efto in puncto 6 : rectæ ergo D H, 6 9 æquales funt, ficuti & rectæ F D, 8 6, & rectangulum F D H, æquale rectangulo 8 6 9, quæ rectangula cum fint æqualia quadratis X D, Y 6, erunt hæc quadrata æqualia, & recta D X æqualis rectæ 6 Y : fed recta D Y major eft quam 6 Y, totum fcilicet parte; ergo eadem D Y major eft quàm D X, exceffus autem eft portio X Y; hæc itaque portio eft extra cir-culum F X H trochoidi A Y H proprium; quod primo loco demonftrandum erat.

Dico fecundò eandem portionem exteriorem X Y, æqualem effe arcui 4 Z. Quoniam enim oftenfæ funt æquales D X, & 6 Y, funt autem puncta X 6 vel fimul, vel fejuncta, & hoc cafu vel punctum X eft inter puncta D & 6, vel è contrario ipfum X eft inter puncta 6, Y, fecundùm diverfas fpe-cies trochoidum rotæ fimplicis, prolatæ, vel contractæ, quod hoc loco nihil refert : quidquid fit, additâ vel fubtractâ communi X 6, fi quæ inter puncta X 6 interjaceat, fiet recta D 6 æqualis rectæ X Y, eft autem D 6 æqualis rectæ K 7, feu arcui 4 Z, ut notatum eft; quare & recta X Y eidem arcui 4 Z eft æqualis, quod fecundo loco demonftrandum erat : quare conftat Pro-pofitio.

Corollarium primum.

HInc manifestum est arcum X H similem esse arcui rotæ 4 Z, sicuti arcus F X similis est arcui O 4; & est 4 Z quicunque arcus mensurans motum qui deest ad dimidiam conversionem, & O 4 mensurat motum jam transsctum, quod notasse in sequentibus usui erit.

Corollarium secundum.

HIc demonstrari potest in rota simplici, atque in prolata rectam 6 D majorem semper esse quam X D, propterea quod ipsa rota seu circulus O 4 Z tunc æqualis est circulo proprio F X H, vel ipso major; ideoque arcus 4 Z, æqualis est arcui X H, vel ipso major, quia similes sunt ipsi arcus. Sed recta 6 D æqualis est arcui 4 Z, ex demonstratis; quare eadem 6 D æqualis est arcui X H, vel ipsa major : arcus autem X H semper major est recta X D; quare hoc casu recta 6 D semper major est quàm X D.

In rota autem contracta, quia ipsa Rota minor est quàm circulus sibi proprius F X H, atque ideo arcus 4 Z semper minor est arcu sibi simili X H, secundùm rationem diametri rotæ ad diametrum circuli sibi proprii, erit recta 6 D, quæ æqualis est arcui 4 Z, semper minor arcu X H, secundùm eandem rationem; hic autem arcus X H, quia assumptus est utcunque minor semicircumferentia circuli proprij F I H, potest habere ad rectam X D quamcunque rationem majoris ad minus, scilicet ut diameter F H, ad diametrum rotæ O Z. Fieri ergo poterit aliquando ut arcus X H ad rectam X D eandem habeat rationem quàm ad rectam 6 D, aliquando majorem & aliquando minorem; ideoque in rota contracta poterit recta 6 D æqualis esse rectæ X D, vel ipsa major aut minor : atque ita punctum 6 erit vel simul cum puncto X, vel inter puncta Y, X; vel inter puncta X, D.

Et quidem quòd res ita se habeat in universum ex his satis patet; quibus autem in punctis quave positione rotæ omnes istæ differentiæ accidant in datâ quâcunque ratione diametri rotæ contractæ ad diametrum circuli sibi proprii demonstrare longum esset & difficillimum, opusque esset hoc assumpto; scilicet dato cuivis arcui circumferentiæ circuli, intelligi posse rectam lineam æqualem, minorem, vel majorem.

Corollarium tertium.

ILlud quoque ex demonstratis statim apparet, scilicet trochoidem occurrere circumferentiæ circuli sibi proprii in unico puncto verticis, atque in eo puncto tantùm lineas ipsas sese tangere, ipsumque circulum totum contineri intra spatium ejusdem trochoidis.

Corollarium quartum.

HInc præterea clarum est ipsam trochoidem non esse lineam rectam nec ex duabus rectis compositam, siquidem illa à puncto A pervenit ad punctum H, nec tamen ingreditur aut secat circulum proprium F X H, quem secaret necessario si recta esset à puncto A ad punctum H, sive à puncto H ad punctum L : non est ergò recta, nec ex duabus rectis composita.

Quod autem cujuscunque trochoidis nulla pars lineæ rectæ congruere possit, sed omnes partes sint curvæ, atque penitus ab alijs quibuscunque curvis huc usque notis diversæ, demonstrari quidem potest, sed demonstratio longa eſt & difficilis, neque hujus loci, quando quidem ad ea quæ intendimus non requiritur.

Corollarium quintum.

QUIA in antecendenti Propoſitione punctum 6 eſt ſectio communis rectæ ordinatæ Y D & rectæ 8 7 9, quæ eſt diameter circuli. 8 Y 9, qui concentricus eſt rotæ ita poſitæ ut centrum illius ſit 7 : ſi intelligatur alia atque alia poſitio rotæ ab initio motûs donec centrum illius percurrerit rectam E K, manifeſtum eſt aliud atque aliud fore ipſum punctum 6; ipſumque moveri incipere à puncto A, & in medio motus integræ converſionis rotæ, idem pervenire ad punctum H, atque adeo ipſum ferri ſecundùm lineam quandam A 6 H ſecantem rectam E K in puncto V. Quòd ſi idem ferri intelligatur à puncto H ad punctum L, fiet reliqua dimidia pars ejuſdem novæ lineæ, ſecans rectam K P in puncto 10; atque ideo ipſa integra erit A V 6 H 10 L, hanc nos vocamus *trochoidis comitem*, ſeu *ſociam*.

Vertex, baſis, axis & centrum illius eadem ſunt quæ trochoidis, cujus illa comes eſt. Quod autem ab ipſa & baſi ſuâ comprehenditur ſpatium planum, ab eâdem denominetur. Item, quæ à trochoide & ab ejus comite comprehenduntur duo ſpatia, quorum alterum eſt A Y H V A, inter lineas principij & medii motus : alterum vero ei ſimile & æquale inter lineas medii & perfecti motus; ſingula à duabus illis lineis ſimul nomen ſortiantur, dicaturque unumquodque ſpatium trochoide & ſuâ comite contentum : ordinata ad axem comitis trochoidis dicatur quævis recta à quacunque puncto ejuſdem comitis ad axem ducta parallela baſi.

PROPOSITIO SECUNDA.

Si à quocunque puncto trochoidis ad axem ordinetur recta quæpiam, hujus portio erit ordinata ad axem comitis ejuſdem, quæ quidem portio æqualis erit ei ejuſdem ipſius ordinatæ ad trochoidem portioni, quæ interjicitur inter ipſam trochoidem & circumferentiam convexam circuli eidem trochoidi proprii.

MANIFESTA eſt hæc Propoſitio ex iis quæ jam demonſtrata ſunt. Eſto enim Y D recta quæcunque à puncto Y in trochoide exiſtente ad axem F D H ordinata, & ponantur eadem quæ ſuperiùs. Exiſtit punctum 6 in ejuſdem trochoidis comite, ex definitione; & recta 6 D erit ad axem ipſius comitis ordinata : recta vero X Y interjicitur inter trochoidem & circumferentiam convexam circuli ipſi proprij. Oſtenſum autem eſt rectas ipſas 6 D & X Y eſſe inter ſe æquales; quare patet Propoſitio, quæ id tantum enuntiabat.

Corollarium primum.

HINC manifeſtum eſt eandem ordinatam 6 D æqualem eſſe arcui rotæ 4 Z.

Corollarium ſecundum.

PERSPICUUM eſt etiam rectam Y 6, quæ interjicitur inter trochoidem & ejus ſociam, æqualem eſſe rectæ X D interjectæ inter circumferentiam circuli proprii & axem.

Corollarium tertium

SED & hic demonſtrari poteſt in rotâ ſimplici comitem trochoidis occurrere circunferentiæ circuli proprij in vertice tantum, atque in eo ſolo puncto

&to. lineas ipfas fefe contingere. Quod idem accidit comiti trochoidis rotæ
prolatæ. At in curva rotæ contractæ comes fecat circumferentiam circuli proprii infra verticem, idque femel tantùm in primâ dimidiâ converfione rotæ,
& rurfus femel tantùm in alterâ dimidiâ converfione : ac præterea eadem comes eandem circumferentiam tangit interiùs in vertice, cujus quidem Enuntiati longa eft demonftratio, non tamen ita difficilis; fed de his aliàs.

Corollarium quartum.

ID autem peculiare eft rotæ fimplici, quod angulus contactus qui fit à comite trochoidis illius & circumferentiâ circuli ipfi proprii, minor fit omni
angulo contactus duorum quorumvis circulorum etiam interiùs fefe tangentium : quod rursùs in alium locum remittimus, propter prolixitatem demonf-
trationis, quæ tamen non eft admodum difficilis.

Corollarium quintum.

ITEM cujuflibet trochoidis comes nec recta eft, nec ex duabus aut pluribus
rectis compofita; nec trochoidi nec alii cuivis curvæ ex iis quæ huc ufque
notæ funt ita occurrere poteft ut pars fit eadem, & pars non fit communis :
quod, quia demonftrare longum eft & difficillimum, neque ad ea quæ intendimus requiritur, ideo prætermittimus.

PROPOSITIO TERTIA.

*Si à quocunque puncto primi quadrantis comitis trochoidis ad axem ipfius ordinata
fit recta quævis, quæ ufque ad lineam principii motûs producatur; item ab aliquo puncto fecundi quadrantis ejufdem comitis eodem modo ordinata fit alia recta
(modo ipfæ ordinatæ æqualiter diftent hinc inde ab itinere centri rotæ) earum
rectarum fic productarum portiones per ftatim fumptæ, erunt æquales; ita ut
quæ in unâ earum rectarum inter comitem & axem interjicitur portio, æqualis
fit ei alterius rectæ portioni quæ interjicitur inter eandem comitem & lineam
principii motûs, & reciprocè.*

PONANTUR eadem quæ fuprà in eâdem figura; atque in linea A 13 V, primo fcilicet quadrante comitis, fumptum fit punctum quodcunque 13, à quo
ad axem F H ordinata fit recta 13 14, quæ minor erit quam A F, quia ipfa
A F æqualis eft femicircumferentiæ rotæ; 13 14 autem ipfâ femicircumferentiâ
minor. Producatur ergo eadem 13 14 donec occurrat lineæ principij motûs
A C in puncto 12. Tum in axe F H intelligatur portio K D æqualis portioni
K 14, fed ad diverfas partes, & ducatur recta D 6 11 parallela rectæ K E, oc-
currens comiti quidem in puncto 6, quod erit in fecundo ipfius quadrante,
lineæ autem A C in puncto 11. Dico rectam 13 14 æqualem effe rectæ 6 11,
& reciprocè rectam 13 12 æqualem effe rectæ 6 D. Secet enim recta 12 14 circumferentiam F I H in puncto 15; & recta 11 D fecet eandem circumferentiam
in puncto X, fintque puncta 15, X in eâdem femicircumferentiâ quæ eft versùs principium motûs : item in femicircumferentiâ rotæ O S Z, fit arcus Z 4
fimilis arcui H X, & arcus Z 16 fimilis arcui H 15; fintque Z S, & O S quadrantes, ficuti H I, & F I. Jam quia æquales funt rectæ K 14, K D erunt
arcus I X, & I 15 æquales. Item æquales erunt arcus F 15, H X; & æquales
F X, H 15 : ac propterea in rotâ æquales erunt arcus S 4, S 16. Item æquales
arcus O 16 & Z 4; & æquales O 4, Z 16. Quare ex Corollario primo Propofitionis primæ, quia arcus H X fimilis eft arcui qui menfurat motum, qui fupereft ad dimidiam converfionem in eâ pofitione rotæ, erit arcus Z 4 ea ipfa

mensura ejusdem motûs. Eâdem ratione erit arcus Z 16 mensura motûs qui superest ad dimidiam conversionem rotæ, dum notatur ab ipsâ punctum 13; ac propterea ex Corollario primo Propositionis secundæ, tàm recta 6 D æqualis est arcui 4 Z, quam recta 13 14 æqualis arcui 16 Z: ambo autem ipsi arcus 4 Z & 16 Z simul sumpti æquales sunt semicircumferentiæ O Z (ostensus est enim arcus 4 Z æqualis ipsi 16 O) ideoque duæ rectæ 6 D & 13 14 simul sumptæ æquales sunt eidem semicircumferentiæ O Z, sive rectæ D 11, vel 14 11. Demptis ergo communibus sequitur rectam 13 12 æqualem esse rectæ 6 D ; & rectam 13 14 æqualem esse rectæ 6 11; quod erat ostendendum.

PROPOSITIO QUARTA.

Quod à trochoidis comite & ab ipsius base continetur, spatium dimidium est rectanguli cujus eadem est basis & eadem altitudo cum trochoide vel ejus comite, sumpto axe communi pro altitudine.

IN eâdem rursùs figurâ. Dico spatium quod à comite A V H 10 L & basi ejus A L continetur, dimidium esse rectanguli A C N L, cujus eadem est basis A L & eadem altitudo axis F H. Consideretur enim ipsius rectanguli dimidium A C H F, quod à curvâ A V H ipsius comitis dimidia, in duas partes dividitur, quarum partium altera continetur ab ipsâ curvâ A V H & duabus rectis A F, F H; altera autem pars continetur ab eâdem curva A V H & duabus rectis H C, C A. Ostendendum est duas illas partes esse inter se æquales. Atqui ex antecedenti Propositione facile est ostendere duas easdem partes omnino sibi invicem superponi posse & congruere, posito scilicet puncto C cum puncto F, & rectâ C A cum recta F H ; item recta C H cum recta F A: tunc enim quia recta C 11 æqualis est rectæ F 14, congruet punctum 11 cum puncto 14, & recta 11 6 cum recta 14 13, cui æqualis ostensa est; & eodem modo recta A 12 congruet rectæ H D, & recta 12 13 rectæ D 6, cui æqualis ostensa est, & reliquæ reliquis, & omnes omnibus, & spatium spatio congruet. Quare ipsa spatia sunt æqualia, & spatium A V H F A dimidium est rectanguli F C. Idem verò in reliquo rectangulo F N ostendetur eodem modo, ideóque vera est Propositio.

PROPOSITIO QUINTA.

Idem spatium proportione medium tenet inter duplum rotæ & duplum circuli trochoidi proprii.

PONANTUR eadem. Dico spatium A V H 10 L A proportione medium esse inter duplum rotæ O S Z M, & duplum circuli F I H G trochoidi proprii. Intelligantur enim duo rectangula, alterum quidem 20 21, cujus basis 19 20 æqualis sit semicircumferentiæ rotæ O S Z, altitudo vero 19 21 æqualis diametro ejusdem rotæ O Z; alterum verò rectangulum 23 24, cujus basis 22 23 æqualis sit semicircumferentiæ circuli proprii F I H, altitudo autem 22 24 æqualis diametro ejusdem circuli F H. Jam quia duo rectangula 20 21 & F C æquales habent bases 19 20 & A F (quia utraque basis, ex positis, æqualis est semicircumferentiæ rotæ) erunt ipsa rectangula inter se ut altitudines, scilicet ut diameter rotæ O Z ad F H diametrum circuli proprii. Item, rectangulum F C ad rectangulum 23 24 ejusdem altitudinis F H, ex constructione, se habet ut basis A F ad basim 22 23, idest ut semicircumferentia rotæ O S Z ad semicircumferentiam circuli proprii F I H, quia ex constructione æquales sunt ipsæ bases iisdem semicircumferentiis. Ut autem semicircumferentia O S Z ad semicircumferentiam F I H, ita diameter O Z ad diametrum F H: quare ut rectangulum F C ad rectangulum 23 24, ita diameter

OZ ad diametrum FH. Ut autem hæ diametri inter se, ita ostensum est rectangulum 20 21 ad rectangulum FC; ideoque eadem est ratio rectanguli 20 21 ad rectangulum FC, quæ ejusdem rectanguli FC ad rectangulum 23 24, quia utraque ratio eadem est rationi diametri OZ ad diametrum FH. Sed

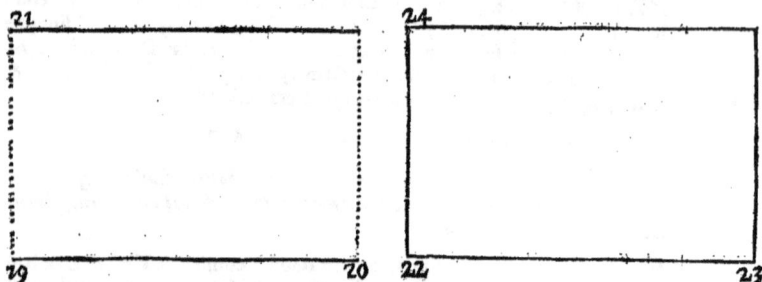

rectangulum 20 21 duplum est rotæ OSZM, ut ex Archimede in circuli dimensione deducitur, sicuti rectangulum 23 24 duplum est circuli FIHG; & rectangulum FC æquale est spatio proposito AVHLA, quia dimidium dimidio ostensum est æquale per præcedentem. Quoniam ergo continuè proportionalia ostensa sunt rectangula 20 21, FC, & 23 24, patet quoque proportionalia esse spatia ipsis æqualia, scilicet duplum rotæ OSZM, spatium AVH 10 LA, & duplum circuli proprii FIHG, & medium esse spatium AVH 10 LA, ut proponebatur.

Corollarium.

HINC patet idem spatium AVH 10 LA in trochoide rotæ simplicis, duplum esse ejusdem rotæ; in trochoide autem rotæ prolatæ idem spatium majus esse quàm duplum rotæ; & tandem in trochoide rotæ contractæ, minus quàm duplum ipsius rotæ. Nam in rotâ simplici circulus FH ipsi rotæ æqualis est; in prolatâ minor; in contractâ major: unde spatium quod inter duplum rotæ & duplum circuli FH mediam tenet proportionem, in simplici quidem æquale est duplo rotæ; in prolatâ majus quàm duplum; & in contractâ minus.

PROPOSITIO SEXTA.

Quod à trochoide & ejus comite continetur spatium inter lineas principii & medii motûs, aquale est dimidio circuli eidem trochoidi proprii.

IN eâdem figurâ esto spatium ARHVA contentum à dimidio trochoidis ARH, & dimidio comitis ejus AVH inter lineas principii & medii motûs AC, FH. Dico hoc spatium æquale esse semicirculo FIH.

Ducatur enim quæcunque recta YD parallela basi AL, secansque tam spatium quàm semicirculum; & portio quidem ipsius YD intercepta intra spatium, sit Y6; portio autem intercepta intra semicirculum, sit XD; manifestum est igitur ex Corollario secundo Propositionis secundæ, portiones ipsas Y6 & XD esse æquales; quod idem in cæteris similiter ductis basi AL parallelis accidet. Itaque quoniam spatium & semicirculus sunt intra parallelas AF, CH & cujusvis aliûs rectæ eidem parallelæ, & interjacentis portiones in spatio & in semicirculo interceptæ sunt æquales, sequitur spatium ipsum ARHVA semicirculo FIH esse æquale: quod erat ostendendum.

Corollarium primum.

POTEST simili argumento demonstrari spatium A R Y H I F A, quod à di-midiâ trochoide A R H, dimidiâ circumferentiâ H I F, & dimidiâ basi F A continetur, æquale esse spatio A V H F A, quod à dimidiâ comite A V H, diametro H F, & dimidiâ basi F A comprehenditur. Quia scilicet ipsa duo spatia sunt in iisdem parallelis A F, C H : & ductâ quâcunque eisdem inter-mediâ parallelâ Y D, ostensum est secundâ Propositione portionem Y X priori spatio interceptam, æqualem esse portioni 6 D altero spatio comprehensam. Quod idem quia parallelis omnibus interceptis accidit, patet ipsa spatia esse æqualia.

Corollarium secundum

NEc dissimili argumento probabitur spatium A R H C A, quod à dimi-dia trochoide A R H, rectâ H C, & rectâ C A continetur, æquale esse spatio A V H I F A, quod à dimidiâ comite A V H, semicircumferentiâ H I F, & dimidiâ basi F A comprehenditur; quamvis in rotâ contractâ portio quædam primi horum spatiorum sit ultrà rectam A C extrà rectangulum F C; & portio quædam secundi spatii contineatur intra semicirculum F I H; nihilo enim minus fiet demonstratio universalis, sed propter distinctionem rotarum multis verbis opus erit. At veritas hujus propositionis multò facilius ex præcedenti-bus elicitur in rotâ simplici & prolatâ. Nam quia quarta Propositione os-tensum est spatium A V H C A æquale esse spatio A V H F A; item Proposi-tione sexta spatium A R H V A ostensum est æquale semicirculo F I H: dem-ptis æqualibus ab æqualibus in rotâ simplici & contractâ, patebit Propositio.

Corollarium tertium.

IN rotâ simplici quatuor hæc spatia sunt æqualia A R H C A, A R H V A, A V H I F A & semicirculus F I H. Quia enim spatium comitis A V H 10 L A in rotâ simplici ostensum est esse duplum rotæ seu circuli F H, per Pro-positionem quartam erit dimidium ejusdem spatii, scilicet A V H F A, duplum semicirculi F I H; quare dempto semel ipso semicirculo, relinquitur spatium A V H I F A æquale eidem semicirculo. Cætera manifesta sunt.

PROPOSITIO SEPTIMA.

Cujusvis trochoidis spatium majus est circulo sibi proprio, & excessus mediam tenet proportionem inter duplum rotæ & duplum circuli eidem trochoidi proprii.

MANIFESTA est Propositio. Nam in eâdem figura, spatium trochoidis A R H 25 L A æquale est spatio suæ comitis A V H 10 L A, ac præterea duobus spatiis A R H V A, & L 25 H 10 L, quorum utrumque æquale est se-micirculo F I H per sextam Propositionem; ideoque ambo simul ipsi integro circulo F I H G sunt æqualia; ideoque ipsum trochoidis spatium superat cir-culum sibi proprium spatio suæ comitis; quod quidem per Propositionem quin-tam mediam proportionem tenet inter duplum rotæ & duplum circuli eidem trochoidi proprii.

Corollarium.

HINC palam est in rotâ simplici spatium trochoidis triplum esse ejusdem rotæ: quia ipsum continet circulum sibi proprium, hoc est ipsam rotam semel, ac præterea ejus duplum, scilicet spatium suæ comitis.

AD

AD TROCHOIDEM, EJUSQUE SOLIDA,

PROPOSITIO LEMMATICA PRIMA.

Esto circulus ACBD, cujus diameter AB; atque ex ejus semicircumferentiâ ACB sumatur arcus quicunque FG, sive is sit diametro AB conterminus, sive non; dividaturque arcus ille in quotlibet partes aequales in punctis F, L, M, C, N, G, &c. indefinitè, quemadmodum in doctrinâ indivisibilium fieri consuevit; ex quibus punctis demittantur in diametrum AB totidem rectae perpendiculares FR, LS, MT, CE, NV, GX, &c. quae erunt totidem sinus recti numero indefiniti & secundùm arcus aequales, vel aequaliter sese excedentes sumpti. Proponitur demonstrandum,

Omnes illos sinus indefinitè sumptos ad radium circuli toties sumptum sic se habere, ut recta RX, portio scilicet diametri inter extremos sinus intercepta, ad arcum propositum FG.

PRODUCANTUR enim sinus illi, donec alteri semicircumferentiæ ADB occurrant in punctis H, O, P, D, Q, I, &c, & jungantur alternatim rectæ LH, MO, CP, ND, GQ, &c, occurrentes diametro AB in punctis Y, Z, 2, 3, 4, &c. & ductis omnium arcuum subtensis FL, LM, MC, CN, HO, OP, PD, DQ, &c.

fiant triangula rectangula similia HRY, LSY, OZS, MTZ, PT2, CE2, &c. ac tandem sumpto arcu A5, qui æqualis sit uni ex arcubus æqualibus, putà arcui FL, jungantur rectæ A5, & B5, ut fiat triangulum rectangulum A5B prædictis HRY, &c. simile. Itaque propter triangulorum similitudinem, facile est colligere omnes subtensas intermedias LO, MP, CD, NQ, &c. simul sumptas, unà cum dimidiis extremarum, putà unà cum HR, & GX ad rectam B5 eandem rationem habere, quam recta RX ad rectam A5. Atqui ex doctrinâ indivisibilium, & propter infinitam arcuum æqualium multitudinem & parvitatem, omnes prædictæ subtensæ simul sumptæ unà cum HR & GX, sumi possunt pro duplo omnium sinuum prædictorum indefinitè sumptorum, dempto eorum uno; sicuti recta B5 pro diametro seu duplo radii, & recta A5, pro arcu A5, sive FL. Ut ergo duplum omnium sinuum indefinitè sumptorum dempto uno, ad duplum radii; ita recta RX ad arcum FL; sumptisque duorum priorum terminorum dimidiis, erunt omnes sinus indefinitè sumpti, dempto uno, ad radium, ut RX ad FL. Verùm tot sunt sinus, dempto uno, quot arcus; ergò sumptis consequentium æquemultiplicibus in præcedenti proportione, erunt omnes sinus, dempto uno, ad radium toties sumptum, ut recta RX, ad omnes arcus minores; hoc est ad arcum FG. Sed in doctrinâ indivisibilium, unicus sinus additus ad alios numero indefinitos, nihil mutat; unde patet Propositio: quippe omnes sinus ad

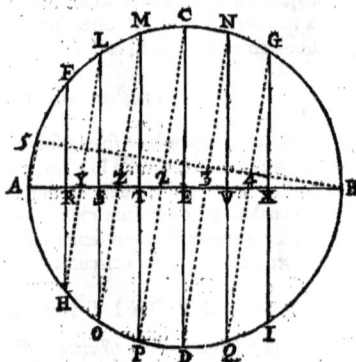

TTt

radium toties sumptum eandem rationem habebunt, quàm recta R X ad arcum F G.

Corollarium primum.

SI ergo arcus assumptus F G, sit semicircumferentia ipsa, ad quam pertineat diameter A B, quæ hoc casu referet rectam R X; patet omnes sinus rectos ad semicircumferentiam pertinentes atque secundùm æquales arcus indefinitè sumptos, esse ad radium toties sumptum, ut diameter ad semicircumferentiam. Hîc autem in demonstratione, quia extremi sinus evanescunt, nihil demendum erit nec addendum : in universum tamen additio aut substractio finiti alicujus determinati, in doctrinâ indivisibilium, nihil mutat.

Corollarium secundum.

SI autem arcus F G sit quadrans diametro A B conterminus; tunc radius referet rectam R X; atque ita omnes sinus recti ad quadrantem pertinentes, & secundùm æquales arcus sumpti, erunt ad radium toties sumptum, ut radius ad quadrantem.

Corollarium tertium.

AT si arcus F G sit quidem diametro A B conterminus, sed quadrante major aut minor; tunc recta R X erit sinus versus ipsius arcûs. Ut ergo omnes sinus recti ad radium toties sumptum, ita sinus versus ad arcum.

Corollarium quartum.

SI arcus F G diametro A B non sit conterminus, idem autem ita constitutus sit, ut alterutrum punctorum R vel X sit centrum circuli, quo pacto alteruter sinuum extremorum F R vel G X erit radius; tunc recta R X æqualis erit sinui recto ejusdem arcûs : quapropter, ut omnes sinus recti ad radium toties sumptum, ita sinus rectus arcûs, ad ipsum arcum.

Corollarium quintum.

IN casu quarti Corollarii. Si centrum circuli sit inter puncta R, X; tunc recta R X componetur ex duobus sinibus rectis duarum portionum arcûs F G. Ut ergò se habet summa omnium sinuum rectorum ad radium toties sumptum; ita summa duorum sinuum rectorum, qui ad duas portiones arcûs F G pertinent, se habebunt ad eundem arcum.

Corollarium sextum.

IN eodem casu, si centrum cadat ultrà puncta R, X; tunc recta R X erit differentia duorum sinuum rectorum, vel etiam duorum sinuum versorum, qui sinus recti vel versi pertinebunt ad duos arcus quorum differentia erit arcus ipse F G. Itaque; ut summa omnium sinuum rectorum ad radium toties sumptum; ita differentia illa sinuum ad ipsum arcum F G.

Corollarium septimum.

QUONIAM autem omnes sinus recti differunt à radio toties sumpto; per omnes sinus versos; sumptis differentiis pro antecedentibus, erunt omnes finus verfi ad radium toties fumptum, ut differentia inter rectam R X, & arcum F G, ad ipfum arcum F G. Unde rurfus fex Corollaria, fex præmiffis refpondentia facile deducentur, quorum quæ ad quartum pertinebit conclufio talis erit, Ut omnes finus verfi ad radium toties fumptum; ita differentia inter finum rectum & ipfum arcum, ad ipfum eundem arcum.

PROPOSITIO LEMMATICA SECUNDA.

Ex prædictis facile eft examinandis finuum Tabulis perutilem hanc Propofitionem demonftrare.

Si in circumferentiâ circuli fumantur duo quicunque arcus F M, C G; & reliqua ponantur ut in primâ Propofitione, omnes finus recti ex arcu F M demiffi, atque indefinitè fumpti, putà F R, L S, M T &c, ad omnes finus rectos ex arcu C G demiffos atque indefinitè fumptos, putà C E, N V, G X &c (modò tamen finguli ex minoribus arcubus F L, L M, &c, æquales fint fingulis ex minoribus arcubus C N, N G, &c; five multitudo horum æqualis fit multitudini illorum, five non) erunt; ut recta R T extremis finibus intercepta, ad rectam E X extremis finibus interceptam.

Nam ex prima Propofitione, Ut omnes finus F R, L S, M T, &c, ad radium toties fumptum; ita recta R T ad arcum F M. Ut autem radius ille toties fumptus ad eundem radium toties fumptum, quot in majori arcu C G continentur minores, ita arcus integer F M ad arcum integrum C G: & ut radius toties fumptus quot in arcu C G continentur minores ad totidem finus C E, N V, G X; ita arcus C G ad rectam E X: ergo ex æquo in quatuor terminis utrinque, Ut omnes finus F R, L S, M T, & ad omnes finus C E, N V, G X, &c. ita recta R T, ad rectam E X.

Corollarium primum.

Hinc licet Tabulas finuum per quofcunque arcus commenfurabiles examinare hâc ratione. Efto arcus F M triginta graduum; arcus vero C G quadraginta graduum; fintque in utroque arcu dati extremi finus ex Tabulis, putà F R, M T, C E, G X; tum reliqui intermedii per fingula minuta prima, vel etiam fecunda, fi libuerit: unde ex iifdem Tabulis dabuntur etiam rectæ R T, E X. Quoniam ergò numerus finuum utrinque finitus eft atque determinatus, ex fummâ omnium priorum finuum F R, L S, M T, &c. dematur dimidium extremorum F R, M T; tum ex fummâ pofteriorum C E, N V, G X, &c. dematur dimidium extremorum C E, G X; eritque tunc refiduum priorum ad refiduum pofteriorum, ut recta R T, ad rectam E X; quod nifi ita reperiatur, erroneæ erunt Tabulæ. Erit tamen error ferendus, donec excefsus aut defectus minor erit dimidio illius numeri qui exprimit multitudinem omnium finuum in utroque arcu contentorum.

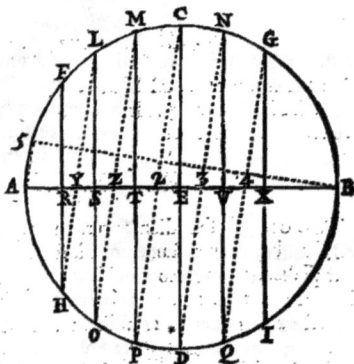

Corollarium secundum.

QUod si proponatur arcus F G, ita dividendus in duos arcus F M, M G, ut demissis sinubus rectis F R, L S, &c. quemadmodum supra, summa omnium sinuum indefinitè sumptorum qui ad arcum F M pertinebunt, ad summam omnium qui ad arcum M G pertinebunt, rationem habeant datam; dividenda erit recta R X in ratione datâ, putà in puncto T, atque ab eo excitanda perpendicularis T M usque ad circumferentiam; & factum erit, ut patet ex præmissâ secunda Propositione.

Hîc multa theoremata & problemata præmissis similia proponi possent, quæ, quia facilia sunt, nihilque ad nostrum institutum conducunt, consultò omittimus.

Ad primum, sequens notandum.

IN figurâ rotæ atque trochoidis sequentis, ut pateat trilineum A M H G æquale esse quadrato semidiametri rotæ A G, adverte rectam G H quadranti circumferentiæ æqualem esse, quæ recta G H si in quotcunque partes æquales indefinitè secetur, & à singulis sectionis punctis excitentur perpendiculares usque ad curvam A M H, exhibebunt ipsæ perpendiculares omnes sinus rectos quadrantis diametro concermini secundùm æquales arcus sumptos, ex naturâ trochoidis ejusdemque sociæ : quare per secundum Corollarium Propositionis primæ præmissæ, erunt illi omnes sinus simul sumpti ad radium A G toties sumptum, ut radius A G ad quadrantem G H. Ut autem summa illorum sinuum ad summam radiorum, ita trilineum A M H G ad rectangulum A H, ex doctrinâ indivisibilium; & ut radius A G ad quadrantem G H, ita quadratum ipsius A G ad rectangulum A H; ideoque ut trilineum A M H G ad rectangulum A H, ita quadratum A G ad idem rectangulum A H; unde trilineum ipsum A M H G æquale est quadrato semidiametri A G.

Quoniam autem trilineum reliquum A M H V est differentia inter trilineum A M H G & rectangulum A H; illud ergo A M H V æquale erit differentiæ inter quadratum A G & rectangulum A H; hoc est rectangulo contento sub semidiametro A G & differentiâ inter ipsam A G & quadrantem G H.

Ad secundum, sequens notandum.

BIlineum A M H Z A est manifestò differentia inter triangulum A G H Z A sive quadrantem rotæ, & trilineum A M H G sive quadratum semidiametri A G.

De Rotâ simplici quadam notanda.

I. QUod sub semidiametro rotæ & quadrante itineris centri ejusdem comprehenditur rectangulum, à sociâ trochoidis sic dividitur, ut portio major æqualis sit quadrato semidiametri rotæ; altera autem portio, eademque minor æqualis sit rectangulo contento sub semidiametro rotæ & differentiâ quæ est inter eandem semidiametrum & quadrantem circumferentiæ ipsius rotæ.

II. Quod à quartâ parte sociæ trochoidis & à rectâ quæ quartæ ipsius extrema conjungit clauditur spatium bilineum, æquale est differentiæ inter quadrantem rotæ & quadratum semidiametri ejusdem.

III. Propositâ trochoide ejusque sociâ, atque utriusque plano circa communem

munem bafim circumvoluto, fit folidum trochoidis circa bafim, quod quidem
ad cylindrum cui inſcribitur hâc ratione comparabitur.

Portio ſolidi comprehenſa inter duas ſuperficies, quarum altera à trochoide, altera ab ejus ſociâ deſcribitur, æqualis eſt cylindro cujus baſis fit rota
ipſa, altitudo autem æqualis circumferentiæ ipſius rotæ, quoniam idem æquale
eſt annulo ſtricto ejuſdem rotæ; ac proinde portio illa, totius cylindri circunſcripti quarta pars eſt.

Portio ſolidi quæ unica ſuperficie continetur, ſcilicet eâ quæ à ſociâ trochoidis deſcribitur, commodè conferri poteſt cum cylindro cujus axis fit idem
cum axe ſolidi trochoidis; ſemidiameter verò baſis fit ſemidiameter rotæ :
reperietur autem talis portio æquari tali cylindro, ac præterea quadruplo illi
ſolido quod fit ex converſione majoris illius trilinei, quod primò notando
diximus æquari quadrati ſemidiametri rotæ, ſi ſcilicet tale trilineum circa
iter centri rotæ convertatur. At ultimus hic cylindrus totius cylindri circunſcripti quarta pars eſt; ſolidum autem ex converſione trilinei, ejuſdem
totius, trigeſima ſecunda pars evadit; quia omnia quadrata ipſius trilinei
æqualia ſunt omnibus quadratis omnium ſinuum rectorum quadrantis rotæ
ſecundum æquales arcus ſumptorum, quæ omnia quadrata quadrati ſemidiametri toties ſumpti dimidia ſunt; & hoc quadratum ſemidiametri toties
ſumptum eſt decima ſexta pars omnium quadratorum parallelogrammi circunſcripti circa trochoidem : hoc ergo ſolidum quater ſumptum octavam
totius cylindri circunſcripti partem conſtituit : tandem ergo ſequitur totum
ſolidum trochoidis circa bafim totius cylindri circunſcripti quinque octavas
partes conſtituere $\frac{5}{8}$.

Vel aliter hoc idem ſolidum quod à trochoidis ſociâ circa ejuſdem baſim circumvolutâ deſcribitur, ad totum cylindrum ſic comparabitur. Quoniam planum, ex cujus converſione circa bafim trochoidis fit tale ſolidum,
ad rectangulum ipſi circunſcriptum, ex cujus converſione fit totus cylindrus
ſe habet ut ſumma omnium ſinuum verſorum ſecundùm æquales arcus ſumptorum, ad diametrum toties ſumptum; erit ſolidum ad cylindrum, ut ſumma omnium quadratorum ab omnibus ſinibus verſis ſecundùm æquales arcus
ſumptis, ad quadratum diametri toties ſumptum. At hæc ratio eſt ut 3 ad 8,
& additâ quartâ parte totius cylindri, hoc eſt annulo ſtricto de quo ſupra;
fit ut totum ſolidum trochoidis circa bafim totius cylindri circunſcripti quinque octavas partes conſtituat, ut priùs.

Et quidem ejuſmodi ratio $\frac{5}{8}$ de quâ jam egimus, geometricè vera eſt, ac
prorsùs accurata. At circa ſolidum quod fit ex converſione trochoidis circa
axem, eadem certitudo non contingit, nec poteſt, niſi inventa fuerit ratio
diametri rotæ ad ejus circumferentiam.

Neque etiam movemur quod Evangeliſta Torricellius aſſerat tale ſolidum ad ſuum cylindrum (qui ſcilicet altitudinem habeat axem trochoidis,
àt diametrum baſis baſim ejuſdem trochoidis) rationem eandem habere quam
undecim ad octodecim; hæc enim ratio $\frac{11}{18}$ minor eſt quam vera.

Ad hoc autem admittatur rursùs ſocia trochoidis, cujus beneficio ſolidum trochoidis dividetur in alia duo ſolida. Primum duabus ſuperficiebus
curvis continebitur, eâ ſcilicet quæ à trochoide, & eâ quæ ab ejus ſociâ
deſcribitur. Secundum verò, circulo baſis & eâ ſuperficie curva terminabitur, quæ à ſociâ trochoidis deſcribetur. Ratione autem initâ ſecundùm
Geometriæ regulas, primum ſolidum continebit quartam partem totius cylindri, ac præterea ſphæram rotæ, quæ ad ipſum cylindrum ſe habet ut ſexta pars quadrati diametri ad quadratum ſemicircumferentiæ : ſecundùm autem ſolidum continebit ejuſdem totius cylindri partem quartam, ac præterea portionem quandam quæ juncta ſphæræ rotæ ad totum cylindrum ſe ha-

VVv

bebit, ut differentia inter quadratum quadrantis circumferentiæ & ⅟₇ quadrati radii, ad quadratum ipſius ſemicircumferentiæ.

Ponatur radius partium æqualium	3000000	
Erit ſemicircumferentia	9424778	paulo major.
Quadratum ſemicircumferentiæ	88826439960	paulo minus.
⅟₇ ejuſdem quadrati	2220660990	minus.
⅟₇ quadrati diametri	4800000000	
Differentia hujus & quadrati ſemicircumf.	4082643960	
⅟₄ hujus differentiæ	1020660990 ⎫	
Semiquadratum ſemicircumferentiæ	4441321980 ⎭	
Summa duorum ultimorum numerorum	5461982970	

Erit numerator rationis ſolidi ad totum cylindrum, cujus denominator quadratum ſemicircumferentiæ.

　　Ratio Torricellii quadrati ſemicircumferentiæ 5428282420 ⁺⁺/₇ ſeu ⁺⁺/₇
ejuſdem quadrati　　　　　　　　5551652475 ⅟₇ ſeu ⁺⁺/₇

　　Patet ergo rationem majorem eſſe eâ quæ à Torricellio aſſignatur; minorem tamen eâ quæ ſuprà aſſignata eſt pro ſolido circa baſim, quæ eſt ⅟₄.

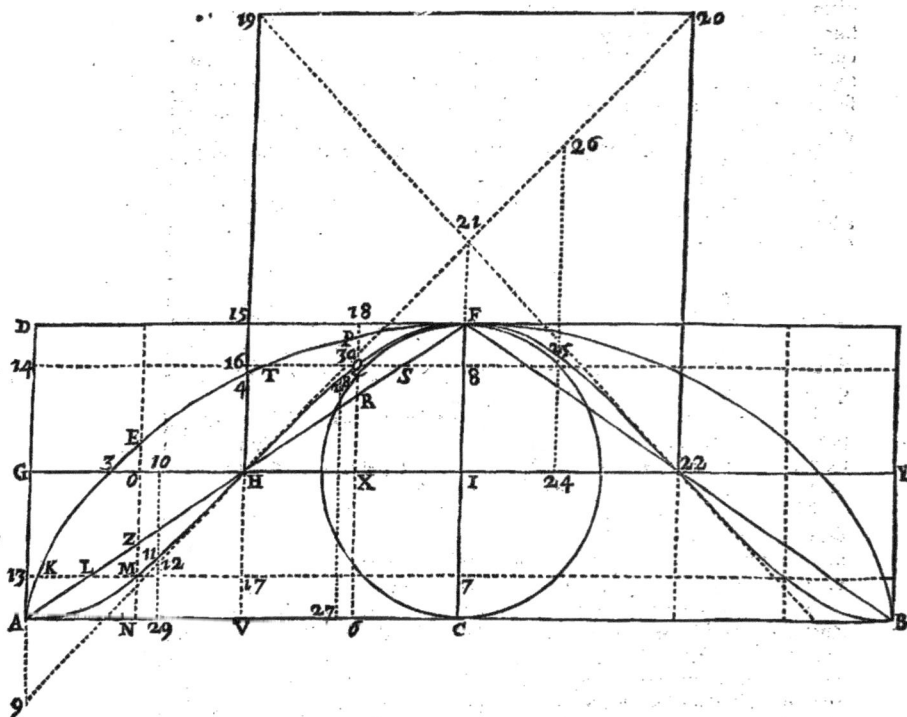

　　AK₃E₄TPFB eſt trochoides : AMHQFB eſt ejuſdem trochoidis
ſocia : G₃OHXIY eſt iter centri : C₇I8F eſt axis : ANV₆CB eſt
baſis : F vertex : DB parallelogrammum circumſcriptum; & ductæ ſunt rectæ ALZHRSF, & BF : item ductæ ſunt quæcunque rectæ NMZOE,

VH4, & PQRX6 axi parallelæ; ac tandem quæcunque rectæ 13 KLM7, & 14 TQS8 parallelæ basi.

Itaque pro solido circa basim, patet illud esse ad cylindrum circumscriptum, ut omnia quadrata NE, V4, 6P, CF, &c. in infinitum, ad totidem quadrata CF. Verum quadratum NE æquale est quadratis NM, ME, & duplo rectangulo NME; sicuti quadratum V4 æquale est quadratis VH, H4, & duplo rectangulo VH4; & quadratum 6P æquale est quadratis 6Q, QP, & duplo rectangulo 6QP, & sic de reliquis. Ex illis autem, quadrata NM, VH, 6Q, CF & similia, sunt quadrata omnium sinuum versorum secundùm æquales arcus sumptorum, quæ simul constituunt $\frac{3}{8}$ quadratorum diametri CF, & eadem constituunt rationem solidi sociæ trochoidis ad cylindrum: hæc ergo ratio est $\frac{3}{8}$. Reliqua quadrata ME, H4, QP, &c. unà cum duplis rectangulis NME, VH4, 6QP, &c. ad quadrata CF collata efficiunt rationem quam habet ad eundem cylindrum duplus annulus qui fit ex figurâ AMHQFP4EA circa basim AB circumvolutâ, qui duplus annulus æqualis est annulo rotæ circa basim AB circumvolutæ, hoc est cylindro cujus basis sit rota, altitudo autem circumferentia rotæ, sive basis AB, qui cylindrus constituit $\frac{1}{2}$ totius cylindri. Quare solidum rotæ ad totum cylindrum constituit rationem $\frac{7}{8}$.

Aliter pro solido quod fit à trochoidis sociâ. Omnia quadrata NM, ab A usque ad VH æqualia sunt omnibus quadratis NO, OM, minùs omnibus duplis rectangulis NOM. Item ab VH usque ad CF omnia quadrata 6Q æqualia sunt omnibus quadratis 6X, XQ, plus omnibus duplis rectangulis 6XQ: verum hæc dupla rectangula 6XQ æqualia sunt illis NOM, omnia scilicet omnibus; existentibus ergo contrariis signis plùs & minùs, elidunt se invicem hæc & illa dupla rectangula, remanentque omnia quadrata NM, 6Q, æqualia omnibus NO, OM, 6X, XQ: horum autem NO, 6X, sunt quadrata semidiametri, quæ constituunt quartam partem quadratorum totius diametri CF, sive $\frac{2}{8}$. At quadrata OM, XQ, sunt quadrata omnium sinuum rectorum secundùm æquales arcus sumptorum, quæ ideò constituunt dimidiam partem omnium quadratorum semidiametri, sive octavam partem quadratorum totius diametri. Patet ergo omnia quadrata NM, 6Q, constituere $\frac{2}{8}$ & $\frac{1}{8}$, hoc est $\frac{3}{8}$ omnium quadratorum totius diametri CF, quæ eadem est ratio solidi quod fit à sociâ trochoidis, ad cylindrum eidem circumscriptum; putà ratio omnium quadratorum NM, 6Q ad omnia quadrata CF.

Pro solido autem circa axem CF, admissâ rursùs sociâ trochoidis in eâdem figurâ, manifestum est illud dividi in alia duo solida, quorum alterum instar annuli stricti terminatur duabus superficiebus, eâ nempe quæ à trochoide, & eâ quæ ab ejus sociâ describitur: alterum autem solidum duabus etiam superficiebus comprehenditur; eâ nempe quæ à sociâ trochoidis gignitur, & eo circulo cujus semidiameter est recta CA.

Ac primum quidem solidum ad totum cylindrum collatum, eam habet rationem quam omnia simul quadrata MK, H3, QT, & similia, unà cum omnibus duplis rectangulis 7MK, IH3, 8QT, & similibus, ad quadratum AC toties sumptum. At dupla illa rectangula æquivalent semel omnibus rectangulis sub 713 sive CA & MK; sub IG sive CA & H3; sub 814 sive CA & QT; (propterea quod omnes rectæ 7M, IH, 8Q, &c. bis sumptæ æquivalent omnibus rectis 713, IG, 814, &c. semel sumptis, hoc est rectæ CA toties sumptæ) & hæc rectangula constituunt quartam partem quadrati CA toties sumpti, sicuti omnes rectæ MK, H3, QT constituunt $\frac{1}{4}$ rectæ CA toties sumptæ. Omnia autem quadrata MK, H3, QT, &c. ad quadratum CA toties sumptum eandem rationem habent quam sphæra rotæ ad totum cylindrum, hoc est, quam $\frac{2}{3}$ quadrati semidiametri rotæ ad quadra-

tum C A, five quam ÷ trilinei H Q F I feu A M H G quadrato I F feu I C
æqualis, ad quadratum C A. Patet itaque primum folidum continere quartam partem totius cylindri, ac præterea portionem aliquam quæ ad ipfum
totum cylindrum eam habet rationem quam ÷ quadrati femidiametri ad
quadratum femicircumferentiæ.

Jam ad fecundum folidum. Manifeftum quidem eft illud ad totum cylindrum fic fe habere ut omnia quadrata C A, 7 M, I H, 8 Q, &c. ad quadratum C A toties fumptum. Hæc autem ratio ut detegatur, adverte omnia
illa quadrata æqualia effe omnibus quadratis D F, 14 Q, G H, 13 M, &c.
quia fingula fingulis æqualia funt ex natura trochoidis. Itaque fi hæc & illa
quadrata fimul cum quadrato A C toties fumpto conferantur, res expedietur.
Vide aliam demonftrationem fecundi hujus folidi in Appendice quæ poftea
fequetur.

At hoc jam confectum eft in univerfum in omni parallelogrammo quale
eft A C F D, ductâ primò utcunque lineâ qualis eft focia A M H Q F, conf-
tituente duo trilinea primæ divifionis A H F C, & F H A D : tum ductâ fecundò rectâ V H 4 15, quæ & latera A C, D F, & parallelogrammum fimul
bifariam dividat, fecetque lineam ipfam A M H Q F utcunque in H, ita ut
conftituantur duo trilinea fecundæ divifionis A M H V, & H Q F 15, & duo
reliqua quadrilinea; fi infuper intelligamus rectam A C dividi tertiò in quot-
eunque partes æquales in infinitum, ex doctrinâ indivifibilium, & per puncta
divifionis ductas effe rectas ipfi C F parallelas, quæ parallelogrammum divi-
dant in totidem partes æquales, fed & lineam A M H Q F in totidem punctis : conftituent ergo ipfæ rectæ intra trilinea fecundæ divifionis A M H V,
H Q F 15, multa alia minora trilinea tertiæ divifionis; tot fcilicet intra fingula
quot partes æquales in fingulis rectis A V, F 15, continentur. Puta fi rectâ
A V tertiâ divifione in 1000 partes æquales dividatur, conftituentur 1000
trilinea tertiæ divifionis quorum maximum erit ipfum A M H V; & omnia
communem habebunt apicem A; ac minimum quidem trilineum affumet ex
rectâ A V primam partem ad A terminatam; fequens autem affumet duas
priores partes ad idem A terminatas; tertium tres; quartum quatuor, & fic
eodem ordine ufque ad maximum; eritque forfan unum ex intermediis A M N.
Sic intra trilineum H Q F 15 totidem conftituentur minora trilinea tertiæ divifionis quorum unum ex intermediis erit forfan F 18 Q. Præterea ex rectis
C A, 7 13, I G, 8 14, F D, &c. quædam portiones intra prædicta trilinea fecundæ divifionis continentur : putà intra A M H V, portiones A V, M 17, &c.
intra H Q F 15 verò, portiones F 15, Q 16, &c. atque ex doctrinâ indivifibilium demonftratur horum omnium portionum quadrata fimul fumpta dupla
effe omnium prædictorum trilineorum tertiæ divifionis fimul fumptorum.

Hoc pofito, illud inquam jam confectum eft ex doctrinâ indivifibilium,
divifo triplici divifione quovis parallelogrammo C D, ut dictum eft, five
prima divifio fiat in partes æquales, ut hîc, five non; omnia quadrata C A,
7 M, I H, 8 Q, D F, 14 Q, G H, 13 M, &c. quæ ad trilinea A H F C, &
F H A D primæ divifionis pertinent, conftituere dimidium omnium quadratorum C A, 7 13, I G, 8 14, F D, &c. quæ pertinent ad totum parallelogrammum C D; ac præterea duplum omnium quadratorum portionum A V,
M 17, F 15, Q 16, &c. quæ pertinent ad trilinea fecundæ divifionis A M H V,
& H Q F 15; hoc eft quadruplum omnium minorum trilineorum tertiæ divifionis, quæ in iifdem A M H V, H Q F 15 comprehenduntur, ut fupra. Omnia enim quadrata omnium portionum A V, M 17, F 15, Q 16, &c. fimul
fumpta dupla funt omnium minorum trilineorum tertiæ divifionis quæ in ipfis A M H V, H Q F 15 comprehenduntur : hoc autem ex doctrina indivifibilium demonftramus in fecundâ Propofitione Appendicis quæ poftea fequetur.

tur. Et hoc quidem in universum in omni parallelogrammo : at hîc in specie trilinea quidem AHFC, & FHAD primæ divisionis æqualia sunt; sicuti æqualia sunt quoque AMHV, & HQF 15 secundæ divisionis : quare sumptis tantùm AHFC, & AMHV quæ constituunt dimidiam partem omnium quatuor; tunc quadrata CA, 7M, IH, 8Q, &c. quæ pertinent ad secundum solidum de quo agitur, constituunt quartam partem quadrati CA toties sumpti, ac præterea quadruplum omnium trilineorum tertiæ divisionis in trilineo AMHV comprehensorum.

Si itaque hæc quarta pars cum eâ quartâ quæ ex primo solido inventa est, conjungatur, habebimus solidum rotæ constituere dimidium sui cylindri, ac præterea duas portiones, quarum altera ad eundem cylindrum sic se habet ut ½ trilinei AMHG ad quadratum AC, ut supra : altera autem ad eundem cylindrum sic se habet ut quadruplum omnium trilineorum tertiæ divisionis in AMHV comprehensorum, ad idem quadratum AC toties sumptum quot sunt rectæ CA, 7M, IH, 8Q, &c.

Superest ergò ut ostendamus duas illas portiones simul junctas, ad totum cylindrum eandem rationem habere, quam differentiam inter quadratum quadrantis circumferentiæ & ¼ quadrati radii, ad quadratum semicircumferentiæ : & quidem de ½ trilinei AMHG nulla erit difficultas; de quadruplo autem trilineorum, sic patebit.

Producatur recta DGA versus A usque in 9, ita ut recta G 9, sit æqualis rectæ GH, hoc est quadranti circumferentiæ rotæ ; & jungatur recta 9H, hæc cadet extra trilineum AMHG, & cum curvâ AMH constituet ad punctum H angulum minorem omni angulo rectilineo, etiamsi producta secet eandem curvam AMHQF in ipso puncto H, in quo, tali sectione, constituentur duo anguli ad verticem oppositi æquales, ac singuli minores quovis angulo rectilineo ; quod tamen hic parum refert : sufficit enim quod recta 9H cadat extra trilineum AMHG; hoc autem sic ostendimus.

In ipsâ 9H sumatur quodvis punctum 12 ex quo ducatur recta 12 10 parallela ipsi AG atque occurrens rectæ GH in puncto 10, curvæ autem AMH occurrat ipsa 12 10 producta, si opus sit, in puncto 11; itaque recta 10 12 æqualis est rectæ 10 H, recta autem 10 H æqualis est arcui cuidam quadrante minori, cujus sinus rectus erit recta 10 11 ex naturâ sociæ trochoidis; quare 10 11, minor est quàm 10 H sive quàm 10 12: unde punctum 12 est extra trilineum AMHG, quod idem de omnibus punctis rectæ 9H ostendetur. Quoniam autem trilineum HQF 15 secundæ divisionis, & omnia minora trilinea tertiæ divisionis in eo contenta, trilineo AMHV secundæ divisionis, & omnibus trilineis tertiæ divisionis in eo contentis singula singulis ordine sumptis, æqualia sunt : quod de his ostendetur, de illis quoque verum erit.

Sumatur ergo QF 18 trilineum quodvis tertiæ divisionis assumens ex rectâ F 15, rectam F 18 quotcunque partium æqualium ex iis in quas divisæ sunt rectæ CA, FD; tum rectæ F 18 sumatur æqualis ex HG recta H 10, ducaturque recta 10 11 12, ut supra. Est igitur F 18, sive H 10, sive 10 12 æqualis cuidam arcui cujus sinus versus est 18Q; sinus autem rectus est 10 11, ex naturâ sociæ trochoidis ; quare recta 11 12 est differentia inter arcum & ejusdem arcûs sinum rectum : & trilineum quidem QF 18 ad parallelogrammum FX sic se habet, ut omnes sinus versi omnium arcuum æqualium minorum tertiæ divisionis in arcu F 18 contentorum, ad radium IF toties sumptum, quot in arcu F 18 continentur arcus minores ejusdem tertiæ divisionis, ex doctrinâ indivisibilium. Ut autem omnes illi sinus versi ad omnes illos radios, ita recta 11 12 differentia arcus F 18 & sui sinus recti, ad arcum F 18, ex Corollario septimo Propositionis præmissæ: quia recta F 18 refert arcum, cujus sinus rectus est 10 11, & differentia inter hunc sinum & ipsum arcum F 18, five 10 12, eft 11 12; atque infuper alter finuum ab extremitatibus arcûs F 18 cadentium, puta finus FI cadit in contrum: quare trilineum QF 18 eft ad parallelogrammum FX, ut recta 11 12 ad rectam F 18; fed parallelogrammum FX ad parallelogrammum FH fe habet ut recta F 18 ad rectam F 15: quare ex æquo, ut trilineum QF 18 ad parallelogrammum FH, ita recta 11 12 ad quadrantem F 15 five GH.

Cùm ergo idem de fingulis trilineis tertiæ divifionis verum fit, quod de QF 18 jam demonftratum eft; fequitur omnia illa trilinea fimul fumpta ad parallelogrammum FH toties fumptum fic fe habere, ut omnes differentiæ inter omnes finus rectos fecundum æquales arcus fumptos, & fuos arcus, ad quadrantem G 9 toties fumptum. Ut autem hæ omnes differentiæ ad omnes quadrantes, ita trilineum AMH 9, quod differentias illas omnes continet, ad quadratum quadrantis G 9, quod omnes illos quadrantes continet, ex doctrinâ indivifibilium : quare argumentis ex arte inftitutis quadruplum omnium trilineorum tertiæ divifionis in trilineo HQF 15, five in trilineo AMHV contentorum, erit ad octuplum parallelogrammi FH toties fumpti quot funt trilinea in AMHV, ut duplum trilinei AMH 9 ad quadruplum quadrati quadrantis G 9, five ut duplum trilinei ipfius AMH 9 ad quadratum femicircumferentiæ AC. At octuplum prædictum æquale eft omnibus quadratis CA, 7 13, IG, 8 14, &c. ex doctrina indivifibilium; quia tam ex octuplo illo, quam ex omnibus his quadratis, conftituitur idem folidum parallelepipedum, illud nempe quod bafim habet parallelogrammum AF, altitudinem autem rectam AC : five, quod idem eft, quod bafim habet quadratum rectæ AC, altitudinem autem rectam CF.

Itaque quadruplum omnium trilineorum tertiæ divifionis in trilineo AMHV contentorum, ad omnia quadrata CA, 7 13, IG, 8 14, &c. fic fe habet, ut duplum trilinei AMH 9 ad quadratum AC. Ut autem quadruplum illud ad omnia quadrata femicircumferentiarum, ita erat una ex duabus portionibus reliquis folidi rotæ, ad totum cylindrum. Ut ergo talis portio ad cylindrum, ita duplum trilinei AMH 9 ad quadratum AC; fed & altera portio erat ad eundem totum cylindrum ut ÷ trilinei AMHG unà cum duplo trilinei AMH 9 ad quadratum AC ; fed ÷ trilinei AMHG unà cum duplo trilinei AMH 9 fimul differunt à quadrato quadrantis G 9 tanto fpatio quantum eft ÷ ipfius trilinei AMHG; (patet, ex eo quod triangulum HG 9 fit dimidium ipfius quadrati G 9.) conftat ergo propofitum, nempe duas illas portiones reliquas ad totum cylindrum fic fe habere, ut differentia inter quadratum quadrantis & ÷ trilinei AMHG, quod quadrato radii æquale eft, ad quadratum femicircumferentiæ.

Nota.

EX iis quæ expofita funt de rotâ fimplici, atque folidis quæ ab illius trochoide gignuntur, non difficile erit rotas alias tam prolatas quàm contractas contemplari : eadem enim in illis quàm in fimplici valebit methodus, eademque vigebunt argumenta, fed conclufiones erunt diverfæ propter diverfas rationes altitudinis cujufcumque trochoidis ad fuam bafim. Nos tamen iis præmiffis nec abfolutis, fed rudi tantum minervâ exaratis ne memoriâ exciderent, fuperfedebimus, donec operi extremam manum imponere per tempus licebit. Tunc autem & centra gravitatis tam plani trochoidis, quam ejus fociæ, examini fubjicientur, ac detegentur.

APPENDIX

*Ad solidum trochoidis circa axem conversæ, continens aliam demonstra-
tionem secundi solidi duorum illorum ex quibus totum componitur, putà illius quod à sociâ circa axem conversa describitur.*

A D hoc autem præmissis duabus Propositionibus Lemmaticis, illarumque
Corollariis, accedant quæ sequuntur.

Corollario quidem septimo præcedenti demonstratum est in arcubus quadrante non majoribus, sic esse omnes sinus versos ad radium toties sumptum,
ut differentia inter sinum rectum & ipsius arcum ad ipsum eundem arcum.
Hic verò demonstrabimus idem quoque verum esse de arcubus quadrante
majoribus.

PROPOSITIO PRIMA.

*Esto circulus cujus centrum A, diametri BC, DE ad rectos angulos sese secantes,
ita ut BEC sit semicircumferentia divisa in duos quadrantes BE, CE, qui in
quotlibet arcus æquales indefinitè dividantur in punctis B, F, G, H, I, L, E,
M, N, O, P, Q, C, &c. atque sumatur arcus quivis IEC quadrante major,
& à punctis divisionis illius demittantur in diametrum BC perpendiculares IR,
LS, EA, MT, NV, OX, PY, QZ, &c. ut habeantur omnes sinus versi CZ,
CY, CX, CV, CT, CA, CS, CR, &c. ad arcum IC pertinentes : sinus autem
rectus arcûs IEC erit IR. Dico ergò sic esse omnes illos sinus versos ad radium
AB toties sumptum, ut differentia inter sinum RI & suum arcum IEC ad ipsum
eundem arcum.*

D EMITTANTUR in diametrum DE sinus recti F3, G4, H5, I6, &c.
qui pertinent ad divisiones arcûs BI quadrante minoris ac semicircumferentiam perficientis. Itaque ex quarto Corollario, ut omnes sinus recti
BA, F3, G4, H5, I6, &c. ad radium toties sumptum, ita sinus IR ad arcum IB. Ut autem radius toties
sumptus quot sunt puncta divisionum in arcu IB, ad ipsum radium toties sumptum quot sunt
puncta divisionum in arcu IC,
ita arcus IB ad ipsum arcum IC:
ergo ex æquo in tribus terminis,
ut summa sinuum BA, F3, G4,
H5, I6, &c. ad radium toties
sumptum quot sunt puncta divisionum in arcu IC, ita sinus IR
ad arcum IC, & sumptis differentiis pro antecedentibus, ut
differentia inter summam sinuum
rectorum BA, F3, G4, H5, I6,
&c. & radium toties sumptum
quot sunt puncta divisionum in
arcu IC, ad ipsum radium toties sumptum, ita differentia inter sinum rectum IR & suum arcum majorem IC, ad ipsum eundem arcum. Verùm
differentia illa summæ sinuum & summæ radiorum æqualis est summæ sinuum versorum prædictorum, ut statim demonstrabimus : itaque constat
Propositio.

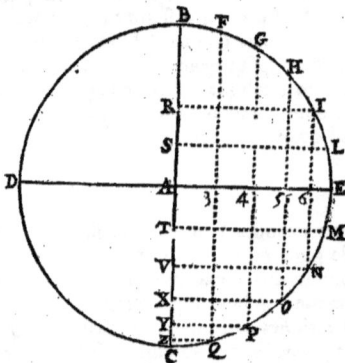

Lemma.

QUod autem assumptum est, hoc ita demonstratur. Ex quadrante EC sumatur arcus NC æqualis arcui IB, & demittantur in diametrum DE sinus recti Q3, P4, O5, N6, &c. qui æquales erunt ipsis F3, G4, H5, I6, &c. illis autem ex radio AC toties demptis, remanent manifestò sinus versi CZ, CY, CX, CV : superest autem radius toties sumptus quot sunt puncta divisionum in arcu IN; sed hic perficit sinus versos reliquos CT, CA, CS, CR : nam radius bis sumptus perficit duos sinus versos CV, CR; & idem radius rursus bis sumptus perficit duos sinus versos CT, CS; sinus autem versus CA est idem radius. Reliqua patent. Nec aliquem moveat quod idem sinus versus CV bis assumptus est : ille enim cùm sit magnitudo quædam determinata, semel tantum, plusquàm par est, sumpta, atque indefinitis numero magnitudinibus addita, nihil officit in doctrinâ indivisibilium.

Corollarium.

QUONIAM ergo in omni arcu, omnes sinus versi sunt ad radium toties sumptum, ut differentia inter sinum rectum ipsius arcus, & arcum eundem ad ipsum arcum; ut autem radius toties sumptus ad eundem radium toties sumptum quot sunt puncta divisionum in totâ semicircumferentiâ: ita arcus propositus ad ipsam semicircumferentiam. Patet ex æquo in tribus terminis omnes sinus versos arcûs propositi, ad radium toties sumptum quot sunt puncta divisionum in totâ semicircumferentiâ, eandem rationem habere, quam differentia inter sinum rectum arcûs propositi & ipsum arcum, ad integram semicircumferentiam.

PROPOSITIO SECUNDA.

Esto trilineum quodcunque ABC, cujus duo ex lateribus puta AB, BC, sint lineæ rectæ, tertium verò AC utcunque rectum vel curvum; modo ipsum tale sit ut procedendo secundum ipsum à puncto A ad punctum C, idem fiat continuò propius ac propius rectæ BC; remotius autem ac remotius à rectâ AB : ut sic nec rectæ AB, nec BC, nec quævis iisdem parallela, ipsi lineæ AC duobus in punctis occurrere possit. Perficiatur autem parallelogrammum ABCR; atque intelligatur converti tam parallelogrammum quam trilineum circa unum latus, puta BC.

MANIFESTUM est à parallelogrammo describi vel cylindrum, vel cylindraceum cylindro æqualem; à trilineo autem solidum quoddam: atque si latus ipsum BC dividatur in quotcunque partes æquales indefinitè in punctis H, G, I, &c. per quæ ducantur rectæ HO, GP, IQ, &c. ipsi AB parallelæ atque latere AC trilinei terminatæ, manifestum est quoque solidum trilinei ad cylindrum sic se habere ut omnia quadrata rectarum BA, HO, GP, IQ, &c. ad trilineum pertinentium, ad quadratum BA toties sumptum. Ut autem in quâvis tali figurâ horum solidorum comparatio rectè institui possit, proderit sæpissimè hoc elementum ex doctrinâ indivisibilium annotasse.

Alterum latus rectum AB dividatur in quotcunque partes æquales indefinitè in punctis E, D, F, &c. quæ quidem partes singulæ æquales sint singulis BH, HG, &c. ducanturque totidem rectæ EL, DM, FN, &c. lateri BC parallelæ atque latere AC trilinei terminatæ, quæ quidem trilineum

ipsum

ipſum divident, conſtituentque intra illud alia trilinea numero indefinita atque ad communem verticem A conſtituta, putà AEL, ADM, AFN,
ABC, &c.

Nec eſt quod quis dicat rectas AB, BC longitudine poſſe eſſe incom-
menſurabiles, atque ita non poſſe partes unius æquales eſſe partibus alterius:
nam præterquamquod in di-
viſione indefinitâ hæc obje-
ctio locum non habet; illud
præterea manifeſtum eſt, poſſe
in utrâque partes omnes eſſe
æquales, præter extremam
quandam portionem alterius
illatum; quæ quidem erit de-
finita quædam portio, quâ
additâ aut detractâ, vel additis aut detractis, quæ ab illâ

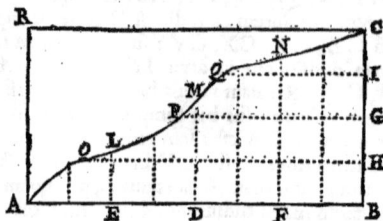

dependent magnitudinibus omninò definitis, nullo modo mutatur indefini-
tarum ratio, ex doctrinâ indiviſibilium.

Dico ergo omnia hæc trilinea in trilineo ABC conſtituta, ſimul ſumpta
omnium quadratorum BA, HO, GP, IQ, &c. ſimul ſumptorum dimidiam
partem conſtituere. Intelligatur enim ipſa omnia quadrata erecta ſuper plano trilinei; quo pacto ex doctrinâ indiviſibilium illa conſtituent ſolidum quoddam quinque figuris comprehenſum, quarum prima erit ipſum trilineum; ſecunda eſt trilineum cujus baſis ipſi rectæ AB parallela eſt & oppoſita, & vertex punctum ipſum C; tertia autem erit quadratum ſuper rectâ BA erectum;
quarta ſuper rectâ BC erecta, erit trilineum ipſi ABC ſimile & æquale;
quinta tandem ſuper lineâ AC erecta, erit utcunque plana vel curva, prout
ipſa AC recta erit vel curva. Intelligatur quoque planum quoddam ſecans
planum trilinei ABC ſecundùm rectam BC, atque ad idem inclinatum ſecundùm angulum ſemirectum verſùs A: hoc ergo planum ſic inclinatum
dividet bifariam omnia & ſingula quadrata erecta ut ſuprà; unde & idem
planum dividet quoque bifariam ſolidum ex illis quadratis conſtans, eruntque partes duo ſolida inſtar pyramidum, ſingula quatuor ſuperficiebus contenta: horum quod præcipuè nobis utile eſt, baſim habet trilineum ABC,
tres autem reliquæ ſuperficies illius ſunt, triangulum ſuper rectâ AB erectum & dimidium quadrati conſtituens; figura ſuprà lineâ AC erecta; ac
figura ea quæ ex plano inclinato ſecante conſtituitur: tale autem ſolidum
manifeſto conſtat ex dimidiis omnium quadratorum erectorum, ex doctrinâ
indiviſibilium; eſtque vertex illius punctum extremum lateris illius quadrati,
quod quidem latus ex puncto A erigitur, ipſique perpendiculariter imminet.

Oſtendamus ergo tale ſolidum conſtare etiam ex omnibus trilineis AEL,
ADM, AFN; ABC, &c. vel ex aliis his iiſdem æqualibus; ſic enim patebit omnia hæc trilinea dimidiis omnium quadratorum erectorum eſſe æ-
qualia, quandoquidem tam ab his trilineis quàm ab illis quadratorum dimidiis idem ſolidum conſtituetur, ex doctrinâ indiviſibilium. Ad hoc autem
altitudo talis ſolidi, puta recta illa quæ ex puncto A perpendiculariter ad
planum ABC erecta, ad ſolidi verticem pertinet, eſtque rectæ AB æqualis,
eodem modo indefinitè dividatur quo diviſa eſt ipſa AB, ut partes partibus
multitudine & magnitudine ſint æquales, atque per puncta omnia talis divi-
ſionis ducantur plana plano ABC parallela, quæ manifeſtò ſecabunt ſolidum
propoſitum inter verticem & baſim, & tali ſectione conſtituent trilinea prædictis AEL, ADM, &c. ſingula ſingulis ſimilia, æqualia & parallela; ex
quibus omnibus trilineis indefinitè ſumptis ſecundùm doctrinam indiviſibi-

lium conſtituitur prædictum ſolidum quaſi pyramidale, ut propoſitum eſt ;
reliqua patent.

PROPOSITIO TERTIA.

Jam ut ad ſolidum ſociæ trochoidis circa axem converſæ veniamus. In figurâ tro-
choidis ſuperiùs expoſitâ, intelligatur ſocia A M H Q F 22 B circa axem C F
converſa. Dico ſolidum ex tali converſione ortum ad cylindrum cui inſcribitur
eandem rationem habere quam dimidium quadrati ſemicircumferentiæ rotæ dem-
pto dimidio quadrati diametri, ad integrum quadratum ſemicircumferentiæ.

NAM ſicuti ſocia illa ſecat bifariam rectam G I in puncto H, ſic eadem
bifariam quoque ſecat rectam I Y; eſto in puncto 22: undè recta H 22
æqualis erit dimidio itineris centri G I, hoc eſt æqualis ſemicircumferentiæ

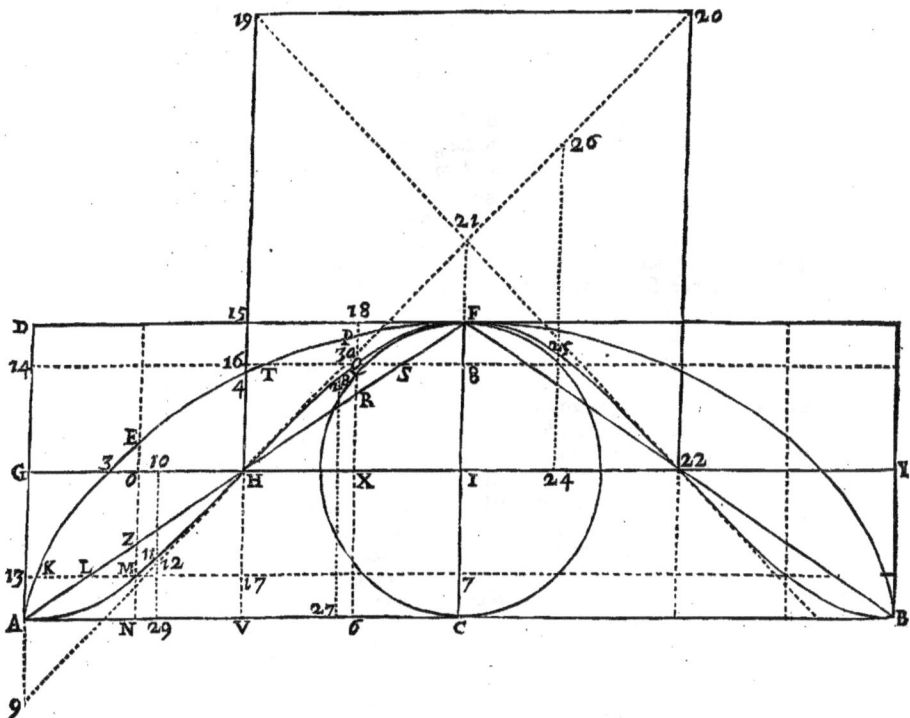

rotæ. Super ipſâ H 22 ad partes verticis F, conſtituatur quadratum H 22 20 19,
cujus diametri ducantur H 20, 22 19 ſecantes ſe invicem in centro quadrati, quod centrum ſit 21 in axe C I F producto ſupra verticem F uſque ad
ipſum punctum 21. Patet autem diametrum ipſam quadrati H 20 eſſe rectam
9 H productam, ipſamque cadere extrà curvam ſive ſociam H Q F, propter
eaſdem rationes quibus probavimus ſuprà, rectam H 9 cadere extrà curvam
H M A.

Jam utraque rectarum A C, C F in partes æquales indefinitè dividatur,

& per puncta divifionis rectæ AC ducantur rectæ ipfi CF parallelæ, putà NM, VH, 6Q, &c. ufque ad fociam AMHQF; per puncta autem divi-fionis rectæ CF ducantur rectæ parallelæ ipfi AC, putà 7M, IH, 8Q, &c. ufque ad eandem fociam. Quo pofito folidum fociæ de quo agitur erit ad cylindrum integrum cui infcribitur, ut omnia quadrata CA, 7M, IH, 8Q, &c. ad quadratum CA toties fumptum : atqui illa omnia quadrata dupla funt omnium trilineorum ANM, AVH, A6Q, ACF, &c. per fecundam Propofitionem hujus Appendicis, quare folidum illud ad cylindrum fe habet ut omnia hæc trilinea bis fumpta ad quadratum CA fumptum ut jam dictum eft, puta fecundùm numerum rectarum CA, 7M, IH, 8Q, &c. ex divifione diametri CF in partes æquales numero indefinitas, ortarum : hoc autem quadratum femicircumferentiæ toties fumptum æquale eft rectan-gulo AF toties fumpto quot funt partes æquales in rectâ AC : quia tam ex tali quadrato CF toties fumpto quot funt partes in rectâ CF, quàm ex re-ctangulo AF toties fumpto quot funt partes in rectâ AC conftituitur idem folidum parallelepipedum, illud nempe quod bafim habet rectangulum ip-fum AF, altitudinem autem rectam AC; five quod idem eft, illud quod ba-fim habet quadratum rectæ AC, altitudinem autem rectam CF, ex doctrinâ indivifibilium.

Itaque folidum fociæ trochoidis fic fe habebit ad fuum cylindrum, ut omnia trilinea prædicta bis fumpta ad rectangulum AF toties fumptum quot funt partes in rectâ AC, hoc eft toties fumptum quot funt omnia trilinea prædicta femel fumpta. Verùm rectangulum AF duplum eft rectanguli AI. Sumpto igitur hoc rectangulo AI bis toties, quoties rectangulum AF, erit fo-lidum fociæ trochoidis ad fuum cylindrum, ut omnia trilinea prædicta bis fumpta ad rectangulum AI toties bis fumptum; feu, fumptis tantùm femel trilineis ac femel rectangulis, erit folidum fociæ trochoidis ad fuum cylin-drum, ut omnia trilinea femel fumpta ad rectangulum AI toties fumptum. Eft autem triangulum H 20 22 dimidium quadrati femicircumferentiæ H 22, & bilineum HQF 22 eft dimidium quadrati diametri CF, quandoqui-dem hujus bilinei dimidia pars, nempe trilineum HQFI, five ipfi æquale AMHG oftenfum eft fuprà æquale effe quadrato femidiametri AG vel CI; dempto autem hoc bilineo ex illo triangulo, remanet trilineum HF 22 20. Eò itaque res deducitur ut oftendamus omnia trilinea prædicta ad rectangu-lum AI toties fumptum fic fe habere ut trilineum HF 22 20 ad quadratum integrum H 20; fic enim demùm patebit folidum fociæ trochoidis effe ad fuum cylindrum, ut dimidium quadrati femicircumferentiæ dempto dimidio quadrati diametri, ad quadratum femicircumferentiæ.

Ad hoc autem affumatur quodlibet ex ipfis trilineis, puta A 29 11, affu-mens ex rectâ AC portionem A 29 forfan quadrante minorem, cui ex rectâ H 22 fumatur æqualis portio HX; ducaturque recta XQ 30 fecans fociam trochoidis in puncto Q, rectam autem H 20 in puncto 30. Itaque ex naturâ trochoidis ejufque fociæ A 29 & HX exhibebunt arcus æquales : & arcûs quidem A 29 finus verfus erit 29 11, arcûs autem HX finus rectus erit XQ: cùmque recta X 30 æqualis fit arcui HX, erit recta Q 30 differentia inter finum rectum XQ & fuum arcum X 30. Unde ex Corollario primæ Propo-fitionis hujus Appendicis, erunt omnes finus verfi arcûs HX five A 29 ad radium toties fumptum, quot funt divifiones in femicircumferentiâ AC, five H 22, ut ipfa differentia Q 30 ad femicircumferentiam H 22, five 22 20: at-qui omnes finus verfi arcûs A 29 conftituunt trilineum A 29 11, & radius AG toties fumptus quot funt divifiones in AC conftituit rectangulum AI ex doctrinâ indivifibilium. Ut ergò trilineum A 29 11 ad rectangulum AI, ita recta Q 30 ad rectam 22 20.

De reliquis trilineis eadem erit ratio; ut si sumatur trilineum AVH assumens ex rectâ AC quadrantem circumferentiæ AV; posito etiam quadrante HI cujus sinus rectus sit IF, differentia autem inter ipsum & suum arcum sit F 21; probabitur esse trilineum AVH ad rectangulum A I, ut recta F 21 ad rectam 22 20. Pari ratione, si sumatur trilineum A 27 28 assumens ex AC rectam A 27 quadrante majorem, positâ rectâ H 24 æquali ipsi A 27, ductâque rectâ 24 25 26 parallelâ ipsi CF ac secante sociam quidem in puncto 25, rectam autem H 20 in puncto 26, ut recta 24 25 sit sinus rectus arcûs H 24 sive ipsi æqualis 24 26, recta autem 25 26 sit differentia ejusdem sinus & sui arcûs; probabitur esse trilineum A 27 28 ad rectangulum A I, ut recta 25 26 ad rectam 22 20; atque ita de omnibus trilineis.

Itaque omnia trilinea simul sumpta ad rectangulum A I toties sumptum sic se habent ut omnes differentiæ sinuum rectorum & suorum arcuum Q 30, F 21, 25 26, &c. ad semicircumferentiam 22 20 toties sumptam: omnes autem illæ differentiæ constituunt trilineum HF 22 20; & semicircumferentia toties sumpta constituit quadratum semicircumferentiæ, ex doctrinâ indivisibilium: unde patet Propositio.

Corollarium.

RECIDIT autem hæc ratio cum eâ quæ suprà exposita est : siquidem trilineum HF 22 20 continet quadrantem totius quadrati H 20, ac præterea duplum trilinei HQF 21, hoc est duplum trilinei HMA 9 : unde resumptis iis quæ ex primo solido oriuntur, putà quartâ totius parte, ac prætercà eâ portione quæ ad totum cylindrum eam habet rationem quam ÷ quadrati semidiametri ad quadratum semicircumferentiæ, habebimus duos totius quadrantes, hoc est dimidiam partem totius, ac insuper duas portiones, quarum altera ad totum sic se habebit ut ÷ quadrati semidiametri ad quadratum semicircumferentiæ; reliqua autem ad totum sic se habebit ut duplum trilinei HQF 21, sive HMA 9 ad idem quadratum semicircumferentiæ, ut suprà.

Ut ergò unicâ enunciatione explicemus rationem totius solidi trochoidis circâ axem conversæ, ad suum cylindrum; sume duos quadrantes integros quadrati H 20, puta 20 21 22, & 19 21 H; tum ex tertio quadrante H 21 22 sume duplum trilinei HQF 21, hoc est totum trilineum HQF 25 22 21 H, ac præterea ÷ quadrati semidiametri, hoc est ÷ trilinei HQFI sive ÷ bilinei HQF 22; tumque hæc omnia spatia simul sumpta confer cum toto quadrato H 20; atque ita satis eleganter hoc concludes. Ut se habent ÷ quadrati semicircumferentiæ, demptâ tertiâ parte quadrati diametri, ad quadratum semicircumferentiæ; ita solidum trochoidis circa axem conversæ se habet ad suum cylindrum cui inscribitur.

PROPOSITIO QUARTA.

Quoniam suprà in demonstrando solido trochoidis circa basim conversæ hoc tanquam verum sumpsimus, omnia quadrata omnium sinuum versorum semicircumferentiæ secundùm æquales arcus sumptorum constituere ÷ omnium quadratorum diametri toties sumpti: atque etiam omnia quadrata omnium sinuum rectorum semicircumferentiæ secundùm æquales arcus sumptorum constituere ÷ omnium quadratorum ejusdem diametri; lubet hic utrumque assumptum unicâ demonstratione ostendere.

IN figurâ primæ Propositionis hujus Appendicis, quadratum diametri BC æquale est quadratis CZ, ZB, & duplo rectangulo CZB, sive duplo quadrato ZQ. Similiter idem quadratum BC æquale est quadratis CY, YB & duplo rectangulo CYB sive duplo quadrato YP : atque ita de reliquis punctis divisionis diametri puta de punctis X, V, T, A, S, R, &c. at rectæ

C 7

CZ, CY, CX, CV, &c. funt omnes finus verfi : item rectæ ZB, YB, XB, VB, &c. funt quoque omnes finus verfi qui prædictis finguli fingulis, fed ordine converfo funt æquales; & horum quadrata fingula fingulis funt æqualia; atque ita habemus duplum quadratorum omnium finuum verforum. Sed & rectæ ZQ, YP, XO, VN, &c. per omnes arcus æquales femicir-cumferentiæ funt omnes finus recti; unde habemus duplum quadratorum omnium finnum rectorum. Omnia ergo quadrata diametri æqualia funt duplo omnium quadratorum finuum verforum unà cum duplo omnium quadratorum finuum rectorum.

Ducantur jam radii AQ, AP, AO, AN, &c. Itaque quadratum radii AQ æquale eft quadrato finus recti QZ unà cum quadrato AZ, five unà cum quadrato finus complementi Q3 : fimiliter quadratum radii AP æquale eft quadrato finus recti PY unà cum quadrato finus com-plementi P4, atque ita de reli-quis: quo pacto habemus omnia quadrata radii æqualia effe om-nibus quadratis finuum rectorum unà cum omnibus quadratis fi-nuum complementorum. Verum omnes finus recti omnibus finibus complementorum finguli fingulis funt æquales, fi minores cum mi-noribus & majores cum majori-bus conferantur, quia fumuntur fecundùm arcus æquales ex hypo-thefi : quare omnia quadrata radii

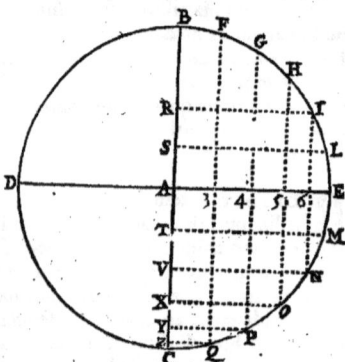

æqualia funt duplis quadratorum omnium finuum rectorum. Omnia autem quadrata diametri quadrupla funt omnium quadratorum radii; ipfa ergo om-nia quadrata diametri quadrupla funt dupli quadratorum omnium finuum re-ctorum : unde omnia quadrata finuum rectorum femel fumpta , omnium qua-dratorum diametri octavam partem conftituunt.

Quoniam ergo duplum omnium quadratorum finuum rectorum conftituit duas octavas partes omnium quadratorum diametri, relinquitur ut duplum quadratorum omnium finuum verforum conftituat fex octavas partes, atque ut ipfa quadrata omnium finuum verforum femel fumpta tres octavas partes conftituant ipforum omnium diametri quadratorum, ut proponitur.

PROPOSITIO QUINTA.

Sed & illud demonftrare lubet, quod pro folido fociæ trochoïdis circa axem conver- Vide figur *fa, priori modo demonftrando, affumptûm eft tanquam quid confectûm ex doctri-* pag. 270. *nâ indivifibilium. Omnia quadrata* CA, 7 M, IH, 8 Q, DF, 14 Q, GH, *13 M, &c. quæ ad trilinea prima divifionis* AHFC, *&* FHAD *pertinent, conftituere dimidium omnium quadratorum* CA, 7 13, IG, 8 14, FD, *&c. quæ pertinent ad totum parallelogrammum* CD; *ac præterea duplum omnium quadra-torum portionum* AV, M17, F15, Q16, *&c. quæ pertinent ad trilinea fecun-da divifionis* AMHV, *&* H Q F15.

ILLUD autem ftatim conficitur, ex eo quod ductâ quâcunque rectâ 7 13 ex iis quæ rectæ AC parallelæ funt, quæ fecet trilinea primæ divifionis, ita ut ejus rectæ portio 7 M in uno trilineo, altera autem portio 13 M in altero contineatur; fecet autem ipfa 7 13 lineam primæ divifionis AMHF in puncto

ZZz

M, & rectam secundæ divisionis V 15 in puncto 17: manifestum est, ex Geometriâ communi, ambo quadrata portionum 7 M, M 33 tantò majora esse
dimidio quadrati totius 7 33, quantum est duplum quadrati portionis M 17,
quæ ad trilineum secundæ divisionis A M H V pertinet: quod cùm de omnibus aliis rectis verum sit, patet Propositio.

DE LONGITUDINE TROCHOIDIS,

PROPOSITIO.

*Cujuscunque assignatæ portioni trochoidis primariæ, æqualem rectam exhibere, at-
que exinde toti trochoidi.*

QUID sit trochoides, quid rota ex qua illa nascitur, quæ sint tres illius
præcipuæ species, & quomodo inter se distinguantur, hîc notum esse
supponimus.

Utemur argumento ex motuum compositione desumpto, quo ex æquali
moti puncti velocitate æquales describi lineas, ex inæquali inæquales, cæteris paribus necesse est, atque è converso.

Etsi verò communiter rota progrediendo uniformi motu per iter rectum
in plano, simul circa centrum suum convertatur, tamen hîc intelligemus rotam ipsam trahi tantùm recto itinere, non autem converti; sed punctum trochoidem describens, ferri secundùm circumferentiam rotæ motu uniformi,
quod eôdem quò suprà recidit, & Geometriæ aptius esse visum est.

F punctum contactus tam F G rectæ tangentis rotam, quàm F H tangentis
trochoidem primariam, cujus dimidium est A F D, initium A, recta A I B dimidium basis, B D axis, A E C diameter rotæ initio motus, C H D linea verticis.

I X H N rota est, cujus centrum L à principio motûs jam percurrit rectam
E L æqualem rectæ A I, existente diametro rotæ in hac positione rectâ I L H;
unde ipsa recta E L vel A I arcui I F æqualis est.

G F, G H rotam tangentes æquales sunt; unde ductâ chordâ rotæ F R
ipsi A I parallelâ, & sectâ bifariam in S à diametro I L H; ductâ etiam H V
ipsi F G tangenti parallelâ, ac secante ipsam F R productam, si opus erit, in
V; erit parallelogrammum F G H V rhombus, cujus anguli G F V, G H V
bifariam secabuntur à diagonali F H tangente trochoidem.

M punctum est in quo arcus rotæ F M I bifariam secatur, & à quo ducitur chorda rotæ M Q P ipsi A I parallela, secans diametrum I H in Q; sed &
ductâ chordâ M R secante eandem I H in T, erunt rectæ Q I, Q T æquales,
propter æqualitatem triangulorum I Q M, T Q M.

Reliquum conftructionis ei qui trochoidem noverit, per fe ex ipfa figurâ fatis oftenditur : præ cæteris notetur chorda IM.

Oftendendum eft portionem trochoidis A F ab initio A fecundum longitudinem fuam curvam menfuratam, æqualem effe quadruplo finus verfi IQ, five duplo rectæ IT. Unde, quoniam A F eft portio quæcunque dimidiæ trochoidis AFD, oftendetur ipfa curva AFD æqualis quadruplo femidiametri IL, feu duplo diametri IH. Hoc erit præcipuum hujufce Propofitionis Corollarium.

Quoniam diametri rotæ ILH, AEC initio motûs congruebant, manifeftum eft tunc tria puncta I, A, F fimul extitiffe, & ambo E, L fimul, & ambo C, H fimul : exinde verò punctum I percurriffe rectam A I uniformi motu, ficuti & punctum L rectam EL, & punctum H rectam CH, & punctum F fecundum rotæ circumferentiam percurriffe arcum IMF; quo factum eft ut in trochoide primariâ quatuor illæ lineæ AI, EL, CH, & arcus IMF effent æquales : at propter implicationem recti motus AI cum curvo IMF, punctum F tali motu compofito defcripfit portionem trochoidis AF, in quo ipfius F velocitas continuò mutata eft augefcendo fenfim ab A in F. Examinemus ergò illam auctionem continuam per omnia puncta ejufdem AF; ac pro divortis pofitionibus puncti F, diverfas ipfius velocitates in curvâ AF cum ejufdem uniformi velocitate in arcu rotæ IMF conferamus.

Incipiamus ab eâ pofitione quæ primum oblata eft, in qua F eft quodvis punctum in dimidiâ trochoide AFD ab A diverfum. Patet ex motuum legibus, velocitatem puncti F in curvâ AF ad velocitatem puncti F in arcu IMF fic fe habere, ut tangens FH ad tangentem FG in parallelogrammo FGHV : idem verò de fingulis punctis in curvâ AF affumptis dicetur, mutatâ convenienti pofitione rotæ, & ductis congruis tangentibus; augetur autem ratio FH ad FG dum F fertur ab A in F, ergo & ipfius velocitas; & eft velocitas uniformis per infinitas tangentes arcûs IMF, ficuti & ipfius puncti F in eodem arcu. Si igitur ipfe idem IMF infinitè dividatur æqualiter, atque illi divifioni correfpondeat infinita divifio curvæ AF (quod tamen fieri æqualiter non continget propter curvæ naturam, quod nihil intereft) & fingulis minoribus arcubus ipfius IMF affignentur fuæ tangentes æquales, quibus etiam correfpondeant totidem tangentes curvæ AF, quanquam minimè æquales, erunt per vigefimam quartam Libri quinti Euclidis, quoties opus fuerit repetitam, omnes tangentes curvæ AF fimul fumptæ ad omnes tangentes æquales arcûs IMF fimul fumptas, ut omnes velocitates puncti F in curvâ AF, ad omnes velocitates ejufdem puncti F in arcu IMF : atqui ut velocitates inter fe, ita funt lineæ ab ipfis percurfæ, putà curvâ A F & arcus IMF. Ut ergo omnes tangentes curvæ AF ad omnes tangentes arcûs IMF, fic ipfa curva AF ad ipfum arcum IMF; quod primò notetur.

Præterea quoniam recta FG tangit circulum IFH, & à contactu ducitur recta FSR ipfum circulum fecans, erit per trigefimam fecundam libri tertii Elem. Euclidis, angulus GFR angulo FIR æqualis, & dimidius GFH dimidio FIS; unde triangula ifofcelia FGH, FLI fimilia funt. Ut ergo tangens FH ad tangentem FG, ita chorda IF ad radium FL; & divifis infinitè, ut fuprà, arcu IMF & curva AF, adjunctifque iifdem infinitis minoribus tangentibus, ducantur à puncto I totidem chordæ ad fingula arcûs IMF puncta; probabimus ex Geometriâ, chordas illas omnes fimul fumptas ad radium FL toties fumptum fic fe habere, ut omnes tangentes curvæ AF fimul ad omnes tangentes arcûs IMF fimul; hoc eft per primum notatum, ut curva ipfa AF ad arcum ipfum IMF : quod fecundò notetur.

Jam arcus IM qui ipfius IMF dimidius eft, dividatur æqualiter infinitè; fed ita ut in ipfo IM tot fint divifiones quot in toto IMF, hoc eft quot

funt chordæ in ipfo arcu I M F, five quoties fumptus eft radius F L; tum
à fingulis arcûs I M punctis in radium I S demittantur totidem finus recti,
quorum maximus eft MQ : tot ergo funt finus recti ab arcu IM, quot chordæ in arcu I M F, & unufquifque finus unius cujufque chordæ correlatæ dimidium eft; unde ipforum omnium finuum fumma dupla æqualis eft fummæ
chordarum femel fumptæ. Erat autem ex fecundo notato fumma chordarum
ad fummam radiorum, ut curva A F ad arcum I M F; ergo finuum dictorum
fumma dupla fe habet ad fummam radiorum, ut curva A F ad arcum I M F.
At ut fumma illa dupla finuum ad fummam illam radiorum, fic fe habet duplum finus verfi I Q ad arcum I M, per Lemma ad id inventum & ad alia
permulta ardua perutile; & ut duplum I Q ad arcum I M, ita quadruplum
I Q ad duplum arcus I M, hoc eft ad arcum I M F. Ut ergo hoc quadruplum finûs verfi I Q ad arcum I M F, ita curva A F ad eundem arcum I M F;
quare hæc curva A F æqualis eft quadruplo finûs verfi I Q : quod erat propofitum.

Corollarium.

COROLLARIUM manifeftum eft. Si enim pro trochoidis portione A F,
ut fuprà, affumamus ipfam dimidiam trochoidem integram A F D, tunc
rotæ diameter quæ erat I H, cum axe B O D congruet; & punctum I puncto B, & punctum H puncto D, & punctum L, puncto O, & punctum F
punctis H, D, & punctum M puncto X, & punctum Q punctis feu centris
L, O, & punctum T punctis feu verticibus H, D, &c. Unde arcus I M F
fiet femicircumferentia rotæ I X H, & arcus I M fiet quadrans I X, & finus
verfus I Q fiet radius I L, &c.

Itaque per Propofitionem, femi-trochoides A F D finus verfi I L erit quadrupla, feu diametri I H dupla, quod eft Corollarium.

Hæc & multa alia, cùm circa annos 1635 & 1640 vigente animi robore
detexiffem, & ferè omnia publicè multotiès patefeciffem, tam in Cathedra
Regia, quam in multorum doctorum conventibus; immò & quibuflibet amicis
literatis privatim, unicam hanc de longitudine trochoidis Propofitionem
femper reticui : fperabam enim eâdem methodo (quam primus, ut putò,
detexi) me multò majora detecturum, atque imprimis multas quadraturas.
Nec me fpes ex toto fefellit; innumeras enim adhuc teneo, non eas tamen
quas præcipuè intendebam, de quibus viderint pofteri quibus hæc noftra
fpeculatio non erit forfan inutilis. Hoc tamen eos monebo, doctrinam de
motuum compofitione adeò univerfalem effe, ut nec analyfi folà coercea-
tur; nec adjunctâ infinitorum doctrinâ, cum rationalibus & irrationalibus,
atque logarithmicis quantitatibus; quippe hæc omnia motus comprehendit,
non ab ipfis comprehenditur: hinc latiffimus patet exercitationibus Mathematicis campus, idemque plufquàm folidus.

Negligentiâ tamen meâ, quòd nihil prælo committerem, factum eft ut
quidam Extranei nationis noftræ æmuli, vel potiùs eidem invidi, ex eorum
numero qui ut fuci, apum favos invadunt, & quod elaborare non poffunt
mel, vi & injuriâ fibi vendicant, multa mea mihi eripere conarentur, eaque
fibi tribuere. Sed & ad id adjuverunt ex Noftratibus quidam, mihi præ cæteris invidi; qui cùm mihi nihil reliquum effe cuperent nec inventa mea
fibi arrogare auderent, ne ridiculi apud Gallos haberentur, ea cuilibet ex-
traneo, (quanquam multis annis pofteriori) quàm mihi fuo civi & vero
inventori, mallent addicere; & fic contra perfpectam fibi veritatem, & verbis & fcriptis impudenter mentiri.

His artibus, ipfa trochoides, ejufque tangentes, & plana, fed & folida
fermè omnia mihi erepta funt; ac ne ad extrema fures penetrarent, folus obex
obftitit,

obftitit, folidum circa axem, quod de induftriâ cum Propofitione præmiffâ
de longitudine reticueram. Suftinui, & expectavi donec circa ipfum folidum
fœdè errarent qui præ cæteris fapere videri volebant, quorum ipforum, fuper
hac re, literas autographas etiamnum affervo, eafque non unicas : tunc verò folidum ipfum vulgavi anno 1645, noftrifque atque illis extraneis pate-
feci, quorum (extraneorum inquam) refponfum accepi mœroris atque in-
dignationis plenum, ob errorem contra fpem fuam patefactum. Lætabar
interim, & hæc illis fubinde (arrogantiùs forfan) exprobrabam. Certè meæ
quifquiliæ alicujus funt pretii, in quas fures adeò cupide involent, eafque
fibi retinere tantâ pertinaciâ contendant.

Poffum tamen cùm libuerit, mea à furibus recuperare. Habeo enim ad
id inftrumenta valida, fcripta manu, annis & diebus fuis munita à viris ce-
leberrimis; nec deerunt teftimonia prælis commiffa à quibufdam, prudentiùs
quàm ego de futuro furto præfagientibus, idque multis annis ante furtum
ipfum: his, dum adhuc vivo, utar, ex amicorum meorum judicio.

Redeo ad præmiffam Propofitionem de longitudine trochoidis, de qua
nihil, nec publicè, nec privatim me communicaffe jam teftatus fum; eam tamen multis annis poftea invenit Anglus quidam vir doctiffimus, & prælo per
fe vel per amicos, fuo nomine vulgavit. Methodus illius à noftrâ planè diverfa eft, fed conclufio vera & elegans. Ait enim portionem quamcunque
femitrochoidis A F D, (femicycloidem ille cum multis aliis vocat) putà
portionem D F à vertice D incipientem, duplam effe tangentis H F. Hanc
enuntiationem cum noftra coincidere, fic demonftramus.

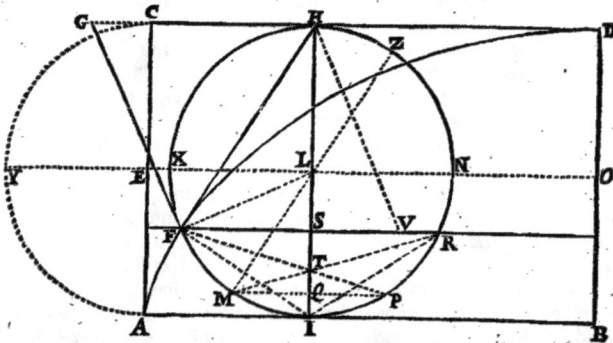

Quoniam quatuor arcus FM, MI, IP, PR æquales funt, fecabunt fe
invicem chordæ æquales FP, RM in eodem puncto T diametri IH; &
rectæ IQ, QT funt æquales; & anguli TFI, TFS æquales; fed & angulus HFR five HFS, æqualis eft angulo HIF, quia infiftunt arcubus
æqualibus HR, HF; ergo fumma angulorum HFS, TFS, æqualis eft fummæ
angulorum HIF, TFI; prior autem fumma conftituit angulum HFT, &
pofterior fumma æqualis eft angulo externo HTF in triangulo ITF; æquales
funt ergo anguli HFT, HTF; unde in triangulo HFT latera HF, HT
funt æqualia: fed HT cum IT conftituunt diametrum; ergo & HF cum
IT diametrum conftituunt; & eft IQ dimidia ipfius IT; quare HF cum
dupla IQ conftituunt diametrum; & fic dupla HF cum quadrupla IQ, diametri duplum conftituunt. Sed & ex Corollario, femittrochoides AFD ejufdem diametri dupla eft; itaque ipfa AFD duplo tangentis HF, & quadruplo finûs verfi IQ æqualis eft: demptis ergo utrinque æqualibus, hinc qui-

dem quadruplo finûs verfi, illinc autem portione A F femitrochoidis, fupereft ut reliqua portio femitrochoidis F D duplo tangentis H F fit æqualis.

Potuit demonftratio directè inftitui per motuum compofitionem, initio
fumpto à vertice D, in curva D F portione quâcunque femitrochoidis; quo
pacto, conclufio per fe incidiffet in duplum tangentis H F, ut mox dictum
eft. Ad hoc, ductâ diametro M L Z ipfi H F parallela, demittendi effent ab
omnibus punctis arcûs rotæ H F infinities æqualiter divifi, totidem finus recti in ipfam diametrum M L Z; & totidem tangentes ad ipfum arcum rotæ
H F pertinentes; atque totidem ipfis correfpondentes, pertinentefque ad
curvam D F; omninò ficuti de arcu I M F, ac de curva A F fuperiùs dictum
eft, &c. adhibito tandem Lemmate, & congruis argumentis. Sed prior demonftratio prior etiam in mentem incurrit, in quâ ideò mens ipfa conquievit,
quod & Propofitionis, & ipfius trochoidis idem effet initium punctum A.

De longitudine trochoidum aliarum ac fociarum omnium, aliàs dicemus.

E P I S T O L A

ÆGIDII PERSONERII DE ROBERVAL

AD R. P. M E R S E N N U M.

R̲EVERENDE PATER,

Ex propofitionibus Clariffimi Torricellii eas tantum examinandas cenfui,
quas nonnifi ab egregio Geometrâ profectas effe judicabam. Quapropter præ-
tergreffis octo primis circa fphæram, & folida eidem infcripta & circumfcripta, quarum examen, quemvis vel mediocriter verfatum fugere non poffe
exiftimavi, nonam aggreffus fum quæ eft de dimenfione cochleæ, quam, ut
ardua eft, ita veram effe certiffimâ demonftratione perfpexi; ita ut ex ea unica Authorem inter præftantes hujus fæculi Mathematicos annumerare non
verear. Quodque fortaffis mirere nihil refert; magifne an minus inter fe diftent fpiræ ipfius cochleæ, modò idem fit femper triangulum à quo defcribatur;
fed & etiamfi ipfum triangulum moveatur tantum ad motum parallelogrammi,
non autem motu progreffivo, ita ut idem triangulum abfolutâ converfione in
fe ipfum redeat: eodem modo fe res habebit, nec mutabitur Propofitio.

De centro gravitatis parabolæ inveniendo à priori, nullâ fuppofitâ ejus
quadraturâ; fi ipfe fic proponit, ut fe inveniffe intelligat, laudamus: fi vero
à nobis quærit, dabitur illi non folum in parabola conica, quam quadraticam appellamus, quia in ea quadrata ordinatim applicatarum inter fe funt,
ut portiones diametri; fed etiam in parabola cubica, in quadrato quadratica, &c. atque in earum folidis; five ipfæ parabolæ circa fuos axes, five circa tangentes ad extremitatem axis, five circa aliquam ex ordinatis ad axem
convertantur, & geniti inde folidi, five fufi parabolici, dimidium plano ad ipfius axem erecto refectum proponatur: & multa alia de quibus, fi aliquando
res poftulabit, fufiùs agemus. Nunc verò hoc indicaffe fufficiat, in dimidio
fufo parabolico quadratico centrum gravitatis axem dividere in duas portiones, quarum ea quæ ad verticem ad eam quæ ad bafim fe habet ut 11 ad 5; in
cubico, ut 13 ad 7; in quadrato-quadratico, ut 15 ad 9; in quadrato-cubico,
ut 17 ad 11; atque ita in infinitum, addendo femper 2 ad fingulos præcedentis rationis terminos. Prætereo rationes folidorum ipforum ad cylindros
quibus infcribuntur, quas omnes invenimus, & quarum fpeculatio forfan minime fpernenda viro clariffimo videbitur.

In cycloide Torricellii agnosco noftram trochoidem, nec recte percipio quomodo ipfa ad Italos pervenerit, nobis nefcientibus. Quod fi illa tanto viro placuerit, lætor. Spero autem brevi fore ut eadem in lucem emittatur, cum fuis tangentibus, cumque folido ex converfione illius circa bafim genito, forfan & circa axem: neque id tantùm in prima trochoide cujus bafis æqualis effe ponitur circumferentiæ rotæ genitricis; fed etiam in quavis alia trochoide five prolata, five contracta; atque in fociis earumdem.

Propofitio de folido à qualibet fectione coni circa axem circumvolutâ defcripto, atque ad conum eidem inferiptum unica enunciatione collato, elegantiffima eft & veriffima, ficut demonftravimus: nec ei inferior eft ea quæ fub eadem figura habetur de centro gravitatis ipforum folidorum, quam etiam demonftravimus. Quod fi ambas duabus tantùm demonftrationibus oftenderit, nihil video quod in hac materia defiderari poffit; fed vereor ne pofitis Authorum demonftrationibus, ipfe inde propofitiones fuas deduxerit: quod etiamfi ita effet, tamen non parum laudis mereretur; neque enim cuilibet contingit, aliorum inventis addere tanti ponderis propofitiones.

Ejufdem fere argumenti eft fequens Propofitio de frufto fphærico duobus planis parallelis fecto, de quo nihil dicimus, quia in eo non immorati fumus.

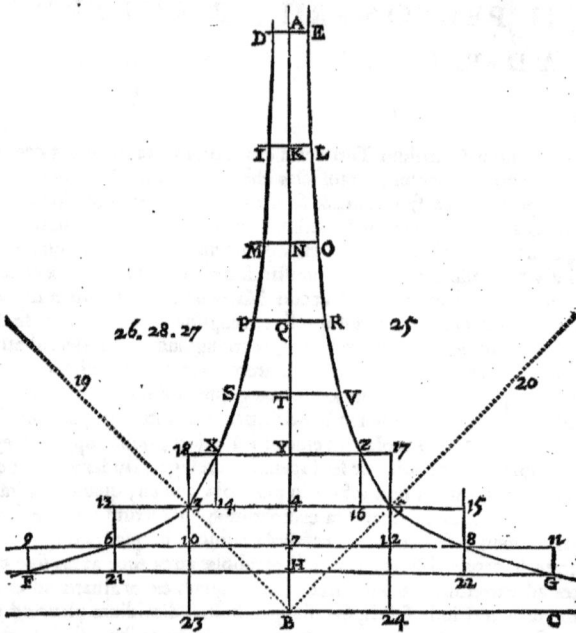

Omnium elegantiffima eft decima quarta, cujus demonftrationem hîc addere libet, cuperemque valde fcire utrum in idem cum clariffimo viro-medium inciderim, vel diverfum. Igitur in figura cujus conftructionem ex ipfius Torricellii Propofitione notam effe fuppono, exiftente B centro hyperbolæ, affymptotis B A, B C ad angulos rectos, folido autem quovis D E F G terminato, ut propofitum eft; primum oftendamus tale folidum medium propor-

Vide To: cell. de J do Hype: pag. 113

A A a a ij

tionale effe inter duos cylindros ejufdem altitudinis cum folido , puta
rectæ AH, quorum unius bafis fit circulus DE, alterius vero FG; ex hac
enim cætera demonftrabuntur. Inter BA, & BH, media proportionalis fit
BT; tum inter BA & BT, media quoque proportionalis fit BN; atque inter BT & BH, efto B4. Item inter BA & BN, fit BK; inter BN
& BT, fit BQ; inter BT & B4, fit BY; inter B4 & BH, fit B7; atque
ita tot continuè inveniantur mediæ quot libuerit, fic enim erunt quoque continuè proportionales differentiæ ipfarum H7, 74, 4Y, &c. ufque ad ultimam KA, & in eadem ratione primarum. Patet autem hac ratione eò deve-
niri poffe, ut cylindrus cujus bafis circulus FG, altitudo autem ultima differentia KA, minor fit quovis fpatio folido dato. Jam per puncta 7,4, Y, T,
ducantur plana ad rectam AB erecta, folidum fecantia fecundum circulos
quorum diametri 6 8, 3 5, XZ, SV, &c. parallelæ ipfi FG; patet quoque
ex natura hyperbolæ, proportionales effe rectas FH, 6 7, 3 4, XY, ST,
& reliquas in eadem ratione, fed inverfa, primarum BH, B7, B4, &c. Denique infcribantur & circumfcribantur ipfi folido totidem cylindri quot funt
differentiæ, H7, 7 4, 4 Y, &c. fintque infcripti 8 21, 5 10, Z 14, &c. circum-
fcripti vero F 11, 6 15, 3 17, &c. conftat ergo omnes circumfcriptos fimul fu-

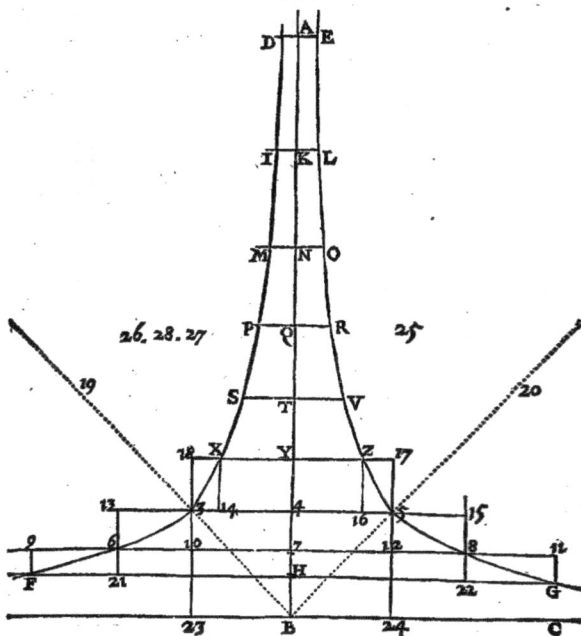

perare omnes infcriptos fimul, minori fpatio quàm cylindro altitudinis KA,
& bafis FG; hoc eft minori fpatio quovis propofito. Præterea cylindrus bafis SV, & altitudinis AH, eft medius proportionalis inter cylindros ejufdem
altitudinis, fed bafium DE, FG. Dividatur ipfe medius in cylindros ejufdem
bafis SV; fed altitudinum H7, 74, 4Y, YT, &c. ufque ad ultimum altitudinis AK, qui ultimus major quidem eft prime infcripto 8 21, fed minor
circum-

circumscripto F, 11, quod sic ostendimus. Quoniam recta S T media proportionalis est inter D A & F H, major erit ratio circuli medii S V ad circulum 6 8, quàm rectæ D A ad rectam 6 7: at idem circulus medius S V, ad circulum F G minorem habebit rationem quàm eadem recta D A ad eandem 6 7; ut autem D A ad 6 7, ita H 7 ad A K: ergo circulus medius S V, ad basim quidem inscripti 6 8, majorem habet rationem; ad basim vero circumscripti F G, minorem quàm altitudo communis inscripti, & circumscripti H 7 ad altitudinem ultimi medii A K. Eodem modo demonstrabimus cylindrum altitudinis N K, basis vero circuli medii S V majorem quidem esse secundo inscripto 5 10, minorem vero secundo circumscripto 6 15; atque ita de reliquis ordine sumptis. Patet igitur tandem, totum cylindrum medium omnibus quidem inscriptis simul sumptis majorem esse; omnibus verò circumscriptis minorem. Cætera persequi apud vos inutile fuerit.

Corollarium.

PATET autem manifestò, positis rectis B H, B 7, B 4, B Y, &c. continuè proportionalibus, & factâ constructione eâdem, dividi totum solidum hyperbolicum F G, E D in portiones continuè proportionales in eadem quidem, sed inversâ ratione rectarum ipsarum B H, B 7, B 4, &c. quæ portiones erunt F G 8 6, 6 8 5 3, 3 5 Z X, &c. quia qui ipsis portionibus æquales erunt cylindri, proportionales erunt in ratione proposita, quæ proprietas eximia est.

Secundò intelligamus solidum hyperbolicum B A versus A infinitè productum esse, atque idem secari quovis plano 3 5 ad rectam B A erecto in puncto 4, ac circulum constituente cujus diameter 3 5; tum super hac base, circulo 3 5, esto cylindrus 3 5 24 23, cujus altitudo sit B 4: dico talem cylindrum æqualem esse solido hyperbolico super basi 3 5 constituto, atque infinitè versùs A extenso.

Aliàs, vel cylindrus major est solido, vel minor. Esto primùm major, si fieri potest; & excessus esto magnitudo 25, ita ut solidum hyperbolicum unà cum spatio 25 intelligatur æquale esse cylindro proposito 3 5 24 23. Jam intelligatur cylindrus quidam cujus altitudo B 4, semidiameter vero basis P Q, ita ut hic cylindrus minor sit spatio 25: sit autem P Q perpendicularis ad B A, atque interjectâ inter hyperbolam, & assymptoton, hoc enim fieri potest. Tum fiat ut B 4 ad B Q, ita B Q ad B A, & terminetur solidum hyperbolicum circulo D A E. Erit ergo ex prædemonstratis solidum 3 5 E D æquale cylindro altitudinis A 4, basis verò semidiametri P Q. Addantur inæqualia; solido quidem, spatium 25; cylindro verò, alter cylindrus altitudinis B 4, & ejusdem basis semidiametri P Q. Fient ergo inæqualia: illinc solidum hyperbolicum 3 5 E D, unà cum spatio 25, majus; hinc verò, totus cylindrus altitudinis A B basis semidiametri P Q, minor. At totus hinc cylindrus æqualis est cylindro proposito 3 5 24 23, quia bases & altitudines reciprocantur ex natura hyperbolæ: ergo solidum hyperbolicum 3 5 E D, unà cum spatio 25, majus esset cylindro 3 5 24 23. Verùm solidum hyperbolicum infinitè extensum versus A, unà cum eodem spatio 25, positum est æquale eidem cylindro 3 5 24 23: hoc ergo infinitè extensum minus esset sua portione 3 5 E D, quod est absurdum. Esto secundò cylindrus 5 23 minor solido hyperbolico infinitè extenso, si fieri potest; poterit ergo ex ipso solido detrahi portio quædam, puta 3 5 E D major eodem cylindro 5 23; ita ut planum D E, parallelum sit plano 3 5, constituatque circulum cujus centrum A. Inveniatur recta B Q media proportionalis inter B A & B 4; seceturque solidum hyperbolicum plano P Q R parallelo ipsi 3 5. Jam ut suprà, solidum 3 5 E D æquale est cylindro basis P Q R, altitudinis vero A 4: cylindrus vero 5 23 æqualis est cylindro ejusdem basis

BBbb

P.Q R, altitudinis verò A B : ponitur autem folidum 5 5 E D majus cylindro
5.25 : ergo cylindrus bafis P Q R altitudinis A 4, major effet cylindro ejufdem bafis.& altitudinis A B, quod.eft abfurdum.

Tandem propofito quovis folido hyperbolico ex prædictis, putà D E G F :
oporteat ipfum dividere.in duas portiones quæ datam fervent rationem, ut
magnitudo data 26 ad datam magnitudinem 27 : fiat ut recta F H ad rectam
D A, ita magnitudo 26 ad aliam quampiam 28 ; dividaturque recta A H altitudo folidi in puncto T, ita ut portiones H T, T A eandem habeant rationem quàm magnitudo 28, ad magnitudinem 27 : & per punctum T ducatur planum S T V parallelum plano F G vel D E, quod quidem planum
S T V dividat folidum hyperbolicum in duas portiones F G V S, & S V E D :
dico has portiones eandem inter fe rationem habere, quàm magnitudo 26
ad magnitudinem 27. Nam inter B T & B H media fit proportionalis B 4 :
item inter B T & B A media fit proportionalis B N ; & per puncta 4, N ducantur plana prædictis parallela, atque folidum fecantia fecundùm circulos
quorum diametri 3 4 5, M N O. Quoniam ergo continuè funt proportionales B H, B 4, B T, erunt quoque proportionales in eadem fed inverfa ratione
rectæ F H, 3 4, S T propter hyperbolam : quare ex prædemonftratis, cylindrus
altitudinis.H T, bafis vero diametri 3 5 æqualis eft portioni folidi hyperbolici
F G V S. Simili argumento cylindrus altitudinis T A, bafis autem diametri
M O, æqualis eft reliquæ portioni S V E D : funt autem ipfi cylindri in ratione data magnitudinis 26 ad 27, ut jam demonftrabimus ; quare & portiones
folidi hyperbolici funt in. eadem ratione datâ.

Et quidem, quod cylindri fint in ratione data magnitudinis 26 ad magnitudinem 27, fic conftabit. Quoniam ex conftructione, ut magnitudo 26 ad
magnitudinem 28, ita recta F H ad rectam D A : ut autem F H ad D A,
ita fumpta communi altitudine rectâ S T, rectangulum fub F H, S T ad rectangulum fub D A, S T, hoc eft, ita quadratum 3 4 ad quadratum M N ; five
circulus diametri 3 5 ad circulum diametri M O. Ergo, ut magnitudo 26 ad
magnitudinem 28, ita circulus diametri 3 5, ad circulum diametri M O. Addatur hinc quidem ratio altitudinis H T ad altitudinem T A ; illinc autem
ratio magnitudinis 28 ad magnitudinem 27, quæ rationes funt eædem ; ex
conftructione igitur, ratiò compofita ex rationibus circuli 3 5 ad circlum M O,
& altitudinis H T ad altitudinem T A, hoc eft ratio cylindrorum, componitur ex rationibus magnitudinis 26 ad magnitudinem 28, & 28 ad 27 ; quæ
ambæ rationes conftituunt rationem 26 ad 27, ut propofitum eft.

Hìc mirabilis quædam proprietas accidit circa plana fpatia hyperbolica
hujus conftructionis, illa nempe F G 8 6, 6 8 5 3, 3 5 Z X, X Z V S, &c.
quæ omnia funt æqualia, pofitis continuè proportionalibus rectis B H, B 7,
B 4, B Y, &c. ut fupra cujus quidem proprietatis demonftratio non erit difficilis ei qui animadverterit omnia parallelogramma iifdem fpatiis infcripta,
effe æqualia ; ficuti & circumfcripta æqualia.

Tamdem fi afymptoti hyperbolæ non fint ad angulum rectum, vel eædem
erunt ex fe demonftrationes omnes præcedentes ; vel additione, aut detractio-
ne conorum quorumdam, fient eædem.

Cæterum, R E V E R E N D E P A T E R, hoc fcias velim, me magnificare adeo
Excellentem Virum, etiam ultrà quàm verbis aut litteris exprimere poffim.
Fac etiam, obfecro, ut ipfe innotefcat noftris Geometris, præfertim D. D. De
Fermat, & Defcartes, quorum utrumque, meo quidem judicio, nec ipfi Ar-
chimedi jure quis poftpofuerit ; hoc enim apud me recipio, fore ut & his &
illi gratiffimum quid facturus fis.

CLARISSIMO VIRO ROBERVALLIO
EVANGELISTA TORRICELLIUS S. P.

LOQUAR aperte tecum fine alio interprete, VIR CLARISSIME, quis enim diffimulare poffit? Et quanquan litteræ tuæ ad clariffimum Merfennum miffæ fint, cohibere tamen non poffum animi mei impetum, quin ad te currat, tibique totum fe dedicet tanquam Apollini Geometrarum. Fortunatas certè jam exiftimare debeo nugas meas, atque illas non jam ampliùs nihilifacere, quandoquidem dignæ habitæ funt, quæ judicium tuum fubirent, & animadverfionibus tuis nobilitarentur. Principio, ex me quæris an centrorum gravitatis parabolæ à priori, ut inventum à me proponatur, aut quæratur ut ignotum: erubefcerem certe ignotum theorema inter. alias propofitiunculas meas à me demonftratas collocare. Oftendimus illud unica, brevique demonftratione; fed ea occafione admiratus fum fœcunditatem ingenii tui circa tot parabolas atque earum folida, non folum geometricè, fed etiam mechanicè confiderata, & ad menfuram fcientiamque redacta. De his nihil ego habeo quod proferam, & fortaffe non habebo; fiquidem difficillimæ, nifi fallor, contemplationis cenfeo hujufmodi theoremata. Præterea immorari non foleo circa figuras non vulgatas, & circa folida quæ fi nova fint, faltem ab antiquis & receptis figuris planis ortum non habeant; atque hoc eâ præcipue ratione, ut laborum fructus, quando res ex animi voto fuccedet, communem litteratorum applaufum fortiatur, neque fit qui invideat figuras a me ipfo fabricatas. Menfura cycloidis, (hoc enim nomine Clariffimus Galilæus appellavit 45 jam ab hinc annis figuram quæ fortaffe tibi nunc trochois eft) mihi fefe ultrò obtulit non fperanti, pene dixi non quærenti. Illam deinde quinquies diverfis femper principijs demonftravi. Quoad folida nihil habeo: tangentem prædictæ lineæ jam oftenderat mihi Vincentius Vivianus Florentinus Clariffimi Galilæi alumnus, etiam nunc adolefcens. Quoad auctorem hujus figuræ, credo ego ingenium tuum acutiffimum & feraciffimum, illam ex fe obfervare potuiffe nemine indicante; hujufmodi enim lineæ natura familiaris erat, conftatque ex compofitione duorum motuum, recti & circularis. Attamen vivunt adhuc teftes quibus olim Galilæus irritas lucubrationes fuas communicavit circa hanc figuram; imò fuperfunt paginæ aliquot clariffimi Mathematici, in quibus & picturas & aggreffiones fuas nonnullas circa hoc fubjectum jam adolefcens delineaverat. Pluribus abhinc annis theorema hoc propofuit ille mirabili Geometræ Cavalerio noftro, ipfique dixit idem quod & mihi, & pluribus aliis confirmavit, nempe fe olim experimentum feciffe, appenfis ad libellam fpatiis figurarum materialibus, quantuplum effet cycloidale fpatium ad circulum fuum genitorem, & femper illud inveniffe, nefcio quo fato minus quàm triplum; ideo incœptam contemplationem deferuiffe, ob incommenfurabilitatis fufpicionem. Quod fi aliquando, inconftanti fallacia, reperiffet minus quàm triplum, aliquandò verò majus, tunc afferebat Lincæus Mathematicus ulteriorem contemplationem profecuturum fuiffe; rejectâ fcilicet variationis caufa in materia inæqualitatem atque rafuræ.

Propofitionem illam de folido à qualibet coni fectione circa axem revoluta defcripto, atque de ejufdem folidi centro gravitatis, unica fimul brevique demonftratione oftendimus, fuppofita tantum modica Apollonii cognitione. Verùm duplex hoc theorema inter neglecta à me rejicitur; nullum enim habebit locum in opufculis, quæ nunc propalare cogor, in quibus præcipue profiteor materiæ unitatem.

Quoad solidum hyperbolicum, jam non meum sed tuum, dispeream si jam amplius spero me visurum tam sublimem & tam doctam demonstrationem quæ cum tua conferri mereatur. Optimum equidem maximumque nunc percipio laborum meorum fructum, eo tantum nomine, quod tu, Vir Clarissime atque Ingeniosissime, tam acutis demonstrationibus, tantaque doctrinæ affluentia, unicam ineptiolam meam illustrare dignatus sis. Gratias primùm ago maximas. Deinde ut desiderio tuo satisfaciam, methodus mea circa demonstrationem hujus solidi diversissima est à tua. Altera quidem ex meis aggressionibus per doctrinam indivisibilium procedit, quæ si cum erudito lectore semper ageretur, paucissimis verbis expediri posset: altera verò per inscriptionem & circumscriptionem, more Veterum, non adeo expedita est, sed facilis, & fortasse curiosa. Hoc unum reperi in tua scriptura, quod conveniat cum meis, nempe, constructio illa pro secando frusto solidi hyperbolici in data ratione; demonstrationes verò ab eadem constructione dissimillimæ emanant.

Cæterùm evidentiores agnosco hyperbolas in laudibus quibus me exornas, quàm in demonstrationibus quibus hyperbolicum solidum ipse metiris. Utinam illis aliquando dignus fiam, ut in lectione operum tuorum, quæ avidissimus expecto, illa intelligere valeam, fructusque scientiæ suavissimos, & divitias ingenii inæstimabiles inde colligere possim, & intellectum meum ditare. Vale, Vir Clarissime, tuorumque Operum editionem accelera, in publicam litteratorum omnium utilitatem.

Florentiæ Kal. Octob. 1643.

EPISTOLA
ÆGIDII PERSONERII DE ROBERVAL
AD EVANGELISTAM TORRICELLIUM.

Vir Clarissime,

Si me unum respicerem, si nulla existimationis nostræ, si nullâ cæterorum hominum, si nullâ ipsius, quam præ cæteris diligo, veritatis habitâ ratione, internâ animi tranquillitate conquiescerem: non me moveret profectò, quòd vos Deûm atque hominum fidem invocetis, quòd celeberrimorum hominum testimonium in me adducere conemini, quòd denique nullum non moveatis lapidem, ad hoc ut ego meorum ipsius operum plagiarius habear: quippe qui planè mihi conscius sum, ex iis quæ ad vos scripsi, nihil non verum esse; sed fateor ingenuè; longè absum à præstanti illo vitæ philosophicæ statu, tantámque beatitudinem si optare nobis licet, non etiam sperare statim licet. Ego enim inter multos natus, inter multos educatus, cum multis vivere atque conversari assuetus, cum multis etiam necessitudines contraxi; ita ut rebus externis non moveri huc usque nondùm didicerim. Itaque admonet nos existimatio nostra, quam tueri, quámque, si quo id labore liceat aut impendio, promovere tenemur; postulant amici, collegæ, Mathematici Galliarum præstantissimi, quibus omnia me debere fateor, cogit ipsa cui totum me dicavi veritas: ne tam gravem vestram accusationem prorsus negligam, præsertim quam nullius negotii fuerit refellere; cùm præter rationes nostras, quæ per se sufficiunt, iisdem ambo testibus utamur. Erit etiam quod de vobis expostulem, & ut spero non injuriâ; qui cùm festucam in nostris oculis quæ-

ratis,

ratis, trabem in vestris non animadvertatis. Nolim tamen ob id tolli inter nos litterarum commercium; quod vos nimium rigidè, meo quidem judicio, quasi aliquid nobis timendum minati estis: quin potiùs optarim tales iras, suavissimi commercii redintegrationem esse. Quod si inter nos, per nos ipsos conveniri non potest, judicent amici: nos judicio ipsorum stare promittamus. Ad rem venio.

De propositione Rotæ atque Trochoidum illius, primùm audivi Parisiis anno 1628. (eo enim demùm anno ab expeditione Rupellana reversùs, statui in maxima illa atque omni studiorum genere excultissima urbe, firmas sedes stabilire; cùm antea vagus, incertis sedibus, diversis in regni Gallici partibus degissem) asseruitque qui proponebat celeberrimus vir Pater Mersennus, talem quæstionem per multos jam annos à pluribus tentatam, eousque insolutam permansisse: cui ego respondi, hoc ei commune esse cum multis aliis vetustissimis nobilissimisque propositionibus; neque ideò quicquam in illa magis quàm in his mirandum videri, si unà cum illis solutione careret. Ac tunc ipse, cùm difficillimam existimarem, certè supra vires meas, intactam ita dimisi, ut per sex annos de illa ne quidem somniarim. Atque ut verum fatear, ego tunc annum agens vigesimum septimum, etiamsi continuo decennii anteacti exercitio, discendo, docendoque, atque agendo in rebus Mathematicis, in primis verò in Analyticis, quibus etiamnum maximè delector, non mediocriter profecissem; tamen, neque eum adhuc habitum mihi comparaveram, neque eas ingenii vires susceperam, quæ ad ejusmodi quæstionem sufficerent. Interea, cùm mecum ipse sæpiùs cogitarem, quâ potissimùm ratione possem in suavissimæ Matheseos adita penetrare, statui divinum Archimedem, quem ferè unum inter antiquos Geometras suspicio, attentiùs considerare; ex qua consideratione sublimem illam & nunquam satis laudatam infiniti doctrinam mihi comparavi: sic enim tunc vocabam eam quæ à Clarissimo Cavallerio vocatur doctrina indivisibilium. Ridebis forsan; &; Hic ergo Gallus, inquies, non solùm trochoidum dimensionem ante nos, si Diis placet; non solùm parabolarum omnium, non solum solidorum ad has & illas pertinentium, non solùm planorum ab helicibus cujuscunque gradus aut dignitatis compræhensorum, non solum earumdem helicum secundùm longitudinem cum prædictis parabolis comparationem, non solùm curvarum omnium tangentes per motuum compositionem, non solùm doctrinam centrorum gravitatis invenerit, sed & præstantissimi nostri Cavallerii indivisibilia quoque? atque illa omnia nobis; hæc illi, plagiarius ille impunè eripuerit? Verumtamen, rideatis licet, & talia, aut iis pejora de nobis putetis, aut vociferemini, Ego trochoides, parabolas, helices, tangentes, & centra ante vos; imò & multò plura non solùm inveni, sed & vulgavi: an vultis ut verum reticeam quod partes nostras adjuvat, falsum autem proferam quod nobis nociturum sit? nos ætate aut tempore saltem priores, ætatis aut temporis beneficia respuemus, & junioribus aut saltem tempore posterioribus, vivi adhuc relinquemus? Apage stultam illam in nosmetipsos injustitiam. Quòd si cuncta ego unicâ epistolâ quam ad vos scripsi, non enumeravi, nihil mirum; illa enim aliunde satis prolixa extitit, nec id necessarium, aut operæ pretium judicavi. Deinde etiam, quid de paucis aliquot propositionibus enumeratis gloriari attinet?

Pauperis est numerare pecus.

Sed de vobis plura posteà: nunc de Indivisibilibus, quoniam illa ad rem faciunt, dicamus. Illa ergo, an ante nos clarissimus Cavallerius invenerit, nescio; certè illud scio, me integro quinquennio antequam in lucem emiserit, eâ doctrinâ usum fuisse in solvendis multis, iisque planè arduis propositionibus. Attamen, absiste moveri; ego tanto viro, tantæ ac tam sublimis do-

CCcc

ctrinæ inventionem non eripiam; nec possum; nec si possim, faciam. Ille prior vulgavit: ille, hoc jure, suam fecit: ille, hoc jure, habeat atque possideat: ille tandem, hoc jure, inventoris nomine gaudeat. Absit ut in posterum, quod nec priùs feci, in tali causa, intercessoris ridiculi provinciam mihi suscipiam; præsertim cùm nequidem inter amicos quicquam unquam de tali doctrina vulgaverim, quam neque publici juris facere, nisi post aliquot annos, juvenili quodam mei ipsius amore, decreveram. Quippe sperabam interim, fore ut solutione difficiliorum quæstionum quas quotidie nullo negotio tali instrumento adjutus vulgabam, doctrinæ famam facilè consequerer: neque sanè hæc spes ex toto me fefellit. Postquàm enim ingenti ardore doctrinam ipsam excoluissem, eandemque ad puncta, ad lineas, ad superficies, ad angulos, ad solida præcipuè; postremò etiam ad numeros extendissem, haud fuit difficile ea exequi propter quæ amici lætarentur, invidi dirumperentur. Exultabam ergo nimiùm juveniliter, ac tanto diligentiùs doctrinam ipsam reticebam; dignus planè in quem Poeta dixerit,

Nec ferre videt sua gaudia ventos;

qui detectâ auri fodinâ ditissimâ, dum grana quædam ex ea decerpta ostento, ut ex divitibus ac beatis quidam habear; interim alius eandem à se quoque detectam, palàm, plaudentibus omnibus, ostendit, ac publici juris facit; ita ut exinde periculum sit ne rideat, si à me quoque inventam fuisse affirmaveto. Est tamen inter clarissimi Cavallerii methodum & nostram, exigua quædam differentia. Ille enim cujusvis superficiei indivisibilia secundùm infinitas lineas; solidi autem indivisibilia secundùm infinitas superficies considerat. Unde ex vulgaribus Geometris plerique; sed & quidam ex superbis illis sciolis qui soli docti haberi volunt, quique si nihil aliud, certè hoc unum satis habent, ut in magnorum Virorum opera insurgant; quòd à se minimè profecta esse invideant, occasionem carpendi Cavallerij arripuerunt, tanquam si ille aut superficies ex lineis, aut solida ex superficiebus reverà constare vellet. Quanquam autem illi coram eruditis nihil aliud lucrentur quàm ignorantiæ aut invidiæ titulum, tamen iidem coram imperitis, suâ authoritate, de doctorum famâ non mediocriter detrahunt; nec ab ijs illæsus evasit Cavallerius. Nostra autem methodus, si non omnia, certè hoc cavet, ne heterogenea comparare videatur: nos enim infinita nostra seu indivisibilia sic consideramus. Lineam quidem tanquam si ex infinitis seu indefinitis numero lineis constet, superficiem ex infinitis seu indefinitis numero superficiebus, solidum ex solidis, angulum ex angulis, numerum indefinitum ex unitatibus indefinitis: immo plano-planum ex plano-planis numero indefinitis componi concipimus, atque ita de altioribus; singula enim suas habent utilitates. Dum autem speciem aliquam in sua infinita resolvimus, æqualitatem quandam, vel certè notam aliquam progressionem inter partium altitudines aut latitudines ferè semper observamus. Sed de hoc satis superque: nunc ad vos redeo. Cùm itaque ope indivisibilium multa protulissem, tandem anno 1634. celeberrimus P. Mersennus trochoidem in memoriam revocavit, non sine gravi expostulatione, quasi propositionem haud quaquam ignobilem, de industriâ præterirem difficultate illlus perterritus. Ego sic castigatus cœpi sedulò ipsam inspicere; ac tunc quidem, quæ absque indivisibilibus difficillima visa erat, ipsis opitulantibus, nullo negotio patuit. Modus autem noster ab alijs omnibus quos huc usque videre contigit, longè diversus est; & nisi me nimiùm amo, idem illis omnibus longè antecellit; quia omnium simplicissimus, brevissimus, universalissimus, & ad solida detegenda aptissimus existat, ut solus sponte à natura productus, cæteri per vim ab arte effecti videantur. Habes annum quo trochoidem invenimus; diem etiam si ita expediret adjicerem. Cætera jam ad te scripsi, & horum omnium testem locupletissimum (præter-

quam plúrimòs alios, quorum epiftolas de hac re etiamnum apud me afſervo)
ipſum eundem habeo quem laudas, celeberrimum P. Merſennum. Vide ergo
num ſit cur doleam, cùm vos per exprobrationem objicitis propoſitionem illam forſan ante obitum Galilæi nondum fuiſſe inventam, qui tamen vixit
uſque ad annum 1642. præcipuè, cum jam ad vos ſcripſerim me anno duodecimo jam elapſo inveniſſe. Ut ſic mihi tot teſtes habenti, & cui una ſufficere
debuit veritas, fidem omnem denegetis. Inventâ infiniti doctrinâ (liceat adhuc eo nomine uti in hac epiſtola; poſthac, abſit) eaque, pro tempore ſatis probè excultâ; ego ad tangentes curvarum animum applicui. Ac primùm,
vi Analyſeos, methodum quandam reperi, quæ, etiamſi longè poſteà univerſalis eſſe deprehenſa ſit, tamen recens inventa, talis non apparuit : quærebam
verò univerſalem; & particulares methodos (ut adhuc) ubique dedignabar.
At trochoides noſtræ occaſionem dederunt cur ad motuum compoſitionem
reſpicerem. Occaſio ſatis fuit, ac propoſitionem univerſalem tangentium inde deductam vulgavimus circa annum 1636. Extant adhuc, & circumferun-
tur hac de re lectiones noſtræ à nobiliſſimo D. du Verdus noſtro diſcipulo
collectæ, atque à multis exſcriptæ. Itaque jamdudùm fide publicâ nobis aſ-
ſerta eſt talis doctrina, nec alij teſtes quærendi, qui omnes habeamus. Circa
hæc tempora nempe anno 1635, mediante ampliſſimo ſenatore Domino de
Carcauy, cœpi per Epiſtolas commercium litterarum habere cum ampliſſimo
ſenatore Tholoſano Domino De Fermat, de quo quid ſentiam habes in ea
Epiſtola quam ad R. P. Merſennum direxi ſuper ſolido veſtro hyperbolico infinito. Is ergo vir præſtantiſſimus, primus omnium, duas propoſitiones nobi-
liſſimas ad nos miſit ſine demonſtratione : alteram de parabolis, alteram de
planis helicum, utriſque per omnes dignitatum gradus ſumptis. (Ne ergo du-
bites ampliùs, quis primus tales quæſtiones propoſuerit; illæ meæ non ſunt;
quanquam illas ego proprio marte, inventâ ad id peculiari noſtrâ methodo,
demonſtraverim; immò univerſalius multò quàm ipſe proponas: quippe non
ſolùm poteſtates in helicibus propoſuit, ſed etiam poteſtatum radices. Exempli gratiâ : Si in helice ſemidiametri omnium revolutionum ordine ſumptarum, ſe habeant ut radices quadratæ, aut cubicæ, &c. numerorum ordine naturali progredientium 1, 2, 3, 4, 5, 6, 7, 8, &c. quarum primam (quadraticam putà) reperies in prima revolutione dimidiam partem ſui circuli conſtituere. Cúmque ipſum arduarum (ut tunc) propoſitionum demonſtratio-
nes rogarem, ille in hæc verba reſcripſit, Ego, inquit, ut invenirem laboravi ; labora & ipſe : in hoc enim labore præcipuam voluptatis partem conſiſ-
tere deprehendes. Quid facerem à tanto viro incitatus? Laboravi, atque in
auxilium infinita noſtra advocavi; (nondum enim tunc noſtra ampliùs non
eſſe reſciveram) eaque tum primùm ad numeros extendi. Animadverti enim
& parabolarum plana, ad ſua parallelogramma; & earumdem ſolida, ad ſuos
cylindros; & ſpatia helicum, ad ſuos circulos feliciter comparari poſſe, ſi in-
noteſceret in numeris ratio ſummæ poteſtatum omnium ejuſdem generis, ordine, atque indefinitè ſumptarum, ad earum maximam toties ſumptam; idque in omni genere poteſtatum. Quod quidem non difficulter aſſecutus ſum.
Illicò enim patuit ſummam omnium numerorum quadratorum, ordine naturali atque indefinitè ſumptorum 1, 4, 9, 16, 25, &c. ad eorum maximum
toties ſumptum quot ſunt illi quadrati; hoc eſt ad cubum ejuſdem radicis
cum maximo illo quadrato collatam, ſe habere ut 1 ad 3, ſive conſtituere
$\frac{1}{3}$; ſummam cuborum eodem modo ſumptorum, ad eorum maximum toties
ſumptum, ſive ad quadrato-quadratum ejuſdem radicis cum maximo cubo,
ſe habere ut 1 ad 4, ſive conſtituere $\frac{1}{4}$; ſummam quadrato - quadratorum,
eodem modo conſtituere $\frac{1}{5}$; atque ita in infinitum. Ex hac propoſitione quæ
ſola ſufficit, innumera deduxi corollaria, qualia ſunt hæc : Summa radicum

quadratarum numerorum omnium, ordine naturali, atque indefinitè fumptorum, ad earumdem radicum maximam toties fumptam, collata; putà fumma
radicum quadratarum horum numerorum 1, 2, 3, 4, 5, 6, &c. eam habet
rationem quam 2 ad 3; fumma radicum quadratarum omnium numerorum
quadratorum, ordine naturali, atque indefinitè fumptorum, ad earumdem radicum maximam toties fumptam, fe habet ut 2 ad 4; fumma radicum quadratarum omnium numerorum cuborum, ad maximam toties fumptam, ut fuprà, fe habet ut 2 ad 5; atque ita in infinitum, radices quadratæ numerorum
quadrato-quadratorum, quadrato-cuborum, cubo-cuborum, &c. ad earum
maximam toties fumptam, ut fuprà, fic comparabuntur, ut antecedens rationis fit femper 2 exponens quadrati; confequens verò fit fumma ex ipfo exponente 2 & alio exponente ipfius gradus ad quem pertinent numeri quorum
fumuntur radices quadratæ. Ut fi fumantur radices quadratæ numerorum
quadrato-quadrato-cuborum qui funt feptimi gradus cujus exponens eft 7,
erit confequens rationis 9, conflatum ex 2 & 7, & ratio erit ut 2 ad 9. Similiter, fumma omnium radicum cubicarum omnium numerorum ordine naturali, hoc eft in primo gradu, atque indefinitè fumptorum, ad earumdem radicum maximam toties fumptam, fe habet ut 3 exponens cubi, ad 4 compo-
fitum ex eodem 3 & 1 exponente primi gradus; fumma omnium radicum
cubicarum omnium quadratorum, ad earumdem radicum maximam toties
fumptam ut fuprà, fe habet ut 3 ad 5; atque ita in infinitum, radices cubicæ omnium graduum, ad earumdem maximam fumptam ut fupra, comparabuntur; eritque in omnibus antecedens 3, confequens verò componetur ex
eodem 3 juncto cum exponente gradus cujus radix cubica fumpta fuerit. Nec
aliter radices quadrato-quadratæ omnium graduum, ad earum maximam fumptam ut dictum eft, comparabuntur, eritque antecedens 4; & fic in infinitum infinities, ut fatis ex prædictis patet. Hæc cùm ad ampliffimum virum
fcripfiffem, dubitavit num eorum demonftrationem haberem. Itaque paucis
verbis indicavi eam effe facillimam, per duplicem pofitionem more Veterum,
incipiendo ab unitate, & procedendo ordine per omnes poteftates. Quo pacto, facilè eft concludere in quadratis, exempli gratia, fummam omnium numerorum quadratorum ordine naturali, fed finite, fumptorum, ad eorumdem
maximum toties fumptum, collatam, majorem effe quàm ÷; at dempto ab
eadem fumma, feu ab antecedente rationis, ipforum quadratorum maximo
tantùm, remanente integro confequente, reliqui rationem minorem quàm
÷. Nec ad id demonftrandum, alio recurrendum eft quàm ad genefim quadratorum, quâ fit ut quivis numerus quadratus componatur ex proximo quadrato minore, ex duplo radicis ejufdem minoris, atque ex unitate; quemadmodum etiam quivis numerus cubus componitur ex proximo cubo minore,
ex triplo quadrati minoris, ex triplo radicis minoris, atque ex unitate. Qui
quidem cubus eft ipfum maximum quadratum toties fumptum quot funt
numeri quadrati ab unitate incipientes, atque ita de fingulis poteftatibus,
fecundùm uniufcujufque genefim. Corollaria, quomodò ab iis deducantur,
aliàs, fi ita expediat, explicabimus. Neque etiam fortaffis fpernendum videbitur corollarium aliud quod ex tali numerorum infpectione deduxi: illud
autem tale eft. Propofitis quotcunque numeris multitudine finitis, qui ab
unitate, fecundùm naturalem numerorum feriem procedant 1, 2, 3, 4, 5,
6, 7, 8, &c. ufque ad 100000000 exempli gratiâ; exhibere fummam quadratorum, aut cuborum, aut quadrato quadratorum, aut cubo-quadrato-
rum, aut cubo-cuborum, &c. omnium talium numerorum: quæ fanè regula, pro quadratis, & cubis, reperitur fpecialis apud Authores; at pro omnibus poteftatibus, nullam apud illos reperimus univerfalem. Hæc ergo fuit
noftra pro parabolarum planis ac folidis, fimúlque pro planis helicum, methodus.

thodus. Poſt hæc propoſuit vir ampliſſimus (quod & ipſe jamdiu in omnibus figuris univerſaliter quærebam) prædictarum figurarum centra gravitatis invenire. Ac ille quidem ad analyſim recurrit, nos ad noſtra infinita; unde methodus illius, ut pleriſque inventis analyticis accidit, abſtruſiſſima eſt, ſubtiliſſima, atque elegantiſſima : noſtra aliquot menſibus poſterior, ſimplicior evaſit, & univerſalior; quò fit ut cæteris collata, magis nobis arrideat. Ut tamen alicui poſſit eſſe univerſalis, debet is omnibus numeris abſolutus eſſe Geometra, qualis huc uſque nullus apparuit. Quoniam verò hoc noſtræ hujuſce diſſertationis præcipuum caput eſt, ac vos non obliquè aut occultè, ſed directè & apertè innuiſtis methodum noſtram, quam tamen huc uſque nondum vidiſtis, illius quam circa finem anni 1644 ad R. P. Merſennum à vobis miſſam legimus, eſſe inverſam, ac proinde noſtram à veſtra fuiſſe deſumptam; quo poſito tanquam vero, adeo indignamini, ut tres maximas epiſtolas ad ampliſſimos celeberrimoſque viros, adjectis etiam ad id magnis Appendicibus, graviſſimis querelis impleveritis; quò nos nihil tale meritos, acerbiſſimâ plagiarii contumeliâ afficeretis: idcircò & locus & res poſtulat ut tam atrocem injuriam, quandoquidem & licet & facilè poſſumus, à nobis propellamus. Ad hoc autem ſatis ſuperque futurum ſperavi, ſi noſtram illam methodum ad vos cum demonſtratione mitterem; non quidem ſuis omnibus numeris abſolutam, nimis enim longa eſt, ſed ſic digeſtam, ut à vobis, aliiſque non vulgaribus Geometris nullo negotio intelligatur; præcipuè ab iis qui indiviſibilia non oderint: alios enim nihil moror, & Geometrarum nomine indignos puto, qui viâ apertâ, tutâ, atque facili relictâ, longuos ac difficiles anfractus ſequi malint. Hoc pacto, cùm illa noſtra à veſtra planè diverſa ſit, ac diverſis omninò fundamentis innitatur, non erit ampliùs quòd vobis ereptam conqueri jure poſſitis. Eam ergo ſeorſim cum ſuis figuris conſcripſimus, ne hujus epiſtolæ lectionem interturbaret.

Facile autem erit animadvertere methodum illam eo modo quo propoſita eſt, univerſalem quidem eſſe abſoluto Geometræ, attamen eandem à priori rarò procedere (univerſalem autem à priori invenire, hoc eſt ex ſola figuræ aut lineæ definitione, nullâ ejus cum aliâ quavis figurâ, aut lineâ comparatione factâ, vix ſperandum puto : quæ tamen ſi haberetur, & circuli & hyperbolæ, aliarumque numero infinitarum figurarum quadratum ſimul haberetur) ſiquidem illa in figuris, vix ſolâ plani cum plano aut ſolâ ſolidi cum ſolido comparatione contenta, utramque ſimul & plani & ſolidi aut etiam altioris ſpeciei comparationem perſæpe requirit. Immò, illâ methodo, ſolidorum centra vix directè, ſed plerumque indirectè tantùm, putà mediante aliquo plano congruo deteguntur. Sed nec illa linearum centris inſervit, niſi ipſæ lineæ, earumque proprietates quædam ex præcipuis ac ſpecificis examinari geometricè poſſint : quæ omnia ex adjectis exemplis poſt ipſam methodum ſeorſim videre licet. De methodo Domini *De Fermat*, niſi eam adhuc videris, hoc ſcies, ipſam trianguli, atque planorum parabolicorum omnium & ſolidorum ab iis ortorum centra à priori elegantiſſimè oſtendere. Verùm eandem aliarum figurarum centris accommodare, hîc labor; cùm ne quidem à poſteriori, reliquis figuris huc uſque inſerverit; quanquam forſan, quominùs id fieri poſſit, nihil repugnet. Jam quòd ad tempus attinet, meminiſti opinor, Vir Clariſſime, methodum veſtram non ante annum 1644 Pariſios miſſam fuiſſe, atque eandem tunc admodùm recens inventam : ſiquidem, ut ex veſtris literis patet, vobis eâ adjutis, ſolidi trochoidis circa baſim menſura paulò ante demùm patuerat, quam ſub finem anni 1643 nondum habebatis: hæc enim ſunt veſtra verba in primâ veſtrarum ad me epiſtola, *Quoad ſolida, nihil habeo*. Ego verò meâ methodo uſus ſum jam ab anno 1637, atque illius ope, & planorum parabolicorum omnium, & ſolidorum

DDdd

centra jam tum inveneram ; quorum centrorum quæ ad dimidios fufos para-
bolicos pertinent, enuntiavi eâ epiftolâ quam ad R. P. Merfennum de veftris
inventis fcripfi anno 1643, quo primùm anno de Torricellio Parifiis auditum
eft. Hæc, inquam, enuntiavi anno plufquàm integro priufquàm veftra illa
methodus appareret ; quæ veftris forfan, & noftris, unà cum aliorum inventis
(ingeniosè procul dubio) collatis, tandem apparuit. Sed finge id quod non
eft, ipfam veftram ante annum 1644 fuiffe inventam. Finge etiam id quod
multò magis non eft, ipfam cum noftrâ prorfus convenire, ac planè eandem
effe : quid tum ? An nos noftram ftatim ut minime noftram repudiabimus, qui
eâ feptennio integro ante prædictum illum annum 1644 tanquam noftrâ, immò
verè noftrâ nemine reclamante ufi fuerimus ? Num potiùs præfcriptionis jûre
nos tutabimur ? & quibufcunque intercedentibus, noftram ut noftram lege
afferemus, cùm in talium rerum poffeffione, vel unius diei præfcriptionem
valere, nemo inficiari poffit ? Multò ergo potiori jure nunc, quandoquidem
noftra & tempore longè prior eft, & penitùs diverfa, intercefforibus valere
juffis, & noftra tota manebit, qualifcunque tandem illa fit ; & noftram ubique
afferere, & fructibus ab ea productis tanquam noftris uti ubique licebit. Sed
neque argumenta quæ produxifti, ejus ponderis effe videntur, ut illa quem-
quam ex iis qui nos vel mediocriter norunt, in tam finiftram de nobis opi-
nionem pertraherent. Primùm enim, dum ais me nunquam ne verbum quidem feciffe de centro gravitatis trochoidis ; cùm intereà tantoperè, & quidem meritò, gloriarer de omnibus aliis, quadraturâ, (comparationem cum
circulo dicere voluifti) tangentibus, folidis, &c. nec verffimile effe, cùm
reliqua omnia proponerem, de unico centro gravitatis filuiffe ; fi illud tantùm fperaviffem ; quod quidem problema, tuo judicio, nulli reliquorum
pofthabendum videtur : dum hæc ais, inquam, Vir Clariffime, ex tuo genio
loqueris ; nos, dum fcripfimus, ex noftro etiam genio fcripfimus. Tu, cùm
magnifaceres centra, quia ex iis folida deducere poffe confidebas, folida autem præcipuè intendebas ; ideò centrorum inventionem magnificè extulifti,
nec cæteris pofthabendam, immò præhabendam judicafti. Ego contrà, quia
fine centris folida & quæfivi & viâ Geometricâ inveni ; datis autem folidis, ftatim, & abfque labore centra fequebantur. Ideò centra ne refpexi
quidem, neque ad ea unquam animum applicui ; certus omninò ex præmiffa
noftra methodo, dato plano quod dudum habebam, fola folida mihi quæ-
renda fupereffe ; centra autem fimul cum plano & folidis haberi. Quòd fi
apologo uti liceat : ego fim Æfopi illius Phrygis ftatuarius : plani trochoidis menfura, efto mihi fummi Jovis ftatua ; menfura folidi, ftatua Neptuni ;
centrum autem, efto ftatua Mercurii. Jam adfit nobis è cœlo fub forma ho-
minis ignoti Mercurius ipfe, Jovis & Maiæ filius, interrogetque, Quanti ftatua Jovis ? Indicabo fanè ego alicujus pretii. Interroget deinde de ftatua
Neptuni : ego & ipfam alicujus pretii indicabo. Tandem interroget de fua
ipfius Mercurii ftatua, quid ego ? quid autem aliud nifi hoc ? Amice, fi priores illas duas emeris, tum tertiam hanc auctarium tibi dabo. Itaque, Vir Clariffime, quæ tibi Jovis aut Neptuni ftatua meritò fuit, illa nobis Mercurii
tantùm ftatua extitit. Ignofce, fi placet, ftylo ; hoc ufi fumus ut mentem noftram aperiremus. De R. P. Merfenno, quid fcripferit in ea epiftola cujus
verba toties repetita contra me adducis, nefcio : quid autem illi dixerim ego
planè memini, nec ipfe omninò oblitus eft ; nec etiam illa quæ dixi malè
congruunt cum iis quæ fæpius pro te citafti. Sed rurfus, nos ex mente noftra
locuti fumus ; ille, ut intellexit, fic fcripfit : vos ex mente veftra interpretati
eftis ; ac illa veftra interpretatio à noftra mente alieniffima eft. Omnibus tamen atientè confideratis, pace tuâ dixerim, Vir Clariffime, cenfui præcipuam
malæ interpretationis culpam in vos recidere : neque enim verba illius, quæ

ipfe adducis, à noſtro ſenſu adeo aliena fuerunt, quin ab ijs verum illum noſtrum ſenſum facilè perſpexiſſes, ſi æqui interpretis perſonam tibi aſſumere voluiſſes. Scripſeras ad ipſum te utrumque trochoidis ſolidum beneficio centrorum priùs inventorum detexiſſe : ac illud quidem quod circa baſim, ut ſe habet reverà, enuntiaveras ut 5 ad 8; quod ille cùm verum ſciret (jam dudum enim ego illi tale indicaveram) non ægrè perſuaſus eſt, & alterum quoque circa axem tale eſſe quale affirmabas ut 11 ad 18. Lætus itaque ſtatim ille mihi per literas ſignificavit habere ſe quod mecum communicare vellet. Adivi; epiſtolam tuam legi, ac circa illud poſtremum ſolidum tantùm quod circa axem, immoratus ſum; quippequod nondum habebam, niſi in terminis vero admodùm proximis, extra quos excurrebat ratio illa à vobis aſſignata 11 ad 18. Hinc ergo, quia de noſtris terminis nullum nobis ſupererat dubium, illicò animadvertimus rationem illam veſtram 11 ad 18 verâ eſſe minorem. Cùm igitur ſuper hâc re cogitabundus hærerem, tum R. P. ad me prior, Quid ergo, inquit, dices de clariſſimo Torricellio? nonne inſignium adeò theorematum cognitionem ipſi te debere fateberis? Faterer, reſpondi, ſi vera eſſent; at talia non eſſe certus ſum : miror ſanè quod vir talis falſum pro vero nobis velit obtrudere, nec aliud ſuſpicari poſſum, niſi quod ille mechanicâ quâdam ratione, per approximationem, hujuſmodi rationem à vero non admodum longè aberrantem invenerit, exiſtimaveritque veram rationem non poſſe detegi; ac proinde ſuam haud veram eſſe, à nemine poſſe demonſtrari. Hæc, inquam ego tum, oratione, fateor, planè ſcyticâ; quam ille ſuâ ad vos epiſtolâ lenivit, pro ſuo genio qui omninò mitis eſt, ut ex ſtylo ejus ſatis perſpicere potuiſtis. Jam, cùm dixi, Faterer me debere, ſi vera eſſent; planum eſt me non intellexiſſe de ſolido circa baſim quod jamdiu ante vos habebam, & habere me ad vos ſcripſeram; neque de centro trochoidis, quod dato tali ſolido, unà cum plano latere non poterat. Intellexi ergo de ſolido circa axem ac de centro hemitrochoidis quod ab eo dependet, quæ etiamſi brevi habiturum me confidebam, tamen jure præſcriptionis, veſtra fuiſſent, ſi veſtra illa enuntiatio cum vero congruiſſet. Hinc ſanè nemo non videt minimè difficile fuiſſe, ex verbis epiſtolæ R. Patris quæ vos toties citaviſtis, verum ſenſum qualem jam attulimus, elicere: ſed neſcio quo fato aliter accidit unde lis hæc pro re nullius fere momenti, putà pro nugis noſtris, ut ipſe ſæpe loqueris, inter nos ſuſcepta eſt. Itaque, ne quid in poſterum ſimile accidat, ſi tale commercium inter nos continuetur, oro vos ubicunque agetur de propoſitione Mathematica cujus diſcuſſio ad me pertinebit, ne cujuſcunque literis fidem habeatis, niſi manu meâ illæ obſignatæ ſint : ſic enim fiet ut ego mea tantum, non etiàm aliorum ſcripta, ex meo ſenſu interpretari tenear. Nam, pace amicorum hoc dictum eſto, hac in materia, ſoli mihi fidere aſſuevi, jamdudum expertus, interpretes pleroſque, vel dum amicis blandiri appetunt, vel dum rem non ſatis intelligunt, omnia literis obſcurare ac prorsùs deformare. Unde qui tales literas accipiunt, illi, dum vel placitis laudibus ac blanditijs avidè ſeſe ingurgitant, vel quod obſcurum eſt ad placitum ſibi ſenſum detorquent, fit neceſſariò ut & ſcribentis & primi authoris verum ſenſum longè relinquant. Ac hujuſmodi quidem allucinationis exemplum afferam ex tuis ipſius literis, ex proprio tuo ſenſu, ſine interprete ad R. P. Merſennum ſcriptis, in quibus hæc habes: *Tibi verò, vir clariſſime, corollariolum mitto ex ipſis hyperbolis deductum. Quadratura quædam eſt, quarum centenas, immò infinitas poteram mittere, niſi vidiſſem ſatis ſuperque eſſe unam, ut ſtatim omnes emergant.* Deinde in ijs quas ad nos ſcribis, quas ipſe R. P. etiam ante nos legerat, hæc habes: *Si unius hyperbolæ primariæ quadratura tam diu quæſita eſt, nos pro una infinitas damus.* Ex quibus verbis ſtatim exiſtimavit R. P. primariæ hyperboles quadraturam à te inventam fuisse. Itaque cùm aliquo post tempore, de ipsis quadraturis cum eo colloquerer, diceremque non difficulter illas assecutum esse me : Habes ergo tandem, inquit ille, hyperbolæ conicæ quadraturam? Nequaquam, respondi; neque enim legitima hæc, & nothæ illæ iisdem legibus addictæ sunt. Me misellum, inquit, quantâ spe decido, qui ubi Cleopatræ aut etiam majoris pretii unionem speravi, ibi vitreas tantùm ampullas reperio ! Sed de hoc ipse forsan rescribet : ego verò ideò scripsi, ut tali exemplo monerem hac in materia non esse tutum interprete uti; cùm etiam absque hoc tantæ eveniant allucinationes. His ergo nostris rationibus, acerbissimæ vestræ accusationis argumentis luculenter respondisse, atque cumulatè satisfecisse speramus. Nunc verò

Aspice num mage sit nostrum penetrabile telum ?

Videamus, inquam, nunc, num sit quod de vobis multò potiori jure queri possim. Ac primùm. Nonne vos trochoidem nostram, postquàm & à R. P. Mersenno & à nobis moniti estis, jam à multis annis eam nostram esse, eamque brevi à nobis in lucem emittendam, postquàm vestris ad ipsum R. P. & ad me literis polliciti estis vos talem messem nobis relicturos intactam; tamen omni jure, ac vestrâ etiam fide violatis, tanquam vestram non literis modo manuscriptis (quanquam neque hoc ferendum fuerit) sed libello ad id prælis commisso, vulgavistis? idque interim, ac eodem prorsùs tempore quo continuis vestris literis contraria promitteretis? Hæccine vestra religio? hæc consuetudo? Quòd si ego huc usque de tali acerbitate questus non sum, fateor, soli ne id facerem evicerunt communes amici. Quid autem lucri feci illis obtemperando? nempe crevit vobis fiducia, quia me bardum, qui illatarum injuriarum nihil sentirem, existimavistis. Attamen si ad paucula verba quæ super hâc re ad vos scripsi animum adverteritis, facilè ex iis percipietis de me dici posse:

Vultu simulat : premit altum corde dolorem.

Nonne ergo ipse prior idem quod vos, sed non absque causa clamare debui, *Vim patior; incredibile est quanto desiderio expectem responsum super hac re.* Quibus sanè verbis, ac multò etiam pluribus cùm ad R. P. Mersennum tum ad amplissimum D. *de Carcavy* scriptis, non obscurè significavistis vos, nisi coram vobis purgati fuerimus, in nos acerbius quidpiam omninò statuisse; ut sic & injuriâ, & multâ simul afficeremur. Sed de hoc satis : nunc ad alia capita transeamus.

Rursùs igitur, nonne primus omnium parabolas ego cum helicibus comparavi secundùm longitudinem? Nonne jam annus quintus excurrit, ex quo tale theorema vulgavi, idemque meo nomine prælis mandavit R. P. Mersennus? nonne vos ab amicis rescivistis, ac tum demum anno 1645 ad id animum applicuistis? Habeo sanè super hâc re vestras ad vestros amicos Romanos literas vestrâ manu ac vestro idiomate scriptas. Quid tum? Jam vos palam, omnibus ferè vestris literis gloriamini, non solùm parabolam conicam cum helice Archimedea comparasse, sed & reliquas parabolas cum propriis suis helicibus, immò & quemlibet helicis arcum vel partem, sive ex centro incipiat sive non, & sive primàm revolutionem excedat sive non, demonstrasse cuidam lineæ parabolicæ esse æqualem. Quid hoc rei est? Gloriaris de rebus nostris tanquam si tuæ illæ sint; atque id postquam nostras esse sic rescivisti, ut nisi rescivisses, nequidem de illis forsan unquam somniasses. Nec est quod fingas existimasse te nos solam helicem Archimedeam considerasse; nimis enim frigidum fuerit figmentum, & absque ullo fundamento; cùm una eademque sit illius & cæterarum, demonstrationis via & methodus, quam qui invenerit, omnia procul dubio invenerit, si modo voluerit, nempe hæc, Quævis parabola unà cum helice sibi propriâ sic se habet, ut si portio axis

parabolæ

parabolæ, comprehensa inter ordinatim applicatam ad axem, & tangentem à termino applicatæ ductam, æqualis esse intelligatur circumferentiæ circuli primæ revolutionis in helice : (intellige helices planas ; nos enim conicas quoque cum parabolis comparavimus) applicata autem æqualis semidiametro ejusdem circuli : tum, quæ inter verticem & applicatam interjicitur parabola, æqualis sit longitudine helici primæ revolutionis. Quòd si in eadem parabola sumatur à vertice quævis portio ; à principio autem helicis propriæ sumatur etiam portio, à cujus termino ducta recta ad helicis centrum, æqualis sit rectæ à termino sumptæ portionis parabolæ ad axem applicatæ : erunt & hæ portiones æquales. His sic à nobis inventis, si quis quidpiam addiderit; aut si imitando similia effecerit, habeat sane quam ipse laudem merebitur. In helicibus conicis existente cono recto, omnia se habent ut supra; modò tantùm loco semidiametri circuli primæ revolutionis, qui circulus in ipso cono existit, sumatur à vertice coni ad circumferentiam ejusdem circuli terminata. Hìc autem, centrum helicis erit vertex coni, & quæ à centro ad puncta helicis ducuntur rectæ, erunt portiones laterum coni ejusdem. At equidem rescivisse me fateor, dices. Verùm demonstrationem proprio marte adinveni. Esto: quid inde? Sane si quæstionem proposuissem tantùm, non etiam solvissem, illa tua fuisset, qui prior solvisses : nunc quando prior solvi ego, & solutam vulgavi, mea est; nec mihi, etiamsi omnes conentur, verè eripi potest. An, quæso, meæ aut etiam vestræ sunt parabolarum Domini de Fermat quadraturæ? aut spatiorum helicum cum circulis comparationes, quas ambo proprio marte invenimus? Quid de ipsis spheris vos, nescio sane : ego certè, quanquam mea multò quàm vestra potior sit causa, ipsam tamen prorsùs desero. An meum est solidum vestrum hyperbolicum? an mea hyperbolarum vestrarum novarum quadratura? minimè verò; attamen amborum ipsorum theorematum demonstrandorum una eademque est methodus, quam nos invenimus, & jampridem ad vos misimus vestro solido accommodatam, quamque iisdem hyperbolis accommodare non admodùm difficile est. Reperi quoque in illarum singulis, ex parte unius tantùm ex asymptotis, resecari posse spatium planum acutum & versùs acumen infinitum, quod tamen spatio finito atque undique clauso sit æquale. Obiter autem, ut verum fatear, nonne istis hyperbolis occasionem dedere parabolæ illæ Domini de Fermat? Nonne etiam illa nostra propositio de helicibus & parabolis longitudine æqualibus ansam præbuit illi alteri de qua adeò magnificè gloriaris? de illo, inquam, helicum genere quæ describuntur, dùm recta uniformiter quidem circa manens centrum circumvolvitur, at punctum interim secundùm illam rectam fertur proportionaliter, quam quidem helicem rectæ cuidam asseris æqualem? Quæ autem sit illa recta, & quomodo ad datas se habeat, tanquam si Ceteris Sacrum sit, plane reticuisti. Non tamen nos latet, eam æqualem esse hypotenusæ cujusdam trianguli rectanguli, cujus unum laterum æquale sit rectæ à centro ad terminum helicis ductæ : sedenim, quis triangulum istud dabit, ex hypothesi quòd dentur positione & longitudine duæ ex iis rectis quæ à centro ad helicem terminantur? vel contrà, quis triangulo dato, dabit helicem? Utrumque si dederis, Vir Clarissime, vel alterutrum tantùm, ego munus id eo munere compensabo, quòd vel ipse duplo pluris facias. Sed cave : hîc via præceps est & lubrica; ac talis, ex qua ad paralogismum lapsus sit facillimus : nisi tamen quod petimus datum fuerit, propositio nullius pretii remanebit. Illud etiam non videris animadvertisse, propositionem hanc non esse novam, sed ipsam prorsus eandem esse cum antiqua illa, quâ quæritur linea per quam pondus ad centrum terræ laberetur secundùm uniformem ad suum horizontem inclinationem ; talis enim linea ad tale genus pertinet. Quàm verò minimè nova fit propofitio, teftabitur ipfe R. P. Merfennus. Vetùm, quia datâ inclinatione, hoc eft, dato fpecie triangulo rectangulo, datoque centro helicis in centro terræ, dato infuper uno ejufdem helicis puncto, putà in ipfius terræ fuperficie; non poterat geometricè, nec etiam fuppofitâ circuli quadraturâ, affignari aliud in ea punctum; ideò illa inculta permanfit, ac ferè ex toto neglecta eft. Neque rursùs, idem folum aut primum genus eft earum helicum, quæ finitæ cum fint, infinitas tamen circa pun-ctum quoddam revolutiones abfolvunt : tales enim & longè antiquiores funt illæ quæ in globis terreftribus atque in mappis mundi, loxodromias feu ventorum vias referunt, quæque præter has illud habent peculiare, quòd ex utraque parte finitæ fint; & tamen circa utrumque polum infinities circùmvolvantur. Cumque fic imitando, res Geometricæ in infinitum plerumque abeant, quidni etiam linea recta circa manens centrum æqualiter vel proportionaliter circumvoluetur, ac fimul punctum mobile vel æqualiter vel inæqualiter fecundùm rectam eandem legibus quibufdam feretur vel à centro, vel versùs centrum, ad defcribenda infinities infinita helicum genera? Ex iis autem, genus illud novimus, cujus helices hyperbolis conicis demonftrantur æquales, quidni rursùs licebit, pro infinitis hyperbolis effingendis, imitari vigefimam primam propofitionem libri primi Conicorum Apollonii, ficuti pro infinitis parabolis vigefimam propofitionem imitatus eft D. De Fermat? Verùm hîc omnia perfequi nec lubet nec vacat. Supereft unum expoftulationis noftræ caput circa novas noftras quadratrices lineas, quas non ita pridem, vix fcilicet ante biennium invenimus, nec multò poft ad vos mifimus. Poffem hîc, & fanè potiori jure, eadem verba adjicere quæ vos circa centra gravitatis: *Utinam non mififfem;* fed illa nimis acerbam, prorsùsque contumeliofam præ fe ferunt exprobrationis fpeciem: quin contrà, & mififfe lætor; quandoquidem ita vobis placuerunt; & nifi tunc mififfem, nunc utique mitterem. Illas, inquam, lineas ex quibus fiunt fpatia plana longitudine infinita, quæ tamen fpatiis finitis undique clausis funt æqualia; vos lineas Robervallianas, ab inventoris nomine, vocaviftis; ego voco quadratrices, ab earum officio, & inventionis fine : ego enim figurarum quadraturæ intentus, dum nihil negligo eorum quæ ad propofitum illum finem conducere videntur, præcipuè verò ipfarum figurarum in alias figuras tranfmutationem experior; in tales lineas incidi hac ratione.

Efto in figura, trilineum A B C quale requiritur, cujus punctum B fit vertex; recta A B altitudo; recta A C bafis; & linea B C fit quæcunque curva : nihil enim refert qualifcunque accipiatur. Verùm, ut ex infinitis generibus aliquod hic eligamus, quod vobis inftar omnium fit, efto illa curva B C ad eafdem partes cava, putà ad partes ductæ rectæ B C, ita ut ipfa tota fit extra triangulum A B C, & eadem à puncto B ad punctum C, continuè recedat à recta B A, & ad rectam C A propiùs accedat; fumpto utroque, receffu fcilicet & acceffu, fecundùm perpendiculares à curva B C ad rectas B A, A C ductas. Tum in ipfa curva B C, fumantur continuè à vertice B, quæcunque & quotcunque puncta D, E, &c. à quibus ductæ intelligantur rectæ D F, E G, &c. tangentes curvam B C in iifdem punctis D, E, &c. atquè occurrentes axi A B producto ultra verticem B, in punctis F, G, &c. Intelligatur quoque per punctum C recta C K tangens eandem curvam B C in puncto C; quæ quidem recta C K vel eidem axi A B occurret ultra verticem B, vel eadem C K eidem A B erit parallela; coincidetque cum recta C R, quam ipfi A B ponimus effe parallelam. Prætereà, à punctis D, E, &c. ducantur rectæ D I, E H axi B A parallelæ, atque occurrentes bafi A C in punctis I, H, &c. & per punctum A, ipfis tangentibus D F, E G, &c. ducantur totidem rectæ ordine parallelæ, A M qui-

Supple rectam lineam B C à puncto B ad punctum C ductam.

dem ipſi DF; AL autem ipſi EG, &c. occurratque rectâ A M rectæ D I
productæ in M, atque ita habebimus punctum M.: occurrat quoque recta
AL rectæ E H productæ in L; atque ita rursùs habebimus punctum L & ſic
de cæteris. Quo pacto habebimus à puncto A. infinita alia puncta continuo
ordine diſpoſita M, L, &c. Per hæc intelligatur ducta linea continua A M L
&c. illa erit primaria noſtra quadratrix : primariam vocamus, quia ipſa prima occurrit, & prima à nobis vulgata eſt ; cæteræ autem ab illa primaria,
ſaltem per occaſionem, dependerunt. Quòd ſi tangens C K occurrat axi A B,
ductâ rectâ A N parallelâ eidem C K, & productâ rectâ R C donec ipſi A N
occurrat in N, erit & punctum N in eadem quadratrice A M L N. Aliàs
autem, ſi C K coincidat cum ipſa C R (cùm ſcilicet ipſi A B fuerit parallela) linea A M L in infinitum producta nunquam concurret cum recta R C
etiam infinitè producta, ſed hæc R C producta, ipſius A M L. productæ
erit aſymptotos, & punctum N à puncto C infinitè
diſtabit. Potuit etiam loco trilinei, aſſumi bilineum
aut aliud quodcumque ſpatium ; ſed omnia exequi
unicâ epiſtolâ, nec poſſumus nec volumus, ut ii
quibus inventum placuerit, habeant quod imitando
addere poſſint. Jam ergo, in aſſumpto exemplo trilinei A B C, poſitis quæ ſupra diximus, ſit quadrilineum quoddam A B C N duabus curvis B C, A N,
& duabus rectis B A, & duabus rectis B A, C N comprehenſum; ſive id
quadrilineum finitum ſit versùs N, ſive idem in infinitum versùs illam partem abeat : hoc ergo ſpatium A B C N dico eſſe trilinei A B C duplum.
Demonſtratio noſtra omninò univerſalis erit pro omnibus curvis, & ſpatiis; poteritque more Veterum,
per duplicem poſitionem inſtitui , nos tamen per
infinita ſic procedemus. Ducantur, aut duci intelligantur à puncto A ad infinita ſeu indefinita numero puncta curvæ B C, rectæ A D, A E, &c. ut
ſic ſpatium A B C in infinita trilinea reſolvi concipiatur; quæ quidem trilinea totidem rectis A D,
A E, &c. ac portionibus interceptis curvæ B C
comprehendantur; ſpatium autem A B C N in totidem quadrilinea reſolvatur, quot ſunt trilinea
quæ quadrilinea à parallelis D M, E L, &c. ac por-
ticnibus interceptis curvarum B C, A N conſti-

tuantur: erunt ergo ſingula trilinea cum ſingulis quadrilineis, ſuper eâdem
baſi conſtituta ad puncta D, E, &c. propter tangentes, (abſque tangentibus enim falſum eſſet) atque in iiſdem parallelis; putà trilineum ad A D
cum quadrilineo ad D M, in iiſdem parallelis D F, M A ; trilineum autem
ad A E, cum quadrilineo ad E L, in iiſdem parallelis E G, L A, atque ita
de reliquis. Quapropter ſingula quadrilinea ſingulorum trilineorum erunt
ut dupla, ex legibus infiniti; & omnia omnium, hoc eſt totum ſpatium
A B C N quod ex omnibus quadrilineis conſtat, duplum erit totius ſpatii
A B C, quod conſtat ex omnibus trilineis. Patet autem eodem ratiocinio,
quadrilaterum A B D M, trilinei A B D duplum eſſe ; & quadrilaterum
A B E L, trilinei A B E, & ſic de cæteris. Si ergo trilineum C A M L N
totum extra trilineum A B C exiſtat, ut in aſſumpto exemplo, erunt duo
illa trilinea æqualia, ſive punctum N in infinitum abeat, ſive non. Quòd ſi
prætereà, eo caſu quo curva A M L N tota extra trilineum A B C exiſtit,
ex punctis D, E, &c. ducantur rectæ D X, E V baſi C A parallelæ, atque

ii occurrentes in punctis X, V, &c. fient spatia BDX, BEV, &c. spatiis AIM, AHL, &c. singula singulis æqualia. Quoniam enim, ex demonstratione universali præmissa, totum quadrilineum ABDM, totius trilinei ABD, duplum est; & ablatum parallelogrammum AXDI, ablati trianguli AXD est quoque duplum, erit & reliquum reliqui duplum : reliquum autem primum constat ex duobus trilineis BDX, AIM, secundum verò est solum trilineum BDM; quare duo illa trilinea BDX, AIX simul, hujus solius BDX dupla sunt, ac proinde æqualia sunt inter se trilinea illa BDX, AIM. De cæteris eadem est demonstratio. Sed & trilineum BDF bilineo AM, & trilineum BEG bilineo AL æquale esse facile demonstrabitur; & multa alia quæ consulto omittimus. Potest quoque ad solida extendi hoc nostrum inventum, si scilicet, prædictæ omnes figuræ circa axem AB utrinque productam quantum satis, convertantur ; ac spatia quidem solida ad rectas AD, AE, &c. constituta, pro pyramidibus, spatia autem solida ad parallelas

DM, EL, &c. pro parallelepipedis accipiantur. Quo pacto solidum descriptum à quadrilineo ABCN, sive illud versus N infinitum sit, sive non, triplum erit solidi à trilineo ABC descripti : & solidum à trilineo ACN in assumpto exemplo descriptum, duplum erit solidi à trilineo ABC descripti ; & hinc habentur innumeræ species solidorum infinitè finitorum.

Possint etiam rectæ MI, LH, &c. produci versus puncta D, E usque ad puncta T, S, &c. ita ut rectæ IT, HS, &c. æquales sint rectis DM, EL, &c. & per puncta BTS, &c. potest intelligi curva quadratrix BTS : hæc autem illa erit quàm ad vos misimus; de qua ideò nihil est quòd hic addamus ; quòd autem illa secundaria sit, manifestum est.

Tandem, ductis tangentibus DF, EG, &c. ut suprà, potuit loco puncti A assumi aliud quodcunque punctum B vel C, vel quodvis in plano trilinei ABC quantumvis producto existens, per quod ducerentur rectæ tangentibus illis parallelæ; quemadmodum hic ductæ sunt AM, AL, &c. & per puncta D, E, &c. duci quoque potuerunt totidem aliæ rectæ inter se & cuivis datæ parallelæ, quæ cùm tangentibus & tangentium parallelis parallelogramma constituerent, qualia sunt AFDM, AGEL, &c. unde aliæ infinitæ generabuntur quadratrices: sed hæc nunc indicasse sufficiat. Vides itaque, Vir Clarissime, quàm latus hoc loco ad imitandum pateat campus. Vides etiam alia prorsus à tuis hyperbolicis diversa genera solidorum infinitorum, & multitudine innumerabilia, & illis fortan, magis miranda; eo quòd hæc nostra de externa sua latitudine nihil unquam remittant, ut vestris necessariò accidit. Neque tamen nostra nos ad vestrorum imitationem effinximus (quod si factum fuisset, quantumcunque abstrusa, vobis tamen tribueremus;) sed hæc à nostro linearum quadraticarum invento sic dependerunt, ut ab illis sejungi non potuerint. Vides denique nos nec plana, nec solida infinitè finita præcipuè intendisse, sed nostras quadratrices, quæ ex figurarum in alias transformatione nascuntur, ex quarum origine talia spatia necessariò consecuta sunt ; & nobis aliud animo agitantibus, sese ultro obtulerunt.

Jam, quadratura parabolæ quomodo ex prædictis facile deducatur, sic ostendimus. Intelligatur in hoc nostro exemplo, curva BG esse quævis parabola,

bola, five conica illa fit, five alia : (unica enim omnibus infervit demonftratio) cujus axis fit A B; vertex B, bafis A C; & recta B Y ipfam tangat
in vertice, occurratque rectæ N C productæ in puncto Y, ut fit parallelogrammum A B Y C fpatio trilineo parabolico A B C circumfcriptum. Ducantur etiam, vel duci intelligantur à fingulis punctis curvæ A M L N, putâ
à punctis M, L, N, &c. rectæ M Q, L P, N O, &c. bafi A C parallelæ
occurrentes axi B A producto in punctis Q, P, O, &c. quo pacto, confti-
tuetur aliud quoddam trilineum A N O, cujus axis erit A O, vertex A, &
bafis N O. In hoc trilineo, rectæ ad axem ordinatim applicatæ erunt M Q,
L P, N O, &c. quæ ordinatim applicatis in parabola, D X, E V, C A, &c.
fingulæ fingulis debito ordine fumptis, erunt æquales ; at portiones axis A O
inter verticem A, & applicatas interceptæ, putâ A Q, A P, A O, &c. æquales erunt rectis F X, G V, K A, &c. fingulæ fingulis debito ordine fumptis : quæ omnia ex conftructione manifefta funt. Eft autem in quavis parabola, ut F X ad X B, fic G V ad V B, & fic K A ad A B, propter tangentes D F, E G, C K. Quare erit quoque, pofitâ in noftro exemplo quâvis
parabolâ B D E C, ut A Q ad B X, ita A P ad B V, & ita A O ad B A, &c.
Eft ergo curva A M L N parabola ejufdem fpeciei cum parabola B D E C ;
cúmque A C, O N fint æquales, erit fpatium A O N ad fpatium A B C,
ut axis A O ad axem A B. Oftenfum autem eft fpatium A B C æquale effe
fpatio A C N ; quare fpatium A O N ad fpatium A C N eft ut A O ad A B :
& componendo, parallelogrammum A C N O ad fpatium A C N, five ad
fpatium A B C, fe habet ut recta O B ad rectam B A. Sed ut parallelogrammum A Y ad parallelogrammum A N, ita recta A B ad rectam A O ; ergo,
ex æquo, in ratione perturbata, erit parallelogrammum A Y ad fpatium
A B C, ut recta O B ad rectam A O. Datæ autem funt rectæ illæ O B, A O,
quia A O ipfi A K datæ æqualis eft, ex conftructione : ergo data eft ratio
parallelogrammi A Y ad fpatium trilineum parabolicum A B C, ut propofitum eft ; & eft talis ratio ut recta compofita ex A K & A B, ad rectam A K.
   Simili ratiocinio, in folidis ipfarum parabolarum circa axem A B conver-
farum, concludemus univerfaliter fic effe cylindrum A Y ad folidum A B C,
ut recta compofita ex A K & dupla ipfius A B, ad ipfam eandem A K.
   Quomodo ergo in ejufmodi quadratrices inciderim, jam tenes : quàm verò ingenuè ad vos miferim, ipfi fcitis : fciunt & Academiæ noftræ proceres,
qui omnes epiftolam noftram, antequam ad vos mitteretur, perlegerunt ;
fciunt & multi alii cum quibus eandem ego, vel amici communicavimus ;
fciunt, inquam, illi omnes, me expreffis verbis, veluti florem quemdam ex hor-
to illo delectum, vobis indicaffe quadraturam parabolæ primariæ feu conicæ.
Quis igitur meo loco conftitutus, fore fperaviffet ut Clariffimus Torricellius,
inde per imitationem, cæteras parabolas quadrandi arreptâ occafione, (quod
nullius fuit negotii, quia una eademque eft omnium methodus) hæc verba
fubjiceret : *Prædictæ methodi, tum pro quadraturis, tum pro tangentibus, funt
quas minimi præ cæteris ego facio ; non tamen patiar mihi illas eripi.* Et hæc : *Linea
Robervalliana, fi ortum ducat ex aliqua parabolarum, femper parabola evenit ejufdem fpeciei ; quod ego novum effe fcio, licet fortaffe turpe videatur hoc fateri.* Et rurfùs in alia epiftola : *Quadraturas ad Clariffimum Robervallium mitto, fortaffe ad
fubeundam eandem fortunam cum meo centro gravitatis cycloidis,* hoc eft trochoidis. Atque ita, ficuti palam nos accufaverat Torricellius, tanquam fi centrum
illud noftræ trochoidis, à nobis illi furreptum fuiffet, fic timere fe fimulavit,
ne eodem fato illæ fuæ (fi Diis placet) parabolarum quadraturæ fibi à nobis
eriperentur. Quis, inquam, hoc fperaviffet ? Nam, Deum Immortalem ! quid
illis in quadraturis aut novum eft aut ad Torricellium pertinet, ut ei poffit
eripi ? An in univerfum quadraturæ illæ funt Torricellii ? Nequaquam. Pri-

mariæ enim sive conicæ parabolæ quadratura Archimedis est; cæterarum autem, D. *De Fermat*: dico D. *de Fermat*; quia cæterarum illarum medium à medio Archimedis planè diversum est, & diversum esse debuit, quandoquidem ad illas, medium Archimedeum omnino ineptum est. Quòd si omnibus illud aptum fuisset; tunc, quantumvis ab eo diversum esset medium D. *de Fermat*, omnes tamen illas quadraturas uni Archimedi tribueremus, ac cæteras per imitationem inventas ad primariam remitteremus. Si quidem facile est inventis addere, authorem verò sese præbere, hoc opus hic labor est. Non igitur aut Torricellii, aut nostræ sunt parabolarum quadraturæ in universum; nec illæ aut ipsi aut nobis eripi possunt. Superest igitur ut de medio decertemus. Sed ad quid hoc? Quando, sive ego vicero sive Torricellius, ipsa res vel Archimedi cedet, vel D. *de Fermat*. Attamen quod in eo medio præcipuum est, nostrum est, ipso Torricellio concedente, nempe nostra quadratrix, quam ipse Robervallianam vocat. Quid igitur ipsi relinquitur? Forsan, inquiet aliquis, vult Torricellius suum esse, quòd usus fuerit complementis æqualibus parallelogrammorum, eaque prædictis Robervallianis quadratricibus accommodaverit, ut duplici positione inscriptorum & circumscriptorum uteretur more Veterum. Atqui ob tantillum, quod nec ipsum universale est, adeo sollicitum esse, adeoque invigilare ne sibi eripiatur, pauperis cujusdam est, qui hoc unum possideat, non autem ditissimi Torricellii, qui infinitos rerum multo pretiosiorum possidet thesauros. At, dicet alius: Robervallius unicam parabolam primariam seu conicam, Torricellius verò omnes omninò quadravit. Robervallius scilicet unicam! Quis autem nos usqueadeo cæcos existimaverit? præcipuè cùm una eademque sit omnium methodus quam suprà ostendimus? Egone in eo quod difficilius fuit, si tamen quid ibi difficile dici potuit, nempe in quadratricibus ipsis detegendis, atque in primariæ parabolæ quadratura perspicax, in facillimis repente cæcutierô? Quin ergo saltem enuntiavisti? Satis fuit unam enuntiare; cæteræ sponte sequebantur. Quid hoc rei est? An tandem ego ea omnia ignorasse censebor, quæcunque unicâ quam ad Torricellium scripsi epistolâ expressis verbis non comprehendi? Respiciat ille ad verba nostra, ut quid voluerimus intelligat: florem mittebamus, non arborem. Ac jam decennium est ex quo absolutis nobis illis parabolis, vix animo occurrit, nisi urgeat occasio, ut illas amplius nominem; Torricellio verò ipsæ novæ sunt, adeoque ipsarum ille non obliviscitur, ut magnum quid putet, si centum modis illas quadraverit, cùm tamen infinitis id fieri possit. Rursùs ergo, quid in illis quadraturis novum est quod ad Torricellium pertineat? Non video sanè: attamen scire gestio, ne quod illius est, quodque sibi eripi minimè passurum esse minatur, imprudentes auferamus.

Jam perspiciat quicunque Torricellii legerit epistolas, quàm multa præteream legitimæ expostulationis capita. Enimverò, illud ne viro ingenuo ferendum fuit, quod nobis comminando scripsit super aliâ quadam methodo centrorum gravitatis inveniendorum, quam habere se gloriatur? *Oro vos*, inquit, *ne inter vestræ hanc etiam habeatis: nam hoc esset tollere penitus omne litterarum, scientiarumque commercium.* Quid aliud ad manifestum furem scribi potuit? Interim tamen, de illa methodo callidè ac de industriâ tacuit Torricellius: ita ut si aliquam ego aut alius quispiam proferamus, jam ipsi liberum sit illam astutiis ejusmodi, atque in longum prospicientibus verbis, sibi asserere, ac de ea locutum esse se, suâ fide affirmare.

Quis rursùs feret quod ad R.P. Mersennum scribit, cùm de centro nostræ trochoidis loquitur? *Quod certe* (ait) *immò certissimè scio, non habuisse Robervallium, antequam demonstrationem meam videret; ut P.V. vel ipsemet, vel tandem universa Europa testis esse poteris.* De centro illo jam satis suprà, immò usque ad nauseam; nec circa illud universa Europa testis nobis formidanda;

quin, si fieri posset, præ cæteris optanda. Verùm, quid tale centrum ad universam Europam? Crede mihi, Clarissime Torricelli; esto (quod tamen sine arrogantia dici non potest) quòd in rebus Mathematicis ambo simus egregii ita ut paucos pares, nullos agnoscamus superiores: nequaquàm tamen, hoc pacto, tales erimus quos universa respiciat Europa; nempe misellos Geometras de nescio quo puncto disceptantes. Simus potiùs ambo, ego triginta millium peditum nostrorum veteranorum dux; tu totidem vestrorum: adsit utrique equitatus tali numero debitus, nihilque desit armorum, annonæ, aut fidei militum erga duces; ac tunc universa forsan nos respiciet Europa.

Hoc loco, vir Clarissime, cogitare subiit qui fieret, ut cùm semel ad te scripserim (prima enim alia nostra de te epistola ad R. P. Mersennum directa fuerat) ideque stylo qui meo & amicorum judicio, nihil omninò acerbi, quanquam post ereptas à te nobis nostras trochoides, redolet; ipse tamen è contrario, acri adeo stilo rescripseris; nec mihi soli, quo pacto faciliùs res componerentur, sed tribus (nescio num etiam pluribus) literis ad amplissimos celeberrimosque viros de me scriptis, haud alio argumento quamquòd existimares (nimis tamen leviter) centrum trochoidis ipsius tibi fuisse ereptum. Tantusne Torricellio earum quas suas putat, nugarum zelus (liceat eo tibi familiari nugarum vocabulo uti) ut statim atque eas sibi ereptas putaveris;

Irruat & frustra ferro diverberet umbras,

ne quidem cogitando quantas ille, cùm directè, tùm indirectè, ab aliis sumpserit, ob quas periculum sit ne quamvis placidos acriùs irritando, ipse vicissim pœnas luat? Atqui consentaneum erat, vir prudens cùm sit, ut meminisset hujus præcepti, quod qui dedit, is procul dubio fuit ad unguem factus homo; videlicet,

Qui, ne tuberibus propriis offendat amicum
Postulat, ignoscat verrucis illius.

Equidem, inter plurimas hujusce tam acris styli causas, hæc nobis videtur probabilior, quod tu, Vir Clarissime, spatium Mathematicum ingressus, seu fato seu sponte, viam à nostris jam ante plures annos tritam inieris, à qua huc usque parùm deflexeris; unde non mirum est si in easdem stationes, littora, portus, fluvios, & regiones incidas, quibus illi dudum detectis nomina indidierunt, eaque omnia in chartas intulerunt: ipse autem, cùm illa à primùm detecta existimes, fit ut posteà indigneris, si quis contrarium asseruerit, atque id quod verum est candidè enarraverit. Memineris ergo spatium illud infinities infinitè infinitum esse, idemque solidum, immò etiam plusquàm solidum, tibi verò nec pedes, nec pennas, nec alas deesse: deflectas ergo paululùm vel ad dextram, vel ad sinistram, vel suprà vel infra: curre, nata, vel etiam vola: hæc enim potes omnia, quæ sanè

pauci, quos æquus amavit
Jupiter, aut ardens evexit ad æthera virtus,
potuere;

sic enim fiet, ut, quod non semel, immò pluries jam præstitisti, & novas regiones detegas, & viros doctos non solùm adeò feliciter imiteris, quanquam nec ipsum laude caret; sed, quod multò laudabilius est, teipsum viris doctis præbeas imitandum.

Huc usque pro nobis plura diximus: nunc pro divino Archimede pauca liceat. Bis, ut tua excuses, tantum virum in discrimen adducis, Vir Clarissime; semel pro libris tuis de motu projectorum; iterum autem, pro illà tuâ minimè verâ ratione solidi trochoidis circa axem, ad suum cylindrum ut 11 ad 18. Ac primùm quidem, pro libris de motu projectorum hæc ais: *Archimedes supposuit olim projecta, non per parabolas sed per lineas spirales suas procedere.* Hanc Archimedis suppositionem nullibi videre licuit in ejus operibus: commentarios autem, forsan, non omnes legi; sed nec eorum authoribus licuit tanto viro absurdas ejusmodi suppositiones affingere. Deinde, pro excusando vestro illo fictitio trochoidis solido, hæc scribis ad R. P. Mersennum: *Habemus apud Archimedem, prop. 2. de circuli dimensione, circulum ad quadratum diametri esse ut 11 ad 14: quæro ab ipso (Robervallio, supple) undenam putes me habuisse rationem quam ad numeros 11 & 18 reducebam?* Quæ post verba illa sequitur linea, solitam totius epistolæ redolet acerbitatem. Equidem Archimedes hæc habet: at non dissimulavit statim (nempe propositione tertia, quæ manifestò lemma est ad illam secundam) talem rationem 11 ad 14 non esse accuratam, sed tantùm veræ proximam: apud vos autem nihil tale habetur; sed vestram illam rationem 11 ad 18 tanquam accuratam proposuistis, ex invento priùs centro tanquam accurato deductam: immò, illam pro accurata exceperunt quicunque existimaverunt vos adeò candidos esse, ut nefas existimaretis ea enuntiare quæ vera non essent. Enimverò, Vir Clarissime, plerique ex nostris vix persuaderi potuissent, Torricellium nobilem adeò Geometram, aliquid purè Geometricum sine demonstratione affirmare voluisse. Sed nec ista vestra ratio 11 ad 18 ex terminis vero proximis ab Archimede assignatis pro circuli dimensione deducta est, cùm eadem extra ipsos terminos longè evagetur; unde non video quid vobis hîc proficiat Archimedis authoritas, præcipuè in materia purè Geometrica, ubi pro errore accipitur quidquid accuratè verum non est, quantumcunque illud ad verum proximè accedere deprehendatur.

Hîc fieri posse video, ut aliquis hujusce nostræ epistolæ stylum ideò carpat, quòd ille nec amico, nec adversario convenire videatur; ut potè qui pro amico, acrior, pro adversario contrà, lenior quàm par sit appareat. Equidem, Clarissimum Torricellium adversarium habere absit ut unquam optaverim; adversarius sanè illi ego ero nunquam, nisi ipse prior talem me effecerit. Quòd autem amicum & cupierim & adhuc cupiam, argumentum certissimum est, quòd prior amaverim, ac nomen ejus celebre per Galliam, quàm maximè potui, reddiderim. Siccine ergo (urgebit censor) cum amicis tuis te gerere solitus es? Primùm quidem, apologiam contra acerbam ipsius accusationem mihi debui; deinde metui (fateor) ne ipse quem summopere amicum mihi cupio, ex illis esset qui aliena veluti perspicillis cavis respiciunt; sua, convexis aut iis forsan quæ plurimis faciebus distinguntur, unde fit ut iidem aliena contractiora, sua verò ampliora aut numerosiora, aut etiam pulchris coloribus ornatiora quàm sint reverà videre videantur. Itaque admonere eum volui officiosè, ut amorem proprium alieno temperaret. Ac, ne ad excitandum duriusculus haberetur, stylum adhibui utcunque acutum & mordacem: sic enim fore speravi ut sapiens cùm sit, se ab amante pungi sentiret, atque ita ad redamandum acriùs incitaretur. Quanquam autem tot paginas minimè inutiles fore spero, doleo tamen quòd illas in tractando ejusmodi ingrato ac planè tædioso argumento insumere oportuerit; cùm alia ferè innumera longè suaviora, ac viris doctis, ut puto, acceptiora, cùm ex nobis, tùm ex nostris habeamus; qualia sunt quæ sequuntur. Circa analysim quidem, de æquationum recognitione, & emendatione, novâ prorsus methodo, de earumdem determinatione ac de ipsarum per locos proprios resolutione, atque compositione. Circa Geometriam, de locis planis, solidis, atque ad superficiem; ubi in specie, restituta habemus loca solida ad tres & quatuor lineas: de cylindris, & conis isoperimetris, cùm demptâ base, tum additâ: de iisdem sphæræ inscriptis, & circumscriptis, seu spatiorum solidorum, seu etiam superficierum tantum habeatur ratio; ubi mirabere forsan quâ ratione à nobis concludi potuerit, positâ sphæræ diametro 32 partium,

axem

áxem coni inícripti cujus íuperficies comprehenfa baíe fit maxima, eíſe hanc apotomen 23—√ 17 ; fi ſphæræ ſuperficies uno, duobuſve, vel tribus aut pluribus circulis, in quotcunque & quaſcunque portiones ſecta fit, quamcunque ex illis portionibus cum alia ac cum tota comparamus, ac uniuſcujuſque centrum gravitatis aſſignamus. Circa cylindricas & conicas ſuperficies ſcalenas, tum etiam circa rectas, mira habemus. Inter illa perpende qualenam fit hoc problema : Portionem ſuperficiei cylindri recti exhibemus, quæ ſuperficiei datæ cylindri ſcaleni fit æqualis. Sed & iſtud : Dato quadrato, æqualem damus cylindricæ ſuperficiei portionem, idque abſolutè, nullâ ſuppoſitâ circuli quadraturâ, & excluſis cylindri baſibus. Problemata atque theoremata innumera habemus ſoluta, cùm circa conicas ſectiones, tùm circa alia fere omnia Geometriæ huc uſque notæ tam theoreticæ quàm practicæ capita. Circa Arithmeticam, Muſicam, Opticam, Aſtronomiam, Gnomonicam, & Geographiam,

Plura quidem feci, quàm quæ comprehendere dictis
In promptu mihi fit;

ſed illa omnia vulgaria æſtimo. Attamen, dic quibus in terris Luna minori ſpatio quàm 24 horarum noſtrarum communium, bis oriatur, aut bis occidat ejuſdem horizontis reſpectu. Facile quidem theorema, ſed quod primâ fronte impoſſibile multis videatur. At Mechanicam à fundamentis ad faſtigium novam extruximus, rejectis omnibus, præter paucos admodum, antiquis lapidibus quibus illa conſtabat; ita ut nunc octo contignationibus, hoc eſt totidem libris, abſolvatur. Primus eſt de centro virtutis potentiarum in univerſum, an detur tale centrum, & quibus potentiis conveniat, quibus verò minimè; ſecundus de libra, ubi de æquiponderantibus ; tertius de centro virtutis potentiarum in ſpecie; quartus de fune mira continet ; quintus de inſtrumentis & machinis; ſextus de potentiis quæ in diverſis mediis agunt; ſeptimus de motibus compoſitis; octavus denique, de centro percuſſionis potentiarum mobilium. In his omnibus nulla admitto nova poſtulata, ſed tantùm ea quæ vulgò recepta ſunt apud Authores: quòd ſanè exequi, quàm non facile opus fit, teſtes ſunt quotquot huc uſque de gravibus ſuper planis inclinatis exiſtentibus egerunt; inter quos & ipſe haberis, Vir Clariſſime, qui propoſitione prima libri primi de motu gravium deſcendentium, ad id demonſtrandum novo poſtulato uſus es, quod quivis non facilè conceſſerit, quia pondera quæ proponis, non librâ rigidâ & rectâ, ut fieri ſolet, ſed fune molli ac perfectè plicabili invicem alligantur. Nos autem ad hoc, librâ utimur modo uſitato diſpoſitâ, cujus beneficio propoſitionem illam non aliter demonſtramus, quàm aut vectem aut axem in peritrochio : eam autem jam ante quindecim annos invenimus, atque anno 1636 tanquam Mechanicæ noſtræ prodromum, prælo commiſſimus atque vulgavimus, ſed Gallico idiomate. Neque etiam eum tantùm caſum conſideravimus qui ſolus ab omnibus attenditur; cùm ſcilicet potentia pondus in plano inclinato poſitum retinens, agit per lineam directionis ipſi plano parallelam; ſed & dum eadem linea directionis aliam quamcunque poſitionem obtinuerit : quo pacto, ratio ponderis ad potentiam infinitè mutatur. Ibi autem quiddam demonſtravimus quod multis omninò paradoxum viſum eſt ; nempe, ſi intelligatur prælum aliquod duobus planis parallelis perfectè rigidis conſtans, quod ita diſponatur ut ejus plana horizonti non ſint parallela : tunc, quantacunque potentiâ prematur prælum illud, planis ſemper perfectè planis ac parallelis inter ſe remanentibus, illa nullum pondus inter ſe retinebunt; ſed illud pondus propriâ gravitate ſtatim labetur inter ipſa plana, atque idem à prælo ſeſe liberabit, niſi aliunde retineatur. Hæc quidem ad quintum noſtrum librum pertinent. Libet autem ex quarto quoque hæc addere. Si tres potentiæ totidem funibus ad

GGgg

communem nodum religatis agentes, (nodus est quodvis punctum in fune) æquilibrium constituant : tunc describi poterit triangulum cujus centrum gravitatis sit nodus ipse, tres autem anguli ad tria funium puncta alicubi terminentur (infinita quidem describerentur triangula, sed omnia similia) erunt autem tunc tres potentiæ in eâdem ratione cum tribus rectis à centro trianguli ad tres angulos terminatis; ita ut quælibet potentia homologa sit ei rectæ quæ in fune ipsius existit. Si quatuor potentiæ non existentes in eodem plano, totidem funibus ad communem nodum religatis agentes, æquilibrium constituant : tunc quod suprà de triangulo dictum est, de quadam pyramide tetragona verum erit. Hinc aliud paradoxum, funis horizonti minimè perpendicularis quantâ vi tendatur, si perfectè plicabilis, nullo modo autem rigidus ex se existat, imposito quocunque vel minimo pondere, aut si ipse ex se gravis esse intelligatur, flectetur necessariò vel rumpetur, nec viribus ullis fieri poterit ut rectus evadat. Similiter, tres vel quotcunque funes ad communem nodum religati, totidem potentiis in eodem plano existentibus, quod planum horizonti non sit perpendiculare, quibuscunque viribus tendantur; imposito quocunque vel minimo pondere, vel si ipsi funes per se graves esse intelligantur, nunquam tamen poterunt eò adduci ut in eodem plano consistant. Tandem etiam, ex octavo libro illud habebis : Omnis sectoris circuli semicirculo non majoris circa centrum circuli circumvoluti, existente axe motus ad planum ejusdem circuli sive sectoris, perpendiculari, centrum percussionis sive impetus in recta angulum sectoris bifariam dividente quæsitum, sic reperietur : Ut chorda arcus sectoris ad ipsum arcum, ita tres quadrantes semidiametri circuli ad rectam inter ipsius circuli centrum, & centrum percussionis sectoris interceptam. Ex tali centro quod extra sectorem aliquando existet, si impetus sectoris eo modo moti quo dictum est, excipiatur, productâ ad id rectâ angulum bifariam dividente, si centrum illud extra sectorem excurrerit, erit impetus ille maximus omnium qui ex quovis puncto in eadem recta existente excipi possunt.

De his & aliis agemus in posterum, si ita tibi placuerit, Vir Clarissime, postquam litibus valere jussis, solidam inierimus amicitiam, quam, ut spero, non recusabis. Illius autem leges, quòd ad litterarum commercium attinet, tales sunto. Nihil tentandi gratiâ scribam. Quicquid scripsero, nisi de eo dubitare me, aut illud quærere scripsero, verum existimasse censear. Quoties per otium licuerit alicujus enuntiati demonstrationem mittere, mittam : nisi misero, si cupias, quàm citò mittere tenear. His legibus, si quid addere, aut detrahere; immò, si ipsas prorsùs tollere, & alias ferre voles, licet. Memineris tamen, quæstionibus agere tentandi gratiâ, odiosum esse atque amico indignum ; neque enim omnia possumus omnes : tum etiam amicum delectare oportet, non torquere. Hæc si observaverimus, tunc procul dubio, & durabit amicitia; & dum uterque nostrûm vicissim & reciprocè docebit & docebitur, uterque amborum scientiam, salvâ tamen inventoris laude, possidebit.

www.ingramcontent.com/pod-product-compliance
Lightning Source LLC
Chambersburg PA
CBHW071658200326
41519CB00012BA/2553